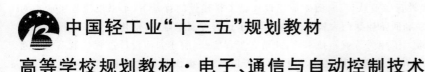中国轻工业"十三五"规划教材

高等学校规划教材·电子、通信与自动控制技术

过程控制工程及系统设计

主　编　胡连华　黄　勋　方　辉
副主编　张婷婷

西北工业大学出版社

西安

【内容简介】 在国际工程教育专业认证、一流专业建设和新工科建设的背景下,本书以流程工业为对象,围绕过程控制中的电机控制和回路控制两大核心问题,介绍了过程控制基础、自动化仪表和过程控制工程以及系统设计等经典内容,融入了相关行业新技术等,并结合工程实践,阐述如何设计过程控制系统。通过本书,读者可以掌握如何选择和使用自动化仪表,分析简单控制系统,提出自动化方案和设计过程控制系统。

本书可作为机电类、控制类和化工类等专业的本科生或研究生教材,也可供从事过程控制、自动化仪表和流程工业生产等相关工作的工程技术人员阅读参考。

图书在版编目(CIP)数据

过程控制工程及系统设计/胡连华,黄勋,方辉主编 . —西安:西北工业大学出版社,2021.1
ISBN 978 - 7 - 5612 - 7635 - 8

Ⅰ.①过… Ⅱ.①胡… ②黄… ③方… Ⅲ.①过程控制-方程设计 Ⅳ.①TP273

中国版本图书馆 CIP 数据核字(2021)第 026758 号

GUOCHENG KONGZHI GONGCHENG JI XITONG SHEJI
过 程 控 制 工 程 及 系 统 设 计
胡连华 黄勋 方辉 主编

责任编辑:李阿盟 王 尧	策划编辑:李 萌	
责任校对:张 潼 高永斌	装帧设计:李 飞	

出版发行:西北工业大学出版社
通信地址:西安市友谊西路 127 号　　邮编:710072
电　话:(029)88491757,88493844
网　址:www.nwpup.com
印 刷 者:兴平市博闻印务有限公司
开　本:787 mm×1 092 mm　　1/16
印　张:24.625
字　数:646 千字
版　次:2021 年 1 月第 1 版　　2021 年 1 月第 1 次印刷
版　次:ISBN 978 - 7 - 5612 - 7635 - 8
定　价:68.00 元

前　言

当前我国正逐渐从现代工业自动化向现代工业数字化、智能化发展,对工科人才培养提出了新要求。本书结合笔者多年教学经验和实际工程经历,以流程工业为对象,在过程控制基础、自动化仪表和计算机控制技术的基础上,围绕其控制系统中的两大核心问题——电机控制和回路控制,结合新型的电气器件、仪表和执行器对过程控制系统设计进行阐述。

本书从过程控制系统设计的角度出发,深入浅出地介绍自动控制系统、自动化仪表、计算机控制技术、PLC 技术和典型流程工业的控制系统设计,使读者能了解生产过程中各种参数测量原理并正确地选择和使用测量仪表,能运用过程控制的基本理论分析简单的控制系统,能结合过程工业的要求提出自动化方案能针对过程工业采用计算机控制、集散控制等新技术进行控制系统设计。

本书分为 3 篇共 10 章:

第一篇,过程控制基础,主要阐述自动控制系统基本概念、简单过程控制系统和复杂过程控制系统,结合典型案例的分析,介绍自动控制系统的组成、基本原理和影响因素。在第 3 章复杂过程控制系统部分除了阐述传统的串级、比值、前馈、多冲量、选择、均匀和分程控制系统外,还对智能控制系统进行了介绍。

第二篇,自动化仪表,主要阐述测量仪表、执行器和显示与调节仪表。第 5 章执行器部分内容不仅包括传统的直流输入型气动、电动阀门,还有实际过程工业广泛应用的 3 种其他类型的执行器——电动开关阀门、电加热器和变频器流体机械的组合的介绍。

第三篇,过程控制工程及系统设计,主要阐述计算机控制系统、电气控制与 PLC、典型过程控制系统和过程控制系统设计。第 8 章电气控制与 PLC 部分主要围绕过程控制系统中的电机控制和 PID 控制两个核心环节,阐述电机控制低压电器、DCS 电机控制原理、西门子信号模块和西门子工程 PID。第 10 章过程控制系统设计部分以造纸车间的流送和干燥两个工段为例,采用西门子 300PLC 进行了 DCS 设计举例,重点介绍如何实现 DCS 电机启停控制、连续 PID 和步进 PID 回路控制。

本书编写分工如下:胡连华统稿并编写第 4 章、第 5 章和第 8 章;黄勋编写第 2 章、第 3 章和第 9 章;方辉编写第 1 章和第 6 章;张婷婷编写第 7 章和第 10 章。

在编写本书的过程中,力求涵盖工业自动化仪表与过程控制工程的精华内容,尽量增加现代检测技术和控制技术中较为实用的内容,做到概念清楚、详略得当。每章后附有思考题与习题,便于读者检查学习效果。

在编写本书的过程中参阅了相关专业文献,在此谨向其作者表示感谢。

由于水平有限,书中的不足之处在所难免,恳请读者批评指正。

E-mail:hulianhua@sust.edu.cn。

编　者
2020 年 9 月

目　　录

第一篇　过程控制基础

第一篇　过程控制基础

第 1 章 自动控制系统的基本概念

1.1 工业自动化的主要内容

工业过程通常是指完成一个或一系列物理或化学变换的一组操作。从广义上,可以把工业过程理解为从原料的投入到成品产出的整个生产过程。所谓工业过程自动化,就是利用自动化仪表和计算机等技术工具,自动获得过程变量值的信息,并对影响过程状况的变量进行自动调节或操纵,以达到提高生产质量和经济效益、节约能源、减少污染和安全生产的目的。工业生产过程自动化系统包含很多内容,本章仅介绍自动检测、自动保护、自动操纵和自动控制等基本内容,其他内容将在后续章节中介绍。

1.1.1 自动检测系统

定义:利用各种传感器(或检测仪表)对生产过程主要工艺参数进行测量、指示或记录的系统称为自动检测系统。它代替了操作人员对工艺参数进行不断观察与记录,起到人的眼睛的作用。

如图 1 - 1 - 1 所示的热交换器是利用蒸汽来加热冷液的。冷液经加热后的温度是否达到要求,可用测温元件配上记录仪来进行测量、指示和记录;冷液的流量可以用孔板流量计进行检测;蒸汽压力可用压力表来指示。这些就组成了自动检测系统。

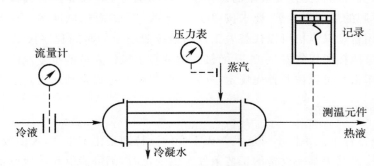

图 1 - 1 - 1 热交换器自动检测系统示意图

在各种生产过程中,许多生产参数的变化难以直接由人工检测,例如:管道里液体的流量、密闭容器内物料的高度、蒸汽的温度等,必须使用各种检测方法进行自动测量,以便了解和分析生产的运行情况、制定更合理的工艺规程;统计原料和物料的消耗及产品产量,以便核算成本。自动检测系统相当于监视生产过程的"眼睛",是最普遍的自动化形式,是工业生产自动化不可缺少的一个环节。

1.1.2 自动报警和联锁保护系统

在生产过程中,尤其是在工业流程中,有时由于一些偶然因素的影响,会导致工艺参数超出允许的变化范围,如不及时发现和处理,会造成产品质量和设备事故。为此,常对某些关键性参数设有自动信号报警和联锁保护系统。

定义:当工艺参数接近临界值时,信号报警系统会自动地发出声光报警信号,提醒操作人员注意。当工艺参数进一步接近临界值、工况接近危险状态时,联锁系统立即采取措施,自动打开安全阀、关闭泵或切断某些通路,甚至紧急停车,以防止事故的发生或扩大。把这样的系统称为自动报警和联锁保护系统。自动报警系统的组成如图 $1-1-2$ 所示。

例如,某反应器的反应温度超过了允许极限值,自动信号系统就会发出声光信号,报警给工艺操作人员以及时处理生产故障。由于生产过程的复杂化,往往靠操作人员处理事故已成为不可能,因为在一个复杂的生产过程中,事故常常会在几秒钟内发生,由操作人员直接处理是根本来不及的。而自动联锁保护系统可以圆满地解决这些问题,如当反应器的温度或压力进入危险界限时,联锁系统可立即采取应急措施,加入大量冷却剂或关闭进料阀门,减缓或停止反应,从而可避免生产事故的发生。

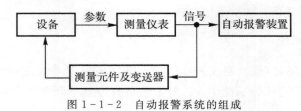

图 $1-1-2$ 自动报警系统的组成

1.1.3 自动操纵及自动开、停车系统

自动操纵系统可以根据预先规定的操作步骤自动地对生产设备进行某种周期性操作。例如合成氨造气车间的煤气发生炉,要求按照吹风、上吹、下吹制气、吹净等步骤周期性地接通空气和水蒸气,利用自动操纵机可以代替人工自动地按照一定的时间程序扳动空气和水蒸气的阀门,使它们交替地接通煤气发生炉,从而极大地减轻了操作人员的重复性体力劳动。

自动开、停车系统可以按照预先规定好的步骤,将生产过程自动地投入运行或停车。

1.1.4 自动控制系统

生产过程中各种工艺条件不可能是一成不变的。特别是化工生产,大多数是连续性生产,各设备相互关联,当其中某一设备的工艺条件发生变化时,都可能引起其他设备中某些参数或多或少地波动,偏离了正常的工艺条件,为此,就需要用一些自动控制装置,对生产中某些关键性参数进行自动控制,使它们在受到外界干扰(扰动)的影响而偏离正常状态时,能够被自动地调节而回到工艺所要求的数值范围内,为此目的而设置的系统就是自动控制系统,自动调节是指不需要人的直接参与。

　　由此可以看出：自动检测系统只能完成"了解"生产过程进行情况的任务；信号联锁保护系统只能在工艺条件进入某种极限状态时，采取安全措施，以避免生产事故的发生；自动操纵系统只能按照预先规定好的步骤进行某种周期性操纵；只有自动控制系统才能自动地排除各种干扰因素对工艺参数的影响，使它们始终保持在预先规定的数值上，保证生产维持在正常或最佳的工艺操作状态。因此，自动控制系统是自动化生产中的核心部分，也是学习和掌握的重点内容。

1.2　自动控制系统的组成

　　自动控制系统是在人工控制的基础上产生和发展起来的。在开始介绍自动控制的时候，先分析人工操作，并与自动控制加以比较，对分析和了解自动控制系统是有裨益的。

　　图 1-2-1 所示是一个液体贮槽，在生产中常用来作为一般的中间容器或成品罐。从前一个工序来的物料连续不断地流入槽中，而槽中的液体又送至下一工序进行加工或包装。当流入量 Q_i（或流出量 Q_o）波动时会引起槽内液位的波动，严重时会溢出或抽空。解决这个问题的最简单办法，是以贮槽液位为操作指标，以改变出口阀门开度为控制手段，见图 1-2-1（a）。当液位上升时，将出口阀门开大，液位上升越多，阀门开得越大；反之，当液位下降时，则关小出口阀门，液位下降越多，阀门关得越小。为了使液位上升和下降都有足够的余地，选择玻璃管液位计指示值中间的某一点为正常工作时的液位高度，通过改变出口阀门开度而使液位保持在这一高度上，这样就不会出现贮槽中液位过高而溢出槽外，或使贮槽内液体抽空而发生事故的现象。归纳起来，操作人员所进行的工作有以下三方面，见图 1-2-1（b）。

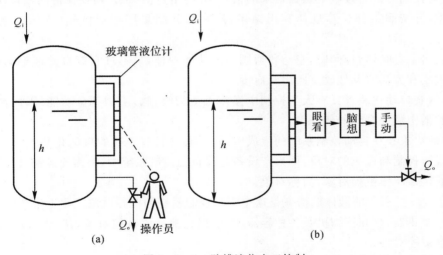

图 1-2-1　贮槽液位人工控制

　　(1)检测。用眼睛观察玻璃管液位计（测量元件）中液位的高低，并通过神经系统告诉大脑。

　　(2)运算（思考）、命令。大脑根据眼睛看到的液位高度，加以思考并与要求的液位值进行比较，得出偏差的大小和正负，然后根据操作经验，经思考、决策后发出命令。

　　(3)执行。根据大脑发出的命令，通过手去改变阀门开度，以改变出口流量 Q_o，从而使液位保持在所需高度上。

眼、脑、手 3 个器官,分别担负了检测、运算和执行 3 个任务,来完成测量、求偏差、操纵阀门以纠正偏差的全过程。由于人工控制受到人生理上的限制,因此在控制速度和精度上都满足不了大型现代化生产的需要。为了提高控制精度和减轻劳动强度,可采用一套自动化装置来代替上述人工操作,这样就由人工控制变为自动控制了。液体贮槽和自动化装置一起构成了一个自动控制系统,如图 1-2-2 所示。

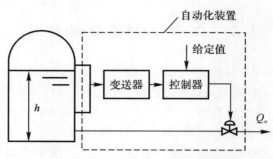

图 1-2-2　贮槽液位自动控制系统

为了完成人的眼、脑、手 3 个器官的任务,自动化装置一般至少也应包括三部分,分别用来模拟人的眼、脑和手的功能。图 1-2-2 中自动控制系统的主要组成部分如下:

(1)测量元件与变送器。它的功能是测量液位并将液位的高低转化为一种特定的、统一的输出信号(如气压信号或电压、电流信号等)。

(2)自动控制器。它接收变送器送来的信号,并与给定值(工艺需要保持的液位高度)相比较得出偏差,并按照某种运算规律算出结果,然后将此结果用特定信号(气压或电流)发送出去。

(3)执行器。通常指控制阀,它与普通阀门的功能一样,只不过它能自动地根据控制器送来的信号大小和方向自动地改变阀门开启度。

显然,这套自动化装置具有人工控制中操作人员的眼、脑、手的部分功能,因此,它能完成自动控制贮槽中液位高低的任务。

(4)被控对象。在自动控制系统的组成中,除了必须具有上述的自动化装置外,还必须具有控制装置所控制和操纵的对象,即生产设备。在自动控制系统中,将需要控制其工艺参数的生产设备或机器叫作被控对象,简称对象。

如图 1-2-2 所示的液体贮槽就是这个液位控制系统的被控对象。化工生产中的各种塔器、反应器、换热器、泵和压缩机及各种容器、贮槽都是常见的被控对象,甚至一段输气管道也可以是一个被控对象。

在复杂的生产设备中,如精馏塔、吸收塔等,在一个设备上可能有好几个控制系统。这时在确定被控对象时,就不一定是生产设备的整个装置。譬如,一个精馏塔,往往塔顶需要控制温度、压力等,塔底又需要控制温度、塔釜液位等,有时中部还需要控制进料流量,在这种情况下,就只有塔的某一与控制有关的相应部分才是某一个控制系统的被控对象。例如,在讨论进料流量的控制系统时,被控对象指的仅是进料管道及阀门等,而不是整个精馏塔本身。

1.3　工艺管道及控制流程

在工艺流程确定以后,工艺人员和自控设计人员应共同研究确定控制方案。控制方案的确定包括流程中各测量点的选择、控制系统的确定及有关自动信号、联锁保护系统的设计等。在控制方案确定以后,根据工艺设计给出的流程图,按其流程顺序标注出相应的测量点、控制点、控制系统及自动信号与联锁保护系统等,便构成了工艺管道及仪表流程图(Piping and Instrumentation Diagram,PID)。

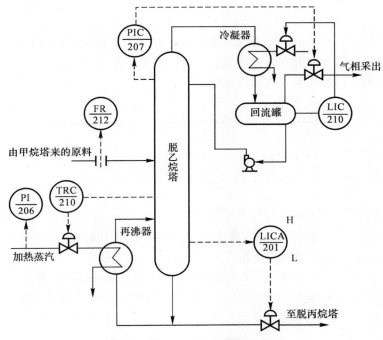

图 1-3-1　控制流程图举例

图 1-3-1 所示是乙烯生产过程中脱乙烷塔的工艺管道及控制流程图。为了说明问题方便,对实际的工艺过程及控制方案都作了部分修改。从脱甲烷塔出来的釜液进入脱乙烷塔脱除乙烷。从脱乙烷塔塔顶出来的碳二馏分经塔顶冷凝器冷凝后,部分作为回流,其余则去乙炔加氢反应器进行加氢反应。从脱乙烷塔底出来的釜液部分经再沸器后返回塔底,其余则去脱丙烷塔脱除丙烷。

在绘制控制流程图时,图中所采用的图例符号要按有关的技术规定进行,可参见《过程测量与控制仪表的功能标志及图形符号》(HG/T 20505 — 2014),现在结合图 1-3-1 对其中一些常用的图形符号、字母代号和仪表位号做简要介绍。

1.3.1　图形符号

1.测量点(包括检出元件、取样点)

是由工艺设备轮廓线或工艺管线引到仪表圆圈的连接线的起点,一般无特定的图形符号,如图 1-3-2 所示。图 1-3-1 中的塔顶取压点和加热蒸汽管线上的取压点都属于这种情形。必要时,检测元件也可以用象形或图形符号表示。例如当流量检测采用孔板时,检测点也可用图 1-3-1 中脱乙烷塔的进料管线上的符号表示。

图 1-3-2 测量点的一般表示方法

2. 连接线

通用的仪表信号线均以细实线表示。连接线表示交叉及相接,采用图 1-3-3 所示的形式。必要时也可用加箭头的方式表示信号的方向。在需要时,信号线也可按气信号、电信号和导压毛细管等采用不同的表示方式加以区别。

交叉　　　　　　相接　　　　　　方向

图 1-3-3 连接线的表示方法

3. 仪表(包括检测、显示、控制)的图形符号

仪表的图形符号是一个细实线圈,直径约 10 mm,对于不同的仪表安装位置的图形符号表示可参见附录 1 仪表安装位置的图形符号表示。

对于处理两个或两个以上被测量,具有相同或不同的功能的复式仪表时,可用两个相切的圆或分别用细实线圆与细虚线圆相切表示(测量点在图纸上距离较远或不在同一图纸上),如图 1-3-4 所示。

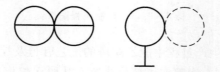

图 1-3-4 复式仪表的表示方法

1.3.2 字母代号

在控制流程图中,用来表示仪表的小圆圈的上半圆内,一般写有两位(或两位以上)字母,第一位字母表示被测变量,后继字母表示仪表的功能,常用被测变量和仪表功能的字母代号见附录 2 自控工程设计字母代码。

下述以图 1-3-1 脱乙烷塔控制流程图为例来说明如何以字母代号的组合来表示被测变量和仪表功能。

塔顶的压力控制系统中的 PIC-207,其中第一位字母 P 表示被测变量为压力,第二位字母 I 表示具有指示功能,第三位字母 C 表示具有控制功能,因此,PIC 的组合就表示一台具有指示功能的压力控制器。该控制系统是通过改变气相采出量来维持塔压稳定的。同样,回流罐液位控制系统中的 LIC－201 是一台具有指示功能的液位控制器,它是通过改变进入冷凝器的冷剂量来维持回流罐中液位稳定的。

在塔的下部的温度控制系统中的 TRC－210 表示一台具有记录功能的温度控制器,通过改变进入再沸器的加热蒸汽量来维持塔底温度恒定。当一台仪表同时具有指示、记录功能时,只需标注字母代号"R",不标"I",因此 TRC－210 可以同时具有指示、记录功能。同样,在进料管线上的 FR－212 可以表示同时具有指示、记录功能的流量仪表。

在塔底的液位控制系统中的 LICA－201 代表一台具有指示、报警功能的液位控制器,它是通过改变塔底采出量来维持塔釜液位稳定的。仪表圆圈外标有"H""L"字母,表示该仪表同时具有高、低限报警,当塔釜液位过高或过低时,会发出声、光报警信号。

1.3.3　仪表位号

在检测、控制系统中,构成一个回路的每个仪表(或元件)都应有自己的仪表位号。仪表位号是由字母代号组合和阿拉伯数字编号两部分组成。字母代号的意义前面已经解释过。阿拉伯数字编号写在圆圈的下半部,其第一位数字表示工段号,后续数字(二位或三位数字)表示仪表序号。图 1－3－1 中仪表的数字编号第一位都是 2,表示脱乙烷塔在乙烯生产中属于第二工段。通过控制流程图,可以看出其上每台仪表的测量点位置、被测变量、仪表功能、工段号、仪表序号和安装位置等。例如,在图 1－3－1 中的 PI－206 表示测量点在加热蒸汽管线上的蒸汽压力指示仪表,该仪表为就地安装,工段号为 2,仪表序号为 06;而 TRC－210 表示同一工段的一台温度记录控制仪,其温度的测量点在塔的下部,仪表安装在集中仪表盘面上。

1.4　自动控制系统的方框图

为了更清楚地表达自动控制系统中各组成环节之间的相互关系和信号之间的联系,一般将自动控制系统的组成用方框图来表示。图 1－2－2 所示的液位自动控制系统可以用图 1－4－1 所示的方框图来表示,图中用方框来表示组成控制系统的元、部件或环节,它表示一个或几个具体的设备。两个方框之间用信号线(一条带有箭头的直线)连接,它表示信号的传递方向,箭头指向方框表示这个环节的输入,箭头离开方框表示这个环节的输出。因此,画方框图的基本原则是按实际系统各组成环节之间的信号传递顺序,用信号线将各方框依次连接起来。一般在连接线上,常用某个字母表示方框间相互作用的信号。如在图 1－4－1 中,p 代表控制信号,它是控制器的输出信号,也是控制阀的输入信号。

图 1－2－2 的贮槽在图 1－4－1 中用一个"对象"方框来表示,其液位就是生产过程中所要保持恒定的变量,在自动控制系统中称为被控变量,用 y 来表示。在方框图中,被控变量 y 就是对象的输出。影响被控变量 y 的因素来自进料流量的改变,这种引起被控变量波动的外来因素,在自动控制系统中称为干扰作用(扰动作用),用 f 表示。干扰是作用于对象的输入信号,它是随机的。在自动控制系统中,干扰无处不在,控制系统的目的就是克服各种干扰对被控量的影响,以便保证生产安全、稳定、正常地进行。与此同时,出料流量的改变是控制阀动作所致,如果用一方框表示控制阀,那么出料流量即为"控制阀"方框的输出信号。出料流量的变化也是影响液位变化的因素,因此也是作用于对象的输入信号。

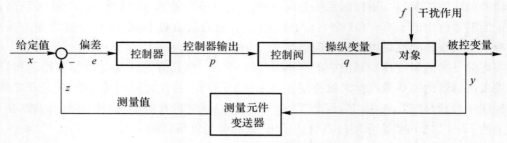

图 1-4-1　自动控制系统方框图

　　贮槽液位信号是测量元件及变送器的输入信号,而变送器的输出信号 z 进入比较机构,与工艺上希望保持的被控变量数值,即给定值(设定值) x 进行比较,得出偏差信号 $e(e=x-z)$,并将其送往控制器。比较机构实际上只是控制器的一个组成部分,不是一个独立的仪表,在图中把它单独画出来(一般方框图中是以 ○ 或 ⊗ 表示),为的是能更清楚地说明其比较作用。控制器根据偏差信号的大小和方向,按一定的规律运算后,发出信号 p 送至控制阀,使控制阀的开度发生相应变化,从而改变出料流量以克服干扰对被控变量(液位)的影响。控制阀的开度变化起着控制作用。具体实现控制作用的变量叫作操纵变量,如图 1-2-2 中流过控制阀的出料流量就是操纵变量。用来实现控制作用的物料一般称为操纵介质或操纵剂,如前述中的流过控制阀的流体就是操纵介质。

　　用同一种形式的方框图可以代表不同的控制系统。如图 1-4-2 所示的蒸汽加热器温度控制系统,当进料流量或温度变化等因素引起出口物料温度变化时,可以将该温度变化测量后送至温度控制器(Temperature Controller,TC)。温度控制器的输出送至控制阀,以改变加热蒸汽量来维持出口物料的温度不变。这个控制系统同样可以用图 1-4-1 的方框图来表示。这时被控对象是加热器,被控变量 y 是出口物料的温度。干扰作用可能是进料流量的变化、进料温度的变化、加热蒸汽压力的变化、加热器内部传热系数的变化或环境温度的变化等。而控制阀的输出信号即操纵变量 q 是加热蒸汽量的变化,在这里,加热蒸汽是操纵介质或操纵剂。由此可见,方框图与实际物理系统并不是一一对应的,同一个方框可以表示多个物理系统,而不同的物理系统也可以用同一个方框图表示。

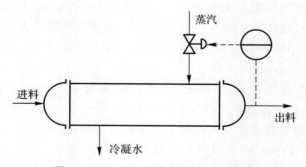

图 1-4-2　蒸汽加热器温度控制系统

　　必须指出,方框图中的每一个方框都代表一个具体的装置。方框与方框之间的连接线,只是代表方框之间的信号联系,并不代表方框之间的物料联系。方框之间连接线的箭头也只是代表信号作用的方向,与工艺流程图上的物料线是不同的。工艺流程图上的物料线是代表物料从一个设备进入另一个设备,而方框图上的线条及箭头方向有时并不与流体流向相一致。例如,对于控制阀来说,它控制着操纵介质的流量(即操纵变量),从而把控制作用施加于被控对象去克服干扰的影响,以维持被控变量在给定值上。因此控制阀的输出信号 q,任何情况下都是指向被控对象的。然而控制阀所控制的操纵介质却可以是流入对象的(如图 1-4-2 中的加热蒸汽),也可以是由对象流出的(如图 1-2-2 中的出口流量)。这说明方框图上控制阀的引出线只是代表施加到对象的控制作用,并不是具体流入或流出对象的流体。如果这个物料确实是流入对象的,那么信号与流体的方向才是一致的。

　　对于任何一个简单的自动控制系统,只要按照上面的原则去作它们的方框图时,就会发现,不论它们在表面上有多大差别,它的各个组成部分在信号传递关系上都形成一个闭合的环路。其中任何一个信号,只要沿着箭头方向前进,通过若干个环节后,最终又会回到原来的起点,这样的系统称为闭环系统。

　　在图 1-4-1 中,系统的输出变量是被控变量,但是它经过测量元件和变送器后,又返回到系统的输入端,与给定值进行比较。把这种系统(或环节)的输出信号直接或经过一些环节重新返回到输入端的做法叫作反馈。由图 1-4-1 还可以看到,在反馈信号 z 旁有一个负号"一",而在给定值 x 旁有一个正号"+"(正号可以省略)。这里正和负的意思是在比较时,以 x 作为正值,以 z 作为负值,也就是到控制器的偏差信号 $e=x-z$。因为图 1-4-1 中的反馈信号 z 取负值,所以叫作负反馈,负反馈的信号能够使原来的信号减弱。如果反馈信号取正值,反馈信号使原来的信号加强,那么就叫作正反馈。在这种情况下,方框图中反馈信号旁则要用正号"+",此时偏差 $e=x+z$。在自动控制系统中一般都采用负反馈。因为当被控变量 y 受到干扰的影响而升高时,只有负反馈才能使反馈信号 z 升高,经过比较到控制器去的偏差信号 e 将降低,此时控制器将发出信号而使控制阀的开度发生变化,变化的方向为负,从而使被控变量下降到给定值,这样就达到了控制的目的。如果采用正反馈,那么控制作用不仅不能克服干扰的影响,反而是推波助澜,即当被控变量 y 受到干扰升高时,z 亦升高,控制阀的动作方向是使被控变量进一步升高,而且只要有一点微小的偏差,控制作用就会使偏差越来越大,直至被控变量超出了安全范围而破坏生产,所以控制系统绝对不能单独采用正反馈。

　　综上所述,自动控制系统是具有被控量负反馈的闭环系统。它与自动检测、自动操纵等开环系统比较,最本质的区别,就在于自动控制系统有负反馈。在开环系统中,被控(工艺)变量是不反馈到输入端的,如化肥厂的造气自动机就是典型的开环系统的例子。图 1-4-3 是这种自动操纵系统的方框图。

图 1-4-3　自动操纵系统方框图

　　自动机在操作时,一旦开机,就只能是按照预先规定好的程序周而复始地运转。这时煤气炉的工况如果发生了变化,自动机是不会自动地根据炉子的实际工况来改变自己的操作的。自动机不能随时"了解"炉子的情况并依此改变自己的操作状态,这是开环系统的缺点,也就是说开环系统不能克服任何干扰,也正因为如此,在过程控制中很少单独运用开环控制。反过来说,自动控制系统由于是具有负反馈的闭环系统,它可以随时了解被控对象的情况,有针对性地根据被控变量的变化情况来改变控制作用的大小和方向,从而使系统的工作状态始终等于或接近于所希望的状态,所以闭环系统与开环系统相比较,其最大的优点是抗干扰能力强。

1.5 自动控制系统的分类

自动控制系统有多种分类方法:可以按被控变量来分类,如温度、压力、流量、液位等控制系统;也可以按控制器具有的控制规律来分类,如比例、比例积分、比例微分以及比例积分微分等控制系统;还可以按控制系统构成的复杂程度来分类,如简单控制系统和复杂控制系统等。但在分析自动控制系统特性时,经常遇到的是将控制系统按照工艺过程需要控制的被控变量的给定值是否变化和如何变化来分类,这样可将自动控制系统分为定值控制系统、随动控制系统和程序控制系统三类。

1.5.1 定值控制系统(自动镇定系统)

所谓"定值"就是恒定给定值的简称。工艺生产中,如果要求控制系统的作用是使被控制的工艺参数保持在一个生产指标上不变,或者说要求被控变量的给定值不变,那么就需要采用定值控制系统。图1-2-2所讨论的液位控制系统就是定值控制系统的一个例子,这个控制系统的目的是使贮槽内的液位保持在给定值不变。同样,图1-4-2所示的温度控制系统也属于定值控制系统,它的目的是为了使出口物料的温度保持恒定。这类控制系统的任务是克服各种内外干扰因素的影响,维持被控参数恒定不变。化工生产中要求的大都是这种类型的控制系统,因此后面所讨论的,如果未加特别说明,都是指定值控制系统。

1.5.2 随动控制系统(自动跟踪系统)

这类系统的特点是给定值不断地变化,而且这种变化不是预先规定好了的,也就是说给定值是随机变化的。随动系统的目的就是使所控制的工艺参数准确而快速地跟随给定值的变化而变化。例如,航空上的导航雷达系统、电视台的天线接收系统,都是随动系统的一些例子,这类控制系统的任务是让被控参数以尽可能小的误差,以最快的速度跟随给定值的变化。

在化工生产中,有些比值控制系统就属于随动控制系统。例如,要求甲流体的流量与乙流体的流量保持一定的比值,当乙流体的流量变化时,要求甲流体的流量能快速而准确地随之变化。由于乙流体的流量变化在生产中可能是随机的,所以相当于甲流体的流量给定值也是随机的,故属于随动控制系统。

1.5.3 程序控制系统(顺序控制系统)

这类系统的给定值也是变化的,但它是一个已知的时间函数,即生产技术指标需按一定的时间程序变化。在轻工业生产中,程序控制系统应用较多。许多温度控制系统都属于程序控制系统(如食品工业中的罐头杀菌温度控制、造纸工业中的制浆温度控制等),它们要求的温度指标不是一个恒定值,而是一个按工艺规程规定好的时间函数,具有一定的升温时间、保温时间、降温时间。近年来,程序控制系统应用日益广泛,一些定型的或非定型的程控装置越来越多地被应用到生产中,微型计算机的广泛应用也为程序控制提供了良好的技术工具与有利条件。

1.6　自动控制的过渡过程和品质指标

1.6.1　控制系统的静态与动态

在自动化领域中，通常要求被控变量稳定在某一数值。然而扰动却是客观存在的，在扰动作用下，被控变量会偏离设定值。而控制系统的作用就是调整操纵变量，使被控变量重新稳定在设定值附近。通常把被控变量不随时间而变化的平衡状态称为系统的静态，系统的静态过程是相对的、暂时的、有条件的。而把被控变量随时间变化的不平衡状态称为系统的动态，动态是绝对的、经常的、无条件的，它是控制系统不断克服干扰作用的影响、使被控量不断跟踪设定值的过程。

当一个自动控制系统的输入（给定输入和干扰）和输出均恒定不变时，整个系统就处于一种相对稳定的平衡状态，系统的各个组成环节如变送器、控制器、控制阀都不改变其原先的状态，它们的输出信号也都处于相对静止状态，这种状态就是上述的静态。值得注意的是，这里所指的静态与习惯上所讲的静止是不同的。习惯上所说的静止都是指静止不动（当然指的仍然是相对静止），而在自动化领域中的静态是指系统中各信号的变化率为零，即信号保持在某一常数不变化，而不是指物料不流动或能量不交换。因为自动控制系统在静态时，生产还在进行，物料和能量仍然有进有出，只是平稳进行没有改变而已。

自动控制系统的目的就是希望将被控变量保持在一个不变的给定值上，这只有当进入被控对象的物料量（或能量）和流出对象的物料量（或能量）相等时才有可能。例如图 1-2-2 所示的液位控制系统，只有当流入贮槽的流量和流出贮槽的流量相等时，液位才能恒定，系统才处于静态。图 1-4-2 所示的温度控制系统，只有当进入换热器的热量和由换热器出去的热量相等时，温度才能恒定，此时系统就达到了平衡状态，亦即处于静态。

假若一个系统原先处于相对平衡状态即静态，由于干扰的作用而破坏了这种平衡时，被控变量就会发生变化，从而使控制器、控制阀等自动化装置改变原来平衡时所处的状态，产生一定的控制作用来克服干扰的影响，并力图使系统恢复平衡。从干扰发生开始，经过控制，直到系统重新建立平衡，在这一段时间中，整个系统的各个环节和信号都处于变动状态之中，这种状态叫作动态。

在自动化工作中，了解系统的静态是必要的，但是了解系统的动态更为重要。这是因为在生产过程中，干扰是客观存在的，是不可避免的，例如，生产过程中前后工序的相互影响、负荷的改变、电压和气压的波动、气候的影响等。这些干扰是破坏系统平衡状态引起被控变量发生变化的外界因素。在一个自动控制系统投入运行时，时时刻刻都有干扰作用于控制系统，从而破坏了正常的工艺生产状态。因此，就需要通过自动化装置不断地施加控制作用去对抗或抵消干扰作用的影响，从而使被控变量保持在工艺生产所要求控制的技术指标上。当一个自动控制系统在正常工作时，总是处于一波未平、一波又起、波动不止、往复不息的动态过程中。显然，研究自动控制系统的重点是要研究系统的动态。

1.6.2　控制系统的过渡过程

图 1-6-1 所示是一个简单的控制系统方框图。假定系统原先处于平衡状态,系统中的各信号不随时间而变化。在某一个时刻 t_0,有一干扰作用于对象,于是系统的输出 y 就要变化,系统进入动态过程。由于自动控制系统的负反馈作用,经过一段时间以后,系统应该重新恢复平衡。系统由一个平衡状态过渡到另一个平衡状态的过程,称为系统的过渡过程。

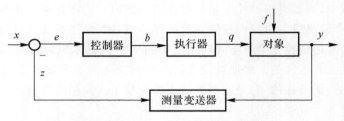

图 1-6-1　控制系统方框图

系统在过渡过程中,被控变量是随时间变化的。了解过渡过程中被控变量的变化规律对于研究自动控制系统是十分重要的。显然,被控变量随时间的变化规律首先取决于作用于系统的干扰形式。

在生产中,出现的干扰是没有固定形式的,且多半属于随机性质。在分析和设计控制系统时,为了安全和方便,常选择一些定型的干扰形式,其中常用的有阶跃信号、斜坡信号、脉冲信号和正弦波信号,如图 1-6-2 所示。

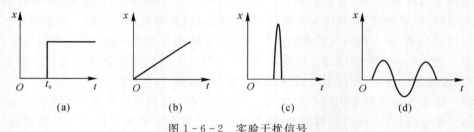

图 1-6-2　实验干扰信号

(a)阶跃信号;(b)斜坡信号;(c)脉冲信号;(d)正弦波信号

图 1-6-2 中,横坐标表示时间(t),纵坐标表示实验干扰信号(x)。一般情况下,最常用的是阶跃干扰。由图 1-6-2(a)可以看出,所谓阶跃干扰就是在某一瞬间 t_0,干扰(即输入量)突然地阶跃式地加到系统上,并继续保持在这个幅值不再变化。如果这一幅值为 1,则称为单位阶跃信号。采取阶跃干扰的形式来研究自动控制系统是因为考虑到这种形式的干扰比较突然,比较危险,它对被控变量的影响也最大。如果一个控制系统能够有效地克服这种类型的干扰,那么对于其他比较缓和的干扰也一定能很好地克服,同时,这种干扰的形式简单,容易实现,便于分析、实验和计算,因此应用较广。

一般来说,自动控制系统在阶跃干扰作用下的过渡过程如图 1-6-3 所示的几种基本形式。

1. 非周期衰减过程

系统阶跃信号输入作用后,被控变量在给定值的某一侧作缓慢变化,没有来回波动,最后稳定在某一数值上,这种过渡过程形式为非周期衰减过程,如图 1-6-3(a)所示。

2. 衰减振荡过程

被控变量上下波动,但幅度逐渐减小,最后稳定在某一数值上,这种过渡过程形式为衰减振荡过程,如图 1-6-3(b)所示。

3. 等幅振荡过程

被控变量在给定值附近来回波动,且波动幅度保持不变,这种情况称为等幅振荡过程,如图 1-6-3(c)所示。

4. 发散振荡过程

被控变量来回波动,且波动幅度逐渐变大,即偏离给定值越来越远,这种情况称为发散振荡过程,如图 1-6-3(d)所示。

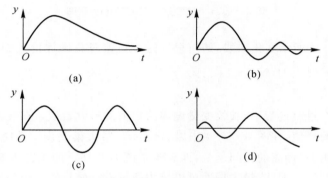

图 1-6-3　过渡过程的几种基本形式

过渡过程的 4 种形式可以归纳为以下三类。

(1)过渡过程(d)是发散的,称为不稳定的过渡过程,其被控变量在控制过程中,不但不能达到平衡状态,而且逐渐远离给定值,它将导致被控变量超越工艺允许范围,严重时会引起事故,这是生产上所不允许的,应竭力避免。

(2)过渡过程(a)(b)都是衰减的,称为稳定过程。被控变量经过一段时间后,逐渐趋向原来的或新的平衡状态,这是所希望的。

对于非周期的衰减过程,由于这种过渡过程变化较慢,被控变量在控制过程中长时间地偏离给定值,而不能很快恢复平衡状态,所以一般不采用,只是在生产上不允许被控变量有波动的情况下才采用。

对于衰减振荡过程,由于能够较快地使系统达到稳定状态,所以在多数情况下,都希望自动控制系统在阶跃输入作用下,能够得到如图 1-6-3(b)所示的过渡过程。

(3)过渡过程(c)介于不稳定与稳定之间,一般也认为是不稳定过程,生产上不能采用。只是对于某些控制质量要求不高的场合,如果被控变量允许在工艺许可的范围内振荡(主要指在位式控制时),那么这种过渡过程的形式是可以采用的。

1.6.3　控制系统的品质指标

控制系统的过渡过程是衡量控制系统品质的依据。由于在多数情况下,都希望得到衰减振荡过程,所以取衰减振荡的过渡过程形式来讨论控制系统的品质指标。

假定在阶跃输入作用下,自动控制系统被控量的变化曲线如图 1-6-4 所示。这是属于衰减振荡的过渡过程。图中横坐标 t 为时间,纵坐标 y 为被控量离开给定值的变化量。假定在时间 $t=0$ 之前,系统稳定,且被控量等于给定值,即 $y=0$;在 $t=0$ 瞬间,外加阶跃干扰作用,系统的被控变量开始按衰减振荡的规律变化,经过相当长时间后,y 逐渐稳定在 C 值上,即 $y(\infty)=C$。

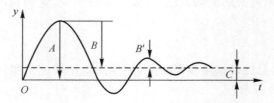

图 1-6-4   过渡过程品质指标示意图

对于如图 1-6-4 所示变化曲线,如何根据这个过渡过程来评价控制系统的质量呢?习惯上采用以下几个品质指标。

1. 最大偏差或超调量

最大偏差是指在过渡过程中,被控变量偏离给定值的最大数值。在衰减振荡过程中,最大偏差就是第一个波的峰值,在图 1-6-4 中以 A 表示。最大偏差表示系统瞬间偏离给定值的最大程度。若偏离越大,偏离的时间越长,即表明系统离开规定的工艺参数指标就越远,这对稳定正常生产是不利的。因此,最大偏差可以作为衡量系统质量的一个品质指标。一般来说,最大偏差当然是小一些为好,特别是对于一些有约束条件的系统,如化学反应器的化合物爆炸极限、触媒烧结温度极限等,都会对最大偏差的允许值有所限制。同时考虑到干扰会不断出现,当第一个干扰还未清除时,第二个干扰可能又出现了,偏差有可能是叠加的,这就更需要限制最大偏差的允许值。因此,在决定最大偏差允许值时,要根据工艺情况慎重选择。

有时也可以用超调量来表征被控变量偏离给定值的程度。在图 1-6-4 中超调量以 B 表示。从图中可以看出,超调量 B 是第一个峰值 A 与新稳定值 C 之差,即 $B=A-C$。如果系统的新稳定值等于给定值,那么最大偏差 A 也就与超调量 B 相等了。与最大偏差一样,从控制质量的角度考虑,希望超调量越小越好。

2. 衰减比

虽然前面已提及一般希望得到衰减振荡的过渡过程,但是衰减快慢的程度多少为适当呢?表示衰减程度的指标是衰减比,它是指过渡过程曲线上同方向相邻两个峰值之比。在图 1-6-4中衰减比是 $B:B'$,习惯上表示为 $n:1$。假如 n 只比 1 稍大一点,显然过渡过程的衰减程度很小,接近于等幅振荡过程,由于这种过程不易稳定、振荡过于频繁、不够安全,因此一般不采用;如果 n 很大,则又太接近于非振荡过程,过渡过程过于缓慢,通常这也是不希望的。一般 n 取值在 4~10 之间为宜,因为衰减比在 4:1 到 10:1 之间时,过渡过程开始阶段的变化速度比较快,被控变量在同时受到干扰作用和控制作用的影响后,能比较快地达到一个峰值,然后马上下降,又较快地达到一个低峰值,而且第二个峰值远远低于第一个峰值。当操作人员看到这种现象时,心里就比较踏实,因为他知道被控变量再振荡数次后就会很快稳定下来,并且最终的稳态值必然在两峰值之间,决不会出现太高或太低的现象,更不会远离给定值以至造成事故。尤其在反应比较缓慢的情况下,衰减振荡过程的这一特点尤为重要。对于这种系统,如果过渡过程是接近于非振荡的衰减过程,操作人员很可能在较长时间内,都只看到被控变量一直上升(或下降),可能会很自然地怀疑被控变量会继续上升(或下降)不止,由于这种焦急的心情,很可能会导致操作人员去拨动给定值指针或仪表上的其他旋钮。假若出现这种情况,那么就等于对系统施加了人为的干扰,有可能使被控变量离开给定值更远,使系统处于难于控制的状态。因此,选择衰减振荡过程并规定衰减比在 4:1～10:1 之间,完全是操作人员多年操作经验的总结。

3. 余差

当过渡过程终了时,被控变量所达到的新的稳态值与给定值之间的偏差叫作余差,或者说余差就是过渡过程终了时的残余偏差,在图 1-6-4 中以 C 表示。偏差的数值可正可负,它反映了当系统受到阶跃输入变量作用后,经过控制重新达到稳定状态时,被控变量偏离给定值的程度。在生产中,给定值是生产的技术指标,所以被控变量越接近给定值越好,亦即余差越小越好。但在实际生产中,也并不是要求任何系统的余差都很小,如一般贮槽的液位调节要求就不高,这种系统往往允许液位有较大的变化范围,余差就可以大一些。又如化学反应器的温度控制,一般要求比较高,应当尽量消除余差。因此,对余差大小的要求,必须结合具体系统作具体分析,不能一概而论,只要余差的大小能满足生产工艺要求就可以了。

有余差的控制过程称为有差调节,相应的系统称为有差系统。没有余差的控制过程称为无差调节,相应的系统称为无差系统。

4. 过渡时间

从干扰作用发生的时刻起,直到系统重新建立新的平衡时止,过渡过程所经历的时间称为过渡时间。严格地讲,对于具有一定衰减比的衰减振荡过渡过程来说,要完全达到新的平衡状态需要无限长的时间。实际上,由于仪表灵敏度的限制,当被控变量接近稳态值时,指示值就基本上不再改变了。因此,一般是在稳态值的上下规定一个小的范围,当被控变量进入这一范围并不再越出时,就认为被控变量已经达到新的稳态值,或者说过渡过程已经结束。这个范围一般定为稳态值的 ±5%(也有的规定为 ±2%)。按照这个规定,过渡时间就是从干扰开始作用之时起,直至被控变量进入新稳态值的 ±5%(或 ±2%)的范围内不再越出时为止所经历的时间。过渡时间是控制系统的一个很重要的质量指标,过渡时间短,表示过渡过程进行得比较迅速,系统的抗干扰能力强,这时即使干扰频繁出现,系统也能适应,系统控制质量就高;反之,过渡时间太长,第一个干扰引起的过渡过程尚未结束,第二个干扰就已经出现,这样,几个干扰的影响叠加起来,就可能使系统满足不了生产的要求。因此,希望过渡时间越短越好。

5. 振荡周期或频率

过渡过程同向两波峰(或波谷)之间的间隔时间叫作振荡周期或工作周期,其倒数称为振荡频率。在衰减比相同的情况下,周期与过渡时间成正比,一般希望振荡周期短一些为好。

还有一些次要的品质指标。所谓振荡次数,是指在过渡过程内被控变量振荡的次数。所谓"理想过渡过程两个波",就是指过渡过程振荡两次就能稳定下来,在一般情况下,它可认为是较为理想的过程。此时的衰减比约相当于 4:1,图 1-6-4 所示的就是接近于 4:1 的过渡过程曲线。上升时间也是一个品质指标,它是指干扰开始作用起至被控量达到第一个波峰时所需要的时间,显然,上升时间应以短一些为宜。

综上所述,过渡过程的品质指标主要有最大偏差、衰减比、余差和过渡时间等。这些指标在不同的系统中各有其重要性,且相互之间既有矛盾,又有联系。因此,应根据具体情况分清主次,区别轻重,对生产过程有决定性意义的主要品质指标应优先予以保证。另外,对一个系统提出的品质要求和评价一个控制系统的质量,都应该从实际需要出发,不应过分偏高偏严,否则就会造成人力物力的巨大浪费,甚至根本无法实现。

例 某换热器的温度调节系统在单位阶跃干扰作用下的过渡过程曲线如图 1-6-5 所示。试分别求出最大偏差、余差、衰减比、振荡周期和过渡时间(给定值为 200℃)。

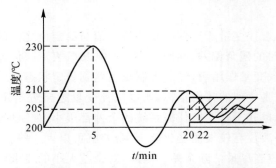

图 1-6-5 温度控制系统过渡过程曲线

解 最大偏差为 $\qquad A = 230℃ - 200℃ = 30℃$
余差为 $\qquad C = 205℃ - 200℃ = 5℃$

由图 1-6-5 可以看出,第一个波峰值 $B = 230℃ - 205℃ = 25℃$,第二个波峰值 $B' = 210℃ - 205℃ = 5℃$,故衰减比应为 $B : B' = 25 : 5 = 5 : 1$。

振荡周期为同向两波峰之间的时间间隔,故周期 $T = 20\ min - 5\ min = 15$ min。

过渡时间与规定的被控变量限制范围大小有关,假定被控变量进入额定值的 ±2%,就可以认为过渡过程已经结束,那么限制范围为 $200℃ × (±2\%) = ±4℃$,这时,可在新稳态值(205℃)两侧以宽度为 ±4℃画一区域,图 1-6-5 中以画有阴影线的区域表示,只要被控变量进入这一区域且不再越出,过滤过程就可以认为已经结束。因此,从图上可以看出,过渡时间为 22 min。

1.6.4 影响控制系统过渡过程品质的主要因素

由上述讨论知道,一个自动控制系统可以概括成两部分,即工艺过程部分(被控对象)和自动化装置部分。前者并不是泛指整个工艺流程,而是指与该自动控制系统有关的部分。以图 1-4-2 所示的热交换器温度控制系统为例,其工艺过程部分指的是与被控变量温度有关的工艺参数和设备结构、材质等因素,也就是被控对象。自动化装置部分指的是为实现自动控制所必需的自动化仪表设备,通常包括测量与变送装置、控制器和执行器等三部分。对于一个自动控制系统,过渡过程品质的好坏,在很大程度上取决于对象的性质。

例如,在前面所述的温度控制系统中,属于对象性质的主要因素有换热器的负荷大小,换热器的结构、尺寸、材质等,换热器内的换热情况、散热情况及结垢程度等。自动化装置应按对象性质加以选择和调整,两者要很好地配合。自动化装置的选择和调整不当,也会直接影响控制质量。此外,在控制系统运行过程中,自动化装置的性能一旦发生变化,如阀门失灵、测量失真,也要影响控制质量。

总之,影响自动控制系统过渡过程品质的因素是很多的,在系统设计和运行过程中都应给予充分注意。为了更好地分析和设计自动控制系统,提高过渡过程的品质指标,从 1.7 节开始,将对组成自动控制系统的各个环节,按被控对象、测量与变送装置、控制器和执行器的顺序逐个进行讨论,只有在充分了解这些环节的作用和特性后,才能进一步研究和分析设计自动控制系统,提高系统的控制质量。

1.7　被控对象的数学模型

本节主要研究被控对象动态特性的数学描述,所采用的研究方法对自动控制系统其他环节也同样适用,故不再讨论其他环节的特性。

1.7.1　化工对象的特点及其描述方法

在化工过程测量与自动化系统中,常见的对象有各类换热器、精馏塔、流体输送设备和化学反应器等,此外还一些辅助设备,如气源、热源及动力设备(如空压机、辅助锅炉、电动机等)等也需要进行研究。虽然各种对象千差万别,有的操作很稳定,操作很容易;有的对象则不然,只要稍不小心就会超越正常工艺条件,甚至造成事故。有经验的操作人员,他们往往很熟悉这些对象,只有充分了解和熟悉这些对象,才能使生产操作得心应手,达到高产、优质、低消耗的目的。同样,在自动控制系统中,当采用一些自动化装置来模拟人工操作时,首先也必须深入了解对象的特性,了解它的内在规律,才能根据工艺对控制质量的要求,设计合理的控制系统,选择合适的被控变量和操纵变量,选用合适的测量元件及控制器。

在控制系统投入运行时,也要根据对象特性选择合适的控制器参数(也称控制器参数的工程整定),使系统正常地运行。特别是一些比较复杂的控制方案设计,例如前馈控制、计算机最优控制等更离不开对象特性的研究。所谓研究对象的特性,就是用数学的方法来描述出对象输入量与输出量之间的关系。把这种对象特性的数学描述就称为对象的数学模型。

在建立对象数学模型(建模)时,一般将被控变量看作对象的输出量,有时也叫输出变量,而将干扰作用和控制作用看作对象的输入量,有时也叫输入变量。干扰作用和控制作用都是引起被控变量变化的因素,如图 1-7-1 所示。由对象的输入变量至输出变量的信号联系称之为通道。控制作用至被控变量的信号联系称控制通道;干扰作用至被控变量的信号联系称干扰通道。在研究对象特性时,应预先指明对象的输入量是什么,输出量是什么,因为对于同一个对象,不同通道的特性可能是不同的。

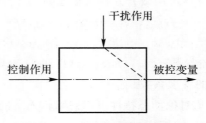

图 1-7-1　对象的输入输出量

在控制系统的分析和设计中,对象的数学模型是十分重要的基础资料。对象的数学模型可分为静态数学模型和动态数学模型。静态数学模型描述的是对象在静态时的输入量与输出量之间的关系，它可用一个代数方程来描述；动态数学模型描述的是对象在输入量改变以后输出量的变化情况，它可用一个微分方程来描述。静态与动态是事物特性的两个侧面，可以这样说，动态数学模型是在静态数学模型基础上的发展，静态数学模型是对象在达到平衡状态时的动态数学模型的一个特例。

必须指出，这里所要讨论的主要是用于控制的数学模型，它与用于工艺设计与分析的数学模型是不完全相同的。尽管在建立数学模型时，用于控制的和用于工艺设计的可能都是基于同样的物理和化学规律，它们的原始方程可能都是相同的，但两者还是有差别的。

用于控制的数学模型一般是在工艺流程和设备尺寸等都已确定的情况下，研究的是对象的输入变量是如何影响输出变量的，即对象的某些工艺变量(例温度、压力、流量等)变化以后是如何影响另一些工艺变量的(一般是指被控变量)，研究的目的是为了使所设计的控制系统达到更好的控制效果。用于工艺设计的数学模型(一般是静态的)是在产品规格和产量已经确定的情况下，通过模型的计算，来确定设备的结构、尺寸、工艺流程和某些工艺条件，以期达到最好的经济效益。

数学模型的表达形式主要有两大类：①是非参量形式，称为非参量模型；②是参量形式，称为参量模型。

1. 非参量模型

当数学模型是采用曲线或数据表格等来表示时，称为非参量模型。非参量模型可以通过记录实验结果来得到，有时也可以通过计算来得到，它的特点是形象、清晰，比较容易看出其定性的特征。但是，由于它们缺乏数学方程的解析性质，要直接利用它们来进行系统的分析和设计往往比较困难，所以在必要时，可以对它们进行一定的数学处理来得到参量模型的形式。

由于对象的数学模型描述的是对象在受到控制作用或干扰作用后被控变量的变化规律，因此对象的非参量模型可以用对象在一定形式的输入作用下的输出曲线或数据来表示。根据输入形式的不同，主要有阶跃响应曲线和脉冲响应曲线、矩形脉冲响应曲线和频率特性曲线等。这些曲线一般都可以通过实验直接得到。

2. 参量模型

当数学模型是采用数学方程式来描述时，称为参量模型。对象的参量模型可以用描述对象输入、输出关系的微分方程式、偏微分方程式、状态方程以及差分方程等形式来表示。

对于线性集中参数对象，通常可用常系数线性微分方程式来描述，如果用 $x(t)$ 表示输入量，$y(t)$ 表示输出量，则对象特性可用微分方程式描述为

$$a_n y^{(n)}(t) + a_{n-1} y^{(n-1)}(t) + \cdots + a_1 y'(t) + a_0 y(t) =$$
$$b_m x^{(m)}(t) + b_{m-1} x^{(m-1)} + \cdots + b_1 x'(t) + b_0 x(t) \qquad (1-7-1)$$

式中，$y^{(n)}(t)$ 表示 $y(t)$ 的 n 阶导数；$x^{(m)}(t)$ 表示 $x(t)$ 的 m 阶导数；$a_n, a_{n-1}, \ldots, a_1, a_0$ 及 $b_m, b_{m-1}, \ldots, b_1, b_0$ 分别为方程中的各项系数。

在允许的范围内，多数化工对象动态特性可以忽略输入量的导数项，因此可表示为

$$a_n y^{(n)}(t) + a_{n-1} y^{(n-1)}(t) + \cdots + a_1 y'(t) + a_0 y(t) = x(t)$$

例如，一个对象如果可以用一个一阶微分方程式来描述其特性(通常称为一阶对象)，则可表示为

$$a_1 y'(t) + a_0 y(t) = x(t) \qquad (1-7-2)$$

或表示成

$$T y'(t) + y(t) = K x(t) \qquad (1-7-3)$$

式中

$$T = \frac{a_1}{a_0}, \quad K = \frac{1}{a_0}$$

以上方程式中的系数 $a_n, a_{n-1}, \dots, a_1, b_m, b_{m-1}, \dots, b_0$ 及 T、K 等都可以认为是相应的参量模型中的参量,它们与对象的特性有关。一般需要通过对象的内部机理分析或大量的实验数据处理才能得到。

1.7.2　对象数学模型的建立

1. 建模目的

建立被控对象的数学模型,其主要目的有以下几点。

(1)控制系统的方案设计。对被控对象特性的全面和深入地了解,是设计控制系统的基础。例如控制系统中被控变量及检测点的选择、操纵变量的确定、控制系统结构形式的确定等都与被控对象的特性有关。

(2)控制系统的调试和控制器参数的确定。为了使控制系统能安全投运并进行必要的调试,必须对被控对象的特性有充分的了解。另外,在控制器控制规律的选择及控制器参数的确定时,也离不开对被控对象特性的了解。

(3)制定工业过程操作优化方案。操作优化往往可以在基本不增加投资与设备的情况下,获取可观的经济效益,这样一个命题的解决离不开对被控对象特性的了解,而且主要是依靠对象的静态数学模型。

(4)新型控制方案及控制策略的确定。在用计算机构成一些新型控制系统时,往往离不开被控对象的数学模型,例如预测控制、推理控制、前馈动态补偿等都是在已知对象数学模型的基础上才能进行的。

(5)计算机仿真与过程培训系统。利用开发的数学模型和系统仿真技术,使操作人员有可能在计算机上对各种控制策略进行定量的比较与评定,有可能在计算机上仿效实际的操作,从而高速、安全、低成本地培训工程技术人员和操作工人,有可能制定大型设备启动和停车的操作方案。

(6)设计工业过程的故障检测与诊断系统。利用开发的数学模型可以及时发现工业过程中控制系统的故障及其原因,并能提供正确的解决途径。

2. 机理建模方法

机理建模方法是根据对象或生产过程的内部机理,列写出各种有关的平衡方程式,如物料平衡方程、能量平衡方程、动量平衡方程、相平衡方程及某些物性方程、设备的特性方程、化学反应定律、电路基本定律等,从而获取对象(或过程)的数学模型,这类模型通常称为机理模型。应用这种方法建立的数学模型,其最大优点是具有非常明确的物理意义,所获得的模型具有很大的适应性,模型参数容易调整。由于化工对象较为复杂,某些物理、化学变化的机理还不完全了解,而且线性的并不多,加上分布参数元件又特别多(即参数同时是位置与时间的函数),

所以对于某些对象，人们还难以写出它们的数学表达式，或者表达式中的某些系数还难以确定。下述通过一些简单的例子来讨论机理建模的方法。

（1）一阶对象。当对象的动态特性可以用一阶微分方程式来描述时称为一阶对象。

如图 1-7-2 所示是一个水槽对象，水经过阀门 1 不断地流入水槽，水槽内的水又通过阀门 2 不断流出。工艺上要求水槽的液位 h 保持一定数值。在这里，水槽就是被控对象，液位 h 就是被控变量、如果阀门 2 的开度保持不变，而阀门 1 的开度变化是引起液位变化的干扰因素。那么，这里所指的对象特性，就是指当阀门 1 的开度变化时，液位 h 是如何变化的。在这种情况下，对象的输入量是流入水槽的流量 Q_1，对象的输出量是液位 h。下面推导表征 h 与 Q_1 之间关系的数学表达式。

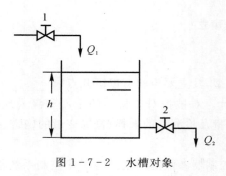

图 1-7-2　水槽对象

在生产过程中，最基本的关系是物料平衡和能量平衡。当单位时间内流入对象的物料（或能量）不等于流出对象的物料（或能量）时，表征对象物料（或能量）蓄存量的参数就要随时间而变化，找出它们之间的关系，就能写出描述它们之间关系的微分方程式。因此，列写微分方程式的依据可表示为

对象物料蓄存量的变化率＝单位时间流入对象的物料量－单位时间流出对象的物料量
其中，物料量也可以表示为能量。

以图 1-7-2 的水槽对象为例，截面积为 A 的水槽，当流入水槽的流量 Q_1 等于流出水槽的流量 Q_2 时，系统处于平衡状态，即静态，这时液位 h 保持不变。假定某一时刻 Q_1 有了变化，不再等于 Q_2，于是 h 也就会发生变化，h 的变化与 Q_1 的变化究竟有什么关系呢？这必须从水槽的物料平衡来考虑，找出 h 与 Q_1 的关系，这是推导表征 h 与 Q_1 关系的微分方程式的根据。

在用微分方程式来描述对象特性时，往往着眼于一些量的变化，而不注重这些量的初始值。因此下面在推导方程的过程中，假定 Q_1，Q_2，h 都代表它们偏离初始平衡状态的变化值。如果在很短一段时间 dt 内，由于 Q_1 不等于 Q_2，引起液位变化了 dh，此时，流入和流出水槽的水量之差 $(Q_1-Q_2)dt$ 应该等于水槽内增加（或减少）的水量 $A\,dh$，可用数学式表示为

$$(Q_1-Q_2)dt = A\,dh \qquad\qquad (1-7-4)$$

式（1-7-4）就是微分方程式的一种形式。在这个式子中，还不能一目了然地看出 h 与 Q_1 的关系。因为在水槽出水阀 2 开度不变的情况下，随着 h 的变化，Q_2 也会变化。h 越大，静压越大，Q_2 也会越大。也就是说，在式（1-7-4）中，Q_1，Q_2，h 都是时间的变量，那么要如何消去中间变量 Q_2，得出 h 与 Q_1 的关系式呢？

如果考虑变化量很微小（由于在自动控制系统中，各个变量都是在它们的额定值附近作微小的波动，因此作这样的假定是允许的），可以近似认为 Q_2 与 h 成正比，与出水阀的阻力系数

R_s 成反比,用数学式表示为

$$Q_2 = \frac{h}{R_s} \tag{1-7-5}$$

将此关系式代入(1-7-4),则有

$$\left(Q_1 - \frac{h}{R_s}\right) dt = A dh \tag{1-7-6}$$

移项整理后,可得

$$A R_s \frac{dh}{dt} + h = R_s Q_1 \tag{1-7-7}$$

令

$$T = A R_s \tag{1-7-8}$$
$$K = R_s \tag{1-7-9}$$

代入式(1-7-7),则有

$$T \frac{dh}{dt} + h = K Q_1 \tag{1-7-10}$$

　　式(1-7-10)就是用来描述简单的水槽对象特性的微分方程式。它是一阶常系数微分方程式,式中 T 称为惯性时间常数,K 称为放大系数。

　　(2) 积分对象。当对象的输出参数与输入参数对时间的积分成比例关系时称为积分对象。如图 1-7-3 所示的液体贮槽,就具有积分特性。因为贮槽中的液体由正位移泵抽出,因而从贮槽中流出的液体流量 Q_2 将是常数,它的变化量为 0。因此,液位 h 的变化就只与流入量的变化有关。如果以 h、Q_1 分别表示液位和流入量的变化量,则有

$$dh = \frac{1}{A} Q_1 dt \tag{1-7-11}$$

式中,A—— 贮槽横截面积。

　　对式(1-7-11)积分,可得

$$h = \frac{1}{A} \int Q_1 dt \tag{1-7-12}$$

这说明图 1-7-3 所示贮槽具有积分特性。

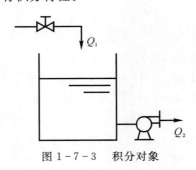

图 1-7-3　积分对象

　　(3) 二阶对象。当对象的动态特性可以用二阶微分方程式来描述时称为二阶对象。如图 1-7-4 所示的两贮槽串联,其表征对象特性的微分方程式的建立,和一只贮槽的情况类似。假定这时对象的输入量是 Q_1,输出量是 h_2,也就是研究当输入流量 Q_1 变化时第二只贮槽的液

位 h_2 的变化情况。同样假定输入、输出量变化很小的情况下,贮槽的液位与输出流量具有线性关系,即

$$Q_{12} = \frac{h_1}{R_1} \tag{1-7-13}$$

$$Q_2 = \frac{h_2}{R_2} \tag{1-7-14}$$

式中,R_1,R_2 分别表示第一只贮槽的出水阀与第二只贮槽的出水阀的阻力系数。

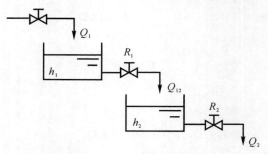

图 1-7-4 串联水槽对象

假设每只贮槽的截面积都为 A,则对于每只贮槽,都具有与方程(1-7-4)相同的物料平衡关系,即

$$(Q_1 - Q_{12})\mathrm{d}t = A\,\mathrm{d}h_1 \tag{1-7-15}$$

$$(Q_{12} - Q_2)\mathrm{d}t = A\,\mathrm{d}h_2 \tag{1-7-16}$$

将式(1-7-13)~式(1-7-16)经过简单的推导和整理,消去中间变量 Q_{12},Q_2,h_1,可得输出量 h_2 输入量 Q_1 之间的关系式。为此将式(1-7-15)和式(1-7-16)写成如下形式:

$$\frac{\mathrm{d}h_1}{\mathrm{d}t} = \frac{1}{A}(Q_1 - Q_{12}) \tag{1-7-17}$$

$$\frac{\mathrm{d}h_2}{\mathrm{d}t} = \frac{1}{A}(Q_{12} - Q_2) \tag{1-7-18}$$

可解得

$$Q_{12} = A\frac{\mathrm{d}h_2}{\mathrm{d}t} + Q_2 \tag{1-7-19}$$

将式(1-7-14)代入式(1-7-19),然后再代入式(1-7-17),可得

$$\frac{\mathrm{d}h_1}{\mathrm{d}t} = \frac{1}{A}\left(Q_1 - A\frac{\mathrm{d}h_2}{\mathrm{d}t} - \frac{h_2}{R_2}\right) \tag{1-7-20}$$

将式(1-7-14)与式(1-7-13)代入式(1-7-18),并求导,可得

$$\frac{\mathrm{d}^2h_2}{\mathrm{d}t^2} = \frac{1}{A}\left(\frac{1}{R_1}\frac{\mathrm{d}h_1}{\mathrm{d}t} - \frac{1}{R_2}\frac{\mathrm{d}h_2}{\mathrm{d}t}\right) \tag{1-7-21}$$

将式(1-7-20)代入式(1-7-21),整理,得

$$AR_1AR_2\frac{\mathrm{d}^2h_2}{\mathrm{d}t^2} + (AR_1 + AR_2)\frac{\mathrm{d}h_2}{\mathrm{d}t} + h_2 = R_2Q_1 \tag{1-7-22}$$

或写成

$$T_1 T_2 \frac{\mathrm{d}^2 h_2}{\mathrm{d}t^2} + (T_1 + T_2) \frac{\mathrm{d}h_2}{\mathrm{d}t} + h_2 = KQ_1 \qquad (1-7-23)$$

式中，$T_1 = AR_1$——第一只贮槽的时间常数；

$\quad T_2 = AR_2$——第二只贮槽的时间常数；

$\quad\quad K = R_2$——整个对象的放大系数。

　　这就是用来描述两只贮槽串联的对象的微分方程式，它是一个二阶常系数微分方程式。以上通过推导，可以得到描述对象特性的微分方程式。对于其他类型的简单对象，也可以用这种方法来研究。但是，对于比较复杂的对象，用这种数学方法来研究就比较困难，而且所得微分方程式也不像上述那么简单。

　　3. 实验建模方法

　　由于诸多的原因：①对象的特性很复杂，难以通过内在机理的分析而直接得到描述对象特性的数学表达式，且这些表达式（一般是高阶微分方程式或偏微分方程式）也较难求解；②在机理建模过程中，往往作了许多假定和假设，忽略了很多因素，但在实际中，由于条件的变化，可能某些假定与实际不完全相符，或者有些原来次要的因素上升为不能忽略的因素，这样直接利用理论推导得到的模型作为合理设计自动控制系统的依据，就不太可靠。在实际工作中，通常用实验的方法来获得对象的特性，当然可以通过对用机理分析法得到的对象特性加以验证或修改。

　　所谓对象特性的实验测取法，就是在所要研究的对象上，加上一个人为的输入作用（输入量），然后，用仪表测取并记录表征对象特性的物理量（输出量）随时间变化的规律，得到一系列实验数据（或曲线）。这些数据或曲线就可以用来表示对象的特性。有时，为了进一步分析对象的特性，对这些数据或曲线再加以必要的数据处理，使之转化为描述对象特性的数学模型。把这种用对象的输入输出实测数据来确定其模型结构和参数的方法称为系统辨识，它的主要特点是把被研究对象视为一个黑匣子，完全从外部特性上来测试和描述它的动态特性，因此不需要深入了解其内部机理，特别是对于一些复杂的对象，实验建模比机理建模要简单和省力。

　　下述简单介绍几种对象特性的实验建模方法。

　　(1)阶跃响应曲线法。所谓测取对象的阶跃响应曲线，就是用实验的方法测取对象在阶跃输入作用下，输出量 y 随时间的变化规律。例如要测取如图 $1-7-5$ 所示简单水槽的动态特性，这时，表征水槽工作状况的物理量是液位 h，我们要测取当输入流量 Q_1 改变时，输出 h 的反应曲线。假定在时间 t_0 之前，对象处于稳定状况，即输入流量 Q_1 等于输出流量 Q_2，液位 h 维持不变。在 t_0 时刻，突然开大进水阀，然后保持不变。Q_1 改变的幅度可以用流量仪表测得，假定为 A。这时若用液位仪表测得 h 随时间的变化规律，便是简单水槽的反应曲线，如图 $1-7-6$ 所示。

　　这种方法比较简单。如果输入量是流量，只要将阀门的开度作突然地改变，便可认为施加了阶跃干扰。因此不需要特殊的信号发生器，在装置上进行极为容易。输出参数的变化过程可以利用原来的仪表记录下来（若原来的仪表精度不符合要求，可改用具有高灵敏度的快速记录仪），不需要增加特殊仪器设备，测试工作量也不大。总体来说，阶跃响应曲线法是一种比较简易的动态特性测试方法。

　　这种方法也存在一些缺点。主要是对象在阶跃信号作用下，从不稳定到稳定一般所需时间较长，在这样长的时间内，对象不可避免要受到许多其他干扰因素的影响，因而测试精度受到限制。为了提高精度,就必须加大所施加的输入作用幅值,可是这样做就意味着对正常生产的影响增加,工艺上往往是不允许的。一般所加输入作用的大小是取额定值的 $5\%\sim10\%$。因此,阶跃响应曲线法是一种简易但精度较差的对象特性测试方法,它一般适用于工艺过程比较简单、其他干扰因素较小的场合。

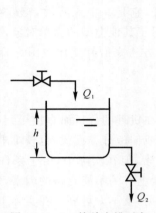

图 1-7-5 简单水槽对象

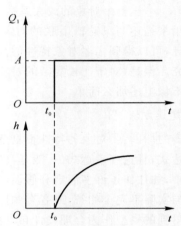

图 1-7-6 水槽的阶跃响应曲线

（2）矩形脉冲法。当对象处于稳定工况下,在时间 t_0 突然加一阶跃干扰,幅值为 A,到 t_1 时突然除去阶跃干扰,这时测得的输出量 y 随时间的变化规律,称为对象的矩形脉冲特性,而这种形式的干扰称为矩形脉冲干扰,如图 1-7-7 所示。

用矩形脉冲干扰来测取对象特性时,由于加在对象上的干扰,经过一段时间后即被除去,因此干扰的幅值可取得比较大,以提高实验精度,对象的输出量又不至于长时间地偏离给定值,因而对正常生产影响较小。目前,这种方法也是测取对象动态特性的常用方法之一。

由于目前自动控制领域对对象特性的分析,多数是在阶跃输入信号作用下进行的,因此使用矩形脉冲法得到的对象输出变量的特性曲线,一般要进行数学处理,使之转换成阶跃响应曲线,再进行分析。

除了应用阶跃干扰与矩形脉冲干扰作为实验测取对象动态特性的输入信号型式外,还可以采用矩形脉冲波和正弦信号（见图 1-7-8、图 1-7-9）等来测取对象的动态特性,分别称为矩形脉冲波法和频率特性法。

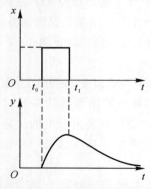

图 1-7-7 矩形脉冲特性曲线

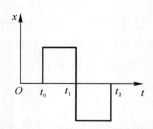

图 1-7-8 矩形脉冲波信号

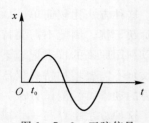

图 1-7-9 正弦信号

上述各种方法都有一个共同的特点,就是要在对象上人为地外加干扰作用(或称测试信号),这在一般的生产中是允许的,因为一般加的干扰量比较小,时间不太长,只要自动化人员与工艺人员密切配合,互相协作,根据现场的实际情况,合理地选择以上几种方法中的一种,是可以得到对象的动态特性的,从而为正确设计自动化系统创造有利的条件。由于对象动态特性对自动化工作有着非常重要的意义,因此只要有可能,就要创造条件,通过实验来获取对象的动态特性。

在测试过程中必须注意以下事项:

(1)加测试信号之前,对象的输入量和输出量应尽可能稳定一段时间,不然会影响测试结果的准确度。当然在工业现场测试时,要求各个因素都绝对稳定是不可能的,只能是相对稳定,不超过一定的波动范围即可。

(2)在反应曲线的起始点,对象输出量未开始变化,而输入量则开始做阶跃变化。因此要在记录纸上标出开始施加输入作用的时刻,以便计算滞后时间。为准确起见,也可用秒表单独测取纯滞后时间。

(3)为保证测试精度,排除测试过程中其他干扰的影响,测试曲线应是平滑无突变的。最好在相同条件下,重复测试 2~3 次,如几次所得曲线比较接近就认为可以了。

(4)加测试信号后,要密切注意各干扰量与被控量的变化,尽可能把与测试无关的干扰排除,被控变量变化应在工艺允许范围内,一旦发现异常现象,要及时采取措施。如在做阶跃法测试时,若发现被控变量快要超出工艺允许指标,可马上撤消阶跃作用,继续记录被控变量,可得到一条矩形脉冲反应曲线,否则测试就会前功尽弃。

(5)测试和记录工作应该持续进行到输出量达到新稳态值为止。

(6)在反应曲线测试工作中,要特别注意工作点的选取,因为多数工业对象不是真正线性的。由于非线性关系,对象的放大系数是可变的,所以,作为测试对象特性的工作点,应该选择正常的工作状态,也就是在额定负荷、正常干扰及被控变量在给定值情况下,因为整个控制过程将在此工作点附近进行,实验测得的放大系数较符合实际情况。

近年来,对于一些不宜施加人为干扰来测取特性的对象,可以根据在正常生产情况下长期积累下来的各种参数的记录数据或曲线,用随机理论进行分析和计算,来获取对象的特性。这在自动化技术及计算工具进一步发展的基础上,是一种研究对象特性的有效方法。为了提高测试精度和减少计算量,也可以利用专用的仪器,在系统中施加对正常生产基本上没有影响的一些特殊信号(例如伪随机信号),然后对系统的输入输出数据进行分析处理,可以比较准确地获得对象动态特性。

机理建模与实验建模各有其特点,目前一种比较实用的方法是将两者结合起来,称为混合建模。这种建模的途径是先由机理分析的方法提供数学模型的结构形式,然后对其中某些未知的或不确定的参数利用实测的方法给以确定。这种在已知模型结构的基础上,通过实测数据来确定其中的某些参数,称为参数估计。以换热器建模为例,可以先列写出其热量平衡方程式,而其中的换热系数 K 值等可以通过实测的试验数据来确定。

1.7.3　描述对象特性的参数

前文已经讲过,对象的特性可以通过其数学模型来描述,但是为了研究问题方便起见,在实际工作中,常用放大系数、时间常数和滞后时间等 3 个物理量来表示对象的特性。这些物理量称为对象的特性参数。

1. 放大系数 K

对于图 1-7-2 所示的简单水槽对象,当流入流量 Q_1 有一定的阶跃变化后,液位 h 也会有相应的变化,但最后会稳定在某一数值上。如果我们将流量 Q_1 的变化看作对象的输入,而液位 h 的变化看作对象的输出,那么在稳定状态时,对象一定的输入就对应着一定的输出,这种特性称为对象的静态特性。

假定 Q_1 的变化量用 ΔQ_1 表示,h 的变化量用 Δh 表示。在一定的 ΔQ_1 下,h 的变化情况如图 1-7-10 所示。在重新达到稳定状态后,一定的 ΔQ_1 对应着一定的 Δh 值。令 K 等于 Δh 与 ΔQ_1 之比,用数学公式表示为

$$K = \frac{\Delta h}{\Delta Q_1}$$

或

$$\Delta h = K \Delta Q_1 \qquad (1-7-24)$$

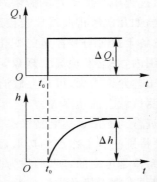

图 1-7-10 水槽液位的变化曲线

K 在数值上等于对象重新稳定后的输出变化量与输入变化量之比。它的意义也可以这样来理解:如果有一定的输入变化量 ΔQ_1,通过对象就被放大了 K 倍变为输出变化量 Δh,则称 K 为对象的放大系数。

对象的放大系数 K 越大,就表示当对象的输入量有一定变化时,对输出量的影响越大。在工艺生产中,常常会发现有的阀门对生产影响很大,开度稍微变化就会引起对象输出量大幅度的变化,甚至造成事故;有的阀门则相反,开度的变化对生产的影响很小。这说明在一个设备上,各种量的变化对被控变量的影响是不一样的。换句话说,就是各种量与被控变量之间的放大系数有大有小。放大系数越大,被控变量对这个量的变化就越灵敏,这在选择自动控制方案时是需要考虑的。

现以合成氨厂的变换炉为例,来说明各个量的变化对被控变量的放大系数是不相同的。图 1-7-11 所示为一氧化碳变换过程示意图。变换炉的作用是将一氧化碳和水蒸气在触媒存在的条件下发生作用,生成氧气和二氧化碳,同时放出热量。生产过程要求一氧化碳的转化率要高,蒸汽消耗量要少,触媒寿命要长。生产上通常用变换炉一段反应温度作为被控变量,来间接地控制转换率和其他指标。

影响变换炉一段反应温度的因素是很复杂的,其中主要有冷激流量、蒸汽流量和半水煤气

流量。改变阀门 1,2,3 的开度就可以分别改变冷激量、蒸汽量和半水煤气量的大小,见图 1-7-12。生产上发现,改变冷激量对被控变量温度的影响最大、最灵敏;改变蒸汽量影响次之;改变半水煤气量对被控变量温度的影响最不显著。如果改变冷激量、蒸汽量和半水煤气量的百分数是相同的,那么变换炉一段反应温度的变化情况如图 1-7-12 所示。

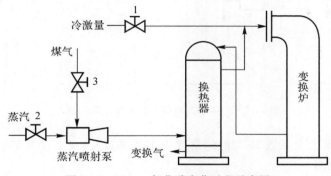

图 1-7-11　一氧化碳变化过程示意图

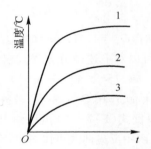

图 1-7-12　不同输入作用时的被控量变化曲线

　　图中曲线 1,2,3 分别表示当冷激量、蒸汽量、半水煤气量改变时的温度变化曲线。由该图可以看出,当冷激量、蒸汽量、半水煤气量改变的相对百分数相同时,稳定以后,曲线 1 的温度变化最大;曲线 2 次之;曲线 3 的温度变化最小。这说明冷激量对温度的相对放大系数最大;蒸汽量对温度的相对放大系数次之;半水煤气量对温度的相对放大系数最小。

　　当然,究竟通过控制什么参数来改变被控变量为最好的控制方案,除了要考虑放大系数的大小之外,还要考虑许多其他因素,要具体问题具体分析。

　　2. 时间常数 T

　　从大量的生产实践中发现,有的对象受到干扰后,被控变量变化很快,较迅速地达到了稳定值;有的对象在受到干扰后,惯性很大,被控变量要经过很长时间才能达到新的稳态值。从图 1-7-13 可以看到,截面积很大的水槽与截面积很小的水槽相比,当进口流量改变同样一个数值时,截面积小的水槽液位变化很快,并迅速趋向新的稳态值。而截面积大的水槽惯性大,液位变化慢,须经过很长时间才能稳定。同理,夹套蒸汽加热的反应器与直接蒸汽加热的反应器相比,当蒸汽流量变化时,直接蒸汽加热的反应器内反应物的温度变化就比夹套加热的反应器来得快。如何定量地表示对象的这种特性呢?在自动化领域中,往往用时间常数 T 来表示。时间常数越大,表示对象受到干扰作用后,被控变量变化得越慢,到达新的稳定值所需的时间越长。

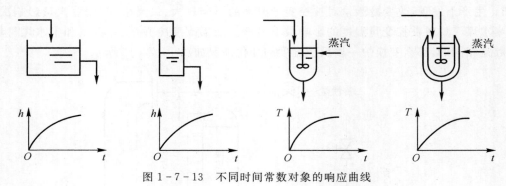

图 1-7-13 不同时间常数对象的响应曲线

为了进一步理解放大系数 K 与时间常数 T 的物理意义,现结合图 1-7-2 所示的水槽例子,来进一步加以说明。

由前文的推导可知,简单水槽的对象特性可由式(1-7-10)来表示,现重新写出,有

$$T\frac{\mathrm{d}h}{\mathrm{d}t} + h = KQ_1$$

假设 Q_1 为阶跃作用,当 $t < 0$ 时,$Q_1 = 0$;当 $t \geqslant 0$ 时,$Q_1 = A$,如图 1-7-14(a)所示。为了求得在 Q_1 作用下 h 的变化规律,可以对上述微分方程式求解,得

$$h(t) = KA(1 - \mathrm{e}^{-t/T}) \tag{1-7-25}$$

式(1-7-25)就是对象在受到阶跃作用 $Q_1 = A$ 后,被控变量 h 随时间变化的规律,称为被控变量过渡过程的函数表达式。根据式(1-7-25)可以画出 h-t 曲线,称为阶跃反应曲线或飞升曲线,如图 1-7-14(b)所示。从图中反应曲线可以看出,对象受到阶跃作用后,被控变量就发生变化,当 $t \to \infty$ 时被控变量不再变化而达到了新的稳态值 $h(\infty)$,这时由式(1-7-25),可得

$$h(\infty) = KA \quad \text{或} \quad K = \frac{h(\infty)}{A} \tag{1-7-26}$$

这就是说,K 是对象受到阶跃输入作用后,被控变量新的稳定值与所加的输入量之比,故是对象的放大系数。它表示对象受到输入作用后,重新达到平衡状态时的性能,是不随时间而变的,所以是对象的静态性能。

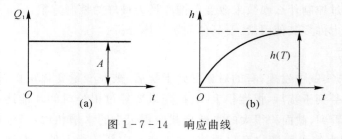

图 1-7-14 响应曲线

对于简单水槽对象,由式(1-7-9)可知,$K = R_s$,即放大系数只与出水阀的阻力有关,当阀的开度一定时,放大系数就是一个常数。

下述再来讨论时间常数 T 的物理意义。将 $t = T$ 代入式(1-7-25),可得

$$h(T) = KA(1 - \mathrm{e}^{-1}) = 0.632KA \tag{1-7-27}$$

将式(1-7-26)代入式(1-7-27),得

$$h(T) = 0.632h(\infty) \tag{1-7-28}$$

这就是说,当对象受到阶跃输入后,被控变量达到新的稳态值的 63.2％ 所需的时间,就是时间常数 T。在实际工作中,常用这种方法求取时间常数。显然,时间常数越大,被控变量的变化也越慢,达到新的稳定值所需的时间也越大。

在图1-7-15中,4条曲线分别表示对象的时间常数为 T_1,T_2,T_3,T_4 时,在相同的阶跃输入作用下被控变量的反应曲线(假定它们的稳态输出值均是相同的,图中为100)。显然,由图可以看出,$T_1 < T_2 < T_3 < T_4$。时间常数大的对象(例 T_4 所表示的对象),对输入的反应比较慢,一般也可以认为它的惯性要大一些。

在输入作用加入的瞬间,将式(1-7-25)对时间 t 求导得液位 h 的变化速度为

$$\frac{\mathrm{d}h}{\mathrm{d}t} = \frac{KA}{T}\mathrm{e}^{-t/T} \tag{1-7-29}$$

可以看出,在过渡过程中,被控变量变化速度是越来越慢的,当 $t=0$ 时,有

$$\left.\frac{\mathrm{d}h}{\mathrm{d}t}\right|_{t=0} = \frac{KA}{T} = \frac{h(\infty)}{T} \tag{1-7-30}$$

当 $t \to \infty$ 时,由式(1-7-29)可得

$$\left.\frac{\mathrm{d}h}{\mathrm{d}t}\right|_{t\to\infty} = 0 \tag{1-7-31}$$

式(1-7-30)表示的是当 $t=0$ 时液位变化的初始速度。从图1-7-16所示的反应曲线来看,$\left.\frac{\mathrm{d}h}{\mathrm{d}t}\right|_{t=0}$ 就等于曲线在起始点时切线的斜率。由于切线的斜率为 $\frac{h(\infty)}{T}$,由从图1-7-16可以看出,这条切线在新的稳定值 $h(\infty)$ 上截得的一段时间正好等于 T。因此,时间常数 T 的物理意义可以这样来理解:当对象受到阶跃输入作用后,被控变量如果保持初始速度变化,达到新的稳态值所需的时间就是时间常数。可是实际上被控变量的变化速度是越来越小的。因此,被控变量变化到新的稳态值所需要的时间,要比 T 长得多。理论上说,需要无限长的时间才能达到稳态值。从式(1-7-25)可以看出,只有当 $t=\infty$ 时,才有 $h=KA$。当 $t=3T$ 时,代入式(1-7-25),可得

$$h(3T) = KA(1-\mathrm{e}^{-3}) \approx 0.95KA \approx 0.95h(\infty) \tag{1-7-32}$$

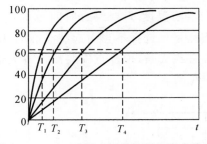

图 1-7-15　不同时间常数下的反应曲线

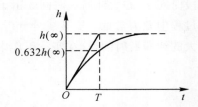

图 1-7-16　时间常数 T 的求法

这就是说,从加入输入作用后,经过 $3T$ 时间,液位已经变化了全部变化范围的 95％,这时,可以近似地认为动态过程基本结束。因此,时间常数 T 是表示在输入作用下,被控变量完成其变化过程所需要的时间的一个重要参数。

3. 滞后时间 τ

有些过程对象,在受到输入作用后,被控变量却不能立即而迅速地变化,这种现象称为滞后现象,根据滞后性质的不同,可分为两类,即传递滞后和容量滞后。

(1)传递滞后。传递滞后又叫纯滞后,一般用 τ_0 表示。τ_0 的产生一般是由于介质的输送需要一段时间而引起的。例如图 1-7-17(a)所示的溶解槽,料斗中的固体用皮带输送机送至加料口。在料斗加大送料量后,固体溶质需等输送机将其送到加料口并落入槽中后,才会影响溶液浓度。当以料斗的加料量作为对象的输入,溶液浓度作为输出时,其反应曲线如图 1-7-17(b)所示。

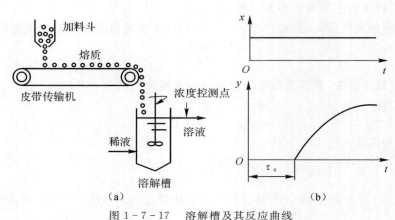

（a） （b）

图 1-7-17 溶解槽及其反应曲线

图 1-7-17(b)中所示的 τ_0 为皮带输送机将固体溶质由加料斗输送到溶解槽所需要的时间,称为纯滞后时间。显然,纯滞后时间 τ_0 与皮带输送机的传送速度 v 和传送距离 L 有如下关系:

$$\tau_0 = \frac{L}{v} \tag{1-7-33}$$

从测量方面来说,由于测量点选择不当、测量元件安装不合适等原因也会造成传递滞后。图 1-7-18 所示是一个蒸汽直接加热器。如果以进入的蒸汽量 Q 为输入量,实际测得的溶液温度为输出量。并且测温点不是在槽内,而是在出口管道上,测温点离槽的距离为 L。那么,当加热蒸汽量增大时,槽内温度升高,然而槽内溶液流到管道测温点处还要经过一段时间 τ_0。所以,相对于蒸汽流量变化的时刻,实际测得的溶液温度 T 要经过时间 τ_0 后才开始变化。这段时间 τ_0 亦为纯滞后时间。由于测量元件或测量点选择不当引起纯滞后的现象在成分分析过程中尤为常见。安装成分分析仪器时,取样管线太长,取样点安装离设备太远,都会引起较大的纯滞后时间,这在实际工作中是要尽量避免的。

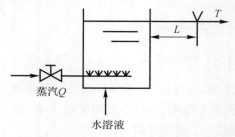

图 1-7-18 蒸汽直接加热器

图 1-7-19 所示为有、无纯滞后的一阶阶跃响应曲线。x 为输入量，$y(t)$ 为无纯滞后时的输出量，$y_\tau(t)$ 为有纯滞后时的输出量。比较两条响应曲线，它们除了在时间轴上前后相差一个 τ 的时间外，其他形状完全相同。也就是说纯滞后对象的特性是当输入量发生变化时，其输出量不是立即反映输入量的变化，而是要经过一段纯滞后时间 τ 以后，才开始等量地反映原无滞后时的输出量的变化。表示成数学关系式为

$$y_\tau(t) = \begin{cases} y(t-\tau), & t > \tau \\ 0, & t \leqslant \tau \end{cases} \tag{1-7-34}$$

或

$$y(t) = \begin{cases} y_\tau(t+\tau), & t > 0 \\ y_\tau(t+\tau) = 0, & t \leqslant 0 \end{cases} \tag{1-7-35}$$

因此对于有、无纯滞后特性的对象其数学模型具有类似的形式。如果上述例子中都是可以用一阶微分方程式来描述的一阶对象，而且它们的时间常数和放大系数亦相等，仅在自变量 t 上相差一个 τ 的时间，那么，若无纯滞后的对象特性可用方程式描述为

$$T \frac{\mathrm{d}y(t)}{\mathrm{d}t} + y(t) = Kx(t) \tag{1-7-36}$$

则有纯滞后的对象特性可用方程式描述为

$$T \frac{\mathrm{d}y_\tau(t+\tau)}{\mathrm{d}t} + y_\tau(t+\tau) = Kx(t) \tag{1-7-37}$$

（2）容量滞后。有些对象在受到阶跃输入作用 x 后，被控变量 y 开始变化很慢，后来才逐渐加快，最后又变慢直至逐渐接近稳定值，这种现象叫容量滞后或过渡滞后，其反应曲线如图 1-7-20 所示。

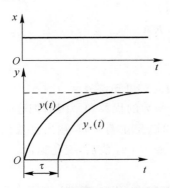

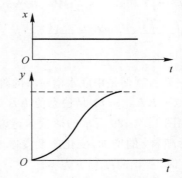

图 1-7-19　有、无纯滞后的一阶阶跃响应曲线　　图 1-7-20　具有容积滞后对象的反应曲线

容量滞后一般是由于物料或能量的传递需要通过一定阻力而引起的。如前面介绍过的两个水槽串联的二阶对象，其特性可用式（1-7-27）的微分方程式描述，为了方便起见，将输出量 h_2 用 y 表示，输入量 Q_1 用 x 表示，则方程式为

$$T_1 T_2 \frac{\mathrm{d}^2 y}{\mathrm{d}t^2} + (T_1 + T_2) \frac{\mathrm{d}y}{\mathrm{d}t} + y = Kx \tag{1-7-38}$$

假设输入作用为阶跃函数，其幅值为 A。为了得到该二阶对象在阶跃作用下输出 y 随时间 t 的变化规律，需要求解上述二阶微分方程式。已知，二阶常系数微分方程式的解为

$$y(t) = y_{\mathrm{tr}}(t) + y_{\mathrm{ss}}(t) \tag{1-7-39}$$

其中，$y_{tr}(t)$ 为对应的齐次方程式的通解；$y_{ss}(t)$ 为非齐次方程的一个特解。

由于对应的齐次方程式为

$$T_1 T_2 \frac{d^2 y}{dt^2} + (T_1 + T_2) \frac{dy}{dt} + y = 0 \qquad (1-7-40)$$

其特征方程为

$$T_1 T_2 S^2 + (T_1 + T_2)S + 1 = 0 \qquad (1-7-41)$$

求得特征根为

$$S_1 = -\frac{1}{T}, S_2 = -\frac{1}{T_2}$$

故齐次方程式的通解为

$$y_{tr}(t) = C_1 e^{-t/T_1} + C_2 e^{-t/T_2} \qquad (1-7-42)$$

式中，C_1，C_2 为决定于初始条件的待定系数。

式(1-7-38)的一个特解可以认为是稳定解，由于输入 $x = A$，稳定时有

$$y_{ss}(t) = KA \qquad (1-7-43)$$

将式(1-7-43)及式(1-7-42)代入式(1-7-39)，可得

$$y(t) = C_1 e^{-t/T_1} + C_2 e^{-t/T_2} + KA \qquad (1-7-44)$$

用初始条件 $y(0) = 0$，$\dot{y}(0) = 0$ 代入式(1-7-44)，可分别解得

$$C_1 = \frac{T_1}{T_2 - T_1} KA \qquad (1-7-45)$$

$$C_2 = \frac{-T_2}{T_2 - T_1} KA \qquad (1-7-46)$$

将式(1-7-45)和式(1-7-46)代入式(1-7-44)，可得

$$y(t) = \left(\frac{T_1}{T_2 - T_1} e^{-t/T_1} - \frac{T_2}{T_2 - T_1} e^{-t/T_2} + 1 \right) KA = \frac{KA}{T_2 - T_1} (T_1 e^{-t/T_1} - T_2 e^{-t/T_2}) + KA$$

$$(1-7-47)$$

式(1-7-47)便是串联水槽对象的阶跃反应函数。由此式可知，在 $t=0$ 时 $y(t)=0$；在 $t = \infty$ 时，$y(t) = KA$。$y(t)$ 是稳态值 KA 与两项衰减指数函数的代数和。因而把这个解画成曲线，就有如图 1-7-20 所示的形状。这说明输入量在作阶跃变化的瞬间，输出量变化的速度等于零，以后随着 t 的增加，变化速度慢慢增大，但当 t 大于某一个 t_1 值后，变化速度又慢慢减小，当 $t \rightarrow \infty$ 时，变化速度减少为零。

对于这种对象，要想用前面所讲的描述对象的三个参数 K，T，τ 来描述的话，必须作近似处理，即用带有滞后的一阶对象的特性来近似上述二阶对象。方法如下：在图 1-7-21 所示的二阶对象阶跃反应曲线上，过反应曲线的拐点 o 作一切线，与时间轴相交，交点与被控变量开始变化的起点之间的时间间隔 τ_h 就为容量滞后时间。由切线与时间轴的交点到切线与稳定值 KA 线的交点之间的时间间隔为 T。这样，二阶对象就被近似为是有滞后时间 $\tau = \tau_h$，时间常数为 T 的一阶对象了。

纯滞后和容量滞后尽管本质上不同，但实际上很难严格区分，在容量滞后与纯滞后同时存在时，常常把两者合起来统称滞后时间 τ，即 $\tau = \tau_0 + \tau_h$，如图 1-7-22 所示。

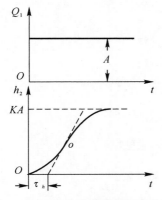

图 1-7-21　串联水槽的反应曲线

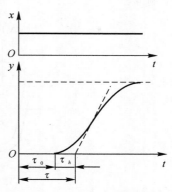

图 1-7-22　滞后时间 τ 示意图

不难看出,在自动控制系统中,滞后的存在是不利于控制的。也就是说,系统受到干扰作用后,由于存在滞后,被控变量不能立即反映出来,于是就不能及时产生控制作用,整个系统的控制质量就会受到严重的影响。当然,如果对象的控制通道存在滞后,那么所产生的控制作用不能及时克服干扰作用对被控变量的影响,也是要影响控制质量的。因此,在设计和安装控制系统时,都应当尽量把滞后时间减到最小。例如,在选择控制阀与检测点的安装位置时,应选取靠近控制对象的有利位置。从工艺角度来说,应通过工艺改进,尽量减少或缩短那些不必要的管线及阻力,以利于减少滞后时间。

1.8　思考题与习题

1-1　在自动控制系统中,测量变送装置、控制器、执行器各起什么作用?

1-2　题图 1-1 所示为某列管式蒸汽加热器控制流程图。试分别说明图中 PI-307,TRC-303,FRC-305 所代表的意义。

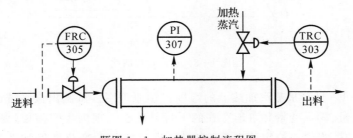

题图 1-1　加热器控制流程图

1-3　题图 1-2 所示为一反应器温度控制系统示意图。A,B 两种物料进入反应器进行反应,通过改变进入夹套的冷却水流量来控制反应器内的温度不变。试画出该温度控制系统的方框图,并指出该被控对象、被控变量、操纵变量及可能影响被控变量的干扰是什么?

1-4　什么是负反馈?负反馈在自动控制系统中有什么重要意义?

1-5　在题图 1-2 所示的温度控制系统中,如果由于进料温度升高使反应器内的温度超过给定值,试说明此时该控制系统的工作情况,此时系统是如何通过控制作用来克服干扰作用对被控变量影响的？

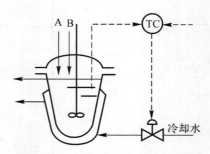

题图 1-2 反应器温度控制系统

1-6 按给定值形式不同，自动控制系统可分哪几类？

1-7 什么是控制系统的静态与动态？为什么说研究控制系统的动态比研究其静态更为重要？

1-8 何为阶跃干扰作用？为什么经常采用阶跃干扰作用作为系统的输入作用形式？

1-9 什么是自动控制系统的过渡过程？它有哪几种基本形式？

1-10 为什么生产上经常要求控制系统的过渡过程具有衰减振荡形式？

1-11 某化学反应器工艺规定操作温度为 (900 ± 10)℃。考虑安全因素，控制过程中温度偏离给定值最大不得超过 80℃。现设计的温度定值控制系统，在最大阶跃干扰作用下的过渡过程曲线如题图 1-3 所示。试求该系统的过渡过程品质指标：最大偏差、超调量、衰减比和振荡周期，并回答该控制系统能否满足题中所给的工艺要求。

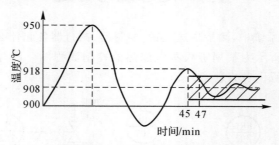

题图 1-3 过渡过程曲线

1-12 题图 1-4(a)是蒸汽加热器的温度控制原理图。试画出该系统的方框图，并指出被控对象、被控变量、操纵变量和可能存在的干扰是什么。现因生产需要，要求出口物料温度从 80℃提高到 81℃，当仪表给定值阶跃变化后，被控变量的变化曲线如题图 1-4(b)所示。试求该系统的过渡过程品质指标：最大偏差、衰减比和余差(提示该系统为随动控制系统，新的给定值 81℃)。

1-13 何为对象的数学模型？静态数学模型与动态数学模型有什么区别？

1-14 建立对象的数学模型有哪两类主要方法？

1-15 为什么说放大系数 K 是对象的静态特性？而时间常数 T 和滞后时间 τ 是对象的动态特性？

1-16 对象的纯滞后和容量滞后各是什么原因造成的？对控制过程有什么影响？

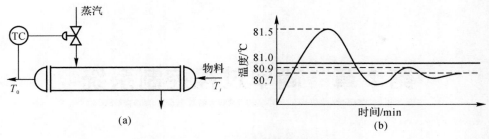

题图 1-4　蒸汽加热器温度控制

1-17　为了测定某重油预热炉的对象特性,在某瞬间(假定为 $t_0=0$)突然将燃料气量从 2.5 t/h 增加到 3.0 t/h,重油出口温度记录仪得到的阶跃反应曲线如题图 1-5 所示。假定该对象为一阶对象,试写出描述该重油预热炉特性的微分方程式(分别以温度变化量与燃料量变化量为输入量与输出量),并解出燃料量变化量为单位阶跃变化量时温度变化量的函数表达式。

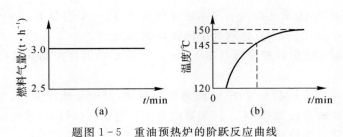

题图 1-5　重油预热炉的阶跃反应曲线

第 2 章 简单过程控制系统

本章所研究的简单控制系统是使用最普遍、结构最简单的一种自动控制系统,是研究复杂控制系统的基础。

2.1 简单控制系统的结构与组成

所谓简单控制系统,通常是指由一个测量元件变送器、一个控制器、一个控制阀和一个对象所构成的单闭环控制系统,因此也称为单回路控制系统。

图 2-1-1 所示的液位控制系统与如图 2-1-2 所示的温度控制系统都是简单控制系统的例子。

在图 2-1-1 的液位控制系统中,贮槽是被控对象,液位是被控变量,变送器 LT 将反映液位高低的信号送往液位控制器 LC。控制器的输出信号送往执行器,改变控制阀开度使流入贮槽的流量发生变化以维持液位稳定。

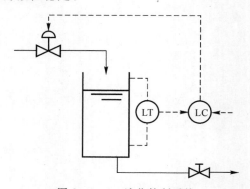

图 2-1-1　液位控制系统

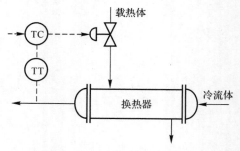

图 2-1-2　温度控制系统

如图 2-1-2 所示的温度控制系统,是通过改变进入换热器的载热体流量,来保证换热器出口物料温度稳定在工艺规定的数值上。

需要说明的是,在这些系统中绘出了变送器 LT 及 TT 这个环节,根据将在第 6 章中所介绍的控制流程图,按自控设计规范,测量变送环节是被省略不画的,因此在本书以后的控制系统图中,也将不再画出测量,变送环节,但要注意在实际的系统中总是存在这一环节的,只是在画图时被省略罢了。

图 2-1-3 所示是简单控制系统的典型方框图。由图可知,简单控制系统由 4 个基本环节组成,即被控对象(简称对象)、测量变送装置、控制器和执行器。对于不同对象的简单控制系统(例如图 2-1-1 和图 2-1-2 所示的系统),尽管其具体装置与被控变量不相同,但都可以用相同的方框图来表示,这就便于对它们的共性进行研究。

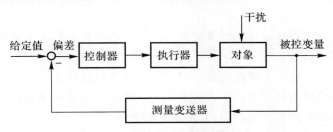

图 2-1-3 简单控制系统的方框图

从图 2-1-3 中还可以看出,在该系统中有着一条从系统的输出端引向输入端的反馈路线,也就是说该系统中的控制器是根据被控变量的测量值与给定值的偏差来进行控制的,这是简单反馈控制系统的又一特点。

简单控制系统的结构比较简单,所需的自动化装置数量少、投资低,操作维护也比较方便,而且在一般情况下,都能满足控制质量的要求。因此,这种控制系统在工业生产过程中得到了广泛的应用。据某大型化肥厂统计,简单控制系统约占控制系统总数的 85% 左右。

由于简单控制系统是最基本的、应用最广泛的系统,因此,学习和研究简单控制系统的结构、原理及使用是十分必要的。同时,简单控制系统是复杂控制系统的基础,学会了简单控制系统的分析,将会给复杂控制系统的分析和研究提供很大的方便。

前文已经分别介绍了组成简单控制系统的各个组成部分,包括被控对象、测量变送装置、控制器和执行器等。本章将介绍组成简单控制系统的基本原则、被控变量及操纵变量的选择、控制器控制规律的选择及控制器参数的工程整定等。

2.2 被控变量的选择

被控变量的选择是与生产工艺密切相关的,而影响一个生产过程正常操作的因素是很多的,但并非所有影响因素都要加以自动控制。所以,必须深入实际,调查研究,分析工艺,找出影响生产的关键变量作为被控变量。所谓"关键"变量,是指这样一些变量:它们对产品的产量、质量及安全具有决定性的作用,而人工操作又难以满足要求的;或者人工操作虽然可以满足要求,但是,这种操作是既紧张而又频繁的。

根据被控变量与生产过程的关系,可分为两种类型的控制型式:直接指标控制与间接指标控制。如果被控变量本身就是需要控制的工艺指标（温度、压力、流量、液位、成分等），则称为直接指标控制；如果工艺是按质量指标进行操作的，按理说应以产品质量作为被控变量进行控制，但有时缺乏各种合适的获取质量信号的检测手段，或虽能检测，但信号很微弱或滞后很大，这时可选取与直接质量指标有单值对应关系而反应又快的另一变量，作为间接控制指标，进行间接指标控制。例如生产上要求对一些成分量进行控制（像黏度、浓度等），然而由于目前成分量的在线测量仪表较少、测量滞后较大，灵敏度也较差，因此一般采用与成分量有单值函数关系的温度、流量等间接参数作为被控量，进行间接指标控制。

被控变量的选择，有时是一件十分复杂的工作，除了上述所说的要找出关键变量外，还要考虑许多其他因素，一般应遵循下述原则：

（1）被控变量应能代表一定的工艺操作指标或能反映工艺操作状态，一般都是工艺过程中比较重要的变量。

（2）被控变量在工艺操作过程中经常要受到一些干扰的影响而发生变化，为维持被控变量的恒定，需要较频繁的调节。

（3）尽量采用直接指标作为被控变量。当无法获得直接指标信号，或其测量和变送信号滞后很大时，可选择与直接指标有单值函数关系的间接指标作为被控变量。

（4）被控变量应能被测量出来，并具有足够大的灵敏度。

（5）选择被控变量时，必须考虑工艺合理性和国内仪表产品现状。

（6）被控变量应是独立可控的。

现在通过一个例子来说明被控变量的选择方法。

图 2-2-1 是精馏过程的示意图。它的工作原理是利用被分离物各组分的挥发度不同，把混合物中的各组分进行分离。假定该精馏塔的操作是要使塔顶（或塔底）馏出物达到规定的纯度，那么塔顶（或塔底）馏出物的组分 x_D（或 x_W）应作为被控变量，因为它就是工艺上的质量指标。

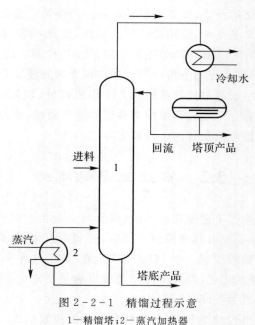

图 2-2-1　精馏过程示意

1—精馏塔；2—蒸汽加热器

如果检测塔顶馏出物的组分 x_D(或 x_W)尚有困难,或滞后太大,那么就不能直接以 x_D(或 x_W)作为被控变量进行直接指标控制。这时可以在与 x_D(或 x_W)有关的参数中找出合适的变量作为被控变量,进行间接指标控制。

在二元系统的精馏中,当气液两相并存时,塔顶易挥发组分的浓度 x_D、塔顶温度 T_D、压力 p 三者之间有一定的关系。当压力恒定时,组分 x_D 和温度 T_D 之间存在有单值对应关系。图 2-2-2 所示为苯、甲苯二元系统中易挥发组分苯的百分浓度与温度之间的关系。易挥发组分的浓度越高,对应的温度越低;相反,易挥发组分的浓度越低,对应的温度越高。

当温度 T_D 恒定时,组分 x_D 和压力 p 之间也存在着单值函数关系,如图 2-2-3 所示。易挥发组分浓度越高,对应的压力也越高;反之,易挥发组分浓度越低,对应的压力也越低。由此可见,在组分、温度、压力三个变量中,只要固定温度或压力中的一个,另一个变量就可以代替 x_D 作为被控变量。在温度和压力中,究竟应选哪一个参数作为被控变量呢?

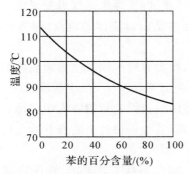
图 2-2-2　苯-甲苯溶液的 $T-x$ 图

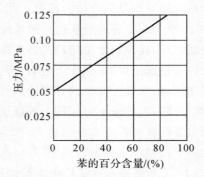
图 2-2-3　苯-甲苯溶液的 $p-x$ 图

从工艺合理性考虑,常常选择温度作为被控变量。这是因为:① 在精馏塔操作中,压力往往需要固定。只有将塔操作在规定的压力下,才易于保证塔的分离纯度,保证塔的效率和经济性。如塔压波动会破坏原来的汽液平衡,影响相对挥发度,使塔处于不良工况。同时,随着塔压的变化,往往还会引起与之相关的其他物料量的变化,影响塔的物料平衡,引起负荷的波动。② 在塔压固定的情况下,精馏塔各层塔板上的压力基本上是不变的,这样各层塔板上的温度与组分之间就有一定的单值函数关系。由此可见,固定压力,选择温度作为被控变量是可能的,也是合理的。

在选择被控变量时,还必须使所选变量有足够的灵敏度。在上例中,当 x_D 变化时,温度 T_D 的变化必须灵敏,有足够大的变化,容易被测量元件所感受,且使相应的测量仪表比较简单、便宜。

此外,还要考虑简单控制系统被控变量间的独立性。假如在精馏操作中,塔顶和塔底的产品纯度都需要控制在规定的数值,据以上分析,可在固定塔压的情况下,塔顶与塔底分别设置温度控制系统。但这样一来,由于精馏塔各塔板上物料温度相互之间有一定联系,塔底温度提高,上升蒸汽温度升高,塔顶温度相应亦会提高;同样,塔顶温度提高,回流液温度升高,会使塔底温度相应提高。也就是说,塔顶的温度与塔底的温度之间存在关联问题。因此,以两个简单控制系统分别控制塔顶温度与塔底温度,势必造成相互干扰。使两个系统都不能正常工作。因此在采用简单控制系统时,通常只能保证塔顶或塔底一端的产品质量。工艺要求保证塔顶产品质量,则选塔顶温度为被控变量;若工艺要求保证塔底产品质量,则选塔底温度为被控变量。如果工艺要求塔顶和塔底产品纯度都要保证,则通常需要组成复杂控制系统,增加解耦装置,解决相互关联问题。

　　从上面举例中可以看出,要正确地选择被控变量,必须了解工艺过程和工艺特点对控制的要求,仔细分析各变量之间的相互关系,才能正确地选择被控变量。

2.3　操纵变量的选择

2.3.1　操纵变量

　　在自动控制系统中,把用来克服干扰对被控变量的影响,实现控制作用的变量称为操纵变量。最常见的操纵变量是介质的流量。此外,也有以转速、电压等作为操纵变量的。在 2.1 节的例子中,图 2-1-1 所示的液位控制系统,其操纵变量是出口流体的流量;图 2-1-2 所示的温度控制系统,其操纵变量是载热体的流量。

　　当被控变量选定以后,接下去应对工艺进行分析,找出有哪些因素会影响被控变量发生变化。一般来说,影响被控变量的外部输入往往有若干个而不是一个,在这些输入中,有些是可控(可以调节)的,有些是不可控的。原则上,是在诸多影响被控变量的输入中选择一个对被控变量影响显著而且可控性良好的输入,作为操纵变量,而其他未被选中的所有输入量则视为系统的干扰。下面举一实例加以说明。

　　图 2-3-1 是炼油和化工厂中常见的精馏设备。如果根据工艺要求,选择提馏段某块塔板(一般为温度变化最灵敏的板,称为灵敏板)的温度作为被控变量。那么,自动控制系统的任务就是通过维持灵敏板上温度恒定,来保证塔底产品的成分满足工艺要求。

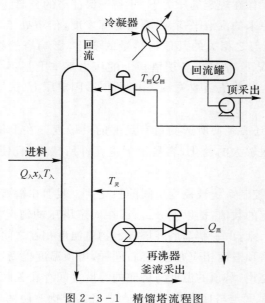

图 2-3-1　精馏塔流程图

从工艺分析可知,影响提馏段灵敏板温度 $T_{\text{灵}}$(被控变量)的因素主要有进料的流量($Q_{\text{入}}$)、成分($x_{\text{入}}$)、温度($T_{\text{入}}$)、回流的流量($Q_{\text{回}}$)、回流液温度($T_{\text{回}}$)、加热蒸汽流量($Q_{\text{蒸}}$)及冷凝器冷却温度及塔压等。这些因素都会影响被控变量($T_{\text{灵}}$)变化,如图 2-3-2 所示。现在的问题是选择哪个变量作为操纵变量。为此,可先将这些影响因素分为两大类,即可控的和不可控的。从工艺角度看,本例中只有回流量和蒸汽流量为可控因素,其他一般为不可控因素。当然,在不可控因素中,有些也是可以调节的。例如 $Q_{\text{入}}$、塔压等,只是工艺上一般不允许用这些变量去控制塔的温度(因为 $Q_{\text{入}}$ 的波动意味着生产负荷的波动;塔压的波动意味着塔的工况不稳定,并会破坏温度与成分的单值对应关系,这些都是不允许的。因此,将这些影响因素也看成是不可控因素)。在两个可控因素中,蒸汽流量对提馏段温度影响比起回流量对提馏段温度影响来说更及时、更显著。同时,从节能角度来讲,控制蒸汽流量比控制回流量消耗的能量要小,所以通常应选择蒸汽流量作为操纵变量。

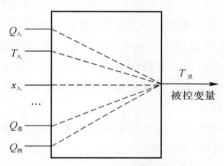

图 2-3-2　影响提馏段温度的各种因素示意图

2.3.2　对象特性对选择操纵变量的影响

前文已经说过,在诸多影响被控变量的因素中,一旦选择了其中一个作为操纵变量,那么其余的影响因素都成了干扰变量。操纵变量与干扰变量作用在对象上,都会引起被控变量的变化,图 2-3-3 所示是其示意图。干扰变量由干扰通道施加在对象上,起着破坏作用,使被控变量偏离给定值;操纵变量由控制通道施加到对象上,使被操纵变量回复到给定值,起着校正作用。这是一对相互矛盾的变量,它们对被控变量的影响都与对象特性有密切的关系。因此在选择操纵变量时,要认真分析对象特性,以提高控制系统的控制质量。

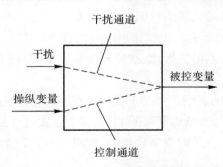

图 2-3-3　干扰通道与控制通道的关系

1. 对象静态特性的影响

在选择操纵变量构成自动控制系统时,一般希望控制通道的放大系数 K_o 要大些,这是因为 K_o 的大小表征了操纵变量对被控变量的影响程度。K_o 越大,表示控制作用对被控变量影响越显著,使控制作用更为有效。从控制的有效性来考虑,K_o 越大越好。当然,有时 K_o 过大,会引起过于灵敏,使控制系统不稳定,这也是要引起注意的。

对象干扰通道的放大系数 K_f 则越小越好。K_f 小,表示干扰对被控变量的影响不大,过渡过程的超调量不大,故确定控制系统时,也要考虑干扰通道的静态特性。

总之,在诸多变量都要影响被控变量时,从静态特性考虑,应该选择其中放大系数大的可控变量作为操纵变量。

2. 对象动态特性的影响

(1)控制通道时间常数的影响。控制器的控制作用,是通过控制通道施加于对象去影响被控变量的。所以控制通道的时间常数不能过大,否则会使操纵变量的校正作用迟缓、超调量大、过渡时间长。要求对象控制通道的时间常数 T 小一些,使之反应灵敏、控制及时,从而获得良好的控制质量。例如在前面列举的精馏塔提馏段温度控制中,由于回流量对提馏段温度影响的通道长,时间常数大,而加热蒸汽量对提馏段温度影响的通道短,时间常数小,因此选择蒸汽量作为操纵变量是合理的。

(2)控制通道纯滞后 τ_o 的影响。控制通道的物料输送或能量传递都需要一定的时间。这样造成的纯滞后 τ_o 对控制质量是有影响的。图 2-3-4 所示为纯滞后对控制质量影响的示意图。

图中 C 表示被控变量在干扰作用下的变化曲线(这时无校正作用);A 和 B 分别表示无纯滞后和有纯滞后时操纵变量对被控变量的校正作用;D 和 E 分别表示无纯滞后和有纯滞后情况下被控变量在干扰作用与校正作用同时作用下的变化曲线。

对象控制通道无纯滞后时,当控制器在 t_o 时间接收正偏差信号而产生校正作用 A,使被控变量从 t_o 以后沿曲线 D 变化;当对象有纯滞后 τ_o 时,控制器虽在 t_o 时间后发出了校正作用,但由于纯滞后的存在,使之对被控变量的影响推迟了 τ_o 时间,即对被控变量的实际校正作用是沿曲线 B 变化的。因此被控变量则是沿曲线 E 变化的。比较 E、D 曲线,可见纯滞后使超量增加;反之,当控制器接收负偏差时所产生的校正作用,由于存在纯滞后,使被控变量继续下降,可能造成过渡过程的振荡加剧,以致时间变长,稳定性变差。所以,在选择操纵变量构成控制系统时,应使对象控制通道的纯滞后时间 τ_o 尽可能小。

(3)干扰通道时间常数的影响。干扰通道时间常数的影响 T_f 越大,表示干扰对被控变量的影响越缓慢,这是有利于控制的。因此,在确定控制方案时,应设法使干扰被控变量的通道长些,即时间常数要长些。

(4)干扰通道纯滞后 τ_f 的影响。如果干扰通道存在纯滞后 τ_f,即干扰对被控变量的影响推迟了时间 τ_f,因而,控制作用也推迟了时间 τ_f,使整个过渡过程曲线推迟了时间 τ_f,只要控制通道不存在纯滞后,通常是不会影响控制质量的,如图 2-3-5 所示。

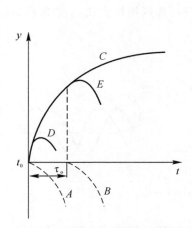

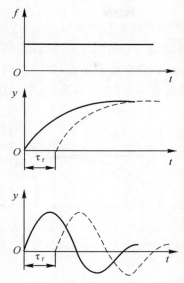

图 2-3-4　纯滞后 τ_o 对控制质量的影响　　　图 2-3-5　干扰通道纯滞后 τ_f 的影响

2.3.3　操纵变量的选择原则

根据以上分析,概括来说,操纵变量的选择原则主要有以下 3 条。

(1) 操纵变量应是可控的,即工艺上允许调节的变量,而且在控制过程中该变量变化的极限范围也是生产允许的。除了物料平衡的控制之外,不应该因设置控制系统而改变了原有的生产能力。

(2) 操纵变量一般应比其他干扰对被控变量的影响更加灵敏。为此,应通过合理选择操纵变量,使控制通道的放大系数适当大、时间常数适当小(但不宜过小,否则易引起振荡)、纯滞后时间尽量小。为使其他干扰对被控变量的影响减小,应使干扰通道的放大系数尽可能小、时间常数尽可能大。

(3) 在选择操纵变量时,除了从自动化角度考虑外,还要考虑工艺的合理性与生产的经济性。一般说来,不宜选择生产负荷作为操纵变量,因为生产负荷直接关系到产品的产量,是不宜经常波动的。另外,从经济性考虑,应尽可能地降低物料与能量的消耗。

2.4　测量元件特性的影响

测量、变送装置是控制系统中获取信息的装置,也是系统进行控制的依据。因此,要求它能正确地、及时地反映被控变量的状况。假如测量不准确,使操作人员把不正常工况误认为是正常的,或把正常工况认为不正常,形成混乱,甚至会处理错误造成事故。测量不准确或不及时,会产生失调或误调,影响之大不容忽视。

2.4.1　测量元件的时间常数

测量元件,特别是测温元件,由于存在热阻和热容,它本身具有一定的时间常数,因此造成测量滞后。

测量元件时间常数对测量的影响,如图 2-4-1 所示。若当被控变量 y 作阶跃变化时,测量值 z 慢慢靠近 y,如图 2-4-1(a) 所示,显然,前一段两者差距很大;若 y 作递增变化,而 z 则一直跟不上去,总存在着偏差,如图 2-4-1(b) 所示;若 y 作周期性变化,z 的振荡幅值将比 y 减小,而且落后一个相位,如图 2-4-1(c) 所示。

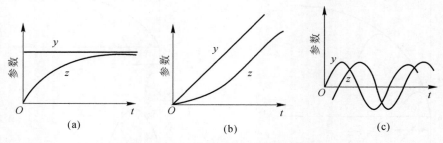

图 2-4-1　测量元件时间常数的影响

测量元件的时间常数越大,以上现象愈加显著。假如将一个时间常数大的测量元件用于控制系统,那么,当被控变量变化时,由于测量值不等于被控变量的真实值,所以控制器接收到的是一个失真信号,它不能发挥正确的校正作用,控制质量无法达到要求。因此,控制系统中的测量元件时间常数不能太大,最好选用惰性小的快速测量元件,例如用快速热电偶代替工业用普通热电偶或温包。必要时也可以在测量元件之后引入微分作用,当测量元件的时间常数较大时,在调节器中加入微分作用,使调节器在偏差产生的初期,根据偏差的变化趋势发出相应的控制信号。采用这种预先的超前控制作用来克服测量滞后,就相当于调节器有一个预测性能,如果应用适当,会大大改善控制质量。

当测量元件的时间常数 T_m 小于对象时间常数的 1/10 时,对系统的控制质量影响不大。这时就没有必要盲目追求小时间常数的测量元件。

有时,测量元件安装是否正确,维护是否得当,也会影响测量与控制。特别是流量测量元件和温度测量元件,例如工业用的孔板、热电偶和热电阻元件等。如安装不正确,往往会影响测量精度,不能正确地反映被控变量的变化情况,这种测量失真的情况当然会影响控制质量。同时,在使用过程中要经常注意维护、检查,特别是在使用条件比较恶劣的情况(如介质腐蚀性强、易结晶、易结焦等)下,更应该经常检查,必要时进行清理、维修或更换。例如当用热电偶测量温度时,有时会因使用一段时间后,热电偶表面结晶或结焦,使时间常数大大增加,严重地影响控制质量。

2.4.2　测量元件的纯滞后

当测量存在纯滞后时,也和对象控制通道存在纯滞后一样,会严重地影响控制质量。

测量的纯滞后有时是由于测量元件安装位置引起的。例如图 2-4-2 中的 pH 值控制系统,如果被控变量是中和槽内出口溶液的 pH 值,但作为测量元件的测量电极却安装在远离中和槽的出口管道处,并且将电极安装在流量较小、流速很慢的副管道(取样管道)上。这样一来,电极所测得的信号与中和槽内溶液的 pH 值在时间上就延迟了一段时间 τ_o,其大小为

$$\tau_o = \frac{l_1}{v_1} + \frac{l_2}{v_2}$$

(2-4-1)

式中，l_1，l_2 —— 为电极离中和槽的主、副管道的长度；

　　　　v_1，v_2 —— 为主、副管道内流体的流速。

　　这一纯滞后使测量信号不能及时反映中和槽内溶液 pH 值的变化，因而降低了控制质量。目前，以物性作为被控变量时往往都有类似问题，这时引入微分作用是徒劳的，加得不好，反而会导致系统不稳定。因此在测量元件的安装上，一定要注意尽量减小纯滞后。对于大纯滞后的系统，简单控制系统往往是无法满足控制要求的，须采用复杂控制系统。

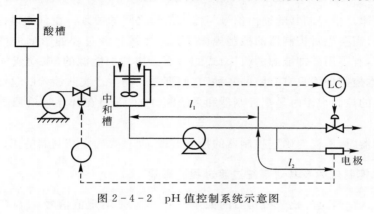

图 2 - 4 - 2　pH 值控制系统示意图

2.4.3　信号的传送滞后

　　信号传送滞后通常包括测量信号传送滞后和控制信号传送滞后两部分。

　　测量信号传送滞后是指由现场测量变送装置的信号传送到控制室的控制器所引起的滞后。对于电信号来说，可以忽略不计；但对于气信号来说，由于气动信号管线具有一定的容量，所以，会存在一定的传送滞后。

　　控制信号传送滞后是指由控制室内控制器的输出控制信号传送到现场执行器所引起的滞后。对于气动薄膜控制阀来说，由于膜头空间具有较大的容量，所以控制器的输出变化到引起控制阀开度变化，往往具有较大的容量滞后，这样就会使得控制不及时，控制效果变差。

　　信号的传送滞后对控制系统的影响基本上与对象控制通道的滞后相同，应尽量减小。因此，一般气压信号管路不能超过 300 m，直径不能小于 6 mm，或者用阀门定位器、气动继动器增大输出功率，以减小传送滞后。在可能的情况下，现场与控制室之间的信号尽量采用电信号传递，必要时可用气－电转换器将气信号转换为电信号，以减小传送滞后。

2.5　控制器控制规律的选择

　　上述已经讲过，简单控制系统是由被控对象、控制器、执行器和测量变送装置四部分组成的。在现场控制系统安装完毕或控制系统投运前，往往是被控对象、测量变送装置和执行器这三部分的特性就完全确定了，不能任意改变。这时可将对象、测量变送装置和执行器合在一起，称之为广义对象。于是控制系统可看成由控制器与广义对象两部分组成，如图 2 - 5 - 1 所示。

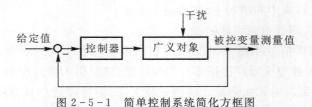

图 2 - 5 - 1　简单控制系统简化方框图

所谓控制规律是指控制器的输出信号与输入信号之间的关系。在具体讨论控制器的结构与工作原理之前,需要先对控制器的控制规律及其对系统过渡过程的影响进行研究。控制器的形式虽然很多,有不用外加能源的(自力式的),有需用外加能源的(电动或气动),但是从控制规律来看,基本控制规律只有有限的几种,它们都是长期生产实践经验的总结。

研究控制器的控制规律时是把控制器和系统断开的,即只在开环时单独研究控制器本身的特性。

在选择控制器时,不仅要确定控制器的控制规律,而且要确定控制器的正、反作用。

2.5.1　基本控制规律及其对系统过渡过程的影响

控制器的输入信号是经比较机构后的偏差信号 e,它是给定值信号 x 与变送器送来的测量值信号 z 之差。在分析自动化系统时,偏差采用 $e = x - z$,但在单独分析控制仪表时,习惯上采用测量值减去给定值作为偏差。控制器的输出信号就是控制器送往执行器(常用气动执行器)的信号 u。

所谓控制器的控制规律就是指 u 与 e 之间的函数关系,即

$$u = f(e) = f(z - x) \tag{2-5-1}$$

在研究控制器的控制规律时,经常是假定控制器的输入信号 e 是一个阶跃信号,然后来研究控制器的输出信号 u 随时间的变化规律。

控制器的基本控制规律有位式控制(其中以双位控制比较常用)、比例控制(P)、积分控制(I)、微分控制(D)及它们的组合形式,如比例积分控制(PI)、比例微分控制(PD)和比例积分微分控制(PID)。

不同的控制规律适应不同的生产要求,必须根据生产要求来选用适当的控制规律。如选用不当,不但不能起到好的作用,反而会使控制过程恶化,甚至造成事故。要选用合适的控制器,首先必须了解常用的几种控制规律的特点与适用条件,然后,根据过渡过程品质指标要求,结合具体对象特性,才能作出正确的选择。

1. 双位控制

双位控制的动作规律是当测量值大于给定值时,控制器的输出为最大(或最小),而当测量值小于给定值时,则输出为最小(或最大),即控制器只有两个输出值,相应的控制机构只有开和关两个极限位置,因此又称开关控制。

理想的双位控制器其输出 u 与输入偏差 e 之间的关系为

$$u = \begin{cases} u_{\max}, & e > 0(\text{或} \ e < 0) \\ u_{\min}, & e < 0(\text{或} \ e > 0) \end{cases} \tag{2-5-2}$$

理想的双位控制特性如图 2 - 5 - 2 所示。

　　图 2-5-3 所示为一个采用双位控制的液位控制系统,它利用电极式液位计来控制贮槽的液位,槽内装有一根电极作为测量液位的装置,电极的一端与继电器 K 的线圈相接,另一端调整在液位给定值的位置,导电的流体由装有电磁阀 V 的管线进入贮槽,经下部出料管流出。贮槽外壳接地,当液位低于给定值 H_0 时,流体未接触电极,继电器断路,此时电磁阀 V 全开,流体流入贮槽使液位上升。当液位上升至稍大于给定值时,流体与电极接触,于是继电器接通,从而使电磁阀全关,流体不再进入贮槽。但槽内流体仍在继续往外排出,故液位将要下降。当液位下降至稍小于给定值时,流体与电极脱离,于是电磁阀又开启,如此反复循环,而液位被维持在给定值上下很小一个范围内波动。可见控制机构的动作非常频繁,这样会使系统中的运动部件(例如继电器、电磁阀等)因动作频繁而损坏,因此实际应用的双位控制器具有一个中间区。

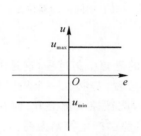

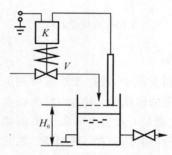

图 2-5-2　理想双位控制特性　　　　　　图 2-5-3　双位控制示例

　　偏差在中间区内时,控制机构不动作。当被控变量的测量值上升到高于给定值某一数值(即偏差大于某一数值)后,控制器的输出变为最大 p_{max},控制机构处于开(或关)的位置;当被控变量的测量值下降到低于给定值某一数值(即偏差小于某一数值)后,控制器的输出变为最小 p_{min},控制机构才处于关(或开)的位置。因此实际的双位控制器的控制规律如图 2-5-4 所示。

　　将上例中的测量装置及继电器线路稍加改变,便可成为一个具有中间区的双位控制器。由于设置了中间区,当偏差在中间区内变化时,控制机构不会动作,因此可以使控制机构开关的频繁程度大为降低,延长了控制器中运动部件的使用寿命。

　　具有中间区的双位控制过程如图 2-5-5 所示。当液位 y 低于下限值 y_L 时,电磁阀是开的,流体流入贮槽,由于流入量大于流出量,故液位上升。当升至上限值 y_H 时,阀关闭,流体停止流入,由于此时流体只出不入,故液位下降。直到液位值下降至下限值 y_L 时,电磁阀重新开启,液位又开始上升。图中上面的曲线表示控制机构阀位与时间的关系,下面的曲线是被控变量(液位)在中间区内随时间变化的曲线,是一个等幅振荡过程。

　　双位控制过程中不采用对连续控制作用下的衰减振荡过程所提的那些品质指标,一般采用振幅与周期作为品质指标,在图 2-5-5 中振幅为 $y_H - y_L$,周期为 T。

　　如果工艺生产允许被控变量在一个较宽的范围内波动,控制器的中间区就可以宽一些,这样振荡周期较长,可使可动部件动作的次数减少,于是减少了磨损,也就减少了维修工作量,因而只要被控变量波动的上、下限在允许范围内,使周期长些比较有利。

　　双位控制器结构简单、成本较低、易于实现,因而应用很普遍,例如仪表用压缩空气储罐的压力控制,恒温炉、管式炉的温度控制等。

除了双位控制外,还有三位(即具有一个中间位置)或更多位的,包括双位在内,这一类统称为位式控制,它们的工作原理基本上一样。

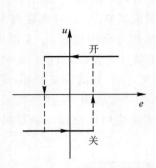

图 2-5-4　实际的双位控制特性

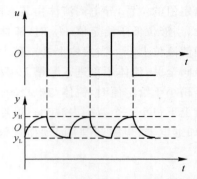

图 2-5-5　具有中间区的双位控制过程

2. 比例控制

在双位控制系统中,被控变量不可避免地会产生持续的等幅振荡过程,这是由于双位控制器只有两个特定的输出值,相应的控制阀也只有两个极限位置,势必在一个极限位置时,流入对象的物料量(能量)大于由对象流出的物料量(能量),因此被控变量上升;而在另一个极限位置时,情况正好相反,被控变量下降,如此反复,被控变量势必产生等幅振荡。为了避免这种情况,应该使控制阀的开度(即控制器的输出值)与被控变量的偏差成比例,根据偏差的大小,控制阀可以处于不同的位置,这样就有可能获得与对象负荷相适应的操纵变量,从而使被控变量趋于稳定,达到平衡状态。如图 2-5-6 所示的液位控制系统,当液位高于给定值时,控制阀就关小,液位越高,阀关得越小;若液位低于给定值,控制阀就开大,液位越低,阀开得越大。它相当于把位式控制的位数增加到无穷多位,于是变成了连续控制系统。图中浮球是测量元件,杠杆就是一个最简单的控制器。

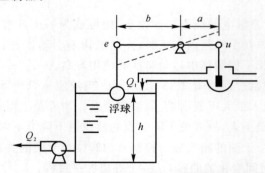

图 2-5-6　简单的比例控制系统示意图

在图 2-5-6 中,若杠杆在液位改变前的位置用实线表示,改变后的位置虚线表示,根据相似三角形原理,有

$$\frac{a}{b} = \frac{u}{e}$$

即

$$u = \frac{a}{b}e$$

(2-5-3)

式中，e——杠杆左端的位移，即液位的变化量；

　　　u——杠杆右端的位移，即阀杆的位移量；

　a，b——杠杆支点与两端的距离。

由此可见，在该控制系统中，阀门开度的改变量与被控变量（液位）的偏差值成比例，这就是比例控制规律。

对于比例控制规律的控制器（称为比例控制器），其输出信号（指变化量）u 与输入信号（指偏差，当给定值不变时，偏差就是被控变量测量值的变化量）e 之间成比例关系，即

$$u = K_P e \qquad (2-5-4)$$

式中，K_P 是一个可调的放大倍数（比例增益）。对照式（2-5-3），可知图 2-5-5 所示的比例控制器，其 $K_P = \dfrac{a}{b}$，改变杠杆支点的位置，便可改变 K_P 的数值。

由式（2-5-4）可以看出，比例控制的放大倍数 K_P 是一个重要的系数，它决定了比例控制作用的强弱。K_P 越大，比例控制作用越强。在实际的比例控制器中，习惯上使用比例度 δ 而不用放大倍数 K_P 来表示比例控制作用的强弱。

所谓比例度就是指控制器输入的变化相对值与相应的输出变化相对值之比的百分数，可表示为

$$\delta = \left(\frac{e}{x_{max} - x_{min}} \bigg/ \frac{u}{u_{max} - u_{min}} \right) \times 100\% \qquad (2-5-5)$$

式中，　　e——输入变化量；

　　　　　u——相应的输出变化量；

$x_{max} - x_{min}$——输入的最大变化量，即仪表的量程；

$u_{max} - u_{min}$——输出的最大变化量，即控制器输出的工作范围。

根据式（2-5-5），可以从控制器表面指示看比例度 δ 的具体意义。比例度就是使控制器的输出变化满刻度时（也就是控制阀从全关到全开或相反），相应的仪表测量值变化占仪表测量范围的百分数。或者说，使控制器输出变化满刻度时，输入偏差变化对应于指示刻度的百分数。比例度示意图如图 2-5-7 所示。

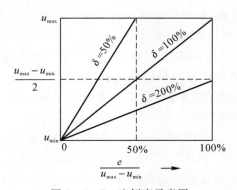

图 2-5-7　比例度示意图

例如 DDZ-Ⅲ型比例作用控制，温度刻度范围为 400～800℃，控制器输出工作范围是 0～10 mA。当指示指针从 600℃移到 700℃，此时控制器相应的输出从 4 mA 变为 9 mA，其比

例度的值为

$$\delta=\left(\frac{700-600}{800-400}\Big/\frac{9-4}{10-0}\right)\times100\%=50\%$$

这说明对于这台控制器,温度变化全量程的 50%(相当于 200℃),控制器的输出就能从最小变为最大,在此区间内,e 和 u 是成比例的。由图 2-5-7 可以看出,当比例度为 50%、100%、200% 时,分别说明只要偏差 e 变化占仪表全量程的 50%、100%、200% 时,控制器的输出就可以由最小 u_{min} 变为最大 u_{max}。

将式(2-5-4)的关系代入式(2-5-5),经整理后可得

$$\delta=\frac{1}{K_P}\times\frac{p_{max}-p_{min}}{x_{max}-x_{min}}\times100\% \tag{2-5-6}$$

对于一个具体的比例作用控制器,指示值的刻度范围 $x_{max}-x_{min}$ 及输出的工作范围 $u_{max}-u_{min}$ 应是一定的,因此由式(2-5-6)可以看出,比例度 δ 与放大倍数 K_P 成反比。这就是说,控制器的比例度 δ 越小,它的放大倍数 K_P 就越大,它将偏差(控制器输入)放大的能力越强,反之亦然。因此比例度 δ 和放大倍数 K_P 都能表示比例控制器控制作用的强弱。只不过 K_P 越大,表示控制作用越强,而 δ 越大,表示控制作用越弱。

图 2-5-8 表示图 2-5-6 所示的液位比例控制系统的过渡过程。如果系统原来处于平衡状态,液位恒定在某值上,在 $t=t_0$ 时,系统外加一个干扰作用,即出水量 Q_2 有一阶跃增加[见图 2-5-8(a)],液位开始下降[见图 2-5-8(b)],浮球也跟着下降,通过杠杆使进水阀的阀杆上升,这就是作用在控制阀上的信号 u[见图 2-5-8(c)],于是进水量 Q_1 增加[见图 2-5-8(d)]。由于 Q_1 增加,促使液位下降速度逐渐缓慢下来,经过一段时间后,待进水量的增加量与出水量的增加量相等时,系统又建立起新的平衡,液位稳定在一个新值上。但是控制过程结束时,液位的新稳态值将低于给定值,它们之间的差就叫余差,如果定义偏差 e 为测量值减去给定值,则 e 的变化曲线见图 2-5-8(e)。

为什么会有余差呢?它是比例控制规律的必然结果。由图 2-5-6 可见,原来系统处于平衡,进水量与出水量相等,此时控制阀有一固定的开度,比如说对应于杠杆为水平的位置。当 $t=t_0$ 时,出水量有一阶跃增大量,于是液位下降,引起进水量增加,只有当进水量增加到与出水量相等时才能重新建立平衡,而液位也才不再变化。但是要使进水量增加,控制阀必须开大,阀杆必须上移,而阀杆上移时浮球必然下移。因为杠杆是一种刚性的结构,这就是说,当达到新的平衡时浮球位置必定下移,也就是液位稳定在一个比原来稳态值(即给定值)要低的位置上,其差值就是余差。存在余差是比例控制的缺点。

比例控制的优点是反应快,控制及时。当有偏差信号输入时,输出立刻与它成比例地变化,偏差越大,输出的控制作用越强。

为了减小余差,就要增大 K_P(即减小比例度 δ,但这会使系统稳定性变差。比例度对控制过程的影响如图 2-5-9 所示。由图可见,比例度越大(即 K_P 越小),过渡过程曲线越平稳,但余差也大。比例度越小,则过渡过程曲线越振荡。比例度过小时就可能出现发散振荡。当比例度大时即放大倍数 K_P 小,在干扰产生后,控制器的输出变化较小,控制阀开度改变较小,被控变量的变化就很缓慢(曲线6)。当比例度减小时,K_P 增大,在同样的偏差下,控制器输出较大,控制阀开度改变较大,被控变量变化也比较灵敏,开始有些振荡,余差不大(曲线5,4)。比例度再减小,控制阀开度改变更大,大到有点过分时,被控变量也就跟着过分地变化,再拉回来

时又拉过头,结果会出现激烈的振荡(曲线 3)。当比例度继续减小到某一数值时系统出现等幅振荡,这时的比例度称为临界比例度 δ_k(曲线 2)。一般除反应很快的流量及管道压力等系统外,这种情况大多出现在 $\delta < 20\%$ 时,当比例度小于 δ_k 时,在干扰产生后将出现发散振荡(曲线 1),这是很危险的。工艺生产通常要求比较平稳而余差又不太大的控制过程,例如曲线 4,一般地说,若对象的滞后较小、时间常数较大以及放大倍数较小时,控制器的比例度可以选得小些,以提高系统的灵敏度,使反应快些,从而过渡过程曲线的形状较好。反之,比例度就要选大些以保证稳定。

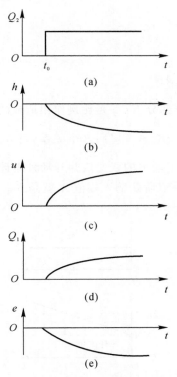

图 2-5-8　比例控制系统过渡过程

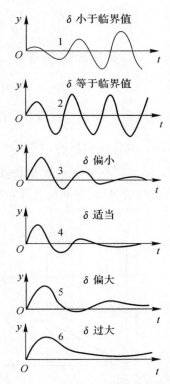

图 2-5-9　比例度对过渡过程的影响

3. 积分控制

从前文比例控制可知比例控制存在余差,属于有差调节。当对控制质量有更高要求时,就需要在比例控制的基础上,再加上能消除余差的积分控制作用。积分控制作用的输出变化量 u 与输入偏差 e 的积分成正比,即

$$u = K_1 \int e \, dt \tag{2-5-7}$$

式中,K_1 代表积分速度。当输入偏差 e 是常数 A 时,则有

$$u = K_1 \int A \, dt = K_1 A t$$

即输出是一直线,如图 2-5-10 所示。由图可见,当有偏差存在时,输出信号将随时间增长(或减小)。当偏差为零时,输出才停止变化而稳定在某一值上,因而用积分控制器组成控制系统可以达到无余差。

输出信号的变化速度与偏差 e 及 K_I 成正比,而其控制作用是随着时间积累才逐渐增强的,因此控制动作缓慢,会出现控制不及时,当对象惯性较大时,被控变量将出现大的超调量,过渡时间也将延长,因而常常把比例与积分组合起来,这样控制既及时,又能消除余差,比例积分控制规律可表示为

$$u = K_P\left(e + K_I\int e\,\mathrm{d}t\right) \tag{2-5-8}$$

经常采用积分时间 T_I 来代替 K_I,$T_I = \dfrac{1}{K_I}$,故式(2-5-8)常写为

$$u = K_P\left(e + \frac{1}{T_I}\int e\,\mathrm{d}t\right) \tag{2-5-9}$$

若偏差是幅值为 A 的阶跃干扰,可得

$$u = K_P A + \frac{K_P}{T_I}At$$

这一关系可示于图 2-5-11 中,输出中垂直上升部分 $K_P A$ 是比例作用造成的,慢慢上升部分 $\dfrac{K_P}{T_I}At$ 是积分作用造成的。当 $t = T_I$ 时,输出为 $2K_P A$。应用这个关系,可以实测 K_P 及 T_I,对控制器输入一个幅值为 A 的阶跃变化,立即记下输出的跃变值并开动秒表计时,当输出达到跃变值的两倍时,此时间就是 T_I,跃变值 $K_P A$ 除以阶跃输入幅值 A 就是 K_P。

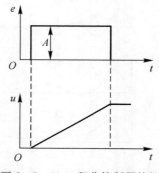

图 2-5-10　积分控制器特性

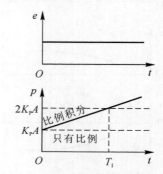

图 2-5-11　比例积分控制器特性

积分时间 T_I 越短,积分速度 K_I 越大,积分作用越强。反之,积分时间越长,积分作用越弱。若积分时间为无穷大,就没有积分作用,成为纯比例控制器了。

图 2-5-12 所示为在同样比例度下积分时间 T_I 对过渡过程的影响。T_I 过大,积分作用不明显,余差消除很慢(曲线 3);T_I 过小,易于消除余差,但系统振荡加剧,曲线 2 适宜,曲线 1 就振荡过于剧烈了。

比例积分控制器对于多数系统都可采用,比例度和积分时间两个参数均可调整。当对象滞后很大时,可能控制时间较长、最大偏差也较大;负荷变化过于剧烈时,由于积分动作缓慢,使控制作用不及时,此时可增加微分作用。

4. 微分控制

对于惯性较大的对象,常常希望能根据被控变量变化的快慢来控制。在人工控制时,虽然偏差可能还小,但看到参数变化很快,估计到很快就会有更大偏差,此时会过分地改变阀门开

度以克服干扰影响,这就是按偏差变化速度进行控制。在自动控制时,这就要求控制器具有微分控制规律,就是控制器的输出信号与偏差信号的变化速度成正比,即

$$u = T_D \frac{de}{dt} \qquad (2-5-10)$$

式中,T_D 为微分时间;$\frac{de}{dt}$ 为偏差信号变化速度。此式表示理想微分控制的特性,若在 $t=t_0$ 时输入一个阶跃信号,则在 $t=t_0$ 时控制器输出将为无穷大,其余时间输出为零,如图 2-5-13 所示。

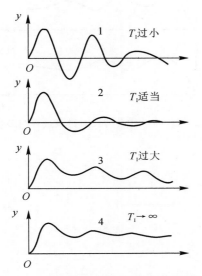

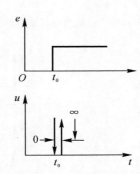

图 2-5-12 积分时间对过渡过程的影响　　　　图 2-5-13 理想微分控制器特性

　　这种控制器用在系统中,即使偏差很小,只要出现变化趋势,马上就进行控制,故有超前控制之称,这是它的优点。但它的输出不能反映偏差的大小,假如偏差固定,即使数值很大,微分作用也没有输出,故控制结果不能消除偏差,因此不能单独使用这种控制器,它常与比例或比例积分组合构成比例微分或三作用控制器。

　　比例微分控制规律如图 2-5-14 所示,其数学表达式为

$$u = K_P \left(e + T_D \frac{de}{dt} \right) \qquad (2-5-11)$$

　　微分作用按偏差的变化速度进行控制,其作用比比例作用快,因而对惯性大的对象用比例微分可以改善控制质量,减小最大偏差,节省控制时间。微分作用力图阻止被控变量的变化,有抑制振荡的效果,但如果加得过大,由于控制作用过强,反而会引起被控变量大幅度的振荡,如图 2-5-15 所示。微分作用的强弱用微分时间来衡量。

　　比例积分微分控制规律为

$$u = K_P \left(r + \frac{1}{T_I} \int e \, dt + T_D \frac{de}{dt} \right) \qquad (2-5-12)$$

　　当有阶跃信号输入时,输出为比例、积分和微分三部分输出之和。如图 2-5-16 所示。这种控制器既能快速进行控制,又能消除余差,具有较好的控制性能。

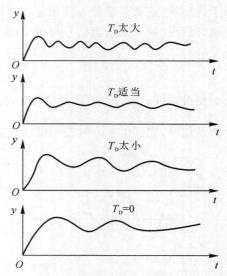

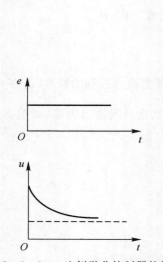

图 2-5-14　比例微分控制器特性

图 2-5-15　微分时间对过渡过程的影响

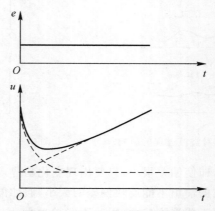

图 2-5-16　三作用控制器特性

2.5.2　控制器控制规律的确定

在广义对象特性已经确定的情况下,需要结合控制器控制规律的选择与控制器参数的工程整定,来提高控制系统的稳定性和控制质量。

通过 2.5.1 小节内容,我们可知控制规律对过渡过程的影响。选择哪种控制规律主要是根据广义对象的特性和工艺的要求来决定的。下面分别说明各种控制规律的特点及应用场合。

1. 比例控制器

比例控制器的可调整参数是比例放大系数 K_P 或比例度 δ。

比例控制器的特点:控制器的输出与偏差成比例,即控制阀门位置与偏差之间具有一一对应关系。当负荷变化时,比例控制器克服干扰能力强、控制及时、过渡时间短。在常用控制规律中,比例作用是最基本的控制规律,不加比例作用的控制规律是很少采用的。但是,纯比例控制系统在过渡过程终了时存在余差。负荷变化越大,余差就越大。

比例控制器适用于控制通道滞后较小、负荷变化不大、工艺上没有提出无差要求的系统，例如中间贮槽的液位、精馏塔塔釜液位以及不太重要的蒸汽压力控制系统等。

2. 比例积分控制器

比例积分控制器的可调整参数是比例放大系数 K_P（或比例度 δ）和积分时间 T_I。

比例积分控制器的特点：由于在比例作用的基础上加上积分作用，而积分作用的输出是与偏差的积分成比例，只要偏差存在，控制器的输出就会不断变化，直至消除偏差为止。因此采用比例积分控制器，在过渡过程结束时是无余差的，这是它的显著优点。但是，加上积分作用，会使稳定性降低，虽然在加积分作用的同时，可以通过加大比例度，使稳定性基本保持不变，但超调量和振荡周期都相应增大，过渡过程的时间也加长。

比例积分控制器是使用最普遍的控制器。它适用于控制通道滞后较小、负荷变化不大、工艺参数不允许有余差的系统。例如流量、压力和要求严格的液位控制系统，常采用比例积分控制器。

3. 比例积分微分控制器

比例积分微分控制器的可调整参数有比例放大系数 K_P（比例度 δ）、积分时间 T_I 和微分时间 T_D 等 3 个。

比例积分微分控制器的特点是：微分作用使控制器的输出与输入偏差的变化速度成比例，它对克服对象的滞后有显著的效果。在比例的基础上加上微分作用能提高稳定性，再加上积分作用可以消除余差。因此，适当调整 δ，T_I，T_D 三个参数，可以使控制系统获得较高的控制质量。

比例积分微分控制器适用于容量滞后较大、负荷变化大、控制质量要求较高的系统，应用最普遍的是温度控制系统与成分控制系统。对于滞后很小或噪声严重的系统，应避免引入微分作用，否则会由于被控变量的快速变化引起控制作用的大幅度变化，严重时会导致控制系统不稳定。

关于控制规律的选择可归纳为以下几点：

（1）在一般的连续控制系统中，比例控制是必不可少的。如果控制通道滞后较小，负荷变化较小，而工艺要求又不高，可选用单纯的比例控制规律。

（2）如果控制系统需要消除余差，就要选用积分控制规律，即选择比例积分控制规律或比例积分微分控制规律。

（3）如果控制系统需要克服容量滞后或较大的惯性，就要选用微分控制规律，即选择比例微分控制规律或比例积分微分控制规律。

值得提出的是，目前生产的模拟式控制器一般都同时具有比例、积分、微分 3 种作用。只要将其中的微分时间 T_D 置于 0，就成了比例积分控制器，如果同时将积分时间 T_I 置于无穷大，便成了比例控制器。

2.5.3　控制器正、反作用的确定

上述已经讲到自动控制系统是具有被控变量负反馈的闭环系统。也就是说，如果被控变量值偏高，则控制作用应使之降低；相反，如果被控变量值偏低，则控制作用应使之升高。控制作用对被控变量的影响应与干扰作用对被控变量的影响相反，才能使被控变量值回复到给定

值。这里，就有一个作用方向的问题。控制器的正反作用是关系到控制系统能否正常运行与安全操作的重要问题。

在控制系统中，不仅是控制器，而且被控对象、测量元件及变送器和执行器都有各自的作用方向。它们如果组合不当，使总的作用方向构成正反馈，则控制系统不但不能起控制作用，反而破坏了生产过程的稳定。所以，在系统投运前必须注意检查各环节的作用方向，其目的是通过改变控制器的正、反作用，以保证整个控制系统是一个具有负反馈的闭环系统。

所谓作用方向，就是指输入变化后，输出的变化方向。当某个环节的输入增加时，其输出也增加，则称该环节为"正作用"方向；反之，当环节的输入增加时，输出减少的称"反作用"方向。

对于测量元件及变送器，其作用方向一般都是"正"的，因为当被控变量增加时，其输出量一般也是增加的，所以在考虑整个控制系统的作用方向时，可不考虑测量元件及变送器的作用方向（因为它总是"正"的），只需要考虑控制器、执行器和被控对象 3 个环节的作用方向，使它们组合后能起到负反馈的作用。

对于执行器，它的作用方向取决于是气开阀还是气关阀（注意不要与执行机构和控制阀的"正作用"及"反作用"混淆）。当控制器输出信号（即执行器的输入信号）增加时，气开阀的开度增加，因而流过阀的流体流量也增加，故气开阀是"正"方向。反之，由于当气关阀接收的信号增加时，流过阀的流体流量反而减少，所以是"反"方向。执行器的气开或气关型式主要应从工艺安全角度来确定。

对于被控对象的作用方向，则随具体对象的不同而各不相同。当操纵变量增加时，被控变量也增加的对象属于"正作用"的。反之，被控变量随操纵变量的增加而降低的对象属于"反作用"的。

由于控制器的输出决定于被控变量的测量值与给定值之差，所以被控变量的测量值与给定值变化时，对输出的作用方向是相反的。对于控制器的作用方向是这样规定的：当给定值不变，被控变量测量值增加时，控制器的输出也增加，称为"正作用"方向，或者当测量值不变，给定值减小时，控制器的输出增加的称为"正作用"方向。反之，如果测量值增加（或给定值减小）时，控制器的输出减小的称为"反作用"方向。

在一个安装好的控制系统中，对象的作用方向由工艺机理可以确定，执行器的作用方向由工艺安全条件可以选定，而控制器的作用方向要根据对象及执行器的作用方向来确定，以使整个控制系统构成负反馈的闭环系统。下面举两个例子加以说明。

图 2-5-17 所示为一个简单的加热炉出口温度控制系统。在这个系统中，加热炉是对象，燃料气流量是操纵变量，被加热的原料油出口温度是被控变量。当操纵变量燃料气流量增加时，被控变量是增加的，故对象是"正"作用方向。如果从工艺安全条件出发选定执行器是气开阀（停气时关闭），以免当气源突然断气时，控制阀大开而烧坏炉子。那么这时执行器便是"正"作用方向。为了保证由对象、执行器与控制器所组成的系统是负反馈的，控制器就应该选为"反"作用。这样才能当炉温升高时，控制器 TC 的输出减小，因而关小燃料气的阀门（因为是气开阀，当输入信号减小时，阀门是关小的），使炉温降下来。

图 2-5-18 所示为一个简单的液位控制系统。执行器采用气开阀，在一旦停止供气时，阀门自动关闭，以免物料全部流走，故执行器是"正"方向。当控制阀开度增加时，液位是下降的，所以对象的作用方向是"反"的。这时控制器的作用方向必须为"正"，才能使当液位升高

时,LC 输出增加,从而打开出口阀,使液位降下来。

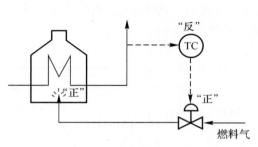

图 2-5-17 加热炉出口温度控制

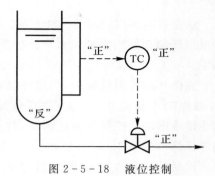

图 2-5-18 液位控制

控制器的正、反作用可以通过改变控制器上的正、反作用开关自行选择,一台正作用的控制器,只要将其测量值与给定值的输入线互换一下,就成了反作用的控制器,其原理如图 2-5-19 所示。

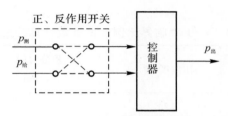

图 2-5-19 控制器正、反作用开关示意图

2.6 控制器参数的工程整定

一个自动控制系统的过渡过程或者控制质量,与被控对象、干扰形式与大小、控制方案的确定及控制器参数整定有着密切的关系。在控制方案、广义对象的特性、控制规律都已确定的情况下,控制质量主要就取决于控制器参数的整定。所谓控制器参数的整定,就是按照已定的控制方案,求取使控制质量最好的控制器参数值。具体来说,就是确定最合适的控制器比例度 δ、积分时间 T_I 和微分时间 T_D。当然,这里所谓最好的控制质量不是绝对的,是根据工艺生产的要求而提出的所期望的控制质量。例如,对于单回路的简单控制系统,一般希望过渡过程是 4:1(或 10:1)的衰减振荡过程。

控制器参数整定的方法很多,主要有理论计算的方法和工程整定法两种。

理论计算的方法是根据已知的广义对象特性及控制质量的要求,通过理论计算出控制器的最佳参数。这种方法由于比较烦琐、工作量大,计算结果有时与实际情况不甚符合,故在工程实践中长期没有得到推广和应用。

工程整定法是在已经投运的实际控制系统中,通过试验或探索,来确定控制器的最佳参数。这种方法是工艺技术人员在现场经常遇到的。下述介绍其中的几种常用工程整定法。

2.6.1　临界比例度法

这是目前使用较多的一种方法。它是先通过试验得到临界比例度 δ_K 和临界周期 T_K，然后根据经验总结出来的关系求出控制器各参数值。具体作法如下。

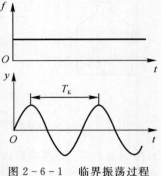

图 2 - 6 - 1　临界振荡过程

在闭环的控制系统中，先将控制器变为纯比例作用，即将 T_I 放在"∞"位置上，T_D 放在"0"位置上，在干扰作用下，从大到小地逐渐改变控制器的比例度，直至系统产生等幅振荡（即临界振荡），如图 2 - 6 - 1 所示。

这时的比例度叫临界比例度 δ_K，周期为临界振荡周期 T_K。记下 δ_K 和 T_K，然后按表 2 - 6 - 1 中的经验公式计算出控制器的各参数整定数值。在加入积分作用时，应先将比例度放在比计算值稍大的数值上，再加入积分；然后，如有微分作用，再设置微分时间。最后，将比例度减小到计算值上。当然，如果整定后的过渡过程曲线不够理想，还可作适当调整。

表 2 - 6 - 1　临界比例度法参数计算公式表

控制作用	比例度 /（%）	积分时间 T_I/min	微分时间 T_D/min
比例	$2\delta_K$		
比例＋积分	$2.2\delta_K$	$0.85T_K$	
比例＋微分	$1.7\delta_K$		$0.1T_K$
比例＋积分＋微分	$1.8\delta_K$	$0.5T_K$	$0.1T_K$
比例＋微分	$1.7\delta_K$		$0.1T_K$
比例＋积分＋微分	$1.8\delta_K$	$0.5T_K$	$0.1T_K$

临界比例度法比较简单方便，容易掌握和判断，适用于一般的控制系统。但是对于临界比例度很小的系统不适用。因为临界比例度很小，则控制器输出的变化一定很大，被调参数容易超出允许范围，影响生产的正常进行。

临界比例度法是要使系统达到等幅振荡后，才能找出 δ_K 与 T_K，对于工艺上不允许产生等幅振荡的系统本方法亦不适用。

2.6.2　衰减曲线法

衰减曲线法是通过使系统产生衰减振荡来整定控制器的参数值的，具体过程如下：

在闭环的控制系统中，先将控制器变为纯比例作用，并将比例度预置在较大的数值上。在达到稳定后，用改变给定值的办法加入阶跃干扰，观察被控变量记录曲线的衰减比，然后从大到小改变比例度，直至出现 4∶1 衰减比为止，见图 2 - 6 - 2(a)。

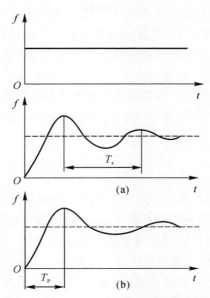

图 2 - 6 - 2　4：1 和 10：1 衰减振荡过程

记下此时的比例度 δ_s（称 4：1 衰减比例度），从曲线上得到衰减周期 T_s。然后根据表 2 - 6 - 2 中的经验公式，求出控制器的参数整定值。

表 2 - 6 - 2　4：1 衰减曲线法控制器参数计算表

控制作用	$\delta/(\%)$	$T_I/\min$	$T_D/\min$
比例	δ_s		
比例 + 微分	$1.2\delta_s$	$0.5T_s$	
比例 + 积分 + 微分	$1.8\delta_s$	$0.3T_s$	$0.1T_s$

有的生产过程 4：1 衰减仍嫌振荡过强，可采用 10：1 衰减曲线法。方法同上，得到 10：1 衰减曲线[见图 2 - 6 - 2(b)]后，记下此时的比例度 $\delta_s{}'$ 和最大偏差时间 T_p（又称峰值时间），然后根据表 2 - 6 - 3 中的经验公式，求出相应的 δ，T_I，T_D 值。

表 2 - 6 - 3　10：1 衰减曲线法控制器参数计算表

控制作用	$\delta/(\%)$	$T_I/\min$	$T_D/\min$
比例	$\delta_s{}'$		
比例 + 微分	$1.2\delta_s{}'$	$0.2T_P$	
比例 + 积分 + 微分	$0.8\delta_s{}'$	$1.2T_P$	$0.4T_P$

采用衰减曲线法必须注意以下事项：

（1）加的干扰幅值不能太大，要根据生产操作要求来定，一般为额定值的 ±5% 左右，也有例外的情况。

（2）必须在工艺参数稳定情况下才能施加干扰，否则得不到正确的δ_s，T_s或δ_s'和T_P值。

（3）对于反应快的系统，如流量、管道压力和小容量的液位控制等，要在记录曲线上严格得到4:1衰减曲线比较困难。一般以被控变量来回波动两次达到稳定，就可以近似地认为达到4:1衰减过程了。

衰减曲线法比较简便，适用于一般情况下的各种参数的控制系统。但对于干扰频繁、记录曲线不规则、不断有小摆动的情况，由于不易得到准确的衰减比例度δ_s和衰减周期T_s，使得这种方法难于应用。

2.6.3　经验凑试法

经验凑试法是在长期的生产实践中总结出来的一种整定方法。它是根据经验先将控制器参数放在一个数值上，直接在闭环控制系统中，通过改变给定值施加干扰，在记录仪上观察过渡过程曲线，根据δ，T_1，T_D对过渡过程的影响，按照规定顺序，对比例度δ、积分时间T_1和微分时间T_D逐个整定，直到获得满意的过渡过程为止。

各类控制系统中控制器参数的经验数据，见表2-6-4，供整定时参考选择。

表中给出的只是一个大体范围，有时变动较大。例如，流量控制系统的δ值有时需在200%以上；有的温度控制系统，由于容量滞后大，T_1往往要在15 min以上。另外，选取δ值时尚应注意测量部分的量程和控制阀的尺寸，如果量程小（相当于测量变送器的放大系数K_m大）或控制阀的尺寸选大了（相当于控制阀的放大系数K_v大）时，δ应适当选大一些，即K_c小一些，这样可以适当补偿K_m大或K_v大带来的影响，使整个回路的放大系数保持在一定范围内。

表 2-6-4　控制器参数的经验数据表

控制对象	对象特征	$\delta/(\%)$	T_1/min	T_D/min
流量	对象时间常数小，参数有波动，δ要大；T_1要短；不用微分	40~100	0.3~1	
温度	对象容量滞后大，即参数受干扰后变化迟缓，δ应小；T_1要长；一般需加微分	20~60	3~10	0.5~3
压力	对象的容量滞后一般，不算大，一般不加微分	30~70	0.4~3	
液位	对象时间常数范围大。当要求不高时，δ可在一定范围内选取，一般不用微分	20~80		

整定的步骤有以下两种：

（1）先用纯比例作用进行试凑，待过渡过程已基本稳定并符合要求后，再加积分作用消除余差，最后加入微分作用是为了提高控制质量。按此顺序观察过渡过程曲线进行整定工作。具体作法如下。

根据经验并参考表2-6-4中的数据，选定一个合适的δ值作为起始值，把积分时间放在"∞"，微分时间置于"0"，将系统投入自动。改变给定值，观察被控变量记录曲线形状。如曲线不是4:1衰减（这里假定要求过渡过程是4:1衰减振荡的），例如衰减比大于4:1，说明选的δ

偏大,适当减小δ值再看记录曲线,直到呈 4∶1 衰减为止。注意,当把控制器比例度改变以后,如无干扰就看不出衰减振荡曲线,一般都要稳定以后再改变一下给定值才能看到。若工艺上不允许反复改变给定值,那只好等工艺本身出现较大干扰时再看记录曲线。δ值调整好后,如要求消除余差,则要引入积分作用。一般积分时间可先取为衰减周期的一半值,并在积分作用引入的同时,将比例度增加 10% ∼ 20%,看记录曲线的衰减比和消除余差的情况,如不符合要求,再适当改变δ和 T_I 值,直到记录曲线满足要求。如果是三作用控制器,则在已调整好δ和 T_I 的基础上再引入微分作用,而在引入微分作用后,允许把δ值缩小一点,把 T_I 值也再缩小一点。微分时间 T_D 也要在表 2 - 6 - 4 给出的范围内试凑,以使过渡过程时间短,超调量小,控制质量满足生产要求。

经验试凑法的关键是“看曲线,调参数”。因此,必须弄清楚控制器参数变化对过渡过程曲线的影响关系。一般来说,在整定中,观察到曲线振荡很频繁,须把比例度增大以减少振荡;当曲线最大偏差大且趋于非周期过程时,须把比例度减小。当曲线波动较大时,应增大积分时间;而在曲线偏离给定值后,长时间回不来,则须减小积分时间,以加快消除余差的过程。如果曲线振荡得厉害,须把微分时间减到最小,或者暂时不加微分作用,以免更加剧振荡;在曲线最大偏差大而衰减缓慢时,须增加微分时间。经过反复凑试,一直调到过渡过程振荡两个周期后基本达到稳定,品质指标达到工艺要求为止。

在一般情况下,比例度过小、积分时间过小或微分时间过大,都会产生周期性的激烈振荡。但是,积分时间过小引起的振荡,周期较长;比例度过小引起的振荡,周期较短;微分时间过大引起的振荡周期最短,如图 2 - 6 - 3 所示,曲线 a 的振荡是积分时间过小引起的,曲线 b 是比例度过小引起的,曲线 c 的振荡则是由于微分时间过大引起的。

比例度过小、积分时间过小和微分时间过大引起的振荡,还可以这样进行判别:从给定值指针动作之后,一直到测量值指针发生动作,如果这段时间短,应把比例度增加;如果这段时间长,应把积分时间增大;如果时间最短,应把微分时间减小。

如果比例度过大或积分时间过大,都会使过渡过程变化缓慢,如何判别这两种情况呢? 一般地说,比例度过大,曲线波动较剧烈、不规则地较大地偏离给定值,而且形状像波浪般的起伏变化,见图 2 - 6 - 4 曲线 a。如果曲线通过非周期的不正常路径,慢慢地回复到给定值,这说明积分时间过大,见图 2 - 6 - 4 曲线 b。应当注意,积分时间过大或微分时间过大,超出允许的范围时,不管如何改变比例度,都是无法补救的。

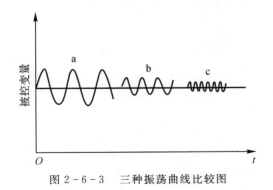

图 2 - 6 - 3　三种振荡曲线比较图

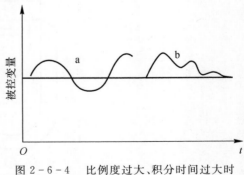

图 2 - 6 - 4　比例度过大、积分时间过大时
两种曲线比较图

（2）经验试凑法还可以按下列步骤进行：先按表 $2-6-4$ 中给出的范围把 T_{I} 定下来，如要引入微分作用，可取 $T_{\mathrm{D}}=(\frac{1}{3} \sim \frac{1}{4}) T_{\mathrm{I}}$。然后对 δ 进行试凑，试凑步骤与前一种方法相同。

一般来说，这样试凑可较快地找到合适的参数值。但是，如果开始 T_{I} 和 T_{D} 设置得不合适，则可能得不到所要求的记录曲线。这时应将 T_{D} 和 T_{I} 作适当调整，重新试凑，直至记录曲线合乎要求为止。

经验试凑法的特点是方法简单，适用于各种控制系统，因此应用非常广泛。特别是外界干扰作用频繁、记录曲线不规则的控制系统，采用此法最为合适。但是此法主要是靠经验，在缺乏实际经验或过渡过程本身较慢时，往往较为费时。为了缩短整定时间，可以运用优选法，使每次参数改变的大小和方向都有一定的目的性。值得注意的是，对于同一个系统，不同的人采用经验试凑法整定，可能得出不同的参数值，这是由于对每一条曲线的看法，有时会因人而异，没有一个很明确的判断标准，而且不同的参数匹配有时会使所得过渡过程衰减情况极为相近。例如某初馏塔塔顶温度控制系统，若采用以下两组参数：

$$\delta = 15\%, \quad T_{\mathrm{I}} = 7.5\mathrm{min}$$
$$\delta = 35\%, \quad T_{\mathrm{D}} = 3\mathrm{min}$$

系统都得到 $10:1$ 的衰减曲线，超调量和过渡时间基本相同。

必须指出，在一个自动控制系统投运时，控制器的参数必须整定，才能获得满意的控制质量。同时，在生产进行的过程中，如果工艺操作条件改变，或负荷有很大变化，被控对象的特性就要改变，因此，控制器的参数必须重新整定。由此可见，整定控制器参数是经常要做的工作，对工艺人员与仪表人员来说，都是需要掌握的。

2.7 思考题与习题

$2-1$ 简单控制系统由哪几部分组成？各部分的作用是什么？

$2-2$ 题图 $2-1$ 是一反应器温度控制系统示意图。试画出这一系统的方框图，并说明各方块的含义，指出它们具体代表什么？

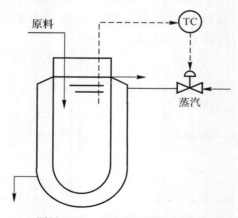

题图 $2-1$ 反应器温度控制系统

2-3　什么叫直接指标控制和间接指标控制？各使用在什么场合？

2-4　被控变量的选择原则是什么？

2-5　什么叫可控因素(变量)与不可控因素？当存在着若干个可控因素时，应如何选择操纵变量才是比较合理的控制方案？

2-6　操纵变量的选择原则是什么？

2-7　一个系统的对象有容量滞后，另一个系统由于测量点位置造成纯滞后，如分别采用微分作用克服滞后？效果如何？

2-8　什么是控制器的控制规律？控制器有哪些基本控制规律？

2-9　双位控制规律是怎样的？有何优缺点？

2-10　比例控制规律是怎样的？什么是比例控制的余差？为什么比例控制会产生余差？

2-11　比例控制器的比例度对控制过程有什么影响？选择比例度时要注意什么问题？

2-12　试写出积分控制规律的数学表达式。并说明为什么积分控制能消除余差。

2-13　什么是积分时间 T_1？试述积分时间对控制过程的影响。

2-14　理想微分控制规律的数学表达式是什么？为什么微分控制规律不能单独使用？

2-15　试写出比例积分微分(PID)三作用控制规律的数学表达式。

2-16　控制器控制规律选择的原则是什么？

2-17　比例控制器、比例积分控制器、比例积分微分控制器的特点分别是什么？各使用在什么场合？

2-18　被控对象、执行器、控制器的正、反作用各是怎样规定的？

2-19　假定在题图 2-1 所示的反应器温度控制系统中，反应器内需维持一定温度，以利反应进行，但温度不允许过高，否则有爆炸危险。试确定执行器的气开、气关型式和控制器的正、反作用。

2-20　试确定题图 2-2 所示两个系统中执行器的正、反作用及控制器的正、反作用。

题图 2-2(a)为一加热器出口物料温度控制系统，要求物料温度不能过高，否则容易分解。题图 2-2(b)为一冷却器出口物料温度控制系统，要求物料温度不能太低，否则容易结晶。

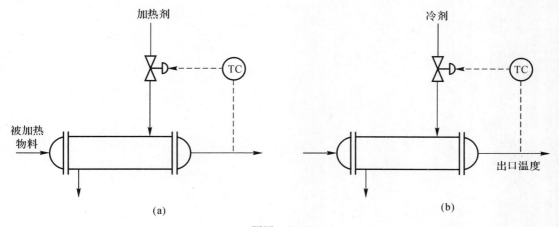

题图　2-2

2-21 题图 2-3 为贮槽液位控制系统,为安全起见,贮槽内液体严格禁止溢出,试在下述两种情况下,分别确定执行器的气开、气关型式及控制器的正、反作用。

(1)选择流入量 Q_i 为操纵变量;

(2)选择流出量 Q_o 为操纵变量。

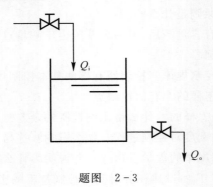

题图 2-3

2-22 控制器参数整定的任务是什么?工程上常用的控制器参数整定有哪几种方法?

2-23 临界比例度的意义是什么?为什么工程上控制器所采用的比例度要大于临界比例度?

2-24 试述用衰减曲线法整定控制器参数的步骤及注意事项。

2-25 如何区分由于比例度过小、积分时间过小或微分时间过大所引起的振荡过渡过程?

2-26 经验凑试法整定控制器参数的关键是什么?

第3章 复杂过程控制系统

随着科技的发展,新工艺、新设备的出现,生产过程的大型化和复杂化,必然导致对操作条件的要求更加严格,变量之间的关系更加复杂。同时,现代化生产往往对产品的质量提出更高的要求,例如造纸过程成纸页定量偏差±1%以下,甲醇精馏塔的温度偏离不允许超过1℃,石油裂解气的深冷分离中,乙烯纯度要求达到99.99%,等等。此外生产过程中的某些特殊要求,如物料配比问题、泵阀联锁问题、前后生产工序协调问题、为了生产安全而采取的软保护问题等,这些问题的解决都是简单控制系统所不能胜任的,因此,相应地就出现了复杂控制系统。所谓复杂控制系统是指控制系统组成中不仅仅只有一个调节器、执行器、变送器和对象等构成的控制系统。

本章将讨论常见的复杂控制系统,如串级、比值、前馈、多冲量、选择、均匀、分程和智能控制系统。

3.1 串级控制系统

3.1.1 概述

定义:串级控制系统是指由两个调节器、一个调节阀、两个变送器和两个对象组成的控制系统。其最主要的特点是两个调节器控制一个调节阀,适用于当对象的滞后较大,干扰比较剧烈、频繁的对象。

下述通过如图3-1-1所示管式加热炉温度控制系统说明串级控制系统的工作原理。在这个系统,主要的控制参数是加热炉出口温度,将温度控制好,一方面可延长炉子寿命,防止炉管烧坏;另一方面可保证后面精馏分离的质量。为了控制原油出口温度,可以设置如图3-1-1所示的温度控制系统,根据原油出口温度的变化来控制燃料阀门的开度,即改变燃料量来维持原油出口温度保持在工艺所规定的数值上,这是一个简单控制系统。

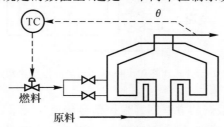

图3-1-1 管式加热炉出口温度控制系统

初看起来,上述控制方案是可行的、合理的。但是在实际生产过程中,特别是当加热炉的燃料压力或燃料本身的热值有较大波动时,上述简单控制系统的控制质量往往很差,原料油的出口温度波动较大,难以满足生产上的要求。

为什么会产生上述情况呢?这是因为当燃料压力或燃料本身的热值变化后,先影响炉膛的温度,然后通过传热过程才能逐渐影响原料油的出口温度,这个通道容量滞后很大,时间常数约 15 min 左右,反应缓慢,而温度控制器 TC 是根据原料油的出口温度与给定值的偏差工作的。因此当干扰作用在对象上后,并不能较快地产生控制作用以克服干扰被控变量的影响。由于控制不及时,所以控制质量很差。当工艺上要求原料油的出口温度非常严格时,上述简单控制系统是难以满足要求的。为了解决容量滞后问题,还需对加热炉的工艺作进一步分析。

管式加热炉内是一根很长的受热管道,它的热负荷很大。燃料在炉膛燃烧后,是通过炉膛与原料油的温差将热量传给原料油的。因此,燃料量的变化或燃料热值的变化,首先是会使炉膛温度发生变化的,那么是否能以炉膛温度作为被控变量组成单回路控制系统呢?当然这样做会使控制通道容量滞后减少,时间常数约为 3 min。控制作用比较及时,但是炉膛温度毕竟不能真正代表原料油的出口温度。虽然炉膛温度控制好了,但原料油的出口温度并不一定就能满足生产的要求,这是因为即使炉膛温度恒定的话,原料油本身的流量或入口温度变化仍会影响其出口温度。

为了解决管式加热炉的原料油出口温度的控制问题,人们在生产实践中,往往根据炉膛温度的变化,先改变燃料量,然后再根据原料油出口温度与其给定值之差,进一步改变燃料量,以保持原料油出口温度的恒定。模仿这样的人工操作程序就构成了以原料油出口温度为主要被控变量的炉出口温度与炉膛温度的串级控制系统,图 3-1-2 所示为这种系统的示意图。它的工作过程是,在稳定工况下,原料油出口温度和炉膛温度都处于相对稳定状态,控制燃料油的阀门保持在一定的开度。假定在某一时刻,燃料油的压力和或热值(与组分有关)发生变化,这个干扰首先使炉膛温度 θ_2 发生变化,它的变化促使控制器 T_2C 进行工作,改变燃料的加入量,从而使炉膛温度的偏差随之减少。与此同时,由于炉膛温度的变化,或由于原料油本身的进口流量或温度发生变化,会使原料油出口温度 θ_1 发生变化。θ_1 的变化通过控制器 T_1C 不断地去改变控制器 T_2C 的给定值。这样,两个控制器协同工作,直到原料油出口温度重新稳定在给定值时,控制过程才告结束。

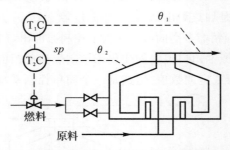

图 3-1-2　管式加热炉出口温度与炉腔温度串级控制系统

图 3-1-3 所示为以上系统的方框图。根据信号传递的关系,图中将管式加热炉对象分为两部分。一部分为受热管道,图上标为温度对象 1,它的输出变量为原料油出口温度 θ_1。另一部分为炉膛及燃烧装置,图上标为温度对象 2,它的输出变量为炉膛温度 θ_2。干扰 F_2 表示燃

料油压力、组分等的变化,它通过温度对象 2 首先影响炉膛温度 θ_2,然后再通过温度对象 1 影响原料油出口温度 θ_1。干扰 F_1 表示原料油本身的流量、进口温度等的变化,它通过温度对象 1 直接影响原料油出口温度 θ_1。

从图 3-1-2 和图 3-1-3 可以看出,在这个控制系统中,有两个控制器 T_1C 和 T_2C,分别接收来自对象不同部位的测量信号 θ_1 和 θ_2。其中一个控制器 T_1C 的输出作为另一个控制器 T_2C 的给定值,而后者的输出去控制执行器以改变操纵变量。从系统的结构来看,这两个控制器是串接工作的,因此,这样的系统称为串级控制系统。

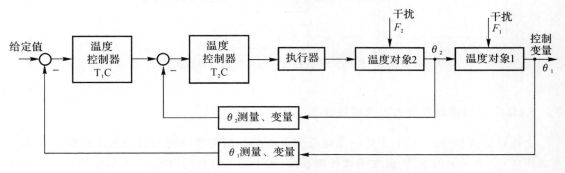

图 3-1-3 管式加热炉出口温度与炉膛温度串级控制系统的方框图

现在介绍串级控制系统中常用的名词。

(1) 主变量。主变量是工艺控制指标,在串级控制系统中起主导作用的被控变量,如上例中的原料油出口温度 θ_1。

(2) 副变量。串级控制系统中为了稳定主变量或因某种需要而引入的辅助变量,如上例中的炉膛温度 θ_2。

(3) 主对象。主对象为主变量表征其特性的生产设备,如上例中从炉膛温度检测点到炉出口温度检测点间的工艺生产设备,主要是指炉内原料油的受热管道,图 3-1-3 中标为温度对象 1。

(4) 副对象。副对象为副变量表征其特性的工艺生产设备,如上例中执行器至炉膛温度检测点间的工艺生产设备,主要指燃料油燃烧装置及炉膛部分,图 3-1-3 中标为温度对象 2。

(5) 主控制器。按主变量的测量值与给定值而工作,其输出作为副变量给定值的那个控制器,称为主控制器(又名主导控制器),如上例中的温度控制器 T_1C。

(6) 副控制器。其结定值来自主控制器的输出,并按副变量的测量值与给定值的偏差而工作的那个控制器称为副控制器(又名随动控制器),如上例中的温度控制器 T_2C。

(7) 主回路。主回路是由主变量的测量变送装置,主、副控制器,执行器和主、副对象构成的外回路,亦称外环或主环。

(8) 副回路。副回路是由副变量的测量变送装置,副控制器执行器和副对象所构成的内回路,亦称内环或副环。

根据前面所介绍的串级控制系统的专用名词,各种具体对象的串级控制系统都可以画成典型形式的方框图,如图 3-1-4 所示。图中的主测量、变送和副测量、变送分别表示主变量和副变量的测量、变送装置。

从图 3-1-4 可清楚地看出,该系统中有两个闭合回路,副回路是包含在主回路中的一个小回路,两个回路都是具有负反馈的闭环系统。

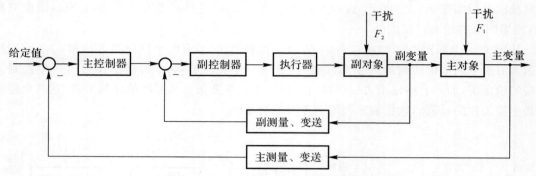

图 3-1-4　串级控制控制系统典型方框图

3.1.2　串级控制系统的工作过程

　　下述以管式加热炉为例,来说明串级控制系统是如何有效地克服滞后提高控制质量的。考虑图 3-1-2 所示的温度-温度串级控制系统,为了便于分析问题起见,先假定执行器采用气开型式,在断气时关闭控制阀,以防止炉管烧坏而酿成事故(执行器气开、气关的选择原则与简单控制系统时相同),温度控制器 T_1C 和 T_2C 都采用反作用方向(串级控制系统中主、副控制器的正、反作用的选择原则留待下面再介绍)。下面针对不同情况来分析该系统的工作过程。

　　1. 干扰进入副回路

　　当系统的干扰只是燃料油的压力或组分波动时,亦即在图 3-1-3 所示的方框图中,干扰 F_1 不存在,只有 F_2 作用在温度对象 2 上,这时干扰进入副回路。若采用简单控制系统(见图 3-1-1),干扰 F_2 先引起炉膛温度 θ_2 变化,然后通过管壁传热才能引起原料油出口温度 θ_1 变化。只有当 θ_1 变化以后,控制作用才能开始,因此控制迟缓、滞后大。设置了副回路后,干扰 F_2 引起 θ_2 变化,温度控制器 T_2C 及时进行控制,使其很快稳定下来,如果干扰量小,经过副回路控制后,此干扰一般影响不到原料油出口温度 θ_1;在大幅度的干扰下,其大部分影响为副回路所克服,波及到原料油出口温度 θ_1 已经非常小了,再由主回路进一步控制,基本可消除干扰的影响,使被控变量回复到给定值。

　　假定燃料油压力增加(从而使流量亦增加)或热值增加,使炉膛温度升高。显然,这时温度控制器 T_2C 的测量值是增加的。另外,炉膛温度 θ_2 升高,会使原料油出口温度 θ_1 也升高。因为温度控制器 T_1C 是反作用的,其输出降低,送至温度控制器 T_2C,因而使 T_2C 的给定值降低。由于温度控制器 T_2C 也是反作用的,给定值降低与测量值(θ_2)升高,都同时使输出值降低,它们的作用都是使气开式阀门关小。因此,控制作用不仅加快,而且加强了。燃料量的减少,从而克服了燃料油压力增加或热值增加的影响,使原料油的出口温度波动减小,并能尽快地回复到给定值。

　　由于副回路控制通道短,时间常数小,所以当干扰进入回路时,可以获得比单回路控制系统超前的控制作用,有效地克服燃料油压力或热值变化对原料油出口温度的影响,从而大大提高了控制质量。

2. 干扰作用于主对象

假如在某一时刻,由于原料油的进口流量或温度变化,亦即在图 3-1-3 所示的方框图中, F_2 不存在,只有 F_1 作用于温度对象 1 上。若 F_1 的作用结果使原料油出口温度 θ_1 升高。这时温度控制器 T_1C 的测量值 θ_1 增加,因而 T_1C 的输出降低,即 T_2C 的给定值降低。由于这时炉膛温度暂时还没有变,即 T_2C 的测量值 θ_2 没有变,所以 T_2C 的输出将随着给定值的降低而降低(因为对于偏差来说,给定值降低相当于测量值增加, T_2C 是反作用的,故输出降低)。随着 T_2C 的输出降低,气开式的阀门开度也随之减小,于是燃料供给量减少,促使原料油出口温度降低直至恢复到给定值。在整个控制过程中,温度控制器 T_2C 的给定值不断变化,要求炉膛温度 θ_2 也随之不断变化,这是为了维持 θ_1 不变所必需的。如果由于干扰作用 F_1 的结果使 θ_1 增加超过给定值,那么必须相应降低 θ_2 。才能使 θ_1 回复到给定值。所以,在串级控制系统中,如果干扰作用于主对象,由于副回路的存在,可以及时改变副变量的数值,以达到稳定主变量的目的。

3. 干扰同时作用于副回路和主对象

如果除了进入副回路的干扰外,还有其他干扰作用在主对象上,亦即在图 3-1-3 所示的方框图中, F_1 、 F_2 同时存在,分别作用在主、副对象上。这时可以根据干扰作用下主、副变量变化的方向,分下列两种情况进行讨论。

(1) 在干扰作用下,主、副变量的变化方向相同,即同时增加或同时减小。譬如在如图 3-1-2 所示的温度-温度串级控制系统中,一方面由于燃料油压力增加(或热值增加)使炉膛温度 θ_2 增加,另一方面由于原料油进口温度增加(或流量减少)而使原料油出口温度 θ_1 增加。这时主控制器的输出由于 θ_1 增加而减小。副控制器由于测量值 θ_2 增加,给定值(即 T_1C 输出)减小,这时给定值和炉膛温度 θ_2 之间的差值更大,因此副控制器的输出也就大大减小,以使控制阀关得更小些,大大减少了燃料供给量,直至主变量 θ_1 回复到给定值为止。由于此时主、副控制器的工作都是使阀门关小的,所以加强了控制作用,加快了控制过程。

(2) 主、副变量的变化方向相反,一个增加,另一个减小。譬如在上例中,假定一方面由于燃料油压力升高(或热值增加)而使炉膛温度 θ_2 增加,另一方面由于原料油进口温度降低(或流量增加)而使原料油出口温度 θ_1 降低。这时主控制器的测量值 θ_1 降低,其输出增大,这就使副控制器的给定值也随之增大,而这时副控制器的测量值 θ_2 也在增大,如果两者增加量恰好相等,则偏差为零,这时副控制器输出不变,阀门不需动作;如果两者增加量虽不相等,由于能互相抵消掉一部分,因此偏差也不大,只要控制阀稍稍动作一点,即可使系统达到稳定。

通过以上分析可以看出,在串级控制系统中,由于引入一个闭合的副回路,不仅能迅速克服作用于副回路的干扰,而且对作用于主对象上的干扰也能加速克服过程。副回路具有先调、粗调、快调的特点;主回路具有后调、细调、慢调的特点,并对于副回路没有完全克服掉的干扰影响能彻底加以克服。因此,在串级控制系统中,由于主、副回路相互配合、相互补充,充分发挥了控制作用,大大提高了控制质量。

3.1.3　串级控制系统的特点

基于上述分析,我们可总结出串级控制系统具有以下特点。

(1) 在系统结构上,串级控制系统有两个闭合回路:主回路和副回路;有两个控制器:主控制器和副控制器;有两个测量变送器,分别测量主变量和副变量。

在串级控制系统中,主、副控制器是串联工作的。主控制器的输出作为副控制器的给定值,系统通过副控制器的输出去操纵执行器动作,实现对主变量的定值控制。因此在单级控制系统中,主回路是个定值控制系统,而副回路是个随动控制系统。

(2)在串级控制系统中,有主变量和副变量两个变量。

一般来说,主变量是反映产品质量或生产过程运行情况的主要工艺变量。控制系统设置的目的就在于稳定这一变量,使它等于工艺规定的给定值。因此,主变量的选择原则与简单控制系统中介绍的被控变量选择原则是一样的。关于副变量的选择原则后面再详细讨论。

(3)在系统特性上,串级控制系统由于副回路的引入,改善了对象的特性,使控制过程加快,具有超前控制的作用,从而有效地克服滞后,提高了控制质量。

(4)串级控制系统由于增加了副回路,因此具有一定的自适应能力,可用于负荷和操作条件有较大变化的场合。

上述已经讲过,对于一个控制系统来说,控制器参数是在一定的负荷,在一定的操作条件下,按一定的质量指标整定得到的。因此,一组控制器参数只能适应一定的负荷和操作条件。如果对象具有非线性特点,那么,随着负荷和操作条件的改变,对象特性就会发生变化。这样,原先的控制器参数就不再适应了,需要重新整定。如果仍用原先的参数,控制质量就会下降。这一问题,在单回路控制系统中是难于解决的。在单级控制系统中,主回路是一个定值系统,副回路却是一个随动系统。当负荷或操作条件发生变化时,主控制器能够适应这一变化及时地改变副控制器的给定值,使系统运行在新的工作点上,从而保证在新的负荷和操作条件下,控制系统仍然具有较好的控制质量。

由于串级控制系统具有上述特点,所以当对象的滞后和时间常数很大,干扰作用强而频繁,负荷变化大,简单控制系统满足不了控制质量的要求时,可采用串级控制系统。

3.1.4　串级控制系统中副回路的确定

由于串级系统比单回路系统多了一个副回路,因此与单回路系统相比,串级系统具有一些单回路系统所没有的优点。然而,要发挥串级系统的优势,副回路的设计则是一个至关重要的问题。副回路设计得合理,串级系统的优势会得到充分发挥,串级系统的控制质量将比单回路控制系统的有明显的提高;副回路设计不合适,串级系统的优势将得不到发挥,控制质量的提高将不明显,甚至弄巧成拙,这就失去设计串级控制系统的意义了。

所谓副回路的确定,实际上就是根据生产工艺的具体情况,选择一个合适的副变量,从而构成一个以副变量为被控变量的副回路。

副回路的确定应考虑下述 5 项原则:

1. 主、副变量间应有一定的内在联系

在串级控制系统中,副变量的引入往往是为了提高主变量的控制质量。因此,在主变量确定以后,选择的副变量应与主变量间有一定的内在联系。换句话说,在串级系统中,副变量的变化应在很大程度上能影响主变量的变化。

选择串级控制系统的副变量一般有两类情况。一类情况是选择与主变量有一定关系的某一中间变量作为副变量,例如前文所讲的管式加热炉的温度串级控制系统中,选择的副变量是燃料进入量至原料油出口温度通道中间的一个变量,即炉膛温度。由于它的滞后小、反应快,可以提前预报主变量 θ_1 的变化。因此控制炉膛温度 θ_2 对平稳原料油出口温度 θ_1 波动有着显著的作用；另一类情况是选择的副变量就是操纵变量本身，这样能及时克服它的波动，减少对主变量的影响。下面举一个例子来说明这种情况。

图 3-1-5 所示为精馏塔塔釜温度与蒸汽流量串级控制系统的示意图。精馏塔塔釜温度是保证产品分离纯度（主要指塔底产品的纯度）的重要间接控制指标，一般要求它保持在一定的数值。通常采用改变进入再沸器的加热蒸汽量来克服干扰（如精馏塔的进料流量、温度及组分的变化等）对塔釜温度的影响，从而保持塔釜温度的恒定。但是，由于温度对象滞后比较大，加热蒸汽量到塔釜温度的通道比较长。因此当蒸汽压力波动比较厉害时，控制不及时，会使控制质量不够理想。为解决这个问题，可以构成如图 3-1-5 所示的塔釜温度与加热蒸汽流量的串级控制系统。温度控制器 TC 的输出作为蒸汽流量控制器 FC 的给定值，亦即流量控制器的给定值应该由温度控制的需要来决定它应该"变"或"不变"，以及变化的"大"或"小"。通过这套串级控制系统，能够在塔釜温度稳定不变时，蒸汽流量能保持恒定值，而当温度在外来干扰作用下偏离给定值时，又要求蒸汽流量能作相应的变化，以使能量的需要与供给之间得到平衡，从而保持釜温在要求的数值上。在这个例子中，选择的副变量就是操纵变量（加热蒸汽量）本身。这样，当干扰来自蒸汽压力或流量的波动时，副回路能及时加以克服，以大大减少这种干扰对主变量的影响，使塔釜温度的控制质量得以提高。

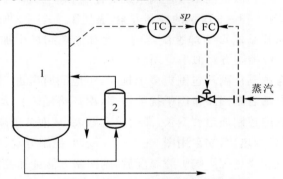

图 3-1-5　精馏塔塔釜温度与蒸汽流量串级控制系统
1—精馏塔；2—再沸器

2. 使系统的主要干扰被包围在副回路内

因为串级控制系统的副回路具有反应速度快、抗干扰能力强（主要指进入副回路的干扰）的特点，所以在确定副变量时，一方面能将对主变量影响最严重、变化最剧烈的干扰包围在副回路内；另一方面又使副对象的时间常数很小，这样就能充分利用副环的快速抗干扰性能，将干扰的影响抑制在最低限度。这样，主要干扰对主变量的影响就会大大减小，从而提高了控制质量。

例如在管式加热炉中，如果主要干扰来自燃料油的压力波动时，可以设置如图 3-1-6 所示的加热炉原料油出口温度与燃料油压力串级控制系统。在这个系统中，由于选择了燃料油压力作为副变量，副对象的控制通道很短，时间常数很小，因此控制作用非常及时，比起图 3-1-2 所示的控制方案，能更及时有效地克服由于燃料油压力波动对原料油出口温度的影响，从而大大提高了控制质量。

但是还必须指出，如果管式加热炉的主要干扰来自燃料油组分（或热值）波动时，就不宜采用图 3-1-6 所示的控制方案,因为这时主要干扰并没有被包围在副环内,所以不能充分发挥副环抗干扰能力强的这一优点。此时仍宜采用如图 3-1-2 所示的温度-温度串级控制系统,选择炉膛温度作为副变量,这样,燃料油组分(或热值)波动的这一主要干扰也就被包围在副环内了。

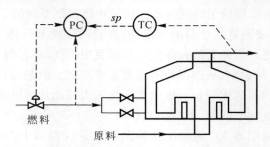

图 3-1-6　加热炉出口温度与燃料油压力串级控制系统

3. 使副环尽可能包围更多的次要干扰

在生产过程中,除了主要干扰外,若还有较多的次要干扰,或者系统的干扰较多且难于分出主要干扰与次要干扰,当然,选择副变量应考虑使副环尽量多包围一些干扰,这样可以充分发挥副环的快速抗干扰能力,以提高串级控制系统的控制质量。

比较图 3-1-2 与图 3-1-6 所示的控制方案,显然图 3-1-2 所示的控制方案中,其副环包围的干扰更多一些,凡是能影响炉膛温度的干扰都能在副环中加以克服,从这一点上来看,图 3-1-2 所示的串级控制方案似乎更理想一些。

需要说明的是,在考虑到使副环包围更多干扰时,也应同时考虑到副环的灵敏度,因为这两者经常是相互矛盾的、随着副回路包围干扰的增多,副环将随之扩大,副变量离主变量也就越近。这样一来,副对象的控制通道就变长,滞后也就增大,从而会削弱副回路的快速、有力控制的特性。例如对于管式加热炉,如采用图 3-1-2 所示的控制方案,当主要干扰来自燃料油的压力波动时,必须通过燃烧过程影响炉膛温度后,副回路方能施加控制作用来克服这一扰动的影响。而对于图 3-1-6 所示的控制方案,只要燃料油压力一波动,在尚未影响到炉膛温度时,控制作用就已经开始。对抑制扰动来说,更为迅速、有力。

因此,在选择副变量时,既要考虑到使副环包围较多的干扰,又要考虑到使副变量不要离主变量太近,否则一旦干扰影响到副变量,很快也就会影响到主变量,这样副环的作用也就不大了。当主要干扰来自控制阀方面时,选择控制介质的流量或压力作为副变量来构成串级控制系统(见图 3-1-5 或图 3-1-6)是很适宜的。

4. 副变量的选择应考虑到主、副对象时间常数的匹配,以防"共振"的发生

在单级控制系统中,主、副对象的时间常数不能太接近。一方面是为了保证副回路具有快速的抗干扰性能;另一方面是由于串级系统中主、副回路之间是密切相关的,副变量的变化会影响到主变量,而主变量的变化通过反馈回路又会影响到副变量。如果主、副对象的时间常数比较接近,那么主、副回路的工作频率也就比较接近,这样一旦系统受到干扰,就有可能产生"共振"。而一旦系统发生"共振",轻则会使控制质量下降,重则会导致系统的发散而无法工作。因此,必须设法避免共振的发生。在选择副变量时,应注意使主、副对象的时间常数之比为 3～10,以减少主、副回路的动态联系,避免"共振"。当然,也不能盲目追求减小副对象的时

间常数,否则可能使副回路包围的干扰太少,使系统抗干扰能力反而减弱了。

5. 使副环尽量少包含纯滞后或不包含纯滞后

对于含有大纯滞后的对象,往往由于控制不及时而使控制质量很差,这时可采用串级控制系统,并通过合理选择副变量将纯滞后部分放到主对象中去,以提高副回路的快速抗干扰功能,及时克服干扰的影响,将其抑制在最小限度内,从而可以使主变量的控制质量得到提高。

例如,某化纤厂胶液压力的控制问题,其工艺流程如图 3-1-7 所示。图中纺丝胶液由计量泵 1 输送至板式热交换器 2 中进行冷却,随后被送往过滤器 3 滤去杂质。工艺上要求过滤前的胶液压力稳定在 0.25 MPa,压力波动将直接影响到过滤效果和后面喷丝头的正常工作。由于胶液粘度大,控制通道又比较长,所以纯滞后比较大,单回路压力控制方案效果不好。为了提高控制质量,可在计量泵和冷却器之间,靠近计量泵的某个适当位置,选择一个压力测量点,并以它为副变量组成一个压力与压力的串级控制系统,见图 3-1-7。

图中主控制器 P_1C 的输出作为副控制器 P_2C 的给定值,由副控制器的输出来改变计量泵的转速,从而控制纺丝胶液的压力。采用上述方案后,当纺丝胶液粘度发生变化或因计量泵前的混合器有污染而引起压力变化时,副变量可及时反映出来,并通过副回路进行克服,从而稳定了过滤器前的胶液压力。

应当指出,这种方法有很大局限性,即只有当纯滞后环节能够大部分乃至全部都可以被划入到主对象中去时,这种方法才能有效地提高系统的控制质量,否则将不会获得很好的效果。

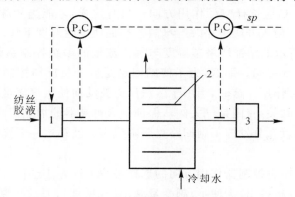

图 3-1-7　压力与压力串级控制系统
1—计量泵；2—板式热交换器；3—过滤器

3.1.5　主、副控制器控制规律及正、反作用的选择

1. 控制规律的选择

串级控制系统中主、副控制器的控制规律的选择原则是不同的。

(1)主控制器通常都选用比例积分控制规律。串级控制系统的目的是为了高精度地稳定主变量。主变量是生产工艺的主要控制指标,它直接关系到产品的质量或生产的正常进行,工艺上对它的要求比较严格。一般来说,主变量不允许有余差。因此,主控制器通常都选用比例积分控制规律,以实现主变量的无差控制。有时,对象控制通道容量滞后比较大,例如温度对象或成分对象等,为了克服容量滞后,可以选择比例积分微分控制规律。

（2）副控制器一般采用比例控制规律。在串级控制系统中,稳定副变量并不是目的,设置副变量的目的就在于保证和提高主变量的控制质量。在干扰作用下,为了维持主变量的不变,副变量就要变。副变量的给定值是随主控制器的输出变化而变化的。因此,在控制过程中,对副变量的要求一般都不很严格,允许它有波动。因此,副控制器一般采用比例控制规律。为了能够快速跟踪,最好不带积分作用,因为积分作用会使跟踪变得缓慢。副控制器的微分作用也是不需要的,因为当副控制器有微分作用时,一旦主控制器输出稍有变化,就容易引起控制阀大幅度地变化,这对系统的稳定是不利的。

2. 控制器正、反作用的选择

根据各种不同情况,主、副控制器的作用方向选择方法有以下 3 种。

（1）串级控制系统中的副控制器作用方向的选择,是根据工艺安全等要求,在选定执行器的气开、气关型式后,按照使副控制回路成为一个负反馈系统的原则来确定的。因此,副控制器的作用方向与副对象特性、执行器的气开、气关型式有关,其选择方法与简单控制系统中控制器正、反作用的选择方法相同,这时可不考虑主控制器的作用方向,只是将主控制器的输出作为副控制器的给定就行了。

例如图 3-1-2 所示的管式加热炉温度—温度串级控制系统中的副回路,如果为了在气源中断时,停止供给燃料油,以防烧坏炉子,那么执行器应该选气开阀,是"正"方向。当燃料量加大时,炉膛温度 θ_2（副变量）是增加的,因此副对象是"正"方向。为了使副回路构成一个负反馈系统,副控制器 T_2C 应选择"反"作用方向。只有这样,才能当炉膛温度受到干扰作用上升时,T_2C 的输出降低,使气开阀关小,减少燃料量,促使炉膛温度下降。

又如图 3-1-5 所示的精馏塔塔釜温度与蒸汽流量的串级控制系统中,如果基于工艺上的考虑,选择执行器为气关阀。那么,为了使副回路是一个负反馈控制系统,副控制器 FC 的作用方向应选择为"正"作用。这时,当由于蒸汽压力波动而使蒸汽流量增加时,副控制器的输出就将增加,以使控制阀关小（因是气关阀）,保证进入再沸器的加热蒸汽量不受或少受蒸汽压力波动的影响。这样,就充分发挥了副回路克服蒸汽压力波动这一干扰的快速作用,提高了主变量的控制质量。

（2）串级控制系统中主控制器作用方向的选择可按下述方法进行:当主、副变量在增加（或减小）时,如果由工艺分析得出,为使主、副变量减小（或增加）,要求控制阀的动作方向是一致的时候,主控制器应选"反"作用;反之,则应选"正"作用。

从上述方法可以看出,串级控制系统中主控制器作用方向的选择完全由工艺情况确定,与执行器的气开、气关型式及副控制器的作用方向完全无关。因此,串级控制系统中主、副控制器的选择可以按先副后主的顺序,即先确定执行器的开、关型式及副控制器的正、反作用,然后确定主控制器的作用方向;也可以按先主后副的顺序,即先按工艺过程特性的要求确定主控制器的作用方向,然后按一般单回路控制系统的方法再选定执行器的开、关型式及副控制器的作用方向。

例如在图 3-1-2 所示的管式加热炉串级控制系统中,不论是主变量 θ_1 或副变量 θ_2 增加,对控制阀动作方向的要求是一致的,都要求关小控制阀,减少供给的燃料量,才能使 θ_1 或 θ_2 降下来,因而此时主控制器 T_2C 应确定为反作用方向。图 3-1-5 所示的精馏塔塔釜温度串级控制系统,由于蒸汽流量（副变量）增加时,需要关小控制阀,培釜温度（主变量）增加时,也需要关小控制阀,因此它们对控制阀的动作方向要求是一致的,所以主控制器 TC 也应为反作用方向。

图 3-1-8 是冷却器温度串级控制系统的示意图。为了保证被冷却物料出口温度的恒

定,并及时克服冷剂压力波动对控制质量的影响,设计了以被冷却物料出口温度为主变量,冷剂流量为副变量的串级控制系统。分析冷却部的特性可以知道,当主变量即被冷却物料出口温度增加时,需要开大控制阀,而当副变量即冷剂流量增加时,需要关小控制阀,它们对控制阀动作方向的要求是不一致的,因此主控制器 TC 的作用方向应选用正作用。

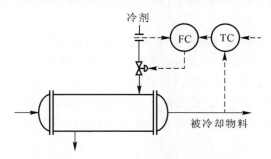

图 3-1-8　冷却器温度串级控制系统

　　(3)当由于工艺过程的需要,控制阀由气开改为气关;或由气关改为气开时,只要改变副控制器的正反作用而不需改变主控制器的正反作用。

　　但是必须指出,在有些生产过程中,要求控制系统既可以进行串级控制,又可以实现主控制器单独工作,即切除副控制器,由主控制器的输出直接控制执行器(称为主控)。这就是说,若系统由串级切换为主控时,是用主控制器的输出代替原先副控制器的输出去控制执行器,而若系统由主控切换为串级时,是用副控制器的输出代替主控制器的输出去控制执行器。无论哪一种切换,都必需保证当主变量变化时,去控制阀的信号完全一致。以图 3-1-2 所示的管式加热炉出口温度串级控制系统为例,当执行器为气开阀时,T_1C 和 T_2C 均为反作用。主变量 θ_1 增加时,去执行器的气压信号是要求减小的。这样才能关小阀门,减少燃料供给量,以使温度 θ_1 下降,当系统由串级切换为主控时,若 θ_1 增加,要求主控制器的输出也减小,因此这时主控制器仍为反作用的,不需改变方向。相反,如果工艺要求执行器改为气关阀,那么 T_1C 为反作用,T_2C 为正作用。这时若系统为串级控制时,θ_1 增加,T_2C 的输出即去执行器的信号是增加的,这样才能关小阀门,减少燃料供给量。若这时系统由串级切换为主控,为了保证在 θ_1 增加时,主控制器的输出,即去执行器的信号仍是增加的,正控制器就必须是正作用,这样才能保证由串级改为主控后,控制系统(这时实际上是单回路的)是一个具有负反馈的闭环系统。

　　总之,系统串级与主控切换的条件是,当主变量变化时,串级时副控制器的输出与主控时主控制器的输出信号方向完全一致。根据这一条件可以断定:只有当副控制器为"反"作用时,才能在串级与主控之间直接进行切换,如果副控制器为"正"作用,则在串级与主控之间进行切换的同时,要改变主控制器的正反作用。为了能使串级系统在串级与主控之间方便地切换,在执行器气开、气关型式的选择不受工艺条件限制,可以任选的情况下,应选择能使副控制器为反作用的那种执行器类型,这样就可免除在串级与主控切换时来回改变主控制器的正、反作用。

3.1.6　控制器参数的工程整定

　　串级控制系统从整体上来看是个定值控制系统,要求主变量有较高的控制精度。但从副回路来看是个随动系统,要求副变量能准确、快速地跟随主控制器输出的变化而变化。只有明确了主、副回路的不同作用和对主、副变量的不同要求后,才能正确地通过参数整定,确定主、副控制器的不同参数,来改善控制系统的特性,获取最佳的控制过程。

串级控制系统主、副控制器的参数整定方法主要有以下两种。

1. 两步整定法

控照串级控制系统主、副回路的情况,先整定副控制器,后整定主控制器的方法叫做两步整定法,整定过程如下:

(1)在工况稳定,主、副控制器都在纯比例作用运行的条件下,将主控制器的比例度先固定在 100% 的刻度上,逐渐减小副控制器的比例度,求取副回路在满足某种衰减比(如 4∶1)过渡过程下的副控制器比例度和操作周期,分别用 δ_{2s} 和 T_{2s} 表示。

(2)在副控制器比例度等于 δ_{2s} 的条件下,逐步减小主控制器的比例度,直至得到同样衰减比下的过渡过程,记下此时主控制器的比例度 δ_{1s} 和操作周期 T_{1s}。

(3)根据上面得到的 δ_{1s},T_{1s},δ_{2s},T_{2s},按表 2-6-2(或表 2-6-3)的规定关系计算主、副控制器的比例度、积分时间和微分时间。

(4)按"先副后主""先比例次积分后微分"的整定规律,将计算出的控制器参数加到控制器上。

(5)观察控制过程,适当调整,直到获得满意的过渡过程。

如果主、副对象时间常数相差不大,动态联系密切,可能会出现"共振"现象,主、副变量长时间地处于大幅度波动情况,控制质量严重恶化。这时可适当减小副控制器比例度或积分时间,以达到减小副回路操作周期的目的。

同理,可以加大主控制器的比例度或积分时间,以期增大主回路操作周期,使主、副回路的操作周期之比加大,避免"共振"。这样做的结果会在一定程度上降低原先期望的控制质量。如果主、副对象特性太接近,则说明确定的控制方案欠妥当,副变量的选择不合适,这时就不能完全靠控制器参数的改变来避免"共振"了。

2. 一步整定法

两步整定法虽能满足主、副变量的要求,但要分两步进行,需寻求两个 4∶1 的衰减振荡过程,比较烦琐。为了简化步骤,串级控制系统中主、副控制器的参数整定可以采用一步整定法。

所谓一步整定法,就是根据经验先将副控制器一次放好,不再变动,然后按一般单回路控制系统的整定方法直接整定主控制器参数。

一步整定法的依据是,在串级控制系统中,一般来说,主变量是工艺的主要操作指标,直接关系到产品的质量或生产过程的正常运行,因此,对它的要求比较严格。而副变量的设置主要是为了提高主变量的控制质量,对副变量本身没有很高的要求,允许它在一定范围内变化。因此,在整定时不必把过多的精力花在副环上。只要把副控制器的参数置于一定数值后,集中精力整定主环,使主变量达到规定的质量指标就行了。

虽然按照经验一次设置的副控制器参数不一定合适,但是这没有关系,因为副控制器的放大倍数不合适,可以通过调整主控制器的放大倍数来进行补偿,结果仍然可以使主变量呈现 4∶1(或 10∶1)衰减振荡过程。

经验证明,这种整定方法,对于对主变量要求较高,而对副变量没有什么要求或要求不严,允许它在一定范围内变化的串级控制系统,是很有效的。

人们经过长期的实践,大量的经验积累,总结得出对于在不同的副变量情况下,副控制器参数可按表 3-1-1 所给出的数据进行设置。

表 3-1-1　采用一步整定法时控制器参数选择范围

副变量类型	副控制器比例度 δ_2/(%)	副控制器比例放大倍数 K_{P2}
温度	20～60	5.0～1.7
压力	30～70	3.0～1.4
流量	40～80	2.5～1.25
液位	20～80	5.0～1.25

一步整定法的整定步骤如下。

(1)在生产正常,系统为纯比例运行的条件下,按照表 3-1-1 所列的数据,将副控制器比例度调到某一适当的数值。

(2)利用简单控制系统中任一种参数整定方法整定主控制器的参数。

(3)如果出现"共振"现象,可加大主控制器或减小副控制器的参数整定值,一般即能消除。

3.2　比值控制系统

3.2.1　比值控制的基本概念

在化工、炼油及其他工业生产过程中,工艺上常需要将两种或两种以上的物料保持一定的比例关系,如比例一旦失调,将影响生产或造成事故。

例如,在造纸生产过程中,必须使浓纸浆和水以一定比例混合,才能制造出一定浓度的纸浆,显然这个流量比对于产品质量有密切关系。在重油气化的造气生产过程中,进入气化炉的氧气和重油流量应保持一定的比例,若氧油比过高,因炉温过高使喷嘴和耐火砖烧坏,严重时甚至会引起炉子爆炸;如果氧量过低,则生成的炭黑增多,还会发生堵塞现象。因此保持合理的氧油比,不仅为了使生产能正常进行,且对安全生产来说具有重要意义。再如在锅炉燃烧过程中,需要保持燃料量和空气按一定的比例进入炉膛,才能提高燃烧过程的经济性。这样类似的例子在各种工业生产中是大量存在的。

定义:实现两个或两个以上参数符合一定比例关系的控制系统,称为比值控制系统。

在需要保持比值关系的两种物料中,必有一种物料处于主导地位,这种物料称之为主物料,表征这种物料的参数称之为主动量,用 Q_1 表示。由于在生产过程控制中主要是流量比值控制系统,所以主动量也称为主流量;而另一种物料按主物料进行配比,在控制过程中随主物料而变化,因此称为从物料,表征其特性的参数称为从动量或副流量,用 Q_2 表示。一般情况下,总以生产中主要物料定为主物料,如上例中的浓纸浆、重油和燃料油均为主物料,而相应跟随变化的水、氧和空气则为从物料。在有些场合,以不可控物料作为主物料,用改变可控物料即从物料的量来实现它们之间的比值关系。比值控制系统就是要实现副流量 Q_2 与主流量 Q_1 成一定比值关系,满足关系式:

$$K = Q_2/Q_1 \qquad\qquad (3-2-1)$$

式中,K—— 副流量与主流量的流量比值。

3.2.2　比值控制系统的类型

1. 开环比值控制系统

开环比值控制系统是最简单的比值控制方案,图 3-2-1 所示是其原理图。图中 Q_1 是主流量,Q_2 是副流量。当 Q_2 变化时,通过控制器 FC 及安装在从物料管道上的执行器,来控制 Q_2,以满足 $Q_2 = KQ_1$ 的要求。

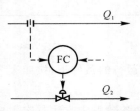

图 3-2-1　开环比值控制

图 3-2-2 是该系统的方框图。从图中可以看到,该系统的测量信号取自主物料 Q_1,但控制器的输出却去控制从物料的流量 Q_2,整个系统没有构成闭环,所以是一个开环系统。

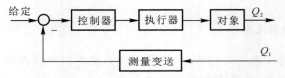

图 3-2-2　开环比值控制方框图

这种方案的优点是结构简单,只需一台纯比例控制器,其比例度可以根据比值要求来设定。但是如果仔细分析一下这种开环比值系统,其实质只能保持执行器的阀门开度与 Q_1 之间成一定比例关系。因此,当 Q_2 因阀门两侧压力差发生变化而波动时,系统不起控制作用,此时保证不了 Q_2 与 Q_1 的比值关系。也就是说,这种比值控制方案对副流量 Q_2 本身无抗干扰能力。因而这种系统只能适用于副流量较平稳且比值要求不高的场合。实际生产过程中,Q_2 本身常常要受到干扰,因此生产上很少采用开环比值控制方案。

2. 单闭环比值控制系统

单闭环比值控制系统是为了克服开环比值控制方案的不足,在开环比值控制系统的基础上,通过增加一个副流量的闭环控制系统而组成的,如图 3-2-3 所示。图 3-2-4 是该系统的方框图。

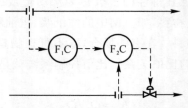

图 3-2-3　单闭环比值控制

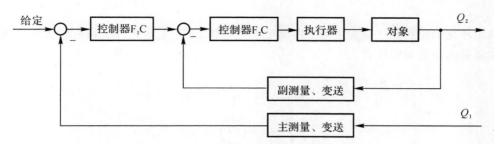

图 3-2-4　单闭环比值控制系统方框图

从图中可以看出,单闭环比值控制系统与串级控制系统具有相类似的结构形式,但两者是不同的。单闭环比值控制系统的主流量 Q_1 相似于单级控制系统中的主变量,但主流量并没有构成闭环系统,Q_2 的变化并不影响到 Q_1 尽管它亦有两个控制器,但只有一个闭合回路,这就是两者的根本区别。

在稳定情况下,主、副流量满足工艺要求的比值,$Q_2/Q_1 = K$。当主流量 Q_1 变化时,经变送器送至主控制器 F_1C(或其他计算装置)。F_1C 按预先设置好的比值使输出成比例地变化,也就是成比例地改变副流量控制器 F_2C 的给定值,此时副流量闭环系统为一个随动控制系统,从而 Q_2 跟随 Q_1 变化,使得在新的工况下,流量比值 K 保持不变。当主流量没有变化而副流量由于自身干扰发生变化时,此副流量闭环系统相当于一个定值控制系统,通过控制克服干扰,使工艺要求的流量比值仍保持不变。

单闭环比值控制系统的优点是它不但能实现副流量跟随主流量的变化而变化,而且还可以克服副流量本身干扰对比值的影响,因此主、副流量的比值较为精确。另外,因为这种方案的结构形式较简单,实施起来也比较方便,所以得到广泛的应用,尤其适用于主物料在工艺上不允许进行控制的场合。

单闭环比值控制系统,虽然能保持两物料量比值一定,但由于主流量是不受控制的,当主流量变化时,总的物料量就会跟着变化。

3. 双闭环比值控制系统

双闭环比值控制系统是为了克服单闭环比值控制系统主流量不受控制,生产负荷(与总物料量有关)在较大范围内波动的不足而设计的。它是在单闭环比值控制的基础上,增加了主流量控制回路而构成的,图 3-2-5 所示是其原理图。从图可以看出,当主流量 Q_1 变化时,一方面通过主流量控制器 F_1C 对它进行控制,另一方面通过比值控制器 K(可以是乘法器)乘以适当的系数后作为副流量控制器的给定值,使副流量跟随主流量的变化而变化。

图 3-2-6 所示为双闭环比值控制系统的方框图。可以看出,该系统具有两个闭合回路,分别对主、副流量进行定值控制。同时,由于比值控制器 K 的存在,使得主流量由受到干扰作用开始到重新稳定在给定值这段时间内,副流量能跟随主流量的变化而变化。这样不仅实现了比较精确的流量比值,而且也确保了两物料总量基本不变,这是它的一个主要优点。

双闭环比值控制系统的另一个优点是提降负荷比较方便,只要缓慢地改变主流量控制器的给定值,就可以提降主流量,同时副流量也就自动跟踪提降,并保持两者比值不变。

这种比值控制方案的缺点是结构比较复杂,使用的仪表较多,投资较大,系统调整比较麻烦。

双闭环比值控制系统主要适用于主流量干扰频繁、工艺上不允许负荷有较大波动或工艺上经常需要提降负荷的场合。

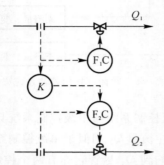

图 3-2-5　双闭环比值控制

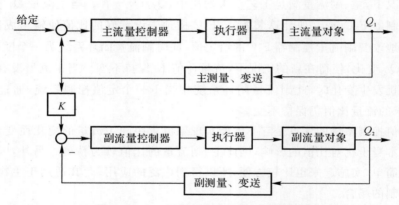

图 3-2-6　双闭环比值控制系统方框图

4.变比值控制系统

以上介绍的几种控制方案都是属于定比值控制系统。控制过程的目的是要保持主、从物料的比值关系为定值。但有些化学反应过程,要求两种物料的比值能灵活地随第三变量的需要而加以调整,这样就出现一种变比值控制系统。

图 3-2-7 所示为变换炉的半水煤气与水蒸气的变比值控制系统的示意图。在变换炉生产过程中半水煤气与水蒸气的量需保持一定的比值,但其比值系数要能随一段触媒层的温度变化而变化,才能在较大负荷变化下保持良好的控制质量。在这里,蒸汽与半水煤气的流量经测量变送后,送往除法器,计算得到它们的实际比值,作为流量比值控制器 FC 的测量值。而FC 的给定值来自温度控制器 TC,最后通过调整蒸汽量(实际上是调整了蒸汽与半水煤气的比值)来使变换炉触媒层的温度恒定在规定的数值上。图 3-2-8 所示为该变比值控制系统的方框图。

由图可见,从系统的结构上来看,实际上是变换炉触媒层温度与蒸汽／半水煤气的比值串级控制系统。系统中控制器的选择,温度控制器 TC 按串级控制系统中主控制器要求选择,比值系统按单闭环比值控制系统来确定。

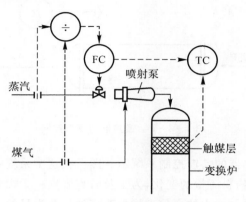

图 3 - 2 - 7　变比值控制系统

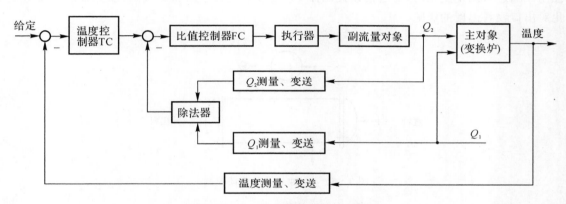

图 3 - 2 - 8　变比值控制系统方框图

3.3　前馈控制系统

前馈及前馈控制的概念很早就已被人们认识,直至新型仪表和电子计算机的出现及广泛应用,才为前馈控制普遍应用创造了有利条件。目前前馈控制已在锅炉、精馏塔、换热器和化学反应器等设备上获得成功的应用。

3.3.1　前馈控制系统及其特点

在反馈控制系统中,控制器是按照被控变量相对于给定值的偏差而进行工作的。控制作用影响被控变量,而被控变量的变化又返回来影响控制器的输入,使控制作用发生变化。不论什么干扰,只要引起被控变量变化,都可以进行控制,这是反馈控制的优点。例如在图 3 - 3 - 1所示的换热器出口温度的反馈控制中,所有影响被控变量 θ 的因素,如进料流量、温度的变化,蒸汽压力的变化等,它们对出口物料温度 θ 的影响都可以通过反馈控制来克服。然而,在这样的系统中,控制信号总是要在干扰已经造成影响,被控变量偏离给定值以后才能产生,控制作用总是不及时的。特别是在干扰频繁,对象有较大滞后时,使控制质量的提高受到很大的限制。

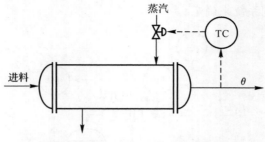

图 3-3-1　换热器的反馈控制

　　图 3-3-2 所示为换热器的前馈控制系统示意图。在这个系统中,影响换热器出口物料温度变化的主要干扰是进口物料流量的变化,为了及时克服这一干扰对被控变量 θ 的影响,可以测量进料流量,根据进料流量大小的变化直接去改变加热蒸汽量的大小,这就是所谓的"前馈"控制。当进料流量变化时,通过前馈控制器 FC 去开大或关小加热蒸汽阀,以克服进料流量变化对出口物料温度的影响。

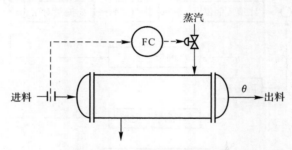

图 3-3-2　换热器的前馈控制

　　定义:通过测量干扰的变化并经控制器的控制作用直接克服干扰对被控变量的影响,即使被控变量不受干扰或少受干扰的影响的控制方式组成的控制系统称为前馈控制系统。

　　通过与反馈控制比较,可以得出前馈控制具有以下的特点。

　　(1)前馈控制是基于不变性原理工作的,比反馈控制及时、有效。前馈控制是根据干扰的变化产生控制作用的。如果能使干扰作用对被控变量的影响与控制作用对被控变量的影响在大小上相等、方向上相反的话,就能完全克服干扰对被控变量的影响。图 3-3-3 所示就可以充分说明这一点。

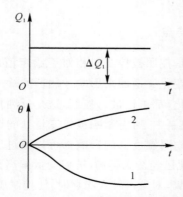

图 3-3-3　前馈控制系统的补偿过程

在图 3-3-2 所示的换热器前馈控制系统中,当进料流量突然阶跃增加 $\Delta\theta_1$ 后,就会通过干扰通道使换热器出口物料温度 θ 下降,其变化曲线如图 3-3-3 中曲线 1 所示。与此同时,进料流量的变化经检测变送后,送入前馈控制器 FC,按一定的规律运算后输出去开大蒸汽阀。由于加热蒸汽量增加,通过加热器的控制通道会使出口物料温度 θ 上升,如图 3-3-3 中曲线 2 所示。由图可知,干扰作用使温度 θ 下降,控制作用使温度 θ 上升。如果控制规律选择合适,可以得到完全的补偿。也就是说,当进口物料流量变化时,可以通过前馈控制,使出口物料的温度完全不受进口物料流量变化的影响。显然,前馈控制对于干扰的克服要比反馈控制及时得多。干扰一旦出现,不需等到被控变量受其影响产生变化,就会立即产生控制作用,这个特点是前馈控制的一个主要优点。

图 3-3-4(a)(b) 分别表示反馈控制与前馈控制的方框图。

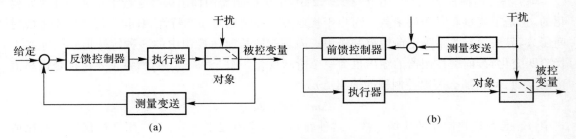

图 3-3-4　反馈控制与前馈控制方框图
(a) 反馈控制；(b) 前馈控制

由图 3-3-4 可以看出,反馈控制与前馈控制的检测信号与控制信号有如下不同的特点。

反馈控制的依据是被控变量与给定值的偏差,检测的信号是被控变量,控制作用发生时间是在偏差出现以后。

前馈控制的依据是干扰的变化,检测的信号是干扰量的大小,控制作用的发生时间是在干扰作用的瞬间而不需等到偏差出现之后。

(2) 前馈控制属于"开环"控制系统。反馈控制系统是一个闭环控制系统,而前馈控制是一个"开环"控制系统,这也是它们两者的基本区别。由图 3-3-4(b) 可以看出,在前馈控制系统中,被控变量根本没有被检测。当前馈控制器按扰动量产生控制作用后,对被控变量的影响并不返回来影响控制器的输入信号 —— 扰动量,因此整个系统是一个开环系统。

前馈控制系统是一个开环系统,这一点从某种意义上来说是前馈控制的不足之处。反馈控制由于是闭环系统,控制结果能够通过反馈获得检验,而前馈控制其控制效果并不通过反馈来加以检验。如上例中,根据进口物料流量变化这一干扰施加前馈控制作用后,出口物料的温度(被控变量)是否达到所希望的温度是不得而知的。因此,要想综合一个合适的前馈控制作用,必须对被控对象的特性作深入的研究和彻底的了解。

(3) 前馈控制使用的是视对象特性而设计的"专用"控制器。一般的反馈控制系统均采用通用类型的 PID 控制器,而前馈控制要采用专用前馈控制器(或前馈补偿装置)。对于不同的对象特性,前馈控制器的控制规律将是不同的。为了使干扰得到完全克服,干扰通过对象的干扰通道对被控变量的影响,应该与控制作用(也与干扰有关)通过控制通道对被控变量的影响大小相等、方向相反。因此,前馈控制器的控制规律取决于干扰通道的特性与控制通道的特性。对于不同的对象特性,就应该设计具有不同控制规律的控制器。

（4）一种前馈作用只能克服一种干扰。由于前馈控制作用是按干扰进行工作的，而且整个系统是开环的，因此根据一种干扰设置的前馈控制就只能克服这一干扰对被控变量的影响，而对于其他干扰，由于这个前馈控制器无法感受到，所以也就无能为力了。而反馈控制只用一个控制回路就可克服多个干扰，所以说这一点也是前馈控制系统的一个弱点。

3.3.2　前馈控制的主要形式

1. 单纯的前馈控制

图 3-3-2 所示的换热器出口物料温度控制就属于单纯的前馈控制系统，它是按照干扰的大小来进行控制的。根据对干扰补偿的特点，可分为静态前馈控制和动态前馈控制。

（1）静态前馈控制系统。在图 3-3-2 中，前馈控制器的输出信号是按干扰大小随时间变化的，它是干扰量和时间的函数。而当干扰通道和控制通道动态特性相同时，便可以不考虑时间函数，只按静态关系确定前馈控制作用。静态前馈是前馈控制中的一种特殊形式。如当干扰阶跃变化时，前馈控制器的输出也为一个阶跃变化。图 3-3-2 中，如果主要干扰是进料流量的波动 ΔQ_1，那么前馈控制器的输出 Δm_f 为

$$\Delta m_f = K_f \Delta Q_1 \qquad (3-3-1)$$

式中，K_f 是前馈控制器的比例系数。这种静态前馈实施起来十分方便，用常规仪表中的比值器或比例控制器即可作为前馈控制器使用，K_f 为其比值或比例系数。

在有条件列写各参数的静态方程时，可按静态方程式来实现静态前馈。图 3-3-5 所示为蒸汽加热的换热器，抡料进入量为 Q_1，进口温度为 θ_1，出口温度 θ_2 是被控变量。

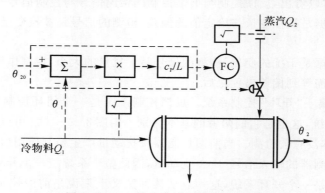

图 3-3-5　静态前馈控制实施方案

分析影响出口温度 θ_2 的因素，进料 Q_1 增加，使 θ_2 降低；人口温度 θ_1 提高，使 θ_2 升高；蒸汽压力下降，使 θ_2 降低。假若这些干扰当中，进料量 Q_1 变化幅度大而且频繁，现在只考虑对干扰 Q_1 进行静态补偿的话，可利用热平衡原理来分析，近似的平衡关系是蒸汽冷凝放出的热量等于进料流体获得的热量，即

$$Q_2 L = Q_1 c_P (\theta_2 - \theta_1) \qquad (3-3-2)$$

式中，L —— 蒸汽冷凝热；

c_P —— 被加热物料的比热容；

Q_1 —— 进料流量；

Q_2 —— 蒸汽流量。

当进料增加后为 $Q_1 + \Delta Q_1$，为保持出口温度 θ_2 不变，θ_2 需要相应地变化到 $Q_2 + \Delta Q_2$，列出此时的静态方程为

$$(Q_2 + \Delta Q_2)L = (Q_1 + \Delta Q_1)c_P(\theta_2 - \theta_1) \qquad (3-3-3)$$

式（3-3-3）减去式（3-3-2），可得

$$\Delta Q_2 L = \Delta Q_1 c_P(\theta_2 - \theta_1)$$

即

$$\Delta Q_2 = \frac{c_P(\theta_2 - \theta_1)}{L}\Delta Q_1 = K\Delta Q_1 \qquad (3-3-4)$$

若能使 Q_2 与 Q_1 的变化量保持

$$\frac{\Delta Q_1}{\Delta Q_2} = K \qquad (3-3-5)$$

的关系，就可以实现静态补偿。根据静态控制方程式（3-3-4），构成换热器静态前馈控制实施方案如图 3-3-5 所示。

此方案将主、次干扰，θ_1，Q_1，Q_2 等都引入系统，控制质量大有提高。热交换器是应用前馈控制较多的场合，换热器有滞后大、时间常数大、反应慢的特性，前馈控制就是针对这种对象特性设计的，故能很好地发挥作用。图 3-3-5 中虚线框内的环节，就是前馈控制所应该起的作用，可用前馈控制器，也可用单元组合仪表来实现。

（2）动态前馈控制系统。静态前馈控制只能保证被控变量的静态偏差接近或等于零，并不能保证动态偏差达到这个要求。故必须考虑对象的动态特性，从而确定前馈控制器的规律，才能获得动态前馈补偿。现在图 3-3-5 的静态前馈控制基础上加个动态前馈补偿环节，便构成了图 3-3-6 的动态前馈控制实施方案。

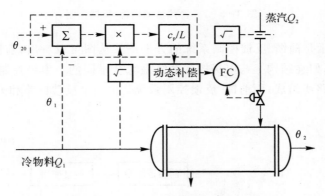

图 3-3-6　动态前馈控制实施方案

图中的动态补偿环节的特性，应该是图 3-3-6 所示动态前馈控制实施方案针对对象的动态特性来确定的。但是考虑到工业对象的特性千差万别，如果按对象特性来设计前馈控制器的话，将会花样繁多，一般都比较复杂，实现起来比较困难。因此，可在静态前馈控制的基础上，加上延迟环节或微分环节，以达到干扰作用的近似补偿。按此原理设计的一种前馈控制器，有 3 个可以调整的参数 K、T_1、T_2。K 为放大倍数，是为了静态补偿用的。T_1、T_2 是时间常数，都有可调范围，分别表示延迟作用和微分作用的强弱。相对于干扰通道而言，控制通道

反应快的给它加强延迟作用,反应慢的给它加强微分作用。根据两通道的特性适当调整 T_1、T_2 的数值,使两通道反应合拍便可以实现动态补偿,消除动态偏差。

2. 前馈-反馈控制

前文已经谈到,前馈与反馈控制的优缺点是相对应的。若把其组合起来,取长补短,使前馈控制用来克服主要干扰,反馈控制用来克服其他的多种干扰,两者协同工作,一定能提高控制质量。

图 3-3-2 所示的换热器前馈控制系统,仅能克服由于进料量变化对被控变量 θ 的影响。如果还同时存在其他干扰,例如进料温度、蒸汽压力的变化等,它们对被控变量 θ 的影响,通过这种单纯的前馈控制系统是得不到克服的。因此,往往用"前馈"来克服主要干扰,再用"反馈"来克服其他干扰,组成如图 3-3-7 所示的前馈-反馈控制系统。

图中的控制器 FC 起前馈作用,用来克服由于进料量波动对被控变量 θ 的影响,而温度控制器 TC 起反馈作用,用来克服其他干扰对被控变量 θ 的影响,前馈和反馈控制作用相加,共同改变加热蒸汽量,以使出料温度 θ 维持在给定值上。

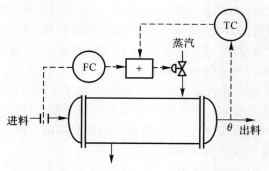

图 3-3-7　换热器的前馈-反馈控制

图 3-3-8 所示是前馈-反馈控制系统的方框图。从图可以看出,前馈-反馈控制系统虽然也有两个控制器,但在结构上与串级控制系统是完全不同的。串级控制系统是由内、外(或主、副)两个反馈回路所组成;而前馈-反馈控制系统是由一个反馈回路和另一个开环的补偿回路叠加而成。

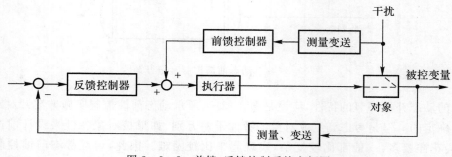

图 3-3-8　前馈-反馈控制系统方框图

3.3.3　前馈控制的应用场合

前馈控制主要的应用场合有下面几种：

(1)干扰幅值大而频繁,对被控变量影响剧烈,仅采用反馈控制达不到要求的对象。

(2)主要干扰是可测而不可控的变量。所谓可测,是指干扰量可以运用检测变送装置将其在线转化为标准的电或气的信号。但目前对某些变量,特别是某些成分量还无法实现上述转换,也就无法设计相应的前馈控制系统。所谓不可控,主要是指这些干扰难以通过设置单独的控制系统予以稳定,这类干扰在连续生产过程中是经常遇到的,其中也包括一些虽能控制但生产上不允许控制的变量,例负荷量等。

(3)当对象的控制通道滞后大,反馈控制不及时,控制质量差,可采用前馈或前馈-反馈控制系统,以提高控制质量。

3.4　多冲量控制系统

所谓多冲量控制系统,是指在控制系统中,有多个变量信号,经过一定的运算后,共同控制一台执行器,以使某个被控的工艺变量有较高的控制质量。在这里,冲量就是变量的意思。然而冲量本身的含义应为作用时间短暂的不连续的量,而且多变量信号系统也不只是这种类型。多冲量控制系统的名称本身并不确切,但考虑到在锅炉液位控制中已习惯使用这一名称,因此就沿用了。

多冲量控制系统在锅炉给水系统控制中应用比较广泛。下面以锅炉液位控制为例,来说明多冲量控制系统的工作原理。在锅炉的正常运行中,汽包水位是重要的操作指标,给水控制系统就是用来自动控制锅炉的给水量,使其适应蒸发量的变化,维持汽包水位在允许的范围内,以使锅炉运行平稳可靠,并减轻操作人员的繁重劳动。锅炉液位的控制方案有下列几种。

3.4.1　单冲量液位控制系统

图 3-4-1 所示是锅炉液位的单冲量控制系统的示意图。它实际上是根据汽包液位的信号来控制给水量的,属于简单的单回路控制系统。其优点是结构简单、使用仪表少,主要用于蒸汽负荷变化不剧烈,用户对蒸汽品质要求不十分严格的小型锅炉;其缺点是不能适应蒸汽负荷的剧烈变化。在燃料量不变的情况下,若蒸汽负荷突然有较大幅度的增加,由于汽包内蒸汽压力瞬时下降,汽包内的沸腾状况突然加剧,水中的汽泡迅速增多,将水位抬高,形成了虚假的水位上升现象。这种升高的液位并不反映汽包中贮水量的真实变化情况,称为"假液位"。但单冲量液位控制系统却不但不开大给水控制阀,以增加给水量维持锅炉的物位平衡,补充由于蒸汽负荷量增加而引起的汽包内贮水量的减少;反而却根据"假液位"的信号去关小控制阀,减少给水流量。显然,这时单冲量液位控制系统帮了倒忙,引起锅炉汽包水位大幅度的波动。严重的甚至会使汽包水位降到危险的地步,以致发生事故。为了克服这种由于"假液位"而引起的控制系统的误动作,引入了双冲量控制系统。

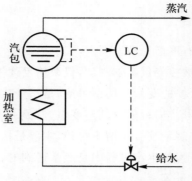

图 3-4-1　单冲量控制系统

3.4.2　双冲量液位控制系统

图 3-4-2 所示是锅炉液位的双冲量控制系统示意图。这里的双冲量是指液位信号和蒸汽流量信号。当控制阀选为气关型,液位控制器选 LC 为正作用时,其运算器中的液位信号应为正,以使液位增加时关小控制阀;蒸汽流量信号运算符号应为负,以使蒸汽流量增加时开大控制阀,满足由于蒸汽负荷增加时对增大给水量的要求。图 3-4-3 所示为双冲量控制系统的方框图。

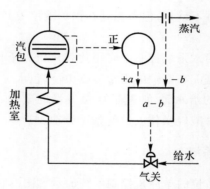

图 3-4-2　双冲量控制系统

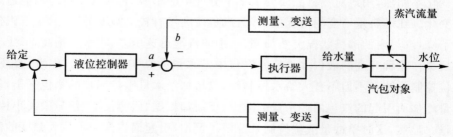

图 3-4-3　双冲量控制系统方框图

由图 3-4-3 可见,从结构上来说,双冲量控制系统实际上是一个前馈-反馈控制系统。当蒸汽负荷的变化引起液位大幅度波动时,蒸汽流量信号的引入起着超前的作用(即前馈作用）。它可以在液位还未出现波动时提前使控制阀动作,从而减少因蒸汽负荷量的变化而引起的液位波动,改善了控制品质。

影响锅炉汽包液位的因素还包括供水压力的变化。当供水压力变化时,会引起供水流量变化,进而引起汽包液位变化。双冲量控制系统对这种干扰的克服是比较迟缓的。它要等到汽包液位变化以后再由液位控制器来调整,使进水阀开大或关小。因而,当供水压力扰动比较频繁时,双冲量液位控制系统的控制质量较差,这时可采用三冲量液位控制系统。

3.4.3 三冲量液位控制系统

图 3-4-4 所示为锅炉液位的三冲量控制系统。这种系统除了液位、蒸汽流量信号外,再增加一个供水流量的信号。它有助于及时克服由于供水压力波动而引起的汽包液位的变化。由于三冲量控制系统的抗干扰能力和控制品质都比单冲量、双冲量控制要好,所以用得比较多,特别是在大容量、高参数的近代锅炉上,应用更为广泛。

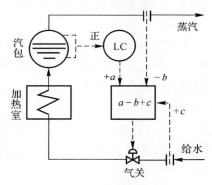

图 3-4-4 三冲量控制系统

图 3-4-5 所示为三冲量控制系统的一种实施方案,图 3-4-6 是其方框图。

由图可见,这实质上是前馈-串级控制系统。在这个系统中,是根据 3 个变量(冲量)来进行控制的。其中汽包液位是被控变量,亦是串级控制系统中的主变量,是工艺的主要控制指标;给水流量是串级控制系统中的副变量,引入这一变量的目的是为了利用副回路克服干扰的快速性来及时克服给水压力变化对汽包液位的影响;蒸汽流量是作为前馈信号引入的,其目的是为了及时克服蒸汽负荷变化对汽包液位的影响。

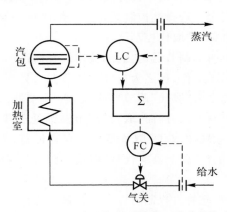

图 3-4-5 三冲量控制系统的一种实施方案

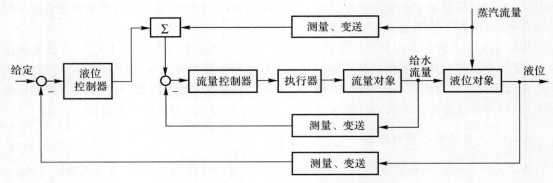

图 3-4-6　三冲量控制系统方框图

3.5　选择性控制系统

通常的自动控制系统只能在正常情况下工作,而随着生产过程自动化的发展,如何保证生产工艺过程的安全操作,尽量减少开、停车中的不稳定工况,成为工业自动化中的一个重要课题。选择性控制就是解决这个课题的一种控制系统。

1. 选择性控制的基本原理

一般地说,凡是在控制回路中引入选择器的系统都称为选择性控制系统。常用的选择器是高值选择器和低值选择器,它们各有两个(或多个)输入。低值选择器把低信号作为输出,而高值选择器把高信号作为输出,即

$$\left.\begin{aligned} u_0 &= \min(u_1, u_2, \cdots) \\ u_0 &= \max(u_1, u_2, \cdots) \end{aligned}\right\} \qquad (3-5-1)$$

选择性控制在结构上的特点是使用选择器,可以在两个或多个调节器的输出端,或在几个变送器输出端对信号进行选择,以适应不同的工况需要。通常的自动控制系统在遇到不正常工况或特大扰动时,很可能无法适应,只能从自动改为手动。例如,大型压缩机、泵、风机等的过载保护,过去通常采用报警后由人工处理或采用自动连锁方法,这样势必造成操作紧张、设备停车,甚至会引起不必要的事故。在手动操作的这段时间,操作人员为确保安全生产,适应特殊情况,有另一套操作规律,如果将这一任务交给另一个调节器来实现,那就可以扩大自动化的应用范围,使生产更加安全。选择性控制系统正是解决这一问题的方法,有时也称这种控制系统为"超弛控制",有时也称为"取代控制"。

在选择性控制系统中,有两个调节器,它们的输出信号通过一个选择器后送往调节阀。这两个调节器,一个在正常情况下工作(称之为"正常"调节器);另一个准备在非正常情况下取代"正常"调节器而投入运行(称之为"取代"调节器或"超弛"调节器)。当生产过程处于正常情况时,系统在"正常"调节器的控制下运行,而"取代"调节器则处于开环状态备用;一旦发生不正常情况,通过选择器使原来备用的"取代"调节器投入自动运行,而"正常"调节器处于备用状态。直到生产恢复正常后,"正常"调节器又代替"取代"调节器发挥调节作用,而"取代"调节器又重新回到备用状态。

与自动连锁保护系统不同,选择性控制可以在工艺过程不停车的情况下解决生产中的不正

常状况,但在"取代"控制器运行期间控制质量会有所降低,这种系统保护方式称为"软保护"。

如图 3-5-1 所示,一个氨冷器的选择性控制系统。氨冷器温度受液氨液位的影响,液位改变会影响液氨的蒸发空间大小。正常工况下,液位低于安全极限,因此,用温度控制器控制进入氨冷器的液氨流量。受扰动影响,如果传热能力达到极限,则液位升高超过安全极限,液氨来不及蒸发而进入气氨管线,并进入冰机,造成冰机叶轮损坏。为此,一种方法是设置液位报警系统,当液位超过极限高度(安全极限)时,发出报警声光信号,由操作员将温度控制切入手动控制,或设置连锁系统自动切断液氨进料阀。另一种方法是如果在液位到达安全极限时,能保证液位不超过一定高度,就能减少停车事故发生,扩大自动化工作范围。例如,当液位超过安全极限时,采用液位控制器控制液氨进料量,就能使液位不超过安全极限。

2.选择性控制的类型

(1)选择器位于两个调节器与执行器之间。这种类型的选择性控制系统的特点是两个调节器公用一个执行器,其中一个调节器处于工作状态;另一个调节器处于待命状态。这是使用最广泛的一类选择性控制。

现以锅炉燃烧系统的选择性控制为例加以说明。在锅炉燃烧系统中一般以锅炉的蒸汽压力为被控变量,控制燃料量(在此为燃料气)以保证蒸汽压力恒定。但在燃烧过程中,调节阀阀后压力过高会造成脱火现象(炉膛熄火后若燃料气继续进入,则在一定的燃料气、空气混合浓度下,遇火种极易爆炸),燃料气压力过低会造成回火现象。为此,设置了一个选择性控制系统以防脱火,另外可设置一个低流量连锁系统以防止回火。图 3-5-2 所示为该系统的流程图。

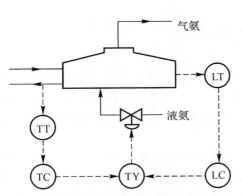 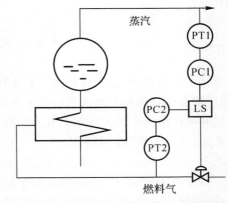

图 3-5-1　氨冷器的选择性控制系统　　　　图 3-5-2　锅炉燃烧系统的选择性控制流程图

在图 3-5-2 中,选择器为低值选择器,蒸汽压力调节器为正常调节器,燃料气阀后压力调节器为超驰调节器。在正常工况下,蒸汽压力调节器的输出总是小于超驰调节器的输出,蒸汽压力调节器的输出通过低值选择器去控制燃料气调节阀,以使蒸汽压力满足工艺需要。

当蒸汽压力下降时,由于蒸汽压力调节器的作用,使调节阀逐渐打开,增加燃料气量以提高蒸汽压力。如果阀门打开过大,阀后压力达极限状态,再增加压力就会产生脱火现象。此时,由于阀后压力调节器是反作用,其输出立即减小,通过低值选择器取代了蒸汽压力调节器的工作,关小阀门,使燃料气压力脱离极限状态,防止了脱火事故发生。回到正常工况后,蒸汽压力调节器自动重新切换上去,以维持正常的蒸汽压力。

(2)选择器在变送器与调节器之间。这类选择性控制系统的特点是多个变送器公用一个调节器,其任务是实现被控变量的选点。这类系统一般有如下两种使用目的。

1)选出最高或最低测量值,以满足生产需要。例如,化学反应器中热点温度的选择性控制。为防止反应温度过高烧坏触媒,在触媒层的不同位置装设了温度检测点,其测得的温度信号送往高值选择器,选出最高的温度进行控制。这样,系统将一直按反应器的最高温度进行控制,从而保证触媒层的安全。

2)选出可靠或中间测量值。在某些生产过程中,为了可靠,有时采用冗余技术,往往同时安装多台(如三台)变送器同时进行测量,然后从中选择出中间值作为比较可靠的测量值。此任务可用选择器来实现。

保证某些工艺变量不超过极限或选择正确表示被测变量的测量值,是选择性控制系统的主要职能,但绝非全部。选择性控制为系统构成提供了新的思路,从而丰富了自动化的内容和范围。

3. 选择性控制中选择器性质的确定

在选择性控制系统中,一个重要的内容是确定选择器的性质,是使用高值选择器,还是使用低值选择器。确定选择器性质的步骤是首先从工艺安全出发确定调节阀的气开、气关形式,然后确定调节器的正反作用方式,最后确定选择器的类型。对于上面的例子,当调节阀的气源中断时,为了使锅炉安全,应该截断燃料,因此选气开阀。相应的蒸汽压力调节器和燃料阀后压力调节器都选择反作用。选择器的性质只取决于超弛调节器。由于阀后压力调节器为反作用,当阀后压力过高时,调节器输出信号减小。该信号减小后要求被选中,显然选择器应为低值选择器。

3.6 均匀控制系统

连续生产过程中,前一设备的出料往往是后一设备的进料,如连续精馏塔的多塔分离过程中,前塔要求通过出料量的调节来保持液位平衡;而后塔又要求进料量保持恒定。这样前一塔底液位和流出量两个被控变量都必须平稳。这种用来保持两个变量在规定范围内均匀缓慢变化的系统,就称为均匀控制系统。

图 3-6-1 所示为一个均匀控制系统,用来控制精馏塔冷凝器气相压力与气相出料流量在规定范围内缓慢均匀变化。当被控变量是液体流量时,兼顾的累积量变化可用液位的变化来表征,这就是液位-流量的均匀控制;当气体流量是被控变量时,兼顾的累积量变化可用缓冲容器内的压力表征,组成压力-流量均匀控制。本例为气相出料,并进入后塔,冷凝器液位用于调整回流量,由于外回流量的剧烈变化会破坏精馏塔塔顶汽液平衡,所以,采用冷凝器气相压力与气相出料的均匀控制。

实现上述目的的均匀控制有以下特点:

(1)表征前后供求矛盾的两个变量都应该是变化的,且变化是缓慢的。如图 3-6-2 所示是反映液位与流量的几种情况。图 3-6-2(a)是单纯的液位定值控制;图 3-6-2(b)是单纯的流量定值控制;图 3-6-2(c)是实现均匀控制以后,液位与流量都渐变的波动情况,但波动都比较缓慢,那种试图把液位和流量都调整成直线的想法是不可能实现的。

(2)前后互相联系又互相矛盾的两个变量应保持在所允许的范围内。均匀控制要求在最大干扰作用下,液位在贮罐的上下限内波动,而流量应在一定范围内平稳渐变,避免对后序设备产生较大的干扰。

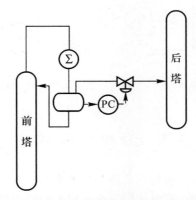

图 3-6-1　精馏段冷凝器压力和气相出料均匀控制

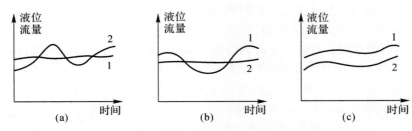

图 3-6-2　前一设备的液位与后一设备的进料量关系
1—液位变化曲线；2—流量变化曲线

　　实现均匀控制，有以下 3 种可行的方案。

　　(1)简单均匀控制，如图 3-6-3(a)所示。从方案外表上看，它像一个单回路液位定值控制系统，并且确实常被误解，所不同的主要在于控制器的控制规律选择及参数整定问题上。在所有均匀控制系统中都不需要，也不应该加微分作用，一般采用纯比例控制，有时可用比例积分控制作用。而且在参数整定上，一般比例度大于 100%，并且积分时间也要放得相当大，这样才能满足均匀控制要求。图 3-6-3(a)方案结构简单，但它对于克服阀前后压力变化的影响及液位自衡作用的影响效果较差。

　　(2)串级均匀控制，如图 3-6-3(b)所示。从外表看与典型串级控制系统完全一样，但它的目的是实现均匀控制，增加一个副环流量控制系统的目的是为了消除调节阀前后压力干扰及塔釜液位自衡作用的影响。因此，副环与串级控制中的副环一样，副控制器参数整定的要求与前面所讨论的串级控制对副环的要求相同。而主控制器(即液位控制器)则与简单均匀控制的情况作相同处理。

　　(3)双冲量均匀控制，如图 3-6-3(c)所示。双冲量均匀控制是以液位和流量两信号之差(或和)为被控变量来达到均匀控制目的的系统。系统在结构上类似前馈-反馈控制系统。

　　图 3-6-3 给出的均匀控制方案都是采用调节阀装在出口管线的方式。如果工艺需要，也可在进口管线上进行流量控制，以实现后级设备的液位与前级设备的出料流量之间的均匀控制。

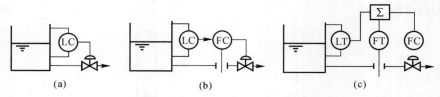

图 3-6-3　均匀控制系统的三种方案

3.7　分程控制系统

在一般的反馈控制系统中,通常是一个控制器的输出控制一个控制阀,但有时为了满足某些工艺的要求或者扩大可调范围,需要使用一个控制器的输出控制两个或两个以上控制阀,这种方式的控制系统称为分程控制系统。

为了使一个控制器能够控制几个控制阀,将控制器的输出信号按某种方式分段,每一段信号控制一个控制阀。例如,控制器的输出信号 0.02~0.1 MPa 可以分段为 0.02~0.06 MPa 和 0.06~0.1 MPa,这由附设在控制阀上的阀门定位器实现。设有 A,B 两个控制阀,一般控制阀的输出信号为 0.02~0.1 MPa,通过阀门定位器,当控制器输出信号为 0.02~0.06 MPa 时,使 A 阀全程动作,即 A 阀输出由 0.02 MPa 变化到 0.1 MPa,同样,在控制器输出为 0.06~0.1 MPa 时,B 阀全程动作,从 0.02 MPa 变化到 0.1 MPa,从而实现了用同一个控制器的分段输出信号控制两个不同的控制阀,控制多个控制阀与此类似。

分程控制系统中的控制阀由开闭形式可以分为同向动作和异向动作。所谓同向动作就是指两个控制阀开度的变化与控制器输出的变化方向一致。异向动作就是指随控制器输出逐渐增大或减小,其中一个阀逐渐开大或关小,而另一个控制阀则逐渐关小或开大。相应的动作过程特性如图 3-7-1 和图 3-7-2 所示。

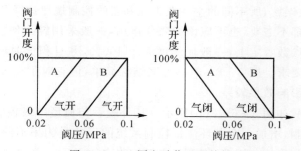

图 3-7-1　同向动作过程特性

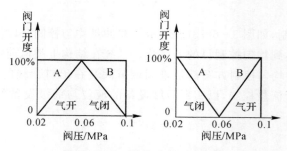

图 3-7-2　异向动作过程特性

上述提到了分程控制的目的是为了扩大可调范围或满足某种工艺要求。

1. 扩大可调范围

国内控制阀的可调范围一般为 $R = \dfrac{最大流通能力}{最小流通能力} = 30$。分别以 $C_{\max}$ 和 $C_{\min}$ 表示控制阀的最大和最小流通能力。当控制阀膜头气压为 0 时,通过控制阀的流体流量成为泄漏量;当膜头气压为 0.02 MPa 时,流过控制阀的流体流量称为最小流量,即最小流通能力。假设

$$C_{A\max} = 100, \quad C_{B\max} = 4, \quad R = 30$$

则

$$C_{A\min} = 100/30 = 3.33, \quad C_{B\min} = 4/30 = 0.133$$

这两个控制阀组成分程控制后,$R' = \dfrac{100 + 4}{0.133} = 782$,可见可调范围大大提高了。一般大阀 A 总有一定的泄漏量,假设有 1% 的泄漏量,则 $R' = \dfrac{100 + 4}{1.133} = 92$,可调范围大大降低了,而且最小流通能力一般都大于泄漏量,所以这个数字比 92 更小,因此要通过分程控制来提高可调范围,必须严格控制泄漏量。

2. 满足某些工艺要求

在夹套反应釜的工作过程中,通常采用分程控制系统,如图 3-7-3 所示。图中,V1 为加热蒸汽控制阀,气开式;V2 为冷却水控制阀,气闭式。控制器为反作用。当反应釜温度未达到设定温度即反应温度时,控制器输出就增加,加热蒸汽控制阀 V1 开度增大,对反应釜加热。当釜内温度达到反应温度后,开始发生放热反应,釜内温度又升高。这时控制器输出减小,V1 开度逐渐减小,冷却水控制阀 V2 开度增大,对反应釜进行冷却,保证釜内温度在允许范围。该控制系统为气开-气关异向分程控制。

在某些需要保证安全的系统上,也采用分程控制系统。

为保证一个氮封的油品贮罐安全,采用分程控制系统,如图 3-7-4 所示。当油品贮罐中的油被抽出时,油品液面上方氮封空间变大,压力变小,压力控制器输出增大,A 阀开度增大,向罐内充入氮气,保证氮封压力一定,避免被吸瘪;当向罐中注油时,氮封压力增大,控制器输出减小,B 阀为气闭式,此时则增大开度,将氮气排出一部分,维持罐内压力。

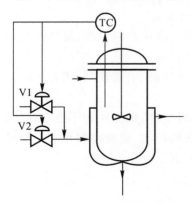

图 3-7-3　夹套反应釜的分程控制系统

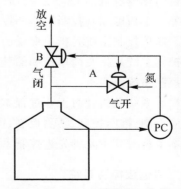

图 3-7-4　油储罐分程控制

由前文所述,运用分程控制系统可以提高可调范围,但同时必须注意到由此导致的问题:

因为组成分程控制系统的两个控制阀的流通能力一般不同,由此导致其总流量特性在分程交接及分程点处非平滑过渡,对系统的平稳运行不利。所以在分程控制系统的设计过程中,可以通过连续分程法或间接分程法对分程点进行合理设置,尽量使总流量特性在分程点处不发生突变。

3.8 智能控制系统

过程控制诞生后不久,就被人们接受,并得到了广泛的应用。随着现代控制理论与计算机技术等学科的发展,为了满足工业生产过程自动化的迫切要求,自从 20 世纪 70 年代以来,国内外控制界大力致力于过程控制的研究和开发。例如对建模理论、在线辨识技术、系统结构、控制方法等开始突破了传统的 PID 控制方法,并且已取得了成功应用的新进展。

综观控制系统的体系结构,它的发展经历了以下 5 个阶段。

第一阶段为气动控制系统(Pneumatic Control System,PCS)。这个阶段主要指 1950 年以前,以 2~10 kPa 气动信号为标准信号的控制系统。

第二阶段为电动模拟控制系统(Analogy Control System,ACS)。这个阶段是指 1960 年以后出现的 4~20 mA 和 0~10 mA 电动模拟信号的统一标准信号的控制系统。

第三阶段为集中式计算机控制系统(Centralized Control System,CCS)。这个阶段是指 1970 年以后出现的以计算机为指挥中枢,具有环节集中管理的控制系统。由于这种系统控制集中,可靠性很令人担忧,因此很快被可靠性更好的系统取代。

第四阶段为分布式计算机控制系统(Distributed Control System,DCS)。这个阶段出现的 DCS 系统正是在 CCS 基础上发展起来的,它克服了 CCS 系统的可靠性方面的缺陷,成为工业过程控制发展史上的一个里程碑。

第五阶段是现场总线控制系统(Fieldbus Control System,FCS)。这个阶段是在 20 世纪 70 年代中期网络技术发展的基础上出现的,随着网络技术的发展,DCS 出现了开放式系统,实现多层次计算机网络构成的管理——控制一体化。在控制的低层,各国厂商纷纷推出了各种数字化智能变送装置和智能化数字执行机构,以现场总线为标准,实现以微处理为基础的现场仪表与控制系统之间的全数字化的双向的和站之间的通讯,这种系统就是 FCS 系统,它将会很快取代目前比较流行的 DCS 系统,成为 21 世纪初的主流。

从另外一个角度纵观控制策略和控制算法曾出现了简单控制系统、复杂控制系统和先进控制系统。简单控制系统是指单变量的 PID 控制系统。

复杂控制系统是指在简单控制的基础上,加入串级控制、前馈控制、均匀控制及比值控制等构成的控制系统。

智能控制系统是指针对工业过程本身的非线性、时变性、耦合性和不确定性的特点,而采用的自适应控制、推断控制、预测控制、模糊控制、非线性控制、模糊控制和人工神经网络控制等系统。本章将对其中几种先进控制系统作一简单介绍。

3.8.1 自适应控制系统

自适应控制系统是指能够适应被控过程参数的变化,自动地调整控制的参数从而补偿过程特性变化的控制系统。

　　自适应控制系统的适应对象是：非线性的工业对象和非定常而具有时变特性的工业对象。因为传统的线性控制是根据线性化模型和其极态工作点以及过程参数的值而设计的。当过程的稳态工作点改变时，需要调整控制器参数来补偿这种变化，这时可采用自适应控制系统。

　　自适应控制系统的工作特点：首先测量系统的输入和输出值，根据这些值产生系统的动态特性，再与希望系统比较，从而在自适应机构中决定是如何改变控制的参数和结构，以保证系统的最优性能。由适应机构输出信号改变控制方式，使被控对象达到合适的控制。由此可见，自适应控制的工作特点：辨识、决策、控制。

　　工业上常用的自适应控制系统的形式很多，目前理论上较完整，应用较为广泛的自适应控制系统主要有以下三类。

　　(1)简单自适应控制系统用一些简单的方法来辨识过程参数或环境条件的变化，按一定的规模来调整控制器参数，控制算法也比较简单。

　　(2)模型参考自适应控制系统框图如图 3-8-1 所示，它利用一个具有预期的品质指标、并代表理想过程的参考模型，要求实际过程的模型特性向它靠拢。这就是在原来反馈控制回路的基础上，增加一个根据参考模型与实际过程输出之间的偏差，通过调整机构(适应机构)来自动调整控制算法的自适应控制回路，以便使被调整系统的性能接近参考模型规定的性能。此类系统发展很快。

　　(3)自校正适应性控制系统先用辨识方法取得过程数学模型的参数，然后以此自行校正控制算法，使其品质为最小方差，实现最优控制，如图 3-8-2 所示。

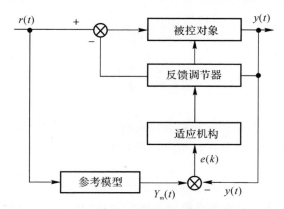

图 3-8-1　模型参考自适应控制系统示意图

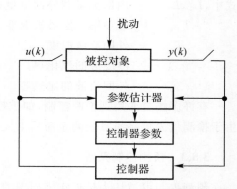

图 3-8-2　自校正适应性控制系统示意图

3.8.2　推断控制系统

　　在化工炼油生产过程中，有时需控制的过程输出量不能直接测得，因而就不能实施一般的反馈控制。如果扰动可测，则还可以采用前馈控制。而假若扰动也不能测得，则唯一的方法就是采用推断控制。

　　推断控制是由美国学者 C.B.Brosilow 等人于 1978 年提出来的。所谓推断控制(又称推断控制系统)就是指利用模型，由可测信息将不可测的被控变量推算出来以实现反馈控制，或将不可测的扰动推算出来以实现前馈控制的一类控制系统。

　　假若不可测的被控变量，只要依靠可测的辅助输出变量(非被控变量的变量)即能推算出来,这是推断控制中最简单的情况,习惯上称这种系统为"按计算指标的控制系统"。对于这种系统,从结构来分有两类情况:一类是由辅助输出推算出来的值直接作为被控变量的测量值;另一类情况是以某辅助输出变量为被控变量,而它的设定值则由模型算式推算而来。在本质上,这两种情况是一致的。下面以精馏塔内回流控制为例说明推断控制的实现。内回流控制系统框图如图 3 - 8 - 3 所示,图中 FC 为内回流控制器。

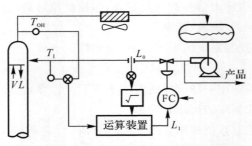

图 3 - 8 - 3　精馏塔内回流推断控制系统

精馏塔内回流通常是指精馏塔的精馏段内上一层塔盘向下一层塔盘流动的液体流量。从精馏塔的操作原理来看,当塔的进料流量、温度和成分都比较稳定时,内回流稳定是保证塔操作良好的一个重要因素。因为内回流量不能直接测量,需用工艺算式推得,即

$$L_1 = L_0 \left[1 + \frac{c_P}{\lambda}(T_{OH} - T_L) \right] \qquad (3-8-1)$$

式中,L_1,L_0 —— 内回流量和外回流量;

　　T_{OH} —— 塔顶第一层塔板温度;

　　T_L —— 外回流液温度;

　　λ —— 冷凝液的汽化热;

　　c_P —— 外回流液的比热容。

有许多场合要用到推断控制,如被控变量不可直接测量的聚合反应的平均分子量控制;或由于检测仪表价格昂贵或测量滞后太大的精馏塔顶、塔底产品成分的控制等。

3.8.3　预测控制系统

预测控制可被认为是近年来出现的集中不同名称的新型控制系统的总称,它们尽管分别由不同国家的工程师和学者所开发,但在系统结构和基本原理上有共同的特征,这其中包括模型预测启发控制(Model Predictive Heuristic Control,MPHC),模型算法控制(Model Algorithmic Control,MAC),动态矩阵控制(Dynamic Matrix Control,DMC)以及预测控制(Predictive Control,PC)等。这些算法在表达形式和控制方案等方面各有不同,但基本思想类似,都是采用工业过程中较易得到的对象脉冲响应或阶跃响应曲线,把它们在采样时刻的一系列数值作为描述对象动态特性的信息,从而构成预测模型。这样就可以确定一个控制量的时间序列,使未来一段时间中被控变量与经过"柔化"后的期望轨迹之间的误差最小。

上述优化过程的反复在线进行,构成了预测控制的基本思想。预测控制系统的一般性方框图如图 3 - 8 - 4 所示。

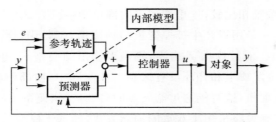

图 3-8-4　预测控制系统的原理方框图

有人认为这类系统有以下三大要素。

1. 内部模型

由图 3-8-4 可以看出,在预测和控制算法中都引入了过程的内部模型。这种内部模型开始是非参量的,如动态矩阵控制中采用阶跃响应曲线的数据等,使建模工作变得相当简单。预测是用内部模型来进行的,依据当前和过去的控制作用和被控变量的测量值,来估计今后若干步内的变量值和偏差。

2. 参考轨迹

设定值通过滤波器处理,成为参考轨迹,作用于系统,其目的是使被控变量的变化能比较缓和平稳地进行,或可称之为设定作用的"柔化"。

3. 控 制 算 法

预测控制算法的特点是基于预测结果,求取能消除偏差,并使调节过程品质优化的控制作用。为了确定应当采取的控制作用的数值,也需要数学模型,即内部模型。

预测控制在工业应用上颇为成功,在理论上也有特色,这类控制系统具有良好的鲁棒性,即使实际过程的特性与模型有一定程度的失配,仍能良好工作,这与其他按模型来设计的系统(如大纯滞后系统的史密斯预估控制)相比有明显的优越性。

那么,为什么预测控制能够如此有效? 有以下两种看法,但它们之间也可互为补充解释。

一种看法认为预测控制的取胜是采用了滚动的时域指标,通过当时的预测值来设计控制算法。正如企业调整生产计划一样,可以不是全年一次完全定死,而是在每个月或每个季度,依据原定指标或今天已经取得的成绩,来筹划和确定下个月或下个季度的计划。这样可不断地吸收新的信息,加以调整,即使原来的考虑有些脱离当前现实,也可以及时改进。优化目标随时间而推移,而不是一成不变的。优化过程不是一次离线进行,而是反复在线进行。滚动优化目标有局限性,结果可能是次优的,但是却可顾及模型失配等不确定性。

另一种看法则认为采用内部模型控制是预测控制的精髓。预测控制系统的原理图为图 3-8-5 所示的方框图,该图说明了内模控制的特征。实际上预测控制都是以时间离散方式进行的,这里为了说明方便,简化为时间连续系统的形式,并用传递函数来表示各个环节的特性。

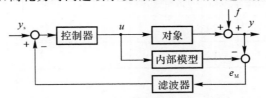

图 3-8-5　内部模型控制的方框图

与简单的反馈控制系统相比较,这里增加了内部模型(简称内模)和滤波器。在此,内模实际上起着两方面的作用,一是用以产生被控变量的预测值,二是用以作为控制器设计的依据。如果模型和对象完全一致,而且扰动 f 为零,则两者输出的偏差 e_M 也将为零,这当然是理想状态,此时,这个闭环系统实质上和开环没有区别。在实际中,内部模型可能和对象不完全一致,模型和对象之间有失配量,这时候通过滤波器的参数选择,使系统保持稳定。

可以这么说,预测控制策略采用了双重的预测方式,即基于模型的输出预测和估计偏差的误差预测。闭环的反馈控制主要是针对后者进行的,也就是说,是在模型失配量和扰动作用的影响下进行的。至于控制作用的主体,则依据模型得出,接近于开环调节,对象参数的变化对稳定性的影响要比闭环时小得多。

3.8.4 模糊控制系统

模糊控制的理论基础是美国控制理论学者查德于 1965 年创立的模糊集合理论。通俗地说,模糊集合是一种介于严格定量与定性间的数学表述形式,例如,衣服尺寸分为{特大、大、中、小}等,变量的数值分为{正大、正中、正小、零、负小、负中、负大}(即 PB,PM,PS,0,NS,NM,NP)等。

模糊集合理论的核心是对复杂的系统或过程建立一种语言分析的数学模式,使日常生活中的自然语言能够直接转化为计算机所能接收的算法语言。模糊集合理论的重要贡献是提供了一个严格的数学框架,提供了一个从定量的精确现象王国到定性的不精确王国的逐渐的变换。

模糊集合理论的一个基本概念是隶属函数。在以布尔逻辑为基础的传统集合理论中,对于一个给定集合 A 来说,一个特定的元素要么属于集合 A,要么不属于集合 A,一个命题不是真就是假。引入隶属函数可以从非 0 即 1、非 1 即 0 的二值逻辑中用更符合自然的方式进行有限的扩展,可以取 $[0,1]$ 闭区间中的任何值来表示元素从属集合的程度。

例如,偏差 E 有 13 个等级,而 E 的模糊子集分为{PB,PM,PS,0,NS,NM,NB},则可以考虑采用表 3-8-1 那样的模糊变量 E 的隶属度赋值表。

表 3-8-1　模糊变量 E 的隶属度赋值表

	6	5	4	3	2	1	0	-1	-2	-3	-4	-5	-6
NB										0.1	0.4	0.8	1.0
NM									0.2	0.7	1.0	0.7	0.2
NS								0.3	0.9	1.0	0.7	0.1	
0						0.5	1.0	0.5					
PS			0.2	0.7	1.0	0.9							
PM	0.2	0.7	1.0	0.7	0.2								
PB	1.0	0.8	0.4	0.1									

举例说明,数值 6 显然属于 PB,隶属度赋值为 1,由于不精确性的存在,6 也有属于 PM 的

可能性,隶属度或可赋值 0.2;数值 5 介于 PB 与 PM 之间,对 PB 的隶属度赋值为 0.8,对 PM 的隶属度赋值为 0.7;对其他数值也可作类似解释。

英国的马丹尼(Ebrahim Mamdani)首先于 1974 年建立了模糊控制器,并用于锅炉和蒸汽机的控制,取得了良好效果。后来的许多研究大多基于他的基本框架。依据绝大多数文献报道,模糊控制可获得满意的调节品质,而且不需要过程的精确知识。模糊控制器的构思可说是吸收了人工控制时的经验。人们搜集各个变量的信息,形成概念,如温度过高、稍高、正好、稍低、过低等,然后依据一些推理规则,决定控制决策。模糊控制器的设计在原则上包括以下三个步骤:

(1)把测量信息(通常是精确量)化为模糊量,其间应用了模糊子集和隶属度的概念。

(2)运用一些模糊推理规则,得出控制决策,这些规则一般都是 if...then...形式的条件语句,通常是依据偏差及其变化率来决定控制作用。

(3)这样推理得到的控制作用也是一个模糊量,要设法转化为精确量。

因此,整个过程是先把精确量模糊化,在模糊集合中处理后,再转化为精确量的历程。如果概括地从输入和输出看,那就是依据偏差 E 及变化率 $\dot{E}$ 的等级,按一定的规则决定控制作用 U 的等级。把上面三步骤组合在一起,可归结为表 3-8-2 那样的控制表。在该表中,E 和 $\dot{E}$ 分别分为 $-6 \sim +6$ 的 13 个等级,U 分为 $-7 \sim +7$ 的 15 个等级。

表 3-8-2　模糊控制表

	6	5	4	3	2	1	0	−1	−2	−3	−4	−5	−6
6													
5													
4													
3											1	2	2
2										1	1	2	2
1									1	2	2	3	3
0								1	2	3	4	4	4
−1						1		3	3	4	4	4	4
−2						1	2	4	4	6	6	6	6
−3					1	3	4	4	6	7	7	7	7
−4					1	3	4	4	6	7	7	7	7
−5					2	4	4	6	7	7	7	7	7
−6					2	4	4	7	7	7	7	7	7

为了把偏差 e 及其变化率 $\dot{e} = \dfrac{\Delta e}{\Delta t}$ 归入这 13 个等级之内,需要对它们分别乘以比例因子 K_1 和 K_2,然后再进行整量化,也就是说,把 $4.5 \sim 5.4$ 都作为 5,$3.5 \sim 4.4$ 都作为 4,等等。得出的

U 要化为实际的控制作用,需乘以比例因子 K_3。整个控制器的方框图如图 3-8-6 所示。

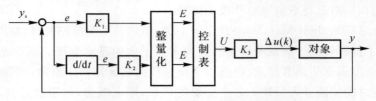

图 3-8-6　模糊控制器的方框图

需要说明以下三点:

(1) 输出往往是增量形式的 $\Delta u(k)$,因此,$u(k)$ 是由 $u(k)$ 的累积值和瞬时值两者所决定的,尽管不是线性运算,却类似于积分与比例控制作用。

(2) 当偏差及其变化率进入零点附近区域后,$\Delta u(k)$ 将成为零,这样不能很好地实现无差的要求,为此,需引入一些补充的规则或措施。

(3) 比例因子 K_1,K_2 和 K_3 的调整,其效果相当于常规控制器的参数整定,一般由手工进行,但也可设法进行自整定。另外,控制表也可作适当的调整,以改进控制品质,称为专家模糊控制器。

为什么模糊控制器的效果有时优于一般的 PID 调节呢?在这里控制表是问题的关键。与通常的 PID 控制相比,控制表不仅是整量化的,而且是非线性的。非线性控制规律运用得当,会使控制品质得到明显的改善。

分析表 3-8-5 中的 U 和 E 及 $\dot{E}$ 的关系,可以看出,当 $|E+\dot{E}|$ 超过某一界限后,$|U|$ 的值就会保持不变,达到饱和。$|U|$ 值不过量可避免被控变量的剧烈振荡。

3.8.5　人工神经网络控制系统

近 20 年来,一门新兴的交叉学科——人工神经网络(Artificial Neural Network,ANN)迅速地发展起来。ANN 就是以人工神经元模型为基本单元,采用网络拓扑结构的活性网络;它能够描述几乎任意的非线性系统,具有学习、记忆、计算和智能处理的能力,在不同程度和层次上模仿人脑神经系统的信息处理能力和存贮、检索功能。ANN 对解决非线性系统和不确定性系统的控制问题是一种有效的途径。

人脑神经元(见图 3-8-7)是人体神经系统的基本单元,由细胞体及其发出的许许多多突起构成。

突起的作用是传递信息:作为输入信号的若干个突起,称为树突;作为输出端的突起只有一个,称为轴突(即通常所指的神经纤维)。轴突的末端发散出无数的分支,称为轴突末梢,它们同后一个神经元的细胞体或树突构成一种突触结构。

正常情况下,神经元接收一定强度(阈值)的刺激后,在轴突上发放一串形状相同、频率经过调制的电脉冲并到达突触,突触前沿的电变化转为突触后沿的化学变化,成为突触后的神经元的外界刺激并被转为电变化向再下一个神经元传送。

1. 单神经元数学模型

1943 年心理学家 W.McCulloch 和数理逻辑专家 W.Pitts 首先提出一个极为简单的数学模型,简称 M-P 模型(见图 3-8-8),为进一步的研究打下了基础。

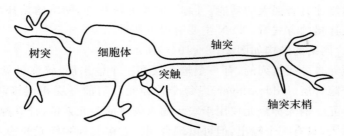

图 3-8-7　人脑神经元示意图

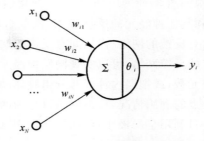

图 3-8-8　神经元的 M-P 模型

从图 3-8-8 中看出,它有以下 4 个基本要素:

(1)一组连接权 w,对应于人脑神经元的突触,连接强度由各条连接上的权值表示,权值为正表示兴奋,为负表示抑制。

(2)一个求和单元 Σ,用于求取各输入信息 x 的加权和。

(3)一个非线性激励函数中,起非线性映射作用,并限制神经元输出幅值在一定范围(如限制在[0,1] 或[-1,1])。

(4)一个阈值 θ_i。

对神经元 i,以上作用可以用数学式表达为

$$s_i = \sum_{j=1}^{N} w_{ij} x_j - \theta_i \tag{3-8-2}$$

$$y_i = \phi(s_i) \tag{3-8-3}$$

2. 激励函数

根据激励函数的不同,人工神经元有以下几种类型:

(1)带阈值的线性函数[见图 3-8-9(a)]。

(2)符号函数[见图 3-8-9(b)]。

(3)S 型函数(Sigmoid 函数)[见图 3-8-9(c)]。

S 型函数的表达式为

$$y = \frac{1}{1 + e^{-\frac{u}{u0}}} \tag{3-8-4}$$

3. 人工神经网络拓扑结构

大脑之所以具有思维、认知等高级功能,是由于它是由无数神经元相互连接而成的一个极为庞大复杂的网络。ANN 也是一样,单个神经元的功能是很有限的,只有许多神经元按一定

规则连接构成的网络才具有强大的功能。因此,除单元特性外,网络的拓扑结构也是 ANN 的一个重要特征。从连接的方式看,ANN 主要有以下两种。

(1)前馈网络。网络的结构如图 3-8-10(a)所示。

网络中的神经元是分层排列的,有一个输入层和一个输出层,统称可见层(visual layer),中间有一个或多个隐含层(hidden layer)。每个神经元只与前一层相连接,被分成两类:输入神经元和计算神经元。输入神经元仅用于表示输入矢量的各元素值;计算神经元有计算功能,可以有任意多个输入,只有一个输出,但可以耦合到任意多其他神经元的输入。前馈网络主要是函数映射,可用于模式识别和函数逼近。

(2)反馈网络。网络的结构如图 3-8-10(b)所示。在反馈神经网络中,每个神经元都是计算神经元,可接收外加输入和其他神经元的反馈输入,甚至自环反馈,直接向外输出。反馈网络又可细分为从输入到输出有反馈的网络、内层间有反馈的网络、局部或全部互连的网络等形式。层内神经元有相互连接的反馈网络,可以实现同层神经元之间横向抑制或兴奋机制,从而限制层内能同时动作的神经元数,或把层内神经元分组整体动作。

按对能量函数的所有极小点的利用情况,反馈网络可分为两类:一类是所有极小点都起作用,主要用作联想记忆;另一类只利用全局极小点,在模式识别、组合优化等领域获得了广泛的应用。

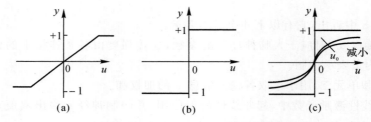

图 3-8-9 人工神经元激励函数

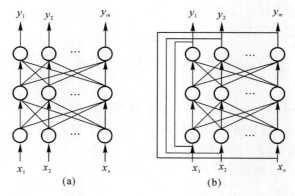

图 3-8-10 ANN 的拓扑结构

4. 人工神经网络的学习

ANN 的工作过程分为两个阶段:第一个阶段是学习期,此时计算单元不变,各连接权值通过学习来修改;第二个阶段是工作期,此时连接权固定,计算单元状态变化,以达到某种稳定状态。可见,学习算法是神经网络研究中的核心问题。学习,就是修正神经元之间连接强度（权值）,使获得的网络结构具备一定程度的智能,以适应周围环境的变化。网络连接权的确定可以采用所谓的"死记式"学习,其权值是根据某种特殊的记忆模式事先设计好的,当网络输入有关信息时,该记忆模式就会被记忆起来。更多的情况是按一定的方法进行"训练"。按环境提供信息量的多少,其学习方式又可分为以下三类。

（1）有监督学习（supervised learning）。通过外部教师信号进行学习,即要求同时给出输入和正确的期望输出的模式对,当计算结果与期望输出有误差时,网络将通过自动调节机制调节相应的连接强度,使之向误差减小的方向改变,经过多次重复训练,最后与正确结果相符合。

（2）无监督学习（unsupervised learning）。没有外部教师信号,学习系统完全按照环境提供数据的统计规律来调整自身参数或结构。其学习过程为:对系统提供动态输入信号,使各个神经元以某种方式竞争,获胜的神经元及其邻域得到增强,其他神经元则被抑制,从而将信号空间分为多个有用区域,自适应于输入空间的检测规则。

（3）再励学习或强化学习（reinforced learning）。介于上述两者之间,外部环境对系统输出结果只给出评价信息（奖或惩）而不是正确答案,学习系统通过强化那些受奖的动作来改善自身的性能。

常用的学习规则如下:

（1）Hebb 学习规则。神经心理学家 Donall Hebb 于 1949 年提出的一类相关学习,其基本思想是:如果有两个神经元同时兴奋,则它们之间的连接强度与它们的激励成正比。用 y_i、y_j 表示单元 i,j 的输出值,ω_{ij} 表示单元 i 到 j 之间的连接加权系数,则 Hebb 学习规则可用下式表示:

$$\Delta w_{ij}(k) = \eta y_i(k) y_j(k) \qquad (3-8-5)$$

式中,η 为学习速率,又称学习步长。Hebb 学习规则是人工神经网络的基本规则,几乎所有神经网络的学习规则都可以看成是它的变形。

（2）δ 学习规则。又称 Widow-Hoff 学习规则、误差校正规则。在 Hebb 学习规则中引入教师信号,将式（3-8-5）中的 y_i 换成网络期望目标输出 d_i 与实际输出 y_i 之差,即

$$\Delta w_{ij} = \alpha \delta_i(k) y_j(k)$$
$$\delta_i = F[d_i(k) - y_i(k)] \qquad (3-8-6)$$

函数 $F(\cdot)$ 根据具体情况而定。δ 学习规则是一种梯度方法,可由二次误差函数的梯度法导出。

（3）有监督 Hebb 学习规则。将无监督 Hebb 学习规则和有监督 δ 学习规则两者结合起来,组成有监督 Hebb 学习规则,即

$$\Delta w_{ij}(k) = \eta[d_i(k) - y_i(k)] y_i(k) y_j(k) \qquad (3-8-7)$$

这种学习规则使神经元通过关联搜索对外界作出反应,即在教师信号 $d_i(k) - y_i(k)$ 的指导下,对环境信息进行相关学习和自组织,使相应的输出增强或削弱。

通过以上对人工神经网络的简要介绍,可以看出它有以下无可比拟的优势:①它是一个大规模的复杂系统,可提供大量可调变量,极力模仿所描述的对象;②它实现了并行处理机制,全部神经元集体参与计算,具有很强的计算能力和高速的信息处理能力;③信息是分布存贮的,提供了联想与全息记忆的能力;④神经元之间的连接强度可以改变,使得网络的拓扑结构具有很大的可塑性,提供了很高的自适应能力;⑤对于一般的神经网络,都包含了巨量的处理单元

和超巨量的连接关系,形成高度的冗余,提供了高度的容错能力和鲁棒性(Robustness);⑥输入输出关系皆为非线性,因而提供了系统自组织和协同的潜力等。

正是由于上述原因,神经网络已渗透到自动控制领域的各个方面,包括系统辨识、控制器设计、优化计算及控制系统的故障诊断与容错控制等。基于神经网络控制器的设计方法主要有由神经网络单独构成的控制系统,包括单神经元控制在内;神经网络与常规控制原理相结合的神经网络控制系统,如神经网络 PID 控制、神经网络预测控制、神经网络内模控制等;神经网络与自适应方式相结合神经网络控制系统,包括神经网络模型参考自适应控制系统(NN - MRAC)和神经网络自校正控制系统(NN - STC);神经网络智能控制,如 NN 推理控制,NN模糊控制,NN 专家系统等;神经网络优化控制。

3.9　思考题与习题

3－1　什么叫串级控制?画出一般串级控制系统的典型方框图。

3－2　串级控制系统有哪些特点?主要使用在什么场合?

3－3　串级控制系统中的主、副变量应如何选择?

3－4　为什么说串级控制系统中的主回路是定值控制系统,而副回路是随动控制系统?

3－5　题图 3－1 所示为聚合釜温度控制系统。试问:

(1)这是一个什么类型的控制系统?试画出它的方框图。

(2)如果聚合釜的温度不允许过高,否则易发生事故,试确定控制阀的气开、气关型式。

(3)确定主、副控制器的正、反作用。

(4)简述当冷却水压力变化时的控制过程。

(5)如果冷却水的温度是经常波动的,上述系统应如何改进?

(6)如果选择夹套内的水温作为副变量构成串级控制系统,试画出它的方框图,并确定主、副控制器的正、反作用。

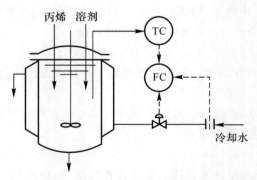

题图 3－1　聚合塔温度控制系统

3－6　为什么在一般情况下,串级控制系统中的主控制器应选择 PI 或 PID 作用的,而副控制器选择 P 作用的?

3－7　串级控制系统中主、副控制器的参数整定有哪两种主要方法?并分别说明。

3－8　什么是比值控制系统?

3-9　画出单闭环比值控制系统的方框图,并分析为什么说单闭环比值控制系统的主回路是不闭合的?

3-10　与开环比值控制系统相比,单闭环比值控制系统有什么优点?

3-11　试画出双闭环比值控制系统的方框图。与单闭环比值控制系统相比它有什么特点? 使用在什么场合?

3-12　什么是变比值控制系统?

3-13　前馈控制系统有什么特点? 应用在什么场合?

3-14　在什么情况下要采用前馈-反馈控制系统? 试画出它的方框图,并指出在该系统中,前馈和反馈作用各起什么作用。

3-15　什么是多冲量控制系统?

3-16　在双冲量控制系统中,引入蒸汽流量这个冲量的目的是什么?

3-17　在三冲量控制系统中,为什么要引入供水流量这个冲量?

3-18　试结合图 3-4-4 所示的锅炉液位的三冲量控制系统,分别分析当汽包液位、蒸汽流量、供水压力增加时,控制阀是怎么动作的。

3-19　选择性控制系统的特点是什么? 应用在什么场合?

3-20　均匀控制的目的和特点是什么?

3-21　某液位的阶跃响应实验测得如下数值:

t/s	0	10	20	40	60	80	100	140	180	250	300	400	500	600
h/mm	0	0	0.2	0.8	2.0	3.6	5.4	8.8	11.8	14.4	16.6	18.4	19.2	19.6

当其阶跃扰动量为 $\Delta u = 20\%$ 时,试求:

(1) 画出液位过程的阶跃响应曲线;

(2) 确定液位过程中的 K、T、τ(设该过程用一阶惯性加纯滞后环节近似描述)。

第二篇　自动化仪表

第4章　过程检测技术及仪表

生产过程自动化是现代生产的重要特征。为了高效率地进行生产操作,提高产品的质量和产量,对生产过程必须进行自动控制。为了实现对生产过程的自动控制,首先必须对生产过程的各参数进行可靠的测量。这些参数主要是指生产过程中所遇到的压力(或差压)、温度、流量、物位和成分等工艺参数。用来检测这些参数的技术工具称为检测仪表。用来将这些参数转换为一定的便于传送的信号(例电信号或气压信号)的仪表通常称为传感器。当传感器的输出为单元组合仪表中规定的标准信号(4~20 mA DC,20~100 kPa)时,通常称为变送器。

4.1　测量与误差的基本知识

4.1.1　测量的基本概念

1. 测量的定义

测量一词,在人们的日常生活、学习、生产和科学实验中是经常用到的。测量是人类对自然界的客观事物取得数量概念的一种认识过程。在这一过程中,借助于专门的设备,通过实验方法,求出被测未知量的数值,或者说测量就是为取得任一未知参数而做的全部工作。

2. 测量的方法

测量的具体方法是由被测量的种类、数值的大小、所需要的测量精度、测量速度的快慢等一系列的因素所决定的。

测量方法与测量原理具有不同的概念。测量方法是指实现被测量与单位进行比较并取得比值所采用的方法。而测量原理是指仪器、仪表工作所依据的物理、化学等具体效应。根据分类依据的不同,测量方法主要有以下几种。

(1)直接测量与间接测量。

1)直接测量法。将被测量与单位能直接比较,立即得到比值,或者仪表能直接显示出被测参数数值的测量方法被称为直接测量法。例如用尺测物体长度、用水银温度计测温度等。这种方法可以直接得出测量结果,测量过程简单、迅速;缺点是测量精度不容易达到很高。它是工程技术中应用最广的一种方法。

2)间接测量法。采用直接测量方法不能直接得到测量结果,而需要先测出一个或几个与被测量有一定函数关系的其他量,然后根据此函数关系计算出被测量的数值,这种方法被称为间接测量法。在实际工作中经常会碰到间接测量的情况。

在过程检测中,多数采用直接测量法,间接测量用得不多。但这两种方法在一定条件下是能相互转化的。当前只能用间接测量法测量的某些参数,随着测量技术的发展及新型仪器仪表的出现,尤其是采用微机的智能化仪表的出现,可能用直接法就能测量。

(2)等精度测量与不等精度测量。根据测量条件的不同,测量方法可以分为等精度测量法和不等精度测量法。

1)等精度测量法 在测量过程中,使影响测量误差的各因素(如环境条件、仪器仪表、测量人员、测量方法等)保持不变,对同一被测量值进行次数相同的重复测量,这种测量方法称为等精度测量法。等精度测量所获得的测量结果,其可靠程度是相同的。

2)不等精度测量法 在测量过程中,测量环境条件有部分不相同或全部不相同,如测量仪器精度、重复测量次数、测量环境、测量人员熟练程度等有了变化,所得测量结果的可靠程度显然不同,这种方法称为不等精度测量法。

一般来说,在科学研究及重要的精密测量或检定工作中,为了获得更可靠和精确度更高的测量结果才采用不等精度测量法。通常工程技术中,采用的是等精度测量法。

(3)接触测量与非接触测量。用接触测量法测量时,仪表的某一部分(一般为传感器部分)必须接触被测对象(被测介质)。而采用非接触测量法时,仪表的任何部分均不与被测对象接触。过程检测多数采用接触测量法。

(4)静态测量与动态测量。按照被测量在测量过程中的状态不同,可将测量分为静态测量与动态测量两种。在测量过程中,如被测参数恒定不变,则此种测量称为静态测量。被测参数随时间变化而变,此种测量方法称为动态测量。动态测量的分析与处理比静态测量复杂得多。过程检测中的被测参数不可能始终保持不变,因此严格讲均属动态测量。但由于仪表的反应一般很迅速,多数被测参数的变化又较缓慢,在仪表响应的短时间内被测参数可近似视为恒定不变,因此可近似当成静态测量对待。这样近似,可以使分析处理大为简化,而分析结果与实际情况又无太大的出入。

4.1.2 测量仪器与设备

测量仪器仪表与设备可以由许多单独的部件组成,也可以是一个不可分的整体。前者构成的是检测系统,属于复杂仪表,多用于实验室;后者是简单仪表,应用极为广泛。不论是复杂仪表还是简单仪表,原则上它们都是由几个环节所组成。对于简单仪表来说,只不过各个环节的界线不大明显而已。这几个环节是传感器、变送器、显示器及连接各环节的传输通道。检测仪表的组成框图如图 4-1-1 所示。

图 4-1-1 检测仪表的组成框图

1. 感受件(传感器)

传感器是检测仪表与被测对象直接发生联系的部分。它的作用是感受被测量的变化,直接从对象中提取被测量的信息,并转换成一相应的输出信号。例如,体温计端部的温包可以认为是传感器,它直接感受人体温度的变化,并转换成水银柱高度的变化而输出信号。传感器的好坏,直接影响检测仪表的质量。因此它是检测仪表的重要部件。对传感器有下述要求。

（1）准确性。传感器的输出信号必须准确地反映其输入量，即被测量的变化。因此，传感器输入输出关系必须是严格的单值函数关系，且最好是线性关系，即只有被测量的变化对传感器有作用，非被测量则没有作用。真正做到这点是困难的，一般要求非被测量参数对传感器的影响很小，可以忽略不计。

（2）稳定性。传感器的输入、输出的单值函数关系是不随时间和温度而变化的，且受外界其他干扰因素的影响很小，工艺上还能准确地复现。

（3）灵敏性。要求有较小的输入量便可得到较大的输出信号。

（4）其他。如经济性、耐腐蚀、低能耗等。

传感器往往也被称为敏感元件、一次仪表等。

2. 中间件（变送器或变换器）

变送器是检测仪表中的中间环节，它由若干个部件组成，它的作用是将传感器的输出信号进行变换，实现放大、远距离传送、线性化处理或转变成规定的统一信号，供给显示器等。例如，压力表中的杠杆齿轮机械将弹性敏感元件的小变形转换并放大为指针在标尺上的大转动；又如，单元组合仪表中的变送器将各种传感器的输出信号转换成规定的统一数值范围的电信号，使一种显示仪表能够适用于不同的被测参数。在数字式仪表和采用微型计算机的现代检测系统中，需要将信号进行模拟量和数字量之间的相互变换，这也是由变送器来完成的。

对变送器的要求是能准确稳定地传输、放大和转换信号，且受外界其他因素的干扰影响小，变换信号的误差小。

3. 显示件（显示器）

显示器的作用是向观察者显示被测量数值的大小。它可以是瞬时量的显示、累积量的显示、越限报警等，也可以是相应的记录显示。

显示仪表常被称为二次仪表。显示方式有三种类型：指示式（模拟式显示）、数字式和屏幕式（图像显示式）。

4.1.3　误差的基本概念

对测量过程中出现的误差的研究，不论在理论上还是在实践中都有现实的意义：①能合理确定检测结果的误差；②能正确认识误差的性质，分析产生误差的原因，采取措施，达到减少误差的目的；③有助于正确处理实验数据，合理计算测量结果，以便在一定的条件下，得到最接近于真实值的最佳结果；④有助于合理选择实验仪器、测量条件及测量方法，使能在较经济的条件下，得到预期的结果。

由于在测量过程中所用的仪器仪表准确度的限制，环境条件的变化，测量方法的不够完善，以及测量人员生理、心理上的原因，测量结果不可避免地存在与被测真值之间的差异，这种差异称为测量误差。因此，只有在得到测量结果的同时，指出测量误差的范围，所得的测量结果才是有意义的。测量误差分析的目的是，根据测量误差的规律性，找出消除或减少误差的方法，科学地表达测量结果，合理地设计测量系统。

4.1.4　测量误差及分类

测量过程是将被测变量与和它同性质的标准量进行比较的过程。测量结果可以用数值和测量单位来表示,也可以用曲线或图形来描述。

测量结果与被测变量的真值之差称为误差。任何测量过程都不可避免地存在误差。当被测变量不随时间变化时,其测量误差称为静态误差。当被测变量随时间而变化时,在测量过程中所产生的附加误差称为动态误差。一般未加特别说明的情况下,测量误差指静态误差。

根据测量误差的性质,可将其分为系统误差、随机误差和粗大误差三类。

1. 系统误差

系统误差是指在相同条件下,多次测量同一被测量值的过程中出现的一种误差,它的绝对值和符号或者保持不变,或者在条件变化时按某一规律变化。

系统误差是由于测量工具本身的不准确或安装调整得不正确、测试人员的分辨能力或固有的读数习惯以及测量方法的理论根据有缺陷或采用了近似公式等原因所造成的。例如,仪表零位未调整好会引起恒值系统误差。又如,仪表使用时的环境温度与校验时不同,并且是变化的,这就会引起变值系统误差。

单纯地增加测量次数是无法减少系统误差对测量结果的影响的,但在找出产生误差的原因之后,便可通过对测量结果引入适当的修正值而加以消除。系统误差决定测量结果的准确性。

2. 随机误差

随机误差又称偶然误差,它是在相同条件下多次测量同一被测量值的过程中所出现的、绝对值和符号以不可预计的方式变化的误差。

随机误差大多是由测量过程中大量彼此独立的微小因素对被测值的综合影响所造成的。这些因素通常是测量者所不知道的,或者因其变化过分微小而无法加以严格控制的。例如,气温和电源电压的微小波动,气流的微小改变,电磁场微变、大地微震等。

单次测量的随机误差的大小和方向都是不可预料的,因此无法修正,也不能采用实验方法予以消除。但是,随机误差在多次测量的总体上服从统计规律,因此可以利用概率论和数理统计的方法来估计其影响。

值得指出,随机误差与系统误差之间既有区别又有联系,二者并无绝对的界限,在一定条件下它们可以相互转化。随着测量条件的改善、认识水平的提高,一些过去视为随机误差的测量误差可能分离出来作为系统误差处理。

3. 粗大误差

明显地歪曲测量结果的误差称为粗大误差。这种误差是由于测量操作者的粗心(如读错、记错、算错数据等)、不正确地操作、实验条件的突变或实验状况尚未达到预想的要求而匆忙实验等原因所造成的。

含有粗大误差的测量值称为异常值或坏值。一般地说,所有的坏值均应从测量结果中剔除,但对原因不明的可疑测量值应根据一定的准则进行判断,方可决定是否应把该数值从测量结果中剔除掉。需要注意的是,不应当无根据地轻率剔除测量值。

4.1.5　误差的表示方法

测量误差的表示方法有多种,其含义、用途各异。

1. 绝对误差

被测量的测量值 x 与其真值 L 之间的代数差 Δ，称为绝对误差。即

$$\pm\Delta = x - L \tag{4-1-1}$$

绝对误差一般只适用于标准量具或标准仪表的校准。在标准量具或标准仪表的校准工作中实际使用的是"修正值"。修正值与绝对误差大小相等，符号相反。其实际含义是真值等于测量值加上修正值，即

真值＝测量值十修正值

采用绝对误差表示测量误差，不能确切地说明测量质量的好坏。例如，温度测量的绝对误差 $\Delta = \pm 1℃$，测量 $1\,400℃$ 的钢水，是不易得到的测量结果；若测量人的体温，这种测量结果，则得到了荒谬的结果。

2. 相对误差

绝对误差与被测量的真值之比，称为相对误差。因测量值与真值很接近，工程上常用测量值代替真值来计算相对误差，其定义为

$$\delta = \frac{\Delta}{L} \approx \frac{\Delta}{x} \tag{4-1-2}$$

式中，δ—— 相对误差；

x,L—— 含义同绝对误差中的定义。

实际应用中常用百分数表示，即

$$\delta = \frac{\Delta}{L} \times 100\% \approx \frac{\Delta}{x} \times 100\% \tag{4-1-3}$$

例如，测量温度的绝对误差为 $\pm 1℃$，水的沸点温度真值为 $100℃$，测量的相对误差为

$$\delta = \frac{1}{100} \times 100\% = 1\% \tag{4-1-4}$$

3. 引用误差

仪表指示值的绝对误差 Δ 与仪表量程 B 之比值，称为仪表示值的引用误差。引用误差常用百分数表示，亦称相对百分误差，记为

$$\delta_m = \frac{\Delta}{B} \times 100\% \tag{4-1-5}$$

4. 准确度、精密度和精确度

（1）测量的准确度又称正确度，表示测量结果中的系统误差大小程度。系统误差愈小，则测量的准确度愈高，测量结果偏离真值的程度愈小。

（2）测量的精密度表示测量结果中的随机误差大小程度。随机误差愈小，精密度愈高，说明各次测量结果的重复性愈好。

准确度和精密度是两个不同的概念，使用时不得混淆。图 4-1-2 所示形象地说明了准确度与精密度的区别。图中，圆心代表被测量的真值，符号 × 表示各次测量结果。由图可见，精密度高的测量不一定具有高准确度。因此，只有消除了系统误差之后，才可能获得正确的测量结果。

（3）一个既"精密"又"准确"的测量称为"精确"测量，并用精确度来描述之。精确度所反映的是被测量的测量结果与（约定）真值间的一致程度。精确度高，说明系统误差与随机误差都小。

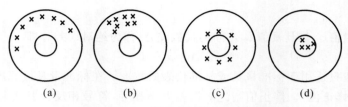

图 4-1-2　准确度与精密度的区别

（a）低准确度,低精密度；（b）低准确度,高精密度；（c）高准确度,低精密度；（d）高准确度,高精密度

4.1.6　粗大误差的检验与剔除

个别的异常数据（坏值）一旦混入正常的测量数列之中,将对可能得到的真实测量结果带来很大歪曲,所以这种坏值必须舍弃。反之,在同一组测量数据中,各测量值本来具有正常的分散性,不很集中,如果错把某些属于正常波动范围之内的测量数据也当作坏值加以删除,也同样会对测量结果造成歪曲。只有经过正确的分析和判断,被确认属于坏值的数据才有理由予以剔除。

在测量过程中,一般情况下不能及时确知哪个测量值是坏值而加以舍弃,必须在整理数据时加以判别。判断坏值的方法有几种,概括起来都属于统计判别法。其基本方法是规定一个置信概率和相应的置信系数,即确定一个置信区间,将误差超过此区间的测量值,都认为是属于不仅包含随机误差的坏值,而应予以剔除。

统计判别法的准则很多,根据理论上的严密性和使用上的简便性,介绍以下几个准则。在准则中,σ 表示标准差,用贝塞尔（Bessel）公式求得,即

$$\sigma = \lim_{n \to \infty} \sqrt{\frac{1}{n-1} \sum_{i=1}^{n} (X_i - \bar{x})^2} = \lim \sqrt{\frac{1}{n-1} \sum_{i=1}^{n} V_i^2} \qquad (4-1-6)$$

$$V_i = x_i - \bar{x} \qquad (4-1-7)$$

式中,n—— 测量次数；

x_i—— 第 i 个测量值；

$\bar{x}$—— 测量值 x 的算术平均值；

V_i—— x_i 的剩余误差。

1．拉依达准则（3σ 准则）

对于大量的重复测量值,如果其中某一测量值 $x_k (1 < k < n)$ 的剩余误差 V_k 的绝对值大于或等于该测量列的标准误差 σ 的 3 倍,那么认为该测量值存在粗大误差,即

$$|V_k| = |x_k - \bar{x}| \geqslant 3\sigma \qquad (4-1-8)$$

故又称为 3σ 准则。按上述准则剔除坏值 x_k 后,应重新计算剔除坏值后的标准误差 σ,再按准则判断,直至余下的值无坏值存在。

此准则是建立在无限次测量的基础上,当进行有限次测量时,该方法并不可靠。但由于简单,因此可用作粗大误差的近似判断。

2．肖维奈（Chauvenet）准则

在一系列等精度测量数据 $x_1, x_2, \ldots, x_n$ 中,如果某一测量值 $x_b (1 < b < n)$ 的剩余误差 V_b 的绝对值大于或等于标准误差 σ 的 k_c 倍时,则此测量值 x_b 可判别为可疑值或坏值,而予以

剔除。即

$$|V_b| = |x_b - \bar{x}| \geqslant k_c\sigma \qquad (4-1-9)$$

式中，k_c 为肖维奈准则中与测量次数有关的判别系数，可由表 4-1-1 查出。

表 4-1-1　肖维奈准则的判别系数表

n	$k_c = \varepsilon_0/\sigma$	n	$k_c = \varepsilon_0/\sigma$	n	$k_c = \varepsilon_0/\sigma$
3	1.38	10	2.07	23	2.30
4	1.53	14	2.10	24	2.31
5	1.65	15	2.13	25	2.33
6	1.73	16	2.15	30	2.39
7	1.80	17	2.17	40	2.49
8	1.86	18	2.20	50	2.58
9	1.92	19	2.22	75	2.71
10	1.96	20	2.24	100	2.81
11	2.00	21	2.26	200	3.02
12	2.03	22	2.28	500	3.29

3. 格拉布斯(Grubbs)准则

格拉布斯准则是根据正态分布理论提出的，但它考虑到测量次数 n 及所选定的粗大误差误判概率 a，理论推导严密，使用比较方便。

准则规定：凡剩余误差大于格拉布斯鉴别值的误差属于粗大误差，相应的测量值是坏值，应予剔除，用公式表示为

$$|V_b| = |x_b - \bar{x}| > [g(n,a)]\sigma \qquad (4-1-10)$$

式中，$[g(n,a)]\sigma$ 为格拉布斯准则鉴别值；$g(n,a)$ 为格拉布斯准则判别系数，它与测量次数 n 及粗大误差误判概率 a 有关。格拉布斯准则的判别系数见表 4-1-2。

表 4-1-2　格拉布斯准则判别系数表

n	a		n	a		n	a	
	0.01	0.05		0.01	0.05		0.01	0.05
3	1.15	1.15	12	2.55	2.28	21	2.91	2.58
4	1.49	1.46	13	2.61	2.33	22	2.94	2.60
5	1.75	1.67	14	2.66	2.37	23	2.96	2.62
6	1.94	1.82	15	2.70	2.41	24	2.99	2.64
7	2.10	1.94	16	2.75	2.44	25	3.01	2.66
8	2.22	2.03	17	2.78	2.48	30	3.10	2.74
9	2.32	2.11	18	2.82	2.50	35	3.18	2.81
10	2.41	2.18	19	2.85	2.53	40	3.24	2.87
11	2.48	2.23	20	2.88	2.56	50	3.34	2.96

格拉布斯判别方法可用于有限测量次数时的粗大误差判定,是目前应用较广泛的粗大误差判别方式。

例　应用以上介绍的三种粗大误差判别方法,分别对下列测量数据进行判别,若有坏点,则舍去。

测量数据 x_i:38.5,37.8,39.3,38.7,38.6,37.4,39.8,38.0,41.2,38.4,39.1,38.8。

解　$n=12$,平均值 $\bar{x} = \dfrac{1}{n-1}\sum\limits_{i=1}^{n} x_i = 38.8$

剩余误差 $V_i = x_i - \bar{x} = -0.3, -1.0, 0.5, -0.1, -0.2, -1.4, 1.0, -0.8, 2.4, -0.4, 0.3, 0.0$。

按贝塞尔方程计算标准差,有 $\sigma = \sqrt{\dfrac{1}{n-1}\sum\limits_{i=1}^{n} V_i^2} \approx 1.0$

方法一:按拉依达准则,有

$$3\sigma = 3.0$$
$$V_{\max} = V_9 = 2.4 < 3\sigma$$

因而 x_9 不属于粗大误差,该组数中无坏值。

方法二:按肖维奈准则

由表 4-1-1 可查得,当 $n=12$ 时,$k_c = 2.03$,则 $k_c\sigma \approx 2.03$,有

$$V_{\max} = V_9 = 2.6 > K\sigma$$

因而 x_9 属于粗大误差,即该组数中的 41.2 为坏值,剔除。对剩余的 11 个数值再进行粗大误差判别。算得

$$n = 11, \bar{x} \approx 38.58$$

剩余误差 $V_i = -0.08, -0.78, 0.72, 0.12, 0.02, -1.18, 1.22, -0.58, -0.18, 0.52, 0.22$;$\sigma \approx 0.687$。由表 4-1-1 可查得,当 $n=11$ 时,$k_c = 2.00$,则 $k_c\sigma \approx 1.374$。

V_i 中无一数值的绝对值大于 $k_c\sigma$,因而剩余的 11 个数中无坏值。

方法三:按格拉布斯法:

选 a 为 0.05,由表 4-1-2 可查得,当 $n=12$ 时,$g(n,a) = 2.28$,$[g(n,a)]\sigma \approx 2.28$。则有

$$V_{\max} = V_9 = 2.4 > [g(n,a)]\sigma$$

因而 x_9 属于粗大误差,即该组数中的 41.2 为坏值,剔除。对剩余的 11 个数值再进行粗大误差判别。算得

$$n = 11, \bar{x} \approx 38.58$$

剩余误差 $V_i = -0.08, -0.78, 0.72, 0.12, 0.02, -1.18, 1.22, -0.58, -0.18, 0.52, 0.22$;$\sigma \approx 0.687$。选 a 为 0.05,由表 4-1-2 可查得,当 $n=11$ 时,$g(n,a) = 2.23$,则 $[g(n,a)]\sigma \approx 1.532$。$V_i$ 中无一数值的绝对值大于 $[g(n,a)]\sigma$,因而剩余的 11 个数中无坏值。

4.1.7　仪器仪表的主要性能指标

仪表的性能指标是评价仪表性能差异、质量优劣的主要依据,也是正确地选择仪表和使仪表达到准确测量目的所必需具备和了解的知识。

仪表的性能指标很多,主要有技术、经济及使用三方面的指标。

仪表技术方面的指标有误差、精度等级、灵敏度、变差、量程、响应时间及漂移等。

仪表经济方面的指标有使用寿命、功耗和价格等。当然,性能好的仪表,总是希望它的使用寿命长、功耗低、价格便宜。

仪表使用方面的指标有操作维修是否方便、运行是否可靠安全、抗干扰与防护能力的强弱、重量体积的大小以及自动化程度的高低等。

上述仪表性能的划分显然是相对的。例如,仪表的使用寿命,既是经济方面的性能指标,又是一项极为重要的技术指标(从仪表的可靠性来说)。

4.1.8　量程与精度

1. 量程

在诸多性能中,使用者最关注的是仪表计量方面的性能,它是指仪表能否满足测量要求并给出准确测量结果方面的性能。

仪表在保证规定精确度的前提下所能测量的被测量的区域称为仪表的测量范围。在上述相同条件下,仪表所能测量的被测量的最高、最低值分别称为仪表测量范围的上限和下限(简称上、下限,又称仪表的零位和满量程值)。仪表的量程是指测量范围上限与下限的代数差。

例如,某温度计的测量范围为 $-200\sim800℃$,那么该表的测量上限即为 $800℃$,下限为 $-200℃$,而量程为 $1\,000℃$。

又如,某温度计的测量范围为 $0\sim800℃$,那么该表的测量上限即为 $800℃$,下限为 $0℃$,而量程为 $800℃$。

通常仪表刻度线的下限值调整到 $X_{min}=0$,这时所得到的量程即为上限值 X_{max}。在整个测量范围内,由于仪表所提供被测量信息的可靠程度并不相同,所以在仪表下限值附近的测量误差较大,故不宜在该区使用。于是,更合理的量程概念应规定为在仪表工作量程内的相对误差不超过某个设定值。由此可见,仪表的量程问题涉及仪表的精度问题。根据仪表的测量范围,便可算出仪表的量程;反之,仅知量程则不能判定仪表的测量范围。习惯上也就常以给出测量范围的数据来描述量程了。

2. 精度等级

精度是一个比较复杂的概念,它涉及各种各样的指标。目前,尚未有一个比较统一的说法。一般情况下,把精确度称为精度。

引用误差是一种简化的和实用方便的相对误差,常常在多挡仪表和连续分度的仪表中应用。仪表的最大引用误差可以描述仪表的测量精度,可以据此来区分仪表质量,确定仪表精度等级,以利生产检验和选择使用。仪表在出厂检验时,其示值的最大引用误差不能超过规定的允许值,此值称为允许引用误差,记为 Q,则有

$$q_{max}\leqslant Q \tag{4-1-11}$$

可根据仪表的基本误差限来判断其精确度。根据国家颁布的有关标准规定:由绝对误差表示基本误差限的仪表,直接用基本误差限的数值来表示其精确度,不划分精确度等级。工业自动化仪表通常根据引用误差来评定其精确度等级,即以允许引用误差值的大小来划分精度等级,并规定用允许引用误差去掉百分号后的数字来表示精度等级。例如,精度等级为 1.0 级的仪表允许引用误差为 $\pm1.0\%$,在正常使用这一精度的仪表时,其最大引用误差不得超过 $\pm1.0\%$。又如,若某压力表的基本误差限用引用误差表示为 $\pm1.5\%$,则该压力表的精确度等级即为 1.5 级。根据规定,仪表的精确度等级已经系列化,只能从下列数据中选取最接近的合适

数值作为精确度等级,即

$$0.1,0.2,0.5,1.0,1.5,(2),2.5,5.0$$

其中,括号内的精确度等级不推荐采用。必要时,亦可采用0.35级的精确度等级。特别精密的仪表,可采用0.005,0.02,0.05的精确度等级。在工业生产过程中常用0.2~2.0级仪表。

4.1.9 静态性能指标

仪表的特性有静态特性和动态特性之分,它们所描述的是仪表的输出变量与输入变量之间的对应关系。当输入变量处于稳定状态时,仪表的输出与输入之间的关系称为静态特性。这里介绍几个主要的静态特性指标。至于仪表的动态特性,因篇幅所限不予介绍,感兴趣的读者请参阅有关专著。

1. 灵敏度

灵敏度是指仪表或装置在到达稳态后,输入量变化引起的输出量变化的比值。或者说输出增量 Δy 与输入增量 Δx 之比,即

$$K=\frac{\Delta y}{\Delta x} \tag{4-1-12}$$

式中,K—— 灵敏度;

Δy—— 输出变量 y 的增量;

Δx—— 输入变量 x 的增量。

对于带有指针和标度盘的仪表,灵敏度亦可直观地理解为单位输入变量所引起的指针偏转角度或位移量。

当仪表的输出-输入关系为线性时,其灵敏度为一常数;反之,当仪表具有非线性特性时,其灵敏度将随着输入变量的变化而改变。

2. 线性度

一般来说,总是希望仪表具有线性特性,亦即其特性曲线最好为直线。但是,在对仪表进行标定时人们常常发现,那些理论上应具有线性特性的仪表,由于各种因素的影响,其实际特性曲线往往偏离了理论上的规定特性曲线(直线)。在测试技术中,采用线性度这一概念来描述仪表的标定曲线与拟合直线之间的吻合程度,如图4-1-3所示。

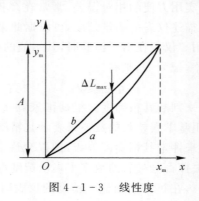

图4-1-3　线性度

图4-1-3中 a 表示标定曲线,b 表示拟合直线。用实际标定曲线与拟合直线之间最大偏

差 $\Delta L_{\max}$ 与满量程 $Y_{\max}$ 之比值的百分比来表征线性度 L_N，即

$$L_N = \frac{\Delta L_{\max}}{Y_{\max}} \times 100\%$$ (4-1-13)

应当注意，量程越小，线性化带来的误差越小，因此，在要求线性化误差小的场合可以采取分段线性化。

3. 迟滞误差

在输入量增加和减少的过程中，对于同一输入量会得出大小不同的输出量，在全部测量范围内，这个差别的最大值与仪表的满量程之比值称为迟滞误差。一般情况下，把仪表的输入量从起始值增至最大值的过程称为正行程，把输入量从最大值减至起始值的过程称为反行程，正行程与反行程之差称为迟滞差值，用 ΔH 表示，如图 4-1-4 所示。全量程中最大的迟滞差值 $\Delta H_{\max}$ 与满量程 $Y_{\max}$ 之比值的百分比，称为迟滞误差。即

$$\delta_h = \frac{\Delta H_{\max}}{Y_{\max}} \times 100\%$$ (4-1-14)

迟滞误差是由于仪表内有吸收能量的元件（如弹性元件、磁化元件等）、机械结构中有间隙以及运动系统的摩擦等原因造成的。

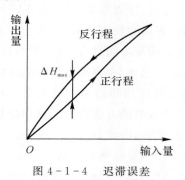

图 4-1-4　迟滞误差

4. 漂移

漂移是指当输入量不变时，经过一定的时间后输出量产生的变化。由于温度变化而产生的漂移称温漂。当输入量固定在零点不变时，输出量的变化值引起的漂移称为零漂。一般情况下，用变化值与满量程的比值来表示漂移。它们是衡量仪表稳定值的重要指标。

这种变化通常是由于仪表弹性元件的失效、电子元件的老化等原因造成的。

5. 重复性

仪表的重复性是指在同一工作条件下，对同一输入值按同一方向连续多次测量时，所得输出值之间的相互一致程度称为重复性。在全量程中寻求最大的重复性差值 $\Delta R_{\max}$，并称其与满量程 $Y_{\max}$ 之比值的百分比为重复性误差 δ_R，即

$$\delta_R = \frac{\Delta R_{\max}}{Y_{\max}} \times 100\%$$ (4-1-15)

重复性还可以用来表示仪表在一个相当长的时间内，维持其输出特性不便的性能。从这个意义上讲，重复性与稳定性是一致的。

4.2　传感器概述

在现代科学技术发展过程中,非电量测量技术已经在各个应用领域中成为必不可少的部分,特别是在自动测试、自动控制等方面。获取这些参数所使用的传感器无疑掌握着这些系统的命脉。

传感器是实现自动测试和自动控制的首要环节,如果没有传感器对原始信息进行精确可靠的捕获和转换,那么一切测量和控制都是不可能实现的。可以说,没有传感器也就没有现代化的自动测量和控制,也将没有现代科学技术的迅速发展。

4.2.1　传感器基本概念及组成

1. 传感器基本概念

(1)传感器定义。传感器是将被测物理量转换为与之有确定对应关系的输出量的器件或装置。或者把从被测对象中感受到的有用信息进行变换、传送的器件称之为传感器。传感器有时也被称为变送器、变换器、换能器、探测器等,只是在不同的场合有不同的叫法。

传感器首先是一个测量装置,它以测量为目的;其次它又是一个转换装置,在不同量之间进行转换。尽管有些装置也能在不同量之间进行转换,但不是以测量为目的,因而不能看成是传感器。例如,发电机不能认为是传感器,而测速电机则是测量转速的传感器。

(2)传感器的作用。传感器主要应用在自动测试与自动控制领域中。它将诸如温度、压力、流量等参量转换为电量,然后通过电的方法进行测量和控制。人们常把电子计算机比为人的大脑称电脑,把传感器比作人的五官,因此如果一个失去了某种传感器——感官的人,即使有健全的大脑和发达的四肢,也难以对某些外界信息作出反应。

科学技术的迅速发展,自动测试、自动控制等技术得到广泛应用。但是,如果没有合适的传感器对原始数据和待测物理量进行有效的拾取(感受或采集)和精确可靠的测量,那么信号的转换、信息的处理、最佳状态的控制都无从谈起。因此,电子技术、自动控制技术和计算机技术的发展,促进了传感器的发展和应用。反之,传感器的发展和应用,又为电子技术、自动控制技术和计算机技术的应用、普及和进一步发展创造了条件。

由于科学技术、工农业生产及保护生态环境等方面都要进行大量的测试工作,因此,传感器在各个领域中的作用也日益显著。在工业生产自动化、能源控制、交通管理、灾害预测、安全防卫、环境保护和医疗卫生等方面已经研制了各种各样的传感器,它们不仅可代替人的五官功能,而且还能检测人的五官所不能感受的参数。

随着生产的发展和技术水平的提高,使新技术、新工艺、新材料不断出现,传感器的品种和质量将得到迅速的发展和提高,它们必将在工农业生产、科学技术研究、国防现代化以及日常生活等方面得到更加广泛应用,发挥更大的作用。

2. 传感器的组成

由于被测量的种类繁多,而且传感器对信息的感受、获取和转换的方式又不尽相同,因此,传感器的构成方式也就有很大差别。可能做得很简单,也可能做得很复杂。这就是说,传感器的组成形式是随用途、检测原理、方式等不同而有差异。

　　传感器一般是利用物理、化学和生物等学科的某些效应或原理按照一定的制造工艺研制出来的。尽管它的组成差异很大,但是一般说来,传感器由敏感元件、转换元件、测量电路与其他辅助部件组成,如图 4-2-1 所示。

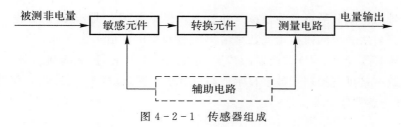

图 4-2-1　传感器组成

　　(1)敏感元件是泛指能直接感受、获取被测量并能输出与被测量有确定函数关系的其他物理量的元件。在测量技术或传感器技术中,常把直接感受被测量的元件统称为敏感元件。

　　(2)转换元件是能将敏感元件感受到的非电量直接转换成电量的部分。当敏感元件的输出是非电量时,转换元件就成为传感器不可缺少的重要组成部分。

　　(3)测量电路的作用是把转换元件(或敏感元件)输出的电信号转换成便于测量、显示、记录、控制和处理的电信号后再输出。测量电路的具体形式随转换元件的类型而定,但使用最多的是各种类型的电桥电路,有时也使用高阻抗输入电路、脉冲调宽电路等特殊电路。

　　(4)辅助电路通常包括电源,有些传感器系统常采用电池供电。

　　仅就目前而言,传感器技术应涉及传感器原理、传感器器件设计、传感器开发及应用等项综合技术。

4.2.2　传感器分类

　　对传感器进行分类,将有助于人们从总体上认识和掌握传感器,以便更合理地使用它。传感器品种繁多,它的分类是一个比较复杂的问题,目前并未形成统一的分类方法。一般地,传感器分为以下 4 种类型。

　　1. 按输入物理量分类

　　根据传感器的输入量的性质不同进行分类,也就是按被测物理量分类。例如,当传感器的输入量分别为温度、湿度、流量、压力、位移、速度时,其相应的传感器称为温度传感器、湿度传感器、流量传感器、压力传感器、位移传感器、速度传感器等。

　　2. 按工作原理分类

　　这种分类方法是以工作原理划分,将物理和化学等学科的原理、规律和效应作为分类的依据,如压电式、压阻式和热阻式等。这种分类法能比较清楚地说明传感器的转换原理,表明传感器如何实现从某一非电量到电量的转换。分类少,有利于对传感器的深入研究分析与设计。

　　3. 按能量的关系分类

　　根据能量观点分类,可将传感器分为有源传感器和无源传感器两大类。有源传感器将非电能量转换为电能量,称为能量转换型传感器,或换能器。通常配有电压测量电路和放大器,例如压电式、热电式和电磁式等。无源传感器又称为能量控制型传感器。它本身不是一个换能器，被测非电量仅对传感器中的能量起控制或调节作用。这类传感器有电阻式、电容式和电感式等。

4. 按输出信号的性质分类

按输出信号的性质分类可分为模拟式和数字式传感器两大类，即传感器输出量分别为模拟量或数字量。当然输出的模拟量或数字量都与被测非电量成一定关系，只不过模拟传感器输出的模拟量还必须经过 A/D 转换器的转换，才能与计算机相连，或者进行数字显示；而数字传感器输出的数字量可直接用于数字显示或与计算机相连，且抗干扰性较强，例如盘式角度数字传感器，光栅传感器等。

4.2.3 传感器特性及标定

1. 传感器特性

传感器所测量的非电量一般有两种形式：①稳定的，即不随时间变化或变化极其缓慢的信号，称为静态信号；②随时间变化而变化的周期信号、瞬变信号或随机信号，称为动态信号。无论对静态信号或动态信号，人们希望传感器输出电量都能够不失真地复现输入量的变化。这主要取决于传感器的静态特性和动态特性。由于输入量的状态不同，传感器所呈现出来的输入-输出特性也不同，因此存在所谓的静态特性和动态特性。为了降低或消除传感器在测量控制系统中的误差，传感器必须具有良好的静态和动态特性，才能使信号（或能量）按准确的规律转换。

（1）静态特性。表示传感器在被测物理量的各个值处于稳定状态时的输出、输入关系。任何实际传感器的静态特性不会完全符合所要求的线性或非线性的关系。通常要求传感器静态输出、输入关系保持线性，实际上，只有在理想情况下才呈现线性的静态特性。

传感器的静态特性是在静态标准条件下进行标定的。静态标准条件是指没有加速度、振动和冲击（除非这些参数本身就是被测物理量）；环境温度一般为室温即（20±5）℃；相对湿度不大于 85％；大气压力（760±60）mmHg×133.322 Pa 的情况。在这种标准工作状态下，利用一定等级的校准设备，对传感器进行往复循环测试，得到的输出、输入数据，一般用表格列出或画成曲线，即为该传感器的静态特性。

衡量传感器静态特性的重要指标有线性度、迟滞和重复性等。这些特性与仪器仪表的静态特性是一致的。

（2）动态特性。是指传感器对于随时间变化的输入量的响应特性。与静态特性的情况不同，它的输出量与输入量的关系不是一个定值，而是时间的函数，随输入信号的频率而变。动态特性好的传感器，其输出量与被测量随时间的变化应一致或接近一致。由于被测量随时间变化的形式可能是各种各样，所以在讨论传感器动态特性时，通常也是依据人为规定的输入特性来考虑传感器的响应特性，常用的典型输入有正弦变化和阶跃变化两种。传感器的动态特性分析和动态标定，都以这两种典型输入信号依据；其输出量与输入量的关系常用传递函数和频率特性来表示，后者包括幅频特性和相频特性。

传感器动态特性指标在使用中最应该引起注意的是响应时间，它是表示传感器能否迅速反应输入信号变化的一个重要指标。其次是传感器的频率响应范围,它表征传感器允许通过的频带宽度。以上两者有一定联系,是从不同角度提出的。

1)响应时间。当输入给定阶跃信号时,输出从它的初始值第一次(在过冲之前或无过冲)到达最终值的规定范围(最终值的 90% 或 95%)所需要的时间。如果考虑振荡影响,可定义为当输入产生阶跃信号时,输出从它的初始值进入最终值的规定范围内所需要的时间。

2)频率响应范围。一般是指幅频特性曲线相对幅值变化在 ± 3 dB 时所对应的频率范围,称为传感器的频率响应范围。当被测信号频率超出传感器的频率响应范围时,会影响测量精度,使用传感器时应注意这一点。

2. 传感器的标定

测量仪器如不进行标定,那只不过是重复性较好的仪器而已,传感器也是一样。用试验的方法确定传感器的性能参数的过程称为标定。任何一种传感器在制成以后,都必须按照技术要求进行一系列的试验,以检验它是否达到原设计指标的要求,并最后确定传感器的基本性能。这些基本性能一般包括灵敏度、线性度、重复性和频率响应等。

标定实际上就是利用某种规定的标准或标准器具对传感器进行刻度。一般来说,传感器的性能指标通常随时间环境的变化而改变,而且这种变化常常是不可逆的,预测也是极其困难的。因此,标定工作不仅在传感器出厂时或安装时要进行,而且在使用过程中还需定期检验。

传感器的互换性是与传感器标定相关联的技术之一。传感器在使用一段时间之后,由于性能变坏或完全损坏,需用新的传感器进行替换。能进行替换的前提不仅是安装外形尺寸一致,而且要求性能一致,否则必须重新进行标定。尤其对具有非线性自动校准功能的测量仪器来说,保持这一点就显得更为重要。

4.3　温度检测及仪表

温度是表征物体冷热程度的物理量,是各种工业生产和科学实验中最普遍而重要的操作参数,尤其在化工生产中,温度的测量与控制有着重要的作用。众所周知,任何一种化工生产过程都伴随着物质的物理和化学性质的改变,都必然有能量的交换和转化,其中最普遍的交换形式是热交换形式。因此,化工生产的各种工艺过程都是在一定的温度下进行的。例如在精馏塔的精馏过程中,对精馏塔的进料温度、塔顶温度和塔釜温度都必须按照工艺要求分别控制在一定数值上。

4.3.1　温度检测方法及仪表

温度测量范围甚广,有的处于接近绝对零度的低温,有的要在数千摄氏度的高温下进行,这样宽的测量范围,需用各种不同的测温方法和测温仪表。温度测量的方法很多,一般可分为接触式测温法和非接触式测温法。

接触式测温法是测量体与被测物体直接接触,两者进行热交换并最终达到热平衡,这时测量体的温度就反映了被测物体的温度。接触式测温的优点显而易见,它简单,可靠,测量精度较高,但同时也存在许多不足:测温元件要与被测物体接触并充分换热,从而产生了测温滞后现象;测温元件可能与被测物体发生化学反应;由于受到耐高温材料的限制,接触式测量仪表不可能应用于很高温度的测量。

非接触式测温法由于测量元件与被测物质不接触,因而测量范围原则上不受限制,测温速度较快,还可以在运动中测量。但是它受到被测物质的辐射率、被测物质与测量仪表之间的距离以及其他中间介质的影响,测温误差较大。

按使用的测量范围分,常把测量 600℃ 以上的测温仪表叫高温计,把测量 600℃ 以下的测温仪表叫温度计。按用途分,可分为标准仪表、实用仪表。按工作原理分,则分为膨胀式温度计、压力式温度计、热电偶温度计、热电阻温度计和辐射高温计五类。

在长期生产实践中,形成了多种多样的测温仪表,从原理上可分为利用物体的热膨胀来测温、利用导体(半导体)的热电效应来测温、利用电阻随温度变化而变化的特性来测温、利用物体表面辐射与其温度的关系来测温。表 4-3-1 列出了按测温方法分类的一些目前工业上常用的测温仪表。

表 4-3-1 温度检测方法及仪表分类

测温方法	测温原理		温度计名称	测温范围	使用场合
接触式	体积变化	固体热膨胀	双金属温度计	−200～700℃ 0～300℃	轴承、定子等处的温度,作现场指示及易爆、有振动处的温度,传送距离不很远
		液体热膨胀	玻璃液体温度计 压力式温度计		
		气体热膨胀	压力式温度计(充气体)		
	电阻变化	金属热电阻	铂、铜、镍、铑铁热电阻	−200～650℃	液体、气体、蒸汽的中、低温,能远距离传送
		半导体热敏电阻	锗、碳、金属氧化物热敏电阻		
	热电效应	普通金属热电偶	铜-康铜、镍铬-镍硅等热电偶	0～1 800℃	液体、气体、蒸汽的中、高温,能远距离传送
		贵重金属热电偶	铂铑-铂、铂铑-铂铑等热电偶		
		难熔金属热电偶	钨-铼、钨-钼等热电偶		
		非金属热电偶	碳化物-硼化物等热电偶		
非接触式	辐射测温	亮度法	光学高温计	600～3 200℃	用于测量火焰、钢水等不能直接测量的高温场合
		全辐射法	辐射高温计		
		比色法	比色温度计		

下述简单介绍 3 种常用温度计。

1. 膨胀式温度计

膨胀式温度计是基于某些物体受热时体积膨胀的特性而制成的。玻璃管温度计属于液体膨胀式温度计,双金属温度计属于固体膨胀式温度计。

双金属温度计中的感温元件是用两片线膨胀系数不同的金属片叠焊在一起而制成的。双金属片受热后,由于两金属片的膨胀长度不同而产生弯曲,如图 4-3-1 所示。温度越高产生的线膨胀长度差就越大,引起弯曲的角度就越大,双金属温度计是基于这一原理制成的,它是用双金属片制成螺旋形感温元件,外加金属保护套管,当温度变化时,螺旋形感温元件的自由端便围绕着中心轴旋转,同时带动指针在刻度盘上指示出相应的温度数值。

图 4-3-2 所示是一种双金属温度信号器的示意图。当温度变化时,双金属片 1 产生弯曲,且触点与调节螺钉相接触,使电路接通,信号灯 4 便发亮。如以继电器代替信号灯便可以用来控制热源(如电热丝)而成为两位式温度控制器。温度的控制范围可通过改变调节螺钉 2 与双金属片 1 之间的距离来调整。若以电铃代替信号灯便可以作为另一种双金属温度信号报警器。

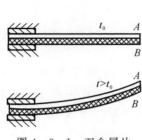

图 4-3-1　双金属片

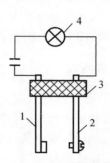

图 4-3-2　双金属温度信号器

1—双金属片;2—调节螺钉;3—绝缘子;4—信号灯

2. 压力式温度计

应用压力随温度的变化来测温的仪表叫压力式温度计。它是根据在封闭系统中的液体、气体或低沸点液体的饱和蒸汽受热后体积膨胀或压力变化这一原理而制成的,并用压力表来测量这种变化,从而测得温度。

压力式温度计的构造如图 4-3-3 所示。它主要由以下三部分组成。

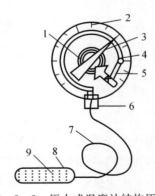

图 4-3-3　压力式温度计结构原理图

1—传动机构;2—刻度盘;3—指针;4—弹簧管;5—连杆;6—接头;7—毛细管;8—温包;9—工作物质

(1)温包。它是直接与被测介质相接触来感受温度变化的元件,因此要求它具有高的强度,小的膨胀系数,高的热导率以及抗腐蚀等性能。根据所充工作物质和被测介质的不同,温包可用铜合金、钢或不锈钢来制造。

(2)毛细管。它是用铜或钢等材料冷拉成的无缝圆管传递压力的变化。其外径为 1.2~5 mm,内径为 0.15~0.5 mm。毛细管的直径越小,长度越长,则传递压力的滞后现象就越严重。也就是说,温度计对被测温度的反应越迟钝。在同样的长度下毛细管越细,仪表的精度就越高。毛细管容易被破坏、折断,须加以保护。不经常弯曲的毛细管可用金属软管做保护套管。

(3)弹簧管(或盘簧管)。它是一种简单耐用的测压敏感元件,常用的还有膜盒,波纹管等。

3. 辐射式高温计

辐射式高温计是基于物体热辐射作用来测量温度的仪表。目前,它已被广泛地用来测量高于 800℃ 的温度。

在化工生产中,使用最多的是利用热电偶和热电阻这两种感温元件来测量温度。下面主要介绍热电偶温度计和热电阻温度计。

4.3.2　热电偶测温

热电偶温度计是以热电效应为基础的测温仪表。它的结构简单、测量范围宽、使用方便、测温准确可靠,信号便于远传、自动记录和集中控制,因而在工业生产中应用极为普遍。热电偶温度计由三部分组成:热电偶(感温元件)、测量仪表(动圈仪表或电位差计)、连接热电偶和测量仪表的导线(补偿导线)。热电偶温度计测温系统示意如图 4-3-4 所示。

1. 热电偶

热电偶是工业上最常用的一种测温元件。它是由两种不同材料的导体 A 和 B 焊接而成,如图 4-3-5 所示。焊接的一端插入被测介质中,感受到被测温度,称为热电偶的工作端或热端,另一端与导线连接,称为冷端或自由端(参比端)。导体 A,B 称为热电极。

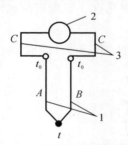

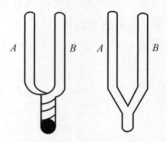

图 4-3-4　热电偶温度计测温系统示意图　　　　图 4-3-5　热电偶示意图
1—热电偶;2—测量仪表;3—导线

(1)热电现象及测温原理。先用一个简单的实验,来建立对热电偶热电现象的感性认识。取两根不同材料的金属导线 A 和 B,将其两端焊在一起,这样就组成了一个闭合回路。如将其一端加热,就是使其接点 1 处的温度 t 高于接点 2 处的温度 t_0,那么在此闭合回路中就有热电势产生,如图 4-3-6(a) 所示。如果在此回路中串接一只直流毫伏计(将金属 B 断开接入毫伏计,或者在两金属线的 t_0 接头处断开接入毫伏计均可),如图 4-3-6(b)(c) 所示,就可见到毫伏计中有电势指示,这种现象就称为热电现象。

下述分析产生热电势的原因。从物理学中知道,两种不同的金属,它们的自由电子密度是不同的。也就是说,两金属中每单位体积内的自由电子数是不同的。

假设金属 A 中的自由电子密度大于金属 B 中的自由电子密度,按古典电子理论,金属 A 的电子密度大,其压强也大。正因为这样,当两种金属相接触时,在两种金属的交界处,电子从 A 扩散到 B 多于从 B 扩散到 A。而原来自由电子处于金属 A 这个统一体时,统一体是呈中性不带电的,当自由电子越过接触面迁移后,金属 A 就因失去电子而带正电,金属 B 则因得到电子而带负电。

但这种扩散迁移是不会无限制地进行的。因为迁移的结果就在两金属的接触面两侧形成了一个偶电层,这一偶电层的电场方向由 A 指向 B,它的作用是阻碍自由电子的进一步扩散。这就是说,由于电子密度的不平衡而引起扩散运动,扩散的结果产生了静电场,这个静电场的存在又成为扩散运动的阻力,这两者是互相对立的。

开始的时候,扩散运动占优势,随着扩散的进行,静电场的作用就加强,反而使电子沿反方向运动。结果当扩散进行到一定程度时,压强差的作用与静电场的作用相互抵消,扩散与反扩散建立了暂时的平衡。

图 4-3-7(a)表示两金属接触面上将发生方向相反,大小不等的电子流,使金属 B 中逐渐地积聚过剩电子,并引起逐渐增大的由 A 指向 B 的静电场及电势差 e_{AB},图 4-3-7(b)表示电子流达到动态平衡时的情况。

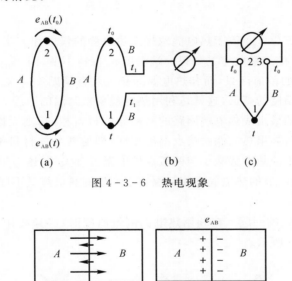

图 4-3-6　热电现象

图 4-3-7　接触电势的形成过程

这时的接触电势差,仅和两金属的材料及接触点的温度有关,温度越高,金属中的自由电子就越活跃,由 A 迁移到 B 的自由电子就越多,致使接触面处所产生的电场强度也增加,因而接触电动势也增高。由于这个电势的大小,在热电偶材料确定后只与温度有关,故称为热电势,记作 $e_{AB}(t)$,注脚 A 表示正极金属,注脚 B 表示负极金属,如果下标次序改为 BA,则 e 前面的符号亦应相应的改变,即 $e_{AB}(t) = -e_{BA}(t)$。

若把导体的另一端也闭合,形成闭合回路,则在两接点处就形成了两个方向相反的热电势,如图 4-3-8 所示。

图 4-3-8(a)表示两金属的接点温度不同,设 $t > t_0$,由于两金属的接点温度不同,就产生了两个大小不等、方向相反的热电势 $e_{AB}(t)$ 和 $e_{AB}(t_0)$。值得注意的是,对于同一金属 A(或 B),由于其两端温度不同,自由电子具有的动能不同,也会产生一个相应的电动势 $e_A(t, t_0)$ 和

$e_B(t,t_0)$,这个电动势称为温差电势。但由于温差电势远小于接触热电势,因此常常把它忽略不计。这样,就可以用图 4-3-8(b) 作为图 4-3-8(a) 的等效电路,R_1,R_2 为热偶丝的等效电阻,在此闭合回路中总的热电势 $E(t,t_0)$ 应为

$$E(t,t_0) = e_{AB}(t) - e_{AB}(t_0)$$

或 $$E(t,t_0) = e_{AB}(t) + e_{BA}(t_0) \qquad (4-3-1)$$

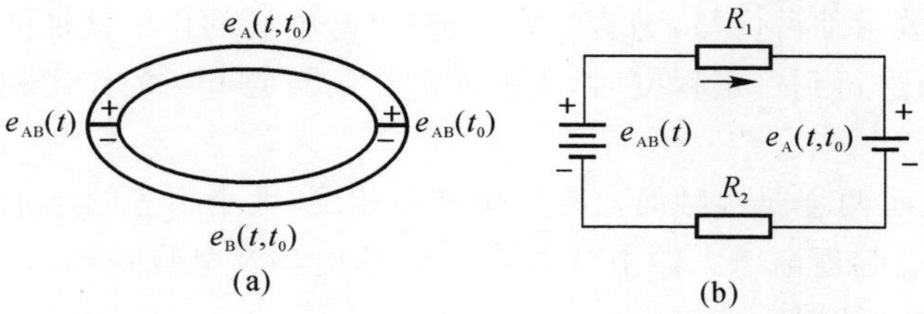

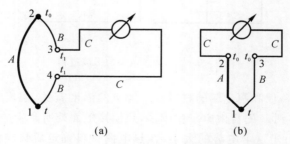

图 4-3-8　热电偶原理

也就是说,热电势 $E(t,t_0)$ 等于热电偶两接点热电势的代数和。当 A、B 材料固定后,热电势是接点温度 t 和 t_0 的函数之差。如果一端温度 t_0 保持不变,即 $e_{AB}(t_0)$ 为常数,则热电势 $E(t,t_0)$ 就成了温度 t 的单值函数,而和热电偶的长短及直径无关。这样,只要测出热电势的大小,就能判断测温点温度的高低,这就是利用热电现象来测温的原理。

由以上分析可见,如果组成热电偶回路的两种导体材料相同,则无论两接点温度如何,闭合回路的总热电势为零;如果热电偶两接点温度相同,即使两导体材料不同,闭合回路的总热电势也为零;热电偶产生的热电势除了与两接点处的温度有关外,还与热电极的材料有关。也就是说不同热电极材料制成的热电偶在相同温度下产生的热电势是不同的。可以从附录 1~附录 3 中查到。

(2) 插入第三种导线的问题。在利用热电偶测量温度时,必须要用某些仪表来测量热电势的数值,如图 4-3-9 所示。

图 4-3-9　热电偶测温系统连接图

测量仪表往往要远离测温点,这就要接入连接导线 C,这样就在 A、B 所组成的热电偶回路中加人了第三种导线,而第三种导线的接入又构成了新的接点,如图 4-3-9(a) 中点 3 和点 4,图 4-3-9(b) 中的点 2 和点 3,这样引入第三种导线会不会影响热电偶的热电势,下面就来做一分析。

首先,分析图 4-3-9(a) 所示的电路,因为 3,4 接点温度相同为 t_1,故总的热电势 E_t 为

$$E_t = e_{AB}(t) + e_{BC}(t_1) + e_{CB}(t_1) + e_{BA}(t_0) \qquad (4-3-2)$$

因为
$$e_{BC}(t_1) = -e_{CB}(t_1) \qquad\qquad (4-3-3)$$
$$e_{BA}(t_0) = -e_{AB}(t_0) \qquad\qquad (4-3-4)$$

将式(4-3-3)和式(4-3-4)代入式(4-3-2),得

$$E_t = e_{AB}(t) - e_{AB}(t_0) \qquad\qquad (4-3-5)$$

比较式(4-3-5)与式(4-3-1),可见总的热电势与没有接入第三种导线一样。

再来分析如图4-3-9(b)电路,在电路中的2,3接点温度相同且等于t_0,那么电路的总热电势E_t为

$$E_t = e_{AB}(t) + e_{BC}(t_0) + e_{CA}(t_0) \qquad\qquad (4-3-6)$$

根据能量守恒原理可知,多种金属组成的闭合回路内,尽管它们材料不同,只要各接点温度相等,则此闭合回路内的总电势等于零。若将A,B,C三种金属丝组成一个闭合回路,各接点温度相同(都为t_0),则回路内的总热电势等于零,即

$$e_{AB}(t_0) + e_{BC}(t_0) + e_{CA}(t_0) = 0$$

则
$$-e_{AB}(t_0) = e_{BC}(t_0) + e_{CA}(t_0) \qquad\qquad (4-3-7)$$

将式(4-3-7)代入式(4-3-6),得

$$E_t = e_{AB}(t) - e_{AB}(t_0) \qquad\qquad (4-3-8)$$

结果也和式(4-3-1)相同,可见也与没有接入第三种导线的热电势一样。

就说明在热电偶回路中接入第三种金属导线对原热电偶所产生的热电势数值并无影响。不过必须保证引入导线两端的温度相同。同理,如果回路中串入更多种导线,只要引入线两端温度相同,也不影响热电偶所产生的热电势数值。

(3)常用热电偶的种类。理论上任意两种金属材料都可以组成热电偶。但实际情况并非如此,对它们还必须进行严格的选择。工业上对热电极材料应满足以下要求:温度每增加1℃时所能产生的热电势要大,而且热电势与温度应尽可能成线性关系;物理稳定性要高,即在测温范围内其热电性质不随时间而变化,以保证与其配套使用的温度计测量的准确性;化学稳定性要高,即在高温下不被氧化和腐蚀;材料组织要均匀,要有韧性,便于加工成丝;复现性好(用同种成分材料制成的热电偶,其热电特性均相同的性质称复现性),这样便于成批生产,而且在应用上也可保证良好的互换性。但是,要全面满足以上要求是有困难的。目前在国际上被公认的比较好的热电极材料只有几种,这些材料是经过精选而且标准化了的,它们分别被应用在各温度范围内,测量效果良好。现把工业上最常用的(已标准化)几种热电偶介绍如下:

1)铂铑30-铂铑6热电偶(也称双铂铑热电偶)。此种热电偶(分度号为B)以铂铑30丝为正极,铂铑6丝为负极;其测量范围为300~1 600℃,短期可测1 800℃。其热电特性在高温下更为稳定,适于在氧化性和中性介质中使用。但它产生的热电势小、价格贵。在低温时热电势极小,因此当冷端温度在40℃以下范围使用时,一般可不需要进行冷端温度修正。

2)铂铑10-铂热电偶。在此种热热电偶(分度号为S)中,以铂铑10丝为正极,纯铂丝为负极;测量范围为-20~1 300℃,在良好的使用环境下可短期测量1 600℃;适于在氧化性或中性介质中使用。其优点是耐高温,不易氧化;有较好的化学稳定性;具有较高测量精度,可用于精密温度测量和作基准热电偶。

3)镍铬-镍硅(镍铬-镍铝)热电偶。该热电偶(分度号为K)中镍铬为正极,镍硅(镍铝)为负极;测量范围为-50~1 000℃,短期可测量1 200℃;在氧化性和中性介质中使用,500℃以下低温范围内,也可用于还原性介质中测量。此种热电偶其热电势大,线性好,测温范围较宽,

造价低,因而应用很广。

镍铬-镍铝热电偶与镍铬-镍硅热电偶的热电特性几乎完全一致。但是,镍铝合金在高温下易氧化变质,引起热电特性变化。镍硅合金在抗氧化及热电势稳定性方面都比镍铝合金好。目前,我国基本上已用镍铬-镍硅热电偶取代了镍铬-镍铝热电偶。

4)镍铬-考铜热电偶。该热电偶(分度号为 XK)中镍铬为正极,考铜为负极;适宜于还原性或中性介质中使用;测量范围为 $-50\sim600℃$,短期可测 $800℃$;这种热电偶的热电势较大,是镍铬-镍硅热电偶的二倍左右;价格便宜。其缺点是测温上限不高。在不少情况下不能适应。另外,考铜合金易氧化变质,由于材料的质地坚硬而不易得到均匀的线径。此种热电偶将被国际所淘汰。国内用镍铬-铜镍(分度号为 E)热电偶取代此热电偶。

各种热电偶热电势与温度的一一对应关系均可从标准数据表中查到,这种表称为热电偶的分度表。附录 3～附录 5 就是几种常用热电偶的分度表,而与某分度表所对应的该热电偶,用它的分度号表示。此外,用于各种特殊用途的热电偶还很多。如红外线接收热电偶;用于 2 000℃高温测量的钨铼热电偶;用于超低温测量的镍铬-金铁热电偶;非金属热电偶等。现将我国已定型生产的几种热电偶列表比较见表 4-3-2。

表 4-3-2 工业热电偶分类及性能

名 称	分度号	电极材料		测量范围/℃	适用气氛[①]	稳定性
		正极	负极			
铂铑 30 -铂铑 6	B	铂铑 30	铂铑 6	200～1 800	O、N	<1 500℃,优; >1 500℃,良
铂铑 13 -铂	R	铂铑 13	铂	−40～1 600	O、N	<1 400℃,优; >1 400℃,良
铂铑 10 -铂	S	铂铑 10	铂			
镍铬-镍硅(铝)	K	镍铬	镍硅(铝)	−270～1 300	O、N	中等
镍铬硅-镍硅	N	镍铬硅	镍硅	−270～1 260	O、N、R	良
镍铬-康铜	E	镍铬	康铜	−270～1 000	O、N	中等
铁-康铜	J	铁	康铜	−40～760	O、N、R、V	<500℃,良; >1 400℃,差
铜-康铜	T	铜	康铜	−270～350	O、N、R、V	−170～200℃,优
钨铼 3 -钨铼 25	$WR_e3 -WR_e25$	钨铼 3	钨铼 25	0～2 300	N、R、V	中等
钨铼 5 -钨铼 26	$WR_e5 -WR_e26$	钨铼 5	钨铼 26			

① 表中 O 为氧化气氛,N 为中性气氛,R 为还原气氛,V 为真空。

(4)热电偶的结构。热电偶广泛地应用在各种条件下的温度测量。根据它的用途和安装位置不同,各种热电偶的外形是极不相同的。按结构型式分有普通型、铠装型、表面型和快速型四种。

1)普通型热电偶。主要由热电极、绝缘管、保护套管和接线盒等主要部分组成,如图4-3-10所示。

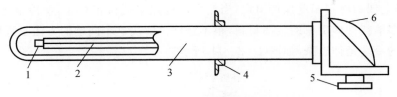

图4-3-10　普通热电偶的结构

1—热电极;2—瓷绝缘套管;3—不锈钢套管;4—安装固定件;5—引线口;6—接线盒

热电极是组成热电偶的两根热偶丝。正、负热电极的材料见表4-3-2,热电极的直径由材料的价格、机械强度、电导率以及热电偶的用途和测量范围等决定。贵金属的热电极大多采用直径为0.3~0.65 mm的细丝,普通金属电极丝的直径一般为0.5~3.2 mm。其长度由安装条件及插入深度而定,一般为350~2 000 mm。

瓷绝缘套管(又称绝缘子)用于防止两根热电极短路。材料的选用由使用温度范围而定。它的结构型式通常有单孔管、双孔管及四孔管等。

保护套管是套在热电极、绝缘子的外边,其作用是保护热电极不受化学腐蚀和机械损伤。

保护套管材料的选择一般根据测温范围、插入深度及测温的时间常数等因素来决定。对保护套管材料的要求是:耐高温、耐腐蚀、能承受温度的剧变、有良好的气密性和具有高的热导系数。其结构一般有螺纹式和法兰式两种。

接线盒是供热电极和补偿导线连接之用的。它通常用铝合金制成,一般分为普通式和密封式两种。为了防止灰尘和有害气体进入热电偶保护套管内,接线盒的出线孔和盖子均用垫片和垫圈加以密封。接线盒内用于连接热电极和补偿导线的螺丝必须固紧。以免产生较大的接触电阻而影响测量的准确度。

2)铠装热电偶。由金属套管、绝缘材料(氧化镁粉)、热电偶丝一起经过复合拉伸成型,然后将端部偶丝焊接成光滑球状结构。工作端有露头型、接壳型和绝缘型3种。其外径为1~8 mm,还可小到0.2 mm,长度可达50 m。

铠装热电偶具有反应速度快、使用方便、可弯曲、气密性好、耐震和耐高压等优点,是目前使用较多并正在推广的一种结构。

3)表面型热电偶。常用的结构型式是利用真空镀膜法将两电极材料蒸镀在绝缘基底上的薄膜热电偶,专门用来测量物体表面温度的一种特殊热电偶,其特点是反应速度极快、热惯性极小。

4)快速热电偶。它是测量高温熔融物体一种专用热电偶,整个热偶元件的尺寸很小,称为消耗式热电偶。

热电偶的结构型式可根据它的用途和安装位置来确定。在选择热电偶时,要注意三方面的问题:热电极的材料;保护套管的结构,材料及耐压强度;保护套管的插入深度。

2.补偿导线的选用

由热电偶测温原理知道,只有当热电偶冷端温度保持不变时,热电势才是被测温度的单值函数。在实际应用时,由于热电偶的工作端(热端)与冷端离得很近,而且冷端又暴露在空间,容易受到周围环境温度波动的影响,因此冷端温度难以保持恒定。

为了使热电偶的冷端温度保持恒定,当然可以把热电偶做得很长,使冷端远离工作端,但是,这样做要多消耗许多贵重的金属材料,很不经济。解决这个问题的方法是采用一种专用导线,将热电偶的冷端延伸出来,如图 4-3-11 所示。

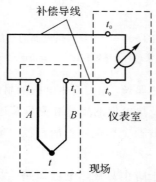

图 4-3-11　补偿导线接线图

这种专用导线称为"补偿导线"。它也是由两种不同性质的金属材料制成,在一定温度范围内(0~100℃)与所连接的热电偶具有相同的热电特性,其材料又是廉价金属。不同热电偶所用的补偿导线也不同,对于镍铬-考铜等一类用廉价金属制成的热电偶,则可用其本身材料作补偿导线。

在使用热电偶补偿导线时,要注意型号相配,极性不能接错,热电偶与补偿导线连接端所处的温度不应超过 100℃。各种型号热电偶所配用的补偿导线的材料见表 4-3-3。

表 4-3-3　常用热电偶的补偿导线

配用热电偶类型	代号[①]	色　标		允许误差/(%)			
		正极	负极	100℃		200℃	
				A 级	B 级	A 级	B 级
S,R	SC	红	绿	3	5	5	
K	KC		蓝	1.5	2.5	—	
	KX		黑	1.5	2.5	1.5	2.5
N	NC		浅灰	1.5	2.5	—	
	NX		深灰	1.5	2.5	1.5	2.5
E	EX		棕	1.5	2.5	1.5	2.5
J	JX		紫	1.5	2.5	1.5	2.5
T	TX		白	0.5	1.0	0.5	1.0

①代号第二字母的含义:C 表示补偿型;X 表示延长型。

3. 冷端温度的补偿

采用补偿导线后,把热电偶的冷端从温度较高和不稳定的地方,延伸到温度较低和比较稳定的操作室内,但冷端温度还不是 0℃。而工业上常用的各种热电偶的温度-热电势关系曲线是在冷端温度保持为 0℃ 的情况下得到的,与它配套使用的仪表也是根据这一关系曲线进行刻度的。由于操作室的温度往往高于 0℃,而且是不恒定的,这时,热电偶所产生的热电势必然偏小。且测量值也随着冷端温度变化而变化,这样测量结果就会产生误差。因此,在应用热电偶测温时,只有将冷端温度保持为 0℃,或者是进行一定的修正才能得出准确的测量结果。这样的做法,称为热电偶的冷端温度补偿。一般采用下述 5 种方法。

(1)冷端温度保持为 0℃ 的方法。保持冷端温度为 0℃ 的方法如图 4-3-12 所示。把热电偶的两个冷端分别插入盛有绝缘油的试管中,然后放入装有冰水混合物的容器中,这种方法多数用在实验室中。

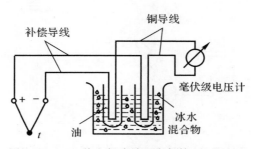

图 4-3-12　热电偶冷端温度保持 0℃ 的方法

(2)冷端温度修正方法。在实际生产中,冷端温度往往不是 0℃,而是某一温度 t_1,这就引起测量误差。因此,必须对冷端温度进行修正。

例如,某一设备的实际温度为 t,其冷端温度为 t_1,这时测得的热电势为 $E(t,t_1)$。为求得实际 t 的温度,可利用下式进行修正,即

$$E(t,0) = E(t,t_1) + E(t_1,0)$$

故

$$E(t,t_1) = E(t,0) - E(t_1,0)$$

由此可知,冷端温度的修正方法是把测得的热电势 $E(t,t_1)$,加上热端为室温 t_1,当冷端为 0℃ 时的热电偶的热电势 $E(t_1,0)$,才能得到实际温度下的热电势 $E(t,0)$。

例　用镍铬-铜镍热电偶测量某加热炉的温度。测得的热电势 $E(t,t_1) = 66\,982\ \mu V$,而冷端的温度 $t_1 = 30℃$,求被测的实际温度。

解　由附录 2 可查得:

$$E(30,0) = 1\,801\ \mu V$$

则

$$E(t,0) = E(t,30) + E(30,0) = 66\,982\ \mu V + 1\,801\ \mu V = 68\,783\ \mu V$$

再查附录 4 可查得:68 783 μV 对应的温度为 900℃。

值得注意的是,由于热电偶所产生的热电势与温度之间的关系都是非线性的(当然各种热电偶的非线性程度不同),因此在自由端的温度不为零时,将所测得热电势对应的温度值加上自由端的温度,并不等于实际的被测温度。譬如在上例中,测得的热电势为 66 982 μV,由附

录 4 可查得对应温度为 876.6℃，如果再加上自由端温度 30℃，则为 906.6℃，这与实际被测温度有一定误差。其实际热电势与温度之间的非线性程度越严重，则误差就越大。

应当指出，用计算的方法来修正冷端温度，是指冷端温度内恒定值时对测温的影响。该方法只适用于实验室或临时测温，在连续测量中显然是不实用的。

（3）校正仪表零点法。一般仪表未工作时指针应指在零位上（机械零点）。当采用测温元件为热电偶时，要使测温时指示值不偏低，可预先将仪表指针调整到相当于室温的数值上（这是因为将补偿导线一直引入到显示仪表的输入端，这时仪表的输入接线端子所处的室温就是该热电偶的冷端温度）。此法比较简单，故在工业上也经常应用。但必须明确指出，这种方法由于室温也在经常变化，所以只能在要求不太高的测温场合下应用。

（4）补偿电桥法。补偿电桥法是利用不平衡电桥产生的电势，来补偿热电偶因冷端温度变化而引起的热电势变化值，如图 4-3-13 所示。

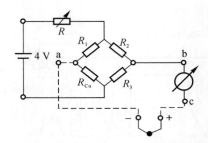

图 4-3-13　具有补偿电桥的热电偶测温线路

不平衡电桥（又称补偿电桥或冷端温度补偿器）由 R_1，R_2，R_3（锰钢丝绕制）和 R_{Cu}（铜丝绕制）四个桥臂和电源所组成，串联在热电偶测量回路中，为了使热电偶的冷端与电阻 R_{Cu} 感受相同的温度，所以必须把 R_{Cu} 与热电偶的冷端放在一起。电桥通常在 20℃ 时处于平衡，即 $R_1 = R_2 = R_3 = R_{Cu}^{20}$，此时，对角线 a、b 两点电位相等，即 $U_{ab} = 0$，电桥对仪表的读数无影响。当周围环境高于 20℃ 时，热电偶因自由端温度升高而使热电势减弱。而与此同时，电桥中 R_1，R_2，R_3 的电阻值不随温度而变化，铜电阻 R_{Cu} 却随温度增加而增加，于是电桥不再平衡，这时，使 a 点电位高于 b 点电位，在对角线 a、b 间输出一个不平衡电压 U_{ab}，并与热电偶的热电势相叠加，一起送入测量仪表。如适当选择桥臂电阻和电流的数值，可以使电桥产生的不平衡电压 U_{ab} 正好补偿由于冷端温度变化而引起的热电势变化值，仪表即可指示出正确的温度值。

应当指出，由于电桥是在 20℃ 时平衡的，所以采用这种补偿电桥时须把仪表的机械零位预先调到 20℃ 处。如果补偿电桥是在 0℃ 时平衡设计的，则仪表零位应调在 0℃ 处。

（5）热电偶补偿法。在实际生产中，为了节省补偿导线和投资费用，常用多支热电偶而配用一台测温仪表，其接线如图 4-3-14 所示。

转换开关用来实现多点间歇测量；C、D 是补偿热电偶，它的热电极材料可以与测量热电偶相同，也可以是测量热电偶的补偿导线，设置补偿热电偶是为了使多支热电偶的冷端温度保持恒定。为达到此目的，将一支补偿热电偶的工作端插入 2～3 m 的地下或放在其他恒温器中，使其温度恒定为 t_0。而它的冷端与多支热电偶冷端都接在温度为 t_1 的同一个接线盒中。这时测温仪表的指示值则为 $E(t,t_0)$ 所对应的温度,而不受接线盒处温度 t_1 变化的影响。

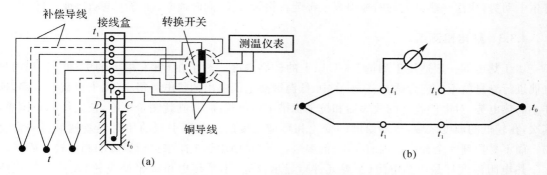

图 4-3-14 补偿热电偶连接线路

(a) 接线图;(b) 等效原理图

4. 热电偶的串并联

特殊情况下,热电偶可以串联或并联,但只限同一对材质构成的多个热电偶,并且其冷端应在同一温度下。主要用途如下:

(1) 同极性串联,目的是增强信号。例如:辐射高温计里,用多个热电偶串联,其热端皆为同一温度 t,冷热皆为 t_0,总热电动势为单个热电偶时的很多倍。

(2) 同极性串联,目的是测多个测点的平均温度。例如喷气发动机燃烧室的温度,多个测点的信号串联之后信号加强了,但各个热电偶的电动势不一定相等,总热电动势反映的是平均温度。

(3) 反极性串联,目的是测温差。例如空调系统以某个测点的温度为标准,其他测点靠温差反映空调效果。又如热水的供热量由流量及温差相乘而求得。

(4) 时间常数不等的两热电偶反极性串联,目的是测温度变化速度。当温度恒定不变时总热电动势为零,变化越快输出的信号越大,在精密金属零件热处理工艺中很有用处。

(5) 同极性并联,目的是测平均温度。但是要求各热电偶的电阻及时间常数也应相等。

要注意的是,串联或并联都不允许有短路或断路的热电偶,否则会引起严重的误差。在单支热电偶使用中,短路或断路都会使信号完全消失,比较容易被发现。在串联或并联多个热电偶的情况下,局部短路或断路不一定会使总输出电势消失,就难以引起注意了。

5. 使用要点

(1) 热电偶导体及套管的传热可能引起测温误差。为了减少此种影响,应注意热电偶在被测介质中插入深度。

(2) 与热电偶相配的仪表必须是高输入阻抗的,保证不从热电偶取电流,否则测出的是端电压而不是电动势。最好用直流电位差计,或由场效应管、运算放大器等元器件构成的电路与热电偶相配合。

(3) 应注意寄生电动势引起的误差。因为热电势很小,如果导线、接线端子、切换开关等处金属材料不同而有接触电动势,或由于温度分布不平均而有温差电势,都会对测量结果有影响。其中特别要注意的是多个温度巡回检测用的切换开关。若用有触点的开关,当触点表面有酸性或碱性污垢时,其寄生电动势决不能忽视。目前含有微处理器的多路温度巡检仪表常用舌簧管开关,虽然舌簧管里有触点,但不会被污染,因此寄生电动势较小。此外,为了进一步减小寄生电动势,往往在热电偶的两根引线上都装舌簧管开关,同时通断,使寄生电动势彼此抵消。

4.3.3 热电阻测温

由于热电偶一般适用于测量 $500℃$ 以上的较高温度。对于在 $500℃$ 以下的中、低温,利用热电偶进行测量就不一定合适。首先,在中、低温区热电偶输出的热电势很小(几十至数百 μV),这样小的热电势,对电位差计的放大器和抗干扰措施要求很高,否则就测量不准,仪表维修也困难;其次,在较低的温度区域,冷端温度的变化和环境温度的变化所引起的相对误差就显得非常突出。而不易得到完全补偿。因而在中、低温区,一般是使用热电阻来进行温度的测量较为适宜。

热电阻温度计是由热电阻(感温元件),显示仪表(不平衡电桥或平衡电桥)及连接导线所组成。值得注意的是,工业热电阻安装在测量现场,其引线电阻对测量结果有较大影响。热电阻的接线方式有二线制、三线制和四线制 3 种,如图 $4-3-15$ 所示。

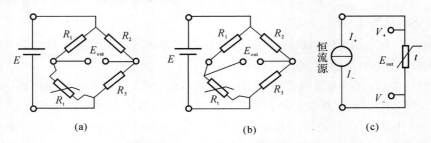

图 $4-3-15$ 热电阻接线方式
(a)二线制;(b)三线制;(c)四线制

二线制方式是在热电阻两端各连一根导线,这种接线方式简单、费用低,但是引线电阻随环境温度的变化会带来附加误差。只有当引线电阻 r 与元件电阻值 R 满足 $2r/R \leqslant 10^{-3}$ 时,引线电阻的影响才可以忽略。三线制方式是在热电阻的一端连接两根导线,另一端连接一根导线。当热电阻与测量电桥配用时,分别将引线接入两个桥臂,可以较好地消除引线电阻的影响,提高测量精度,工业热电阻测温多用此种接法。四线制方式是在热电阻两端各连两根导线,其中两根引线为热电阻提供恒流源,在热电阻上产生的压降通过另外两根引线接入电势测量仪表进行测量,当电势测量端的电流很小时,可以完全消除引线电阻的影响,这种接线方式主要用于高精度的温度测量。

热电阻是热电阻温度计的感温(敏感)元件。是这种温度计的最主要部分,是金属体。

1. 热电阻测温原理

热电阻温度计是利用金属导体的电阻值随温度变化而变化的特性来进行温度测量的。其电阻值与温度的关系为

$$R_t = R_{t0}[1 + \alpha(t - t_0)] \qquad (4-3-9)$$

$$\Delta R_t = \alpha R_{t0} \Delta t \qquad (4-3-10)$$

式中,R_t—— 当温度为 $t℃$ 时的电阻值;

R_{t0}—— 当温度为 t_0(通常为 $0℃$)时的电阻值;

　　α——电阻温度系数；

　　Δt——温度的变化值；

　　ΔR_t——电阻值的变化量。

　　可见,由于温度的变化,导致了金属导体电阻的变化。这样只要设法测出电阻值的变化,就可达到温度测量的目的。

　　由以上内容可知,热电阻温度计与热电偶温度计的测量原理是不相同的。热电阻温度计是把温度的变化通过测温元件(热电阻)转换为电阻值的变化来测量温度的;而热电偶温度计则把温度的变化通过测温元件(热电偶)转化为热电势的变化来测量温度的。

　　热电阻温度计适用于测量 $-200 \sim +500℃$ 范围内液体、气体、蒸汽及固体表面的温度。它与热电偶温度计一样,也是有远传、自动记录和实现多点测量等优点。另外热电阻的输出信号大,测量准确。

　　2. 工业常用热电阻

　　虽然大多数金属导体的电阻值随温度的变化而变化,但是它们并不都能作为热电阻来使用。作为热电阻的材料一般要求:电阻温度系数、电阻率要大;热容量要小;在整个测温范围内,应具有稳定的物理、化学性质和良好的复现性;电阻值随温度的变化关系,最好呈线性。

　　然而,要完全符合上述要求的热电阻材料实际上是有困难的、根据具体情况,目前应用最广泛的热电阻材料是铂和铜。

　　(1)铂电阻(WZP 型)。金属铂易于提纯,在氧化性介质中,甚至在高温下其物理、化学性质都非常稳定。但在还原性介质中,特别是在高温下很容易被沾污,使铂丝变脆,并改变了其电阻与温度间的关系。因此,要特别注意保护。

　　在 $-200 \sim 850℃$ 的温度范围内,铂热电阻与温度的关系如下:

　　在 $t \geqslant 0℃$ 时:　　　　　　　$R_t = R_0(1 + At + Bt^2)$ 　　　　　　(4-3-11)

　　在 $t < 0℃$ 时:　　　$R_t = R_0[1 + At + Bt^2 + Ct^3(t - 100)]$ 　　　(4-3-12)

式中,R_t——在温度为 $t℃$ 时的电阻值;

　　R_0——在温度为 $0℃$ 时的电阻值;

　　$A = 3.908\,3 \times 10^{-3}℃^{-1}$;

　　$B = -5.775 \times 10^{-7}℃^{-2}$;

　　$C = -4.183 \times 10^{-12}℃^{-4}$;$A$、$B$、$C$ 均由实验求得。

　　在使用中,为消除环境温度的影响铂热电阻至测量仪表(电桥)的连接导线往往采用三线制。要确定 R_t-t 的关系时,首先要确定 R_0 的大小,不同的 R_0,则 R_t-t 的关系也不同。这种 R_t-t 的关系称为分度表,用分度号表示。

　　铂的纯度常以 R_{100}/R_0(R_{100}、R_0 称名义电阻)来表示,R_0 表示 $0℃$ 时的电阻值,R_{100} 代表 $100℃$ 时铂电阻的电阻值,纯度越高,此比值也越大。作为基准仪器的铂电阻,其 R_{100}/R_0 的比值不得小于 $1.392\,5$。一般工业上用铂电阻温度计对铂丝纯度的要求是 R_{100}/R_0 不得小于 1.385。

　　工业上用的铂电阻有两种,一种是 $R_0 = 10\ \Omega$,对应的分度号为 Pt10;另一种是 $R_0 = 100\ \Omega$,对应的分度号为 Pt100(见附录 6)

　　(2)铜电阻(WZC 型)。金属铜易加工提纯,价格便宜;它的电阻温度系数很大,且电阻与温度呈线性关系；在测温范围为 $-40 \sim 150\text{℃}$ 内，具有很好的稳定性。但其缺点是温度超过 150℃ 后易被氧化，氧化后失去良好的线性特性；另外，由于铜的电阻率小（一般为 $0.017\ \Omega \cdot \text{mm}^2/\text{m}$），为了要绕得一定的电阻值，铜电阻丝必须较细，长度也要较长，这样就使得铜电阻体较大，机械强度也降低。

在 $-40 \sim 150\text{℃}$ 的范围内，铜电阻与温度的关系是线性的，即

$$R_t = R_0[1 + \alpha(t - t_0)] \qquad (4-3-13)$$

式中，α—— 铜的电阻温度系数，$\alpha = 4.25 \times 10^{-3}/\text{℃}$。

其他符号含义同式（4-3-12）。

工业上用的铜电阻有两种，一种是 $R_0 = 50\ \Omega$，对应的分度号为 Cu50（见附录 7）。另一种是 $R_0 = 100\ \Omega$，对应的分度号为 Cu100（见附录 8）。它的电阻比 $R_{100}/R_0 = 1.428$。

3. 热电阻的结构

热电阻的结构型式有普通型热电阻、铠装热电阻和薄膜热电阻 3 种。

（1）普通型热电阻。主要由电阻体、保护套管和接线盒等主要部件所组成，如图 4-3-16 所示。其中保护套管和接线盒与热电偶的基本相同。下面介绍电阻体的结构。

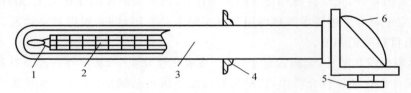

图 4-3-16 热电阻的结构

1—电阻体；2—瓷绝缘套管；3—不锈钢套管；4—安装固定件；5—引线口；6—接线盒

将电阻丝绕制（采用双线无感绕法）在具有一定形状的支架上，这个整体便称为电阻体。电阻体要求做得体积小，而且受热膨胀时，电阻丝应该不产生附加应力。目前，用来绕制电阻丝的支架一般有 3 种构造形式：平板形（见图 4-3-17）、圆柱形和螺旋形。一般来说，平板支架作为铂电阻体的支架，圆柱形支架作为铜电阻体的支架，而螺旋形支架是作为标准或实验室用的铂电阻体的支架。

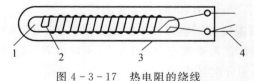

图 4-3-17 热电阻的绕线

1—芯柱；2—电阻丝；3—保护膜；4—引线端

（2）铠装热电阻。将电阻体预先拉制成型并与绝缘材料和保护套管连成一体。这种热电阻体积小、抗震性强、可弯曲、热惯性小和使用寿命长。

（3）薄膜热电阻。它是将热电阻材料通过真空镀膜法，直接蒸镀到绝缘基底上。这种热电阻的体积很小、热惯性也小、灵敏度高。

4. 电动温度变送器

DBW 型温度(温差)变送器是 DDZ-Ⅲ系列电动单元组合式检测调节仪表中的一个主要单元。它与各种类型的热电偶、热电阻配套使用,将温度或两点间的温差转换成 4～20 mA 或 1～5 V 的统一标准信号;又可与具有毫伏输出的各种变送器配合,使其转换成 4～20 mA 或 1～5 V 的统一输出信号。然后,它和显示单元、控制单元配合,实现对温度或温差及其他各种参数进行显示、控制。

标准信号是指物理量的形式和数值范围都符合国际标准的信号。例如直流电流 4～20 mA、空气压力 0.02～0.1 MPa 都是当前通用的标准信号。我国还有一些变送器以直流电流 0～10 mA 为输出信号。

DDZ-Ⅲ型的温度变送器与 DDZ-Ⅱ型的温度变送器进行比较,其主要有以下特点:①线路上采用了安全火花型防爆措施,因而可以实现对危险场合中的温度或毫伏信号测量;②在热电偶和热电阻的温度变送器中采用了线性化机构,从而使变送器的输出信号和被测温度间呈线性关系。在线路中,由于使用了集成电路,所以该变送器具有良好的可靠性、稳定性等各种技术性能。

温度变送器是安装在控制室内的一种架装式仪表,它有 3 种类型,即热电偶温度变送器、热电阻温度变送器和直流毫伏变送器。在化工生产中,使用最多的是热电偶温度变送器和热电阻温度变送器。温度变送器的结构大体上可分为输入桥路、放大电路和反馈电路三部分,如图 4-3-18 所示。

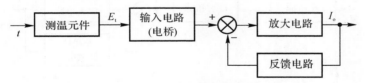

图 4-3-18　温度变送器的结构方框图

集成温度变送器可以直接装在热电偶、热电阻的接线盒内。

(1)热电偶温度变送器。热电偶温度变送器与热电偶配套使用,将温度转换成 4～20 mA 或 1～5 V 的统一标准信号。然后与显示仪表或控制仪表配合,实现对温度的显示或控制。

1)输入电桥。热电偶温度变送器的输入回路如图 4-3-19 所示,在形式上很像电桥,故常称为输入电桥,它的作用是冷端温度补偿及调整零点。

电桥中的 R_{Cu} 电阻是用铜线绕制的,它与热电偶的冷端安装在一起。当冷端温度变化时,R_{Cu} 的电阻随温度的变化也变化,由于恒值电流 I_1 流过,故在 R_{Cu} 上产生一个附加电压。此电压与热电势 E_t 串联相加,只要 R_{Cu} 值选择适当,便可补偿冷端温度变化引起热电势 E_t 减少的值。应当注意的是,由于热电偶的温度特性是非线性的,而铜电阻的特性却接近线性,这样就不可能取得完全补偿。但在实际应用中,由于冷端温度变化不大,这样的补偿效果还是可以的。

电桥的电源是稳压电源,R_1 和 R_2 都是高值电阻,这样就可以使电桥的电流 I_1 和 I_2 为恒定值、电阻 R_3 是可调电阻,电流 I_2 流过可调电阻 R_3 产生电压,它与热电势 E_t 及 R_{Cu} 产生的电势串联,这样不仅可以抵消 R_{Cu} 电阻上的起始电压,还可自由地改变电桥输出的零点。在 DDZ-Ⅲ型温度变送器中,输出标准信号范围是 4~20 mA。因此,在热电势为 0 时,应由输入桥路提供满幅输入电压的 20%,建立输出的起点。

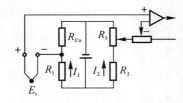

图 4-3-19 输入电桥

综上所述,输入电桥主要起两个作用:热电偶冷端温度补偿、零点调整。

2)反馈电路。在 DDZ-Ⅲ型温度变送器中,为了使变送器的输出信号直接与被测温度成线性关系,以便显示及控制,特别是便于与计算机配合,因此在温度变送器中的反馈回路加入线性化电路,对热电偶的非线性给予修正。因为热电偶产生的热电势太小,这样就不宜于在输入电路中修正,而采取非线性反馈电路进行修正,如图 4-3-20 所示。当温度较高时,热电偶灵敏度偏高的区域,使负反馈作用强一些,这样以反馈电路的非线性补偿热电偶的非线性,故可获得输出电流 I_o 与温度 T 成线性关系。值的注意的是,这种具有线性化机构的温度变送器在进行量程变换时,其反馈电路的非线性特性必须作相应的调整。

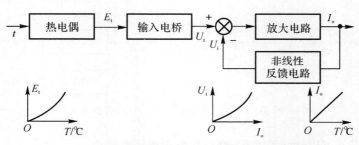

图 4-3-20 热电偶温度变送器的线性化方法方框图

3)放大电路。由于热电偶产生的热电势数值很小,一般只有几十或十几毫伏,因此将它经过多级放大后才能变换为高电平输出。近年来由于集成运算放大器的出现,温度变送器采用了特殊的低漂移、高增益集成运算放大器。又因为测量元件和传输线上经常会受到各种干扰,故温度变送器中的放大器还必须采取较强的抗干扰措施。集成运算放大器输出是电压信号,而放大电路中功率放大器的作用是把运算放大器输出的电压信号,转换成具有一定负载能力的电流输出信号。同时,通过电流互感器实现输入回路和输出回路的隔离。

(2)热电阻温度变送器。热电阻温度变送器与热电阻配套使用,将温度转换成 4~20 mA 或 1~5 V 的统一标准信号。然后与显示仪表或控制仪表配合,实现对温度的显示或控制。

热电阻温度变送器的结构大体上也可分为输入电桥、放大电路和反馈电路三部分,见图 4-3-20。和热电偶温度变送器比较,放大电路是通用的,只是输入电桥和反馈电路不同。下面主要介绍输入电桥和线性化电路。

1)输入电桥。图 4 - 3 - 21 是热电阻温度变送器的测量电桥和线性化作用的实现。图中 E 为集成稳压电源的输出电压,热电阻 R_t 作为电桥的一个桥臂,并以三线制的连接方式接入电桥中。当被测温度变化时,在 R_t 上的电压就改变,此电压作为集成运算放大器的输入信号。反馈电压 V_f 处同时引出两路反馈:一为负反馈,另一路为正反馈,正反馈起的就是线性化的作用。电位器 W 是实现零点调整作用的。

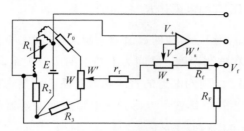

图 4 - 3 - 21　热电阻温度变送器的测量桥路和线性化回路

2)线性化回路。为了使温度变送器的输出信号与输入信号保持线性关系,现采用两种方法。一种方法是在变送器的放大环节之前加一个线性化电路;另一种方法是在反馈回路中另引一路正反馈的方法。前一种方法需要增加一个线性集成电路和一些元件,线路较为复杂;后一种方法线路简单,在调节线性方面也易于调整。

由图 4 - 3 - 21 可知,集成运算放大器同相输入端(正端)的输入信号:由稳压电源 E 和电阻 R_2 及电阻体 R_t 组成的分压器提供的电压信号;另一个是由反馈电压 V_f,经电阻 R_F,电阻体 R_t 组成的分压器提供的电压信号。而集成运算放大器的反相输入端(负端)的输入信号:由稳压电源 E 和电阻 R_3,W,r_0 组成的调零回路;另一个是由反馈电压 V_f 和电阻 R_f,W_s,r_f,W',r_0 组成分压器提供的电压信号。下述对线性化电路的输入、输出关系作进一步分析。

为了分析方便,在推算输入输出过程中忽略了电阻体 3 根引线电阻。而把集成运算放大器看成是理想的放大器,即

$$V_+ = \frac{R_t}{R_2 + R_t}E + \frac{R_t}{R_F + R_t}V_f$$

在线路设计中取 $R_2 >> R_t$,$R_F >> R_t$ 则得

$$V_+ = \frac{R_t}{R_2}E + \frac{R_t}{R_F}V_f \tag{4 - 3 - 14}$$

$$V_- = \frac{r_0 + W'}{R_3 + W + r_0} \frac{R_f + W_s{}'}{R_f + W_s + r_f + W' + r_0}E + \frac{W_s{}'' + r_f + W' + r_0}{R_f + W_s + r_f + W' + r_0}V_f \tag{4 - 3 - 15}$$

令

$$\left.\begin{array}{l} \alpha = \dfrac{r_0 + W'}{R_3 + W + r_0} \dfrac{R_f + W_s{}'}{R_f + W_s + r_f + W' + r_0} \\[3mm] \beta = \dfrac{W_s{}'' + r_f + W' + r_0}{R_f + W_s + r_f + W' + r_0} \end{array}\right\} \tag{4 - 3 - 16}$$

因为是理想运算放大器,故 $V_+ = V_-$。

由式(4-3-14)、式(4-3-15)和式(4-3-16),可得

$$V_f = \frac{\dfrac{R_t}{R_2} - \alpha}{\beta - \dfrac{R_t}{R_F}} E \qquad (4-3-17)$$

式(4-3-17)是反馈电压 V_f 和电阻体 R_t 之间的关系。如果 $\dfrac{R_t}{R_2} > \alpha$、$\beta > \dfrac{R_t}{R_F}$,就可以得知,$R_t$ 随被测温度的增加而增加,则 V_f 增加的数值越来越大,这就说明 V_f 和 R_t 之间为下凹形的函数关系。已知热电阻 R_t 和被测温度 t 之间为上凸形的函数关系。因此,只要恰当地调整元件的参数,就可以得到 V_f 和 t 之间的渐近的直线函数关系。而变送器的输出信号和反馈信号 V_f 之间的关系又是五倍的关系,这样就可以得到热电阻温度变送器的输出信号和输入信号之间的直线函数关系。

4.3.4 测温仪表的选用

在实际测量温度时,测量条件是多种多样的,针对不同的测量条件应选取不同的测量仪表。通常应考虑测量范围、仪表使用要求、测量环境、仪表的可维修性及成本等。

(1)根据生产所要求的测温范围、允许的误差,选择合适的测温仪表,使之有足够的量程和精度。但不能单纯追求仪表的精度,以免造成不合理的经济支出。

(2)根据生产现场对仪表功能的要求,可以选用一般性仪表、自动记录仪表、可远传仪表及自动控温系统等。

(3)根据仪表的工作条件,选择合适的仪表及保护措施,防止过多的维护管理费用。

如何正确安装测温元件是实现正确测量的基础,也是减少维修费用的一个途径。实现正确安装应做好以下两点。

(1)正确选择具有代表性的测温点,测温元件应插入被测物的足够深处。对于管道流体的测量,应迎着流体流动方向插入。

(2)要有合适的保护措施,如加装保护管、在插入孔处密封等。这样可以延长元件使用寿命,减小测量误差。

4.3.5 测温元件的安装

接触式测温仪表所测得的温度都是由测温(感温)元件来决定的。在正确选择测温元件和二次仪表之后,如不注意测温元件的正确安装,那么,测量精度仍得不到保证。工业上,一般是按下列要求进行安装的。

1. 测温元件的安装要求

(1)在测量管道温度时,应保证测温元件与流体充分接触,以减少测量误差。因此,选择有代表性的测温点位置,检侧元件有足够的插入深度。测量管道流体介质温度时,应迎着流动方向插入,至少须与被测介质正交(成 90°),测温点应处在管道中心位置,且流速最大,一般来说,热电偶、铂电阻、铜电阻保护套管的末端应分别越过流束中心线 5～10 mm,50～70 mm,

25～30 mm,如图 4-3-22 所示

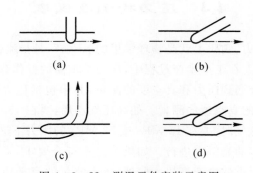

图 4-3-22　测温元件安装示意图

(a)垂直安装;(b)倾斜安装;(c)弯头安装;(d)扩大管安装

（2）热电偶或热电阻的接线盒的出线孔应朝下,以免积水及灰尘等造成接触不良,防止引入干扰信号。

（3）检测元件应避开热辐射强烈影响处。要密封安装孔,避免被测介质逸出或冷空气吸入而引入误差。

（4）若工艺管道过小(直径小于 80 mm),安装测温元件处应接装扩大管,如图 4-3-22 (d)所示。

（5）热电偶、热电阻的接线盘面盖应向上,以避免雨水或其他液体、脏物进入接线盒中影响测量。

（6）为了防止热量散失,测温元件应插在有保温层的管道或设备处。

（7）测温元件安装在负压管道中时,必须保证其密封性,以防外界冷空气进入,使读数降低。

2.布线要求

（1）按照规定的型号配用热电偶的补偿导线,注意热电偶的正、负极与补偿导线的正、负极相连接,不要接错。

（2）热电阻的线路电阻一定要符合所配二次仪表的要求。

（3）为了保护连接导线与补偿导线不受外来的机械损伤,应把连接导线或补偿导线穿入钢管内或走槽板。

（4）导线应尽量避免有接头。应有良好的绝缘,禁止与交流输电线合用一根穿线管,以免引起感应。

（5）导线应尽量避开交流动力电线。

（6）补偿导线不应有中间接头,否则应加装接线盒。另外,最好与其他导线分开敷设。

4.4 压力检测及仪表

工业生产中,所谓"压力"实质上就是物理学里的"压强",是指流体(气体或液体)均匀垂直地作用于单位面积上的力。在工业生产过程中,压力是重要的操作参数之一。特别是在化工、炼油等生产过程中,经常会遇到压力和真空度的测量,其中包括比大气压力高很多的高压、超高压和比大气压力低很多的真空度的测量。如高压聚乙烯,要在 150 MPa 或更高压力下进行聚合;在氢气和氮气合成氨气时,要在 15 MPa 或 32 MPa 的压力下进行反应;而炼油厂减压蒸馏,则要在比大气压低很多的真空下进行。如果压力不符合要求,不仅会影响生产效率,降低产品质量,有时还会造成严重的生产事故。此外,压力测量的意义还不局限于它自身,有些其他参数的测量,如物位、流量等往往是通过测量压力或差压来进行的,即测出了压力或差压,便可确定物位或流量。

4.4.1 压力的有关概念

1. 压力单位

由于压力是指均匀垂直地作用在单位面积上的力,故可表示为

$$p = \frac{F}{S} \tag{4-4-1}$$

式中,p—— 压力;

$\quad F$—— 垂直作用力;

$\quad S$—— 受力面积。

根据国际单位制(SI)规定,压力的单位为帕斯卡,简称帕(Pa),1 帕为 1 牛顿每平方米,即

$$1 \text{ Pa} = 1 \text{ N/m}^2 \tag{4-4-2}$$

帕所表示的压力较小,工程上经常使用兆帕(MPa)。帕与兆帕之间的关系为

$$1 \text{ MPa} = 1 \times 10^6 \text{ Pa} \tag{4-4-3}$$

过去使用的压力单位比较多,根据 1984 年 2 月 27 日国务院"关于在我国统一实行法定计量单位的命令"的规定,这些单位将不再使用。但为了使大家了解国际单位制中的压力单位(Pa 或 MPa)与过去的单位之间的关系,几种单位之间的换算关系见表 4-4-1。

2. 压力的几种表示方法

在压力检测中,通常有绝对压力、表压力、负压或真空度等几种表示方法。并且有相应的测量仪表,其关系如图 4-4-1 所示。

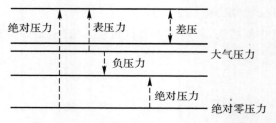

图 4-4-1 各种压力表示法之间的关系

表 4 - 4 - 1　压力单位换算表

单　位	帕(Pa)	巴(bar)	工程大气压(kgf/cm²)	标准大气压(atm)	毫米水柱(mmH₂O)	毫米汞柱(mmHg)	磅力/平方英寸(1bf/in²)
帕(Pa)	1	1×10^{-5}	$1.019\,716\times10^{-5}$	$0.986\,923\,6\times10^{-5}$	$1.019\,716\times10^{-1}$	$0.750\,06\times10^{-2}$	$1.450\,442\times10^{-4}$
巴(bar)	1×10^{5}	1	$1.019\,716$	$0.986\,923\,6$	$1.019\,716\times10^{4}$	$0.750\,06\times10^{3}$	$1.450\,442\times10$
工程大气压(kgf/cm²)	$0.980\,665\times10^{5}$	$0.980\,665$	1	$0.967\,84$	1×10^{4}	$0.735\,56\times10^{3}$	$1.422\,4\times10$
标准大气压(atm)	$1.013\,25\times10^{5}$	$1.013\,25$	$1.033\,23$	1	$1.033\,23\times10^{4}$	0.76×10^{3}	$1.469\,6\times10$
毫米水柱(mmH₂O)	$0.980\,665\times10$	$0.980\,665\times10^{-4}$	1×10^{-4}	$0.967\,84\times10^{-4}$	1	$0.735\,56\times10^{-1}$	$1.422\,4\times10^{-3}$
毫米汞柱(mmHg)	$1.333\,224\times10^{2}$	$1.333\,224\times10^{-3}$	$1.359\,51\times10^{-3}$	$1.315\,8\times10^{-3}$	$1.359\,51\times10$	1	$1.933\,8\times10^{-2}$
磅力/平方英寸(1bf/in²)	$0.689\,49\times10^{4}$	$0.689\,49\times10^{-1}$	$0.703\,07\times10^{-1}$	$0.680\,5\times10^{-1}$	$0.703\,07\times10^{3}$	$0.517\,15\times10^{2}$	1

（1）绝对压力。绝对压力是指介质作用在容器表面上的实际压力,用符号 p_i 表示。

（2）大气压力。大气压力是由表面空气柱重量形成的压力,它随地理纬度、海拔高度及气象条件而变化,用符号 p_d 表示。

（3）表压力。表压力是指高于大气压的绝对压力与大气压力之差,用符号 p_b 表示,即

$$p_b = p_i - p_d \qquad (4-4-4)$$

工程技术上一般所说的压力都是指表压力,为了简单起见,只用小写的 p,省去代表标压力的下角标 b。当 p 为负值时,就是真空度。

（4）真空度。真空度是指大气压与低于大气压的绝对压力之差的绝对值,其表压力为负值(负压力),用符号 p_z 表示。即

$$p_z = p_d - p_i \qquad (4-4-5)$$

（5）差压。差压是指设备中两处的压力之差。生产过程中有时直接以差压作为工艺参数,差压测量还可以作为流量和物位测量的间接手段。

3. 常用测压仪表

测量压力或真空度的仪表很多,按照其转换原理的不同,大致可分为 4 种。

（1）液柱式压力计。是根据流体静力学原理,将被测压力转换成液柱高度进行测量的。常用于测量气体压力。按其结构形式的不同,有 U 型管压力计、单管压力计和斜管压力计等。这类压力计结构简单、使用方便,但其精度受工作液体的毛细管作用、密度及视差等因素的影响,测量范围较窄;同时占用空间较大不够紧凑,安装姿势必须垂直,使得安装条件受到限制。

近来液柱式测压仪表在工业上已日益减少,但是因为它简单、灵敏、精确,在科学实验中仍较常见,一般用来测量较低压力、真空度或压力差。

(2)弹性式压力计。是将被测压力转换成弹性元件变形的位移进行测量的,是工业生产过程中使用最为普遍的测压仪表。尤其是弹簧管压力计更是历史悠久应用广泛,此外还有波纹管压力计及膜式压力计等。

(3)电气式压力计。是通过机械和电气元件将被测压力转换成电量(如电压、电流、频率等)来进行测量的仪表,例如各种压力传感器和压力变送器。

(4)活塞式压力计。是根据水压机液体传送压力的原理,将被测压力转换成活塞上所加平衡砝码的质量来进行测量的。它的测量精度很高,允许误差可小到 0.05%～0.02%。但结构较复杂,价格较贵。一般作为标准型压力测量仪器,来检验其他类型的压力计。

4.4.2 弹性式压力计

弹性式压力计是利用各种形式的弹性元件,在被测介质的作用下,使弹性元件受压后产生弹性形变的原理而制成的测压仪表。这种仪表具有结构简单、使用可靠、读数清晰、牢固可靠、价格低廉、测量范围宽及有足够的精度等优点。若增加附加装置,如记录机构、电气变换装置、控制元件等,则可以实现压力的记录、远传、信号报警、自动控制等。弹性式压力计可以用来测量几百帕到数千兆帕范围内的压力,因此在工业上是应用最为广泛的一种压力测量仪表。

1. 弹性元件

弹性元件是一种简易可靠的测压敏感元性。它不仅是弹性式压力计的测压元件,也经常用来作为气动单元组合仪表的基本组成元件。当测压范围不同时,所用的弹性元件也不一样,常用的几种弹性元件的结构如图 4-4-2 所示。

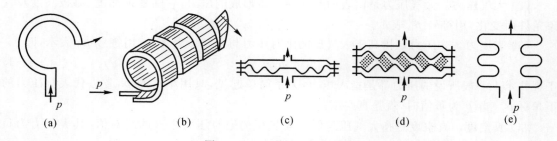

(a)　　　　　　　(b)　　　　　　(c)　　　　　(d)　　　　(e)

图 4-4-2 弹性元件示意图

(1)弹簧管式弹性元件。弹簧管式弹性元件的测压范围较宽,可测量高 1 000 MPa 的压力。单圈弹簧管是弯成圆弧形的金属管子,它的截面做成扁圆形或椭圆形,如图 4-4-2(a)所示。当通入压力 p 后,它的自由端就会产生位移。这种单圈弹簧管自由端位移较小,因此能测量较高的压力。为了增加自由端的位移,可以制成多圈弹簧管,如图 4-4-2(b)所示。

(2)薄膜式弹性元件。薄膜式弹性元件根据其结构不同还可以分为膜片和膜盒等。它的测压范围较弹簧管式要小。图 4-4-2(c)为膜片式弹性元件,它是由金属或非金属材料做成的具有弹性的一张膜片(有平膜片与波纹膜片两种形式),在压力作用下能产生变形。有时也可以由两张金属膜片沿周口对焊起来,成一薄壁盒子,内充液体(例如硅油),称为膜盒,如图

4-4-2(d)所示。

(3)波纹管式弹性元件。波纹管式弹性元件是一个周围为波纹状的薄壁金属筒体,如图 4-4-2(e)所示。这种弹性元件易于变形,而且位移很大。常用于微压与低压的测量(一般不超过 1 MPa)。

2. 弹簧管压力表

弹簧管压力表的测量范围极广,品种规格繁多。按其所使用的测压元件不同,可分为单圈弹簧管压力表与多圈弹簧管压力表。按其用途不同,除普通弹簧管压力表外,还有耐腐蚀的氨用压力表、禁油的氧气压力表等。它们的外形与结构基本上是相同的,只是所用的材料有所不同。弹簧管压力表的结构原理如图 4-4-3 所示,图 4-4-4 是一种弹簧管电接点压力表。

在图 4-4-3 中,弹簧管 1 是压力表的测量元件。图中所示为单圈弹簧管它一根弯成270°圆弧的椭圆截面的空心金属管子。管子的自由端 B 封闭,管子的另一端固定在接头 9 上。当通入被测的压力 p 后,由于椭圆形截面在压力 p 的作用下,将趋于圆形,而弯成圆弧形的弹簧管也随之产生向外挺直的扩张变形。由于变形,使弹簧管的自由端 B 产生位移。输入压力 p 越大,产生的变形也越大。由于输入压力与弹簧管自由端 B 的位移成正比,所以只要测得 B 点的位移量,就能反映压力 p 的大小,这就是弹簧管压力表的基本测量原理。

弹簧管自由端 B 的位移量一般很小,直接显示有困难,所以必须通过放大机构才能指示出来。具体的放大过程如下:弹簧管自由端 B 的位移通过拉杆 2 使扇形齿轮 3 作逆时针偏转,于是指针 5 通过同轴的中心齿轮 4 的带动而作顺时针偏转,在面板 6 的刻度标尺上显示出被测压力 p 的数值。由于弹簧管自由端的位移与被测压力之间具有正比关系,因此弹簧管压力表的刻度标尺是线性的。

游丝 7 用来克服因扇形齿轮和中心齿轮间的传动间隙而产生的仪表变差。改变调整螺钉 8 的位置(即改变机械传动的放大系数),可以实现压力表量程的调整。

将普通弹簧管压力表稍加变化,便可成为电接点信号压力表,它能在压力偏离给定范围时,及时发出信号,以提醒操作人员注意或通过中间继电器实现压力的自动控制。

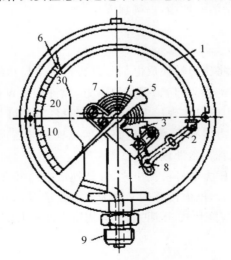

图 4-4-3　弹簧管压力表

1—弹簧管;2—拉杆;3—扇形齿轮;4—中心齿轮;5—指针;6—面板;7—游丝;8—调整螺钉;9—接头

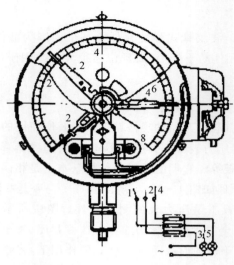

图 4-4-4 电接点信号压力表
1,4—静触点；2—动触点；3—绿灯；5—红灯

图 4-4-4 所示是电接点信号压力表的结构和工作原理示意图。压力表指针上有动触点 2，表盘上另有两根可调节的指针，上面分别有静触点 1 和 4。当压力超过上限给定数值(此数值由静触点 4 的指针位置确定)时，动触点 2 和静触点 4 接触，红色信号灯 5 的电路被接通，使红灯发亮。若压力低到下限给定数值时，动触点 2 与静触点 1 接触，接通了绿色信号灯 3 的电路。静触点 1,4 的位置可根据需要灵活调节。

根据被测介质的性质和测压的大小，可使用不同的材料来制造弹簧管式压力计的压力感受元件。如：在压力小于 2×10^7 Pa 时用磷铜，在压力大于 2×10^7 Pa 时用不锈钢和合金钢。工业上常用的弹簧管式压力计是用各种不同刚度、不同形状的弹簧管制成的，有较大的测量范围。另外，在使用弹簧管压力计时，要特别注意介质的化学性质。如：在测量氨气时必须采用铜质材料，测量氧气时则严禁沾有油脂，以确保安全。

4.4.3 电气式压力计

电气式压力计是一种能将压力转换成电信号进行传输及显示的仪表。这种仪表的测量范围较广，分别可测 7×10^{-5} Pa 至 5×10^2 MPa 的压力，允许误差可达 0.2％。由于可以远距离传送信号，在工业生产过程中可以实现压力自动控制和报警，并可与工业控制机联用。

电气式压力计一般由压力传感器、测量电路和信号处理装置所组成。常用的信号处理装置有指示仪、记录仪以及控制器、微处理机等。

压力传感器的作用是把压力信号检测出来，并转换成电信号进行输出，当输出的电信号能够被进一步变换为标准信号时，压力传感器又称为压力变送器。

现在简单介绍霍尔片式、应变片式、压阻式、压电式压力计和力矩平衡式以及电容式压力变送器等。

1. 霍尔片式压力传感器

霍尔片式压力传感器是根据霍尔效应制成的，即利用霍尔元件将由压力所引起的弹性元件的位移转换成霍尔电势,从而实现压力的测量。将霍尔元件与弹簧管配合,就组成了霍尔片式弹簧管压力传感器,如图 4-4-5 所示。

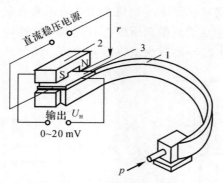

图 4-4-5　霍尔片式压力传感器
1—弹簧管;2—磁钢;3—霍尔片

　　被测压力由弹簧管 1 的固定端引入,弹簧管的自由端与霍尔片 3 相连接,在霍尔片的上、下方垂直安放两对磁极,使霍尔片处于两对磁极形成的非均匀磁场中。霍尔片的四个端面引出四根导线,其中与磁钢 2 相平行的两根导线和直流稳压电源相连接,另两根导线用来输出信号。磁极极靴间的磁感应强度 B,由极靴的特殊几何形状而形成线性不均匀的分布情况,如图 4-4-6 所示。

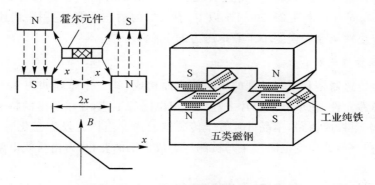

图 4-4-6　极靴间磁感应强度的分布

　　当被测压力引入后,在被测压力作用下,弹簧管自由端产生位移,因而改变了霍尔片在非均匀磁场中的位置,使所产生的霍尔电势与被测压力成比例。电势放大可实现远距离显示和自动控制。

　　2. 应变片式压力传感器

　　应变片式压力传感器是基于电阻应变效应原理工作的。电阻应变片有金属应变片(金属丝或金属箔)和半导体应变片两类。被测压力使应变片产生应变。当应变片产生压缩应变时,其阻值减小;当应变片产生拉伸应变时,其阻值增加。应变片阻值的变化,通过桥式电路获得相应的毫伏级电势输出,用毫伏计或其他仪表显示被测压力,组成压力计。

　　图 4-4-7(a)所示为一种应变片式压力传感器的原理图。应变筒 1 的上端与外壳 2 固定在一起,下端与不锈钢密封膜片 3 紧密接触,两片康铜丝应变片 r_1 和 r_2 用特殊胶合剂贴紧。

在应变筒的外壁。r_1 沿应变筒轴向贴放,作为测量片;r_2 沿径向贴放,作为温度补偿片。应变片与筒体之间不发生相对滑动,并且保持电气绝缘。当被测压力 p 作用于膜片而使应变筒作轴向受压变形时,沿轴向贴放的应变片 r_1 也将产生轴向压缩应变 ε_1,于是 r_1 的阻值变小;而沿径向贴放的应变片 r_2,由于本身受到横向压缩将引起纵向拉伸应变 ε_2,于是 r_2 阻值变大。但是由于 ε_2 比 ε_1 要小,故实际上 r_1 的减少量将比 r_2 的增大量大。

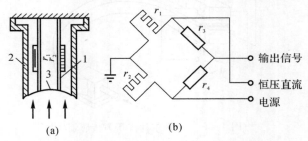

图 4-4-7　应变片压力传感器示意图

(a)测量筒;(b)测量电路

1—应变筒;2—外壳;3—密封膜片

应变片 r_1 和 r_2 与两个固定电阻 r_3 和 r_4 组成桥式电路,如图 4-4-7(b)所示。由于 r_1 和 r_2 的阻值变化而使桥路失去平衡,从而获得不平衡电压 ΔU 作为传感器的输出信号,在桥路供给直流稳压电源最大为 10 V 时,可得最大 ΔU 为 5 mV 的输出。传感器的被测压力可达 25 MPa。传感器的固有频率在 25 000 Hz 以上,有较好的动态性能,适用于快速变化的压力测量。传感器的非线性及滞后误差小于额定压力的 1%。

3. 压阻式压力传感器

压阻式压力传感器是利用单晶硅的压阻效应而构成,其工作原理如图 4-4-8 所示。采用单晶硅片为弹性元件,在单晶硅膜片上利用集成电路的工艺,在单晶硅的特定方向扩散一组等值电阻,并将电阻接成桥路,单晶硅片置于传感器腔内。当压力发生变化时,单晶硅产生应变,使直接扩散在上面的应变电阻产生与被测压力成比例的变化,再由桥式电路获相应的电压输出信号。

压阻式压力传感器具有精度高、工作可靠、频率响应高、迟滞小、尺寸小、质量轻、结构简单等特点,可以适应恶劣的环境条件下工作,便于实现显示数字化。压阻式压力传感器不仅可以用来测量压力,稍加改变,还可以测量差压、高度、速度和加速度等参数。

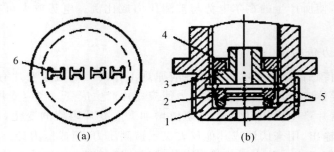

图 4-4-8　压阻式压力传感器

(a)单晶硅片;(b)结构

1—基座;2—单晶硅片;3—导环;4—螺母;5—密封垫圈;6—等效电阻

4. 压电式压力计

压电式压力计是利用某些晶体的压电效应来测量压力的。压电效应是指晶体在承受压力（或拉力）时，表面产生电荷的特性。石英、酒石酸钾钠、钛酸钡及锆酸、钛酸等多晶体烧结而成的陶瓷都具有压电效应。目前常使用石英作为压电式压力计的压电元件。它具有高的机械强度和绝缘特性，同时其压电特性随温度的变化比较小。

压电式压力计尺寸小、质量轻、工作可靠、测量频率范围宽。它的不足之处是对于振动和电磁场很敏感。

（1）石英的压电效应。对于如图 4-4-9 所示的石英晶体，沿 x 轴方向切片，然后将两块电极板放在垂直于 x 轴的两个面上，施以压力，电极板表面就会产生大小相等、方向相反的电荷。该电荷的大小与受到的压力成正比，而与石英晶体的尺寸没有关系。其关系式为

$$q = dSp \qquad (4-4-6)$$

式中，d——压电系数；

$\quad p$——作用在表面上的压力；

$\quad S$——作用面的面积。

由式（4-4-6）可以看出，测出了电荷量的大小就可以得到压力的大小。

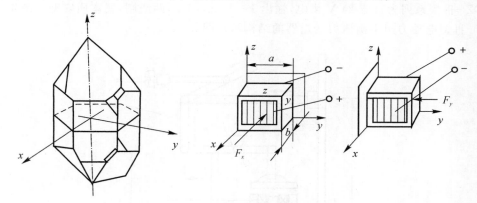

图 4-4-9　石英晶体

石英晶体的压电特性与其切割方向有关。如果按 z 轴方向切割，不会表现出压电特性。

（2）压电式压力计。如图 4-4-10 所示为一种常见的膜片型的压电式压力计。被测压力作用在膜片上，膜片产生变形，起传递压力的作用，同时也用来实现预压和密封（预压是为了避免传力元件刚度不恒定而引起的压电元件灵敏度的变化）。压电元件的上表面与膜片接触并接地，其下表面则通过引线 4 将电荷引出。

压电式压力计的压电元件产生的电荷分布在两个端面的极板上，其数量相等而极性相反，相当于一个电容器。两极板间的电压为 $U = \dfrac{q}{c_0}$。从理论上讲，只有当外接电阻是无穷大时，这个电压才能保持，事实上是不可能的。但也要求测量电路有极高的阻抗，才能有效的减少误差。解决的办法是在压电式压力计的输出端先接入一个高阻抗前置放大级，然后再用一般放大级进行放大。

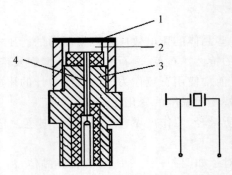

图 4 - 4 - 10　膜片型的压电式压力计

1—膜片;2—石英晶体;3—传感器座;4—引线

5. 力矩平衡式压力变送器

力矩平衡式压力变送器是一种典型的自平衡检测仪表,它利用负反馈的工作原理克服元件材料、加工工艺等不利因素的影响,使仪表具有较高的测量精度(一般为 0.5 级)、工作稳定可靠、线性好、不灵敏区小等优点。下面以 DDZ - Ⅲ 型电动力矩平衡压力变送器为例加以介绍。DDZ - Ⅲ 型系列为直流 24 V 供电,输出 4～20 mA DC,两线制,属本质安型。图 4 - 4 - 11 是 DDZ - Ⅲ 型电动力矩平衡压力变送器的结构示意图。

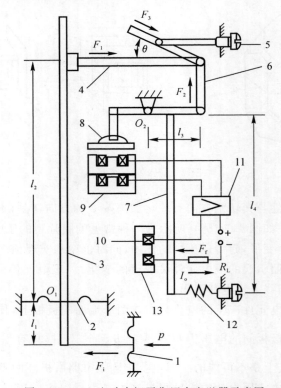

图 4 - 4 - 11　电动力矩平衡压力变送器示意图

1—测量膜片;2—轴封膜片;3—主杠杆;4—矢量机构;5—量程调整螺钉;6—连杆;7—副杠杆;
8—检测片(衔铁);9—差动变压器;10—反馈动圈;11—放大器;12—调零弹簧;13—永久磁铁

被测压力 p 作用在测量膜片 1 上,通过膜片的有效面积转变成集中力 F_i,则有

$$F_i = fp \tag{4-4-7}$$

式中,f—— 膜片的有效面积。

集中力 F_i 作用在主杠杆 3 的下端,使主杠杆以轴封膜片 2 为支点偏转,并将集中力 F_i 转换成对矢量机构 4 的作用力 F_1,矢量机构以量程调整螺钉 5 为轴,将水平向右的力 F_1 分解成连杆 6 向上的力 F_2 和矢量角方向的力 F_3(消耗在支点上)。

分力 F_2 使副杠杆 7 以 O_2 为支点逆时针转动,使与副杠杆刚性连接的检测片(衔铁)8 靠近差动变压器 9,从而改变差动变压器原、副边绕组的磁耦合,使差动变压器副边绕组输出电压改变,经检测放大器 11 放大后转变成直流电流 I_o,此电流流过反馈动圈 10 时,产生电磁反馈力 F_f 施加于副杠杆的下端,使副杠杆以 O_2 为支点顺时针转动。

当反馈力矩与在 F_2 作用下副杠杆的驱动力矩互相平衡时,检测放大器有一个确定的对应输出电流 I_o,它与被测压力 p 成正比。

该变送器是按力矩平衡原理工作的。根据主、副杠杆的平衡条件可以推导出被测压力 p 与输出信号 I_o 的关系。当主杠杆平衡时,有

$$F_i l_1 = F_1 l_2 \tag{4-4-8}$$

式中,l_1,l_2 分别为 F_i,F_1 离支点 O_1 的距离。

将式(4-4-7)代入式(4-4-8),得

$$F_1 = \frac{l_1}{l_2} fp = K_1 p \tag{4-4-9}$$

式中,$K_1 = \dfrac{l_1}{l_2} f$—— 比例系数。

矢量机构将 F_1 分解为 F_2 与 F_3,有

$$F_2 = F_1 \tan\theta = K_1 \tan\theta \tag{4-4-10}$$

再来考虑副杠杆的平衡条件。若不考虑调零弹簧 12 在副杠杆上形成的恒定力矩时,电磁反馈力矩应与 F_2 对副杠杆的驱动力矩相平衡,即

$$F_2 l_3 = F_f l_4 \tag{4-4-11}$$

式中,l_3,l_4——F_2 及电磁反馈力 F_f 离支点 O_2 的距离。

电磁反馈力的大小与通过反馈动圈 10 的电流 I_o 成正比,即

$$F_f = K_2 I_o \tag{4-4-12}$$

式中,K_2—— 比例系数。

将式(4-4-12)代入式(4-4-11),得

$$F_2 = \frac{l_4}{l_3} K_2 I_o = K_3 I_o \tag{4-4-13}$$

式中

$$K_3 = \frac{l_4}{l_3} K_2$$

联立式(4-4-10)与式(4-4-13),得

$$I_o = K_p \tan\theta \tag{4-4-14}$$

式中,$K = \dfrac{K_1}{K_3}$—— 转换比例系数。

当变送器的结构及电磁特性确定后，K 为一常数。式(4-4-14)说明当矢量机构的角度 θ 确定后，变送器的输出电流 I_o 与输入压力 p 成对应关系。

如图 4-4-11 所示，调节量程调整螺钉 5，可改变矢量机构的夹角 θ，从而能连续改变两杠杆间的传动比，也就是能调整变送器的量程。通常，矢量角 θ 可以在 $4°\sim15°$ 之间调整，$\tan\theta$ 变化约 4 倍，因而相应的量程也可以改变 4 倍。调节弹簧 12 的张力，可起到调整零点的作用。如果将以上压力变送器的测压弹性元件稍加改变，就可以用来连续测量差压或绝对压力。

6. 电容式差压(压力)变送器

20 世纪 70 年代初由美国最先投放市场的电容变送器，是一种开环检测仪表，具有结构简单、过载能力强、可靠性好、测量精度高、体积小、质量轻、使用方便等一系列优点，目前已成为最受欢迎的压力、差压变送器，输出信号是标准的 $4\sim20$ mA(DC)电流信号。

电容式差压(压力)变送器是先将压力的变化转换为电容量的变化，然后进行测量的。在工业生产过程中，差压变送器的应用数量多于压力变送器，因此，以下按差压变送器介绍，其实两者的原理和结构基本上相同。图 4-4-12 是电容式差压变送器的测量元件结构图。

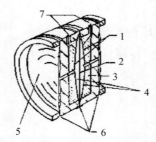

图 4-4-12　电容差压变送器测量元件结构图
1—固定极板；2—测量膜片；3—玻璃层；4—硅油；5—隔离膜片；6—焊接密封；7—引出线

将左右对称的不锈钢底座外侧加工成环状波纹沟槽，并焊上波纹隔离膜片 5。基座内侧有玻璃层 3，基座和玻璃层中央有孔道相通。玻璃层内表面磨成凹球面，球面上镶有金属膜，此金属膜层有导线通往外部，构成电容的左右固定极板 1。在两个固定极板之间是弹性材料制成的测量膜片 2，作为电容的中央动极板。在测量膜片两侧的空腔中充满硅油 4。

当被测压力 p_1，p_2 分别加于左右两侧的隔离膜片时，通过硅油将差压传递到测量膜片上，使其向压力小的一侧弯曲变形，引起中央动极板与两边固定极板间的距离发生变化，因而两电极的电容量不再相等，而是一个增大、另一个减小，电容的变化量通过引线传至测量电路，通过测量电路的检测和放大，输出一个 $4\sim20$ mA 的直流电信号。

现在以 1151 系列电容式变送器为例简单介绍其转换原理。图 4-4-13 是电容式变送器的原理图。

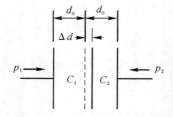

图 4-4-13　电容变送器测量原理图

假设测量膜片在差压 Δp 的作用下移动距离为 Δd，由于位移量很小，可近似认为 Δp 与 Δd 成比例变化，即

$$\Delta d = K_1 \Delta p = K_1 (p_1 - p_2) \tag{4-4-15}$$

式中，K_1—— 比例系数。

这样可动电极（测量膜片）与左、右固定极板间距离由原来的 d_0 变为 $d_0 + \Delta d$ 和 $d_0 - \Delta d$，根据平板电容原理，有

$$C_{10} = C_{20} = \frac{\varepsilon A}{d_0} \tag{4-4-16}$$

式中，ε—— 介电常数；

A—— 极板面积。

当 $p_1 > p_2$ 时，中间极板向右移动 Δd，此时左边电容 C_1 的极板间距增加 Δd，而右边电容 C_2 的极板间距则减少 Δd，各自的电容容量分别为

$$C_1 = \frac{\varepsilon A}{d_0 + \Delta d} \tag{4-4-17}$$

$$C_2 = \frac{\varepsilon A}{d_0 - \Delta d} \tag{4-4-18}$$

解式（4-4-17）、式（4-4-18）可得出差压 Δp 与差动电容 C_1，C_2 的关系为

$$\frac{C_2 - C_1}{C_2 + C_1} = \frac{\Delta d}{d_0} = \frac{\varepsilon A}{d_0} K_1 \Delta p = K_2 \Delta p \tag{4-4-19}$$

式中，$K_2 = K_1 \dfrac{\varepsilon A}{d_0}$ 为常数。

由式（4-4-19）可知，电容 C_1，C_2 与 Δp 是成正比关系。因此利用转换电路就可将（$C_2 - C_1$）与（$C_2 + C_1$）的比值转换为电压或电流。1511 系列电容式变送器转换电路的功能模块结构如图 4-4-14 所示。

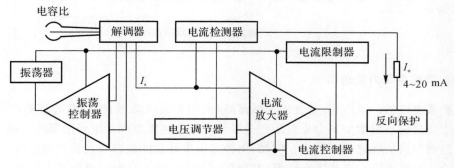

图 4-4-14　1151 电容变送器功能模块结构图

其中解调器、振荡器和控制放大器的作用是将电容比 $\dfrac{C_2 - C_1}{C_2 + C_1}$ 的变化按比例转换成测量电流 I_s，于是此线性关系可表示为

$$I_s = K_3 \frac{C_2 - C_1}{C_2 + C_1} \tag{4-4-20}$$

随后测量电流 I_s 送入电流放大器，经过调零、零点迁移、量程迁移、阻尼调整、输出限流等处理

后,最终转换成 $4\sim20$ mA 输出电流 I_{o},即 $I_{\text{o}}=K_4I_{\text{s}}$。可见电容式变送器的整机输出电流 I_{o} 与输入压差 Δp 之间有良好的线性关系。

　　电容式差压变送器的结构还可以有效地保护测量膜片,当差压过大并超过允许测量范围时,测量膜片将平滑地贴靠在玻璃凹球面上,因此不易损坏,过载后的恢复特性很好,这样大大提高了过载承受能力。与力矩平衡式相比,电容式没有杠杆传动机构,因而尺寸紧凑,密封性与抗振性好,测量精度相应提高,可达 0.2 级。

　　1151 差压变送器原理电路如图 4-4-15 所示。本书对各组成部分不作详细介绍,读者可以参阅相关的文献。在图 4-4-15 中,运算放大器 A_1 作为振荡器的电源供给者,可用来调节振荡器输出电压 E_1 的幅度,通过负反馈,保证 R_4 两端的电压恒定。放大器 A_2 用来将 R_1,R_2 两端的电压相减,并通过电位器 RP_1 引入输出电流的负反馈,调节 RP_1 可改变变送器的量程。显然,这个变送器也是一个两线制变送器。图中右上角的恒流电路保持变送器基本消耗电流恒定,构成输出电流的起始值,流过晶体管 BG_1 的电流则随被测压力的大小作线性变化。

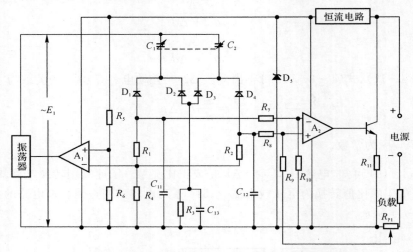

图 4-4-15　电容式差压变送器原理线路图

4.4.4　智能型压力变送器

　　随着集成电路的广泛应用,其性能不断提高,成本大幅度降低,使得微处理器在各个领域中的应用十分普遍。智能型压力或差压变送器就是在普通压力或差压变送器的基础上增加微处理器电路而形成的智能检测仪表。例如,用带有温度补偿的电容变送器与微处理器相结合,构成精度为 0.1 级的压力或差压变送器,其量程范围为 100:1,时间常数在 $0\sim36$ s 间可调,通过手持终端(通信器),可对 1 500 m 之内的现场变送器进行工作参数的设定、量程调整、零点调整以及向变送器写入信息数据。

　　智能型变送器的特点是可进行远程通信。利用手持终端,可对现场变送器进行各种运行参数的选择和标定;其精确度高,使用与维护方便。通过编制各种程序,使变送器具有自修正、自补偿、自诊断及错误方式报警等多种功能,因而提高了变送器的精确度。简化了调整、校准与维护过程,促使变送器与计算机、控制系统直接对话。图 4-4-16 所示为罗斯蒙特电容式变送器与手操器。

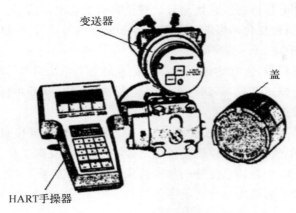

图 4 - 4 - 16　电容式变送器与手操器

下述以美国费希尔-罗斯蒙特公司(Fisher - Rosemount)的 3051C 型差压变送器为例对其工作原理作简单介绍。

3051C 型智能差压变送器包括变送器和 275/375/475 型手操器。

变送器由传感膜头和电子线路板组成,图 4 - 4 - 17 所示为其原理方框图。除具有普通压力变送器的功能之外,智能式压力变送器还具有下述特点:

(1)组态功能使得使用更加灵活方便。可以组态线性化、更换工程单位、增加阻尼(滤波)、程序调零调量程等功能;

(2)设有自动调零、自动调量程按钮。加入起始压力后将自动调零钮按下 5 s,就可实现调零,加入满量程压力后按下自动调量程钮 5 s 就可实现调量程。

(3)为了调校组态方便,配有遥控接口。该接口可以挂在变送器(两线制)的两根信号线上(不分极性),利用键控相移技术(一种信号调制方法)将高频信号迭加到 4~20 mA 信号上,从而实现与变送器的通信,同时不影响 4~20 mA 信号的接收(由计算机高速采样时可能会有影响)。

(4)具备自诊断功能,能自动检查变送器回路系统故障。

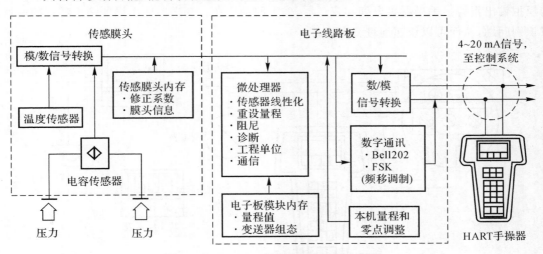

图 4 - 4 - 17　3051C 型差压变送器方框图

被测介质压力通过电容传感器转换为与之成正比的差动电容信号。传感膜头还同时进行温度的测量，用于补偿温度变化的影响。上述电容和温度信号通过 A/D 转换器转换为数字信号，输入到电子线路板模块。

在工厂的特性化过程中，所有的传感器都经受了整个工作范围内的压力与温度循环测试。根据测试数据所得到的修正系数，都储存在传感膜头的内存中，从而可保证变送器在运行过程中能精确地进行信号修正。

变送器内装有非易失性存储器（EEPROM），不需另装电池就可长期保存组态数据。当遇到意外停电，其中数据仍然保存，所以恢复供电之后，变送器能立即工作。

电子线路板模块接收来自传感部分的数字输入信号和修正系数，然后对信号加以修正与线性化。电子线路板模块的输出部分将数字信号转换成 4～20 mA DC 电流信号，并与手操器进行通信。

数字通信格式符合 HART 协议，该协议使用了工业标准 Bell202 频移调制（FSK）技术。即通过在 4～20 mA DC 输出信号上叠加高频信号来完成远程通信。罗斯蒙特公司采用这一技术，能在不影响回路完整性的情况下实现同时通信和输出。

3051C 型差压变送器所用的手持通信器为 275 型，其上带有键盘及液晶显示器。它可以接在现场变送器的信号端子上，就地设定或检测，也可以在远离现场的控制室中，接在某个变送器的信号线上进行远程设定及检测。为了便于通信，信号回路必须有不小于 250 Ω 的负载电阻。其连接示意图如图 4-4-18 所示。

手操器能够实现以下功能：

（1）组态。组态可分为两部分：①设定变送器的工作参数，包括测量范围、线性或平方根输出、阻尼时间常数、工程单位选择；②可向变送器输入信息性数据，以便对变送器进行识别与物理描述，包括给变送器指定工位号、描述符等。

（2）测量范围的变更。当需要更改测量范围时，不需到现场调整。

（3）变送器的校准。包括零点和量程的校准。

（4）自诊断。3051C 型变送器可进行连续自诊断。当出现问题时，变送器将激活用户选定的模拟输出报警。手操器可以询问变送器，确定问题所在。变送器向手操器输出特定的信息，以识别问题，从而可以快速地进行维修。

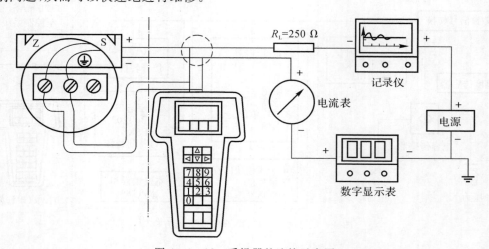

图 4-4-18　手操器的连接示意图

由于智能型差压变送器有好的总体性能及长期稳定工作能力,所以每五年才需校验一次。智能型差压变送器与手操器结合使用,可远离生产现场,尤其是危险或不易到达的地方,给变送器的运行和维护带来了极大的方便。

4.4.5　压力计的选用、安装与校验

压力计的选用与安装正确与否关系到测量结果的精确性和仪表的使用寿命,是十分重要的环节,下面进行简要介绍。

1. 压力表的选用

压力表的选用应根据使用要求,针对具体情况做具体分析。在满足工艺要求的前提下,应本着节约的原则全面综合的考虑,一般应考虑以下几个问题。

(1)仪表类型的选用。仪表类型的选用必须满足工艺生产的要求。例如是否需要远传、自动记录或报警;被测介质的性质(如被测介质的温度高低、黏度大小、腐蚀性、脏污程度、是否易燃易爆等)是否对仪表提出特殊要求,现场环境条件(如湿度、温度、磁场强度、振动等)对仪表类型的要求等。因此根据工艺要求正确地选用仪表类型是保证仪表正常工作及安全生产的重要前提。

例如普通压力计的弹簧管多采用铜合金(高压的采用合金钢),而氨用压力计弹簧管的材料却都采用碳钢,不允许采用铜合金。因为氨对铜的腐油性极强,所以普通压力计用于氨压力测量时很快就会损坏。氧气压力计与普通压力计在结构和材质方面可以完全一样,只是氧气压力计禁油。因为油进入氧气系统易引起爆炸。所以氧气压力计在校验时,不能像普通压力计那样采用变压器油作为工作介质,并且氧气压力计在存放中要严格避免接触油污。如果必须采用现有的带油污的压力计测量氧气压力时,使用前必须用四氯化碳反复清洗,认真检查直到无油污时为止。

(2)仪表测量范围的确定。为了保证弹性元件能在弹性变形的安全范围内可靠地工作,在选择压力表量程时,必须根据被测压力的大小和压力变化的快慢,留有足够的余地,因此,压力表的上限值应该高于工艺生产中可能的最大压力值。根据《化工自控设计技术规定》,在测量稳定压力时,最大工作压力不应超过测量上限值的 2/3;测量脉动压力时,最大工作压力不应超过测量上限值的 1/2;测量高压时,最大工作压力不应超过测量上限值的 3/5。一般被测压力的最小值应不低于仪表测量上限值的 1/3。从而保证仪表的输出量与输入量之间的线性关系,提高仪表测量结果的精确度和灵敏度。

根据被测参数的最大值和最小值计算出仪表的上、下限后,不能以此数值直接作为仪表的测量范围。在选用仪表的标尺上限值时,应在国家规定的标准系列中选取。我国的压力计测量范围标准系列有:$-0.1\sim0.06,0.15;0\sim1,1.6,2.5,4,6,10\times10^n$ MPa(其中 n 为自然整数,可为正、负值)。

例　就地测量某储气罐压力,气罐的最大压力为 0.5 MPa,要求最大测量误差≤0.02 MPa,请选择一压力表的测量范围。

解　一般可选用弹簧管式压力计。因为所测压力的变化较为平稳,所以被测最大压力不应超过仪表测量上限值的 2/3,即

$$p=\frac{0.5}{2/3}=0.75 \text{ MPa}$$

但在标准系列中无 0.75 MPa 的测量范围，我们应该选大于而且接近于 0.75 MPa 的值。因此所选测量范围为 0～1 MPa。

（3）仪表精度级的选取。根据工艺生产允许的最大绝对误差和选定的仪表量程，计算出仪表允许的最大引用误差 δ_{max} 在国家规定的精度等级中确定仪表的精度。一般来说，所选用的仪表越精密，则测量结果越精确、可靠。但不能认为选用的仪表精度越高越好，因为越精密的仪表，一般价格越贵，操作和维护越费事。因此，在满足工艺要求的前提下，应尽可能选用精度较低、价廉耐用的仪表。

现在通过一个例子来说明压力表的选用。

例　某台往复式压缩机的出口压力范围为 25～28 MPa，测量误差不得大于 1 MPa。工艺上要求就地观察，并能实现高低限报警，试正确选用一台压力表，指出型号、精度与测量范围。

解　由于往复式压缩机的出口压力脉动较大，所以选择仪表的上限值为

$$p_1 = p_{max} \times 2 = 28 \times 2 = 56 \text{ MPa}$$

根据就地显示及能进行高低限报警的要求，由附录 9，可查得选用 YX-150 型电接点压力表，测量范围为 0～60 MPa。

由于 25/60＞1/3，故被测压力的最小值不低于满量程的 1/3，这是允许的。

另外，根据测量误差的要求，可算得允许误差为

$$\pm \frac{1}{60} \times 100\% = 1.67\%$$

因此，精度等级为 1.5 级的仪表完全可以满足误差要求。至此，可以确定，选择的压力表为 YX-150 型电接点压力表，测量范围为 0～60 MPa，精度等级为 1.5 级。（Y 为压力；X 为电接点；型号后面的数字表示表面直径尺寸，mm；Z 表示仪表结构、轴向无边）。

2. 压力计的安装

压力计的安装正确与否，直接影响到测量结果的准确性和压力计的使用寿命。

（1）测压点的选择。所选择的测压点应能反映被测压力的真实大小。为此必须注意以下几点：

1）要选在被测介质直线流动的管段部分，不要选在管路拐弯、分叉、死角或其他易形成漩涡的地方。

2）当测量流动介质的压力时，应使取压点与流动方向垂直，取压管内端面与生产设备连接处的内壁应保持平齐，不应有凸出物或毛刺。

3）当测量液体压力时，取压点应在管道下部，使导压管内不积存气体；测量气体压力时，取压点应在管道上方，使导压管内不积存液体。

（2）导压管敷设。

1）导压管粗细要合适，一般内径为 6～10 mm，长度应尽可能短，最长不得超过 50 m，以减少压力指示的迟缓。如超过 50 m，应选用能远距离传送的压力计。

2）在导压管水平安装时应保证有 1：10～1：20 的倾斜度，以利于积存于其中之液体（或气体）的排出。

3）当被测介质易冷凝或冻结时，必须加设保温伴热管线。

4）取压口到压力计之间应装有切断阀，以备检修压力计时使用。切断阀应装设在靠近取压口的地方。

（3）压力计的安装。

1）压力计应安装在易观察和检修的地方。

2）安装地点应力求避免振动和高温影响。

3）在测量蒸汽压力时，应加装凝液管，以防止高温蒸汽直接与测压元件接触，如图 4 - 4 - 19（a）所示；对于有腐蚀性介质的压力测量，应加装有中性介质的隔离罐，如图 4 - 4 - 19（b）所示为被测介质密度 ρ_2 大于和小于隔离液密度 ρ_1 的两种情况。

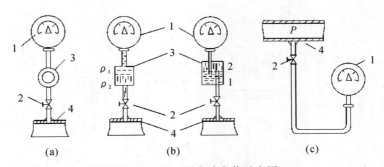

图 4 - 4 - 19　压力计安装示意图

(a)测量蒸汽时；(b)测量有腐蚀介质时；(c)压力计位于设备之下；

1—压力计；2—切断阀门；3—凝液管；4—取压容器

总之，针对被测介质的不同性质（高温、低温、腐蚀、脏污、结晶、沉淀、黏稠等），要采取相应的防热、防腐、防冻、防堵等措施。

4）当被测压力较小，而压力计与取压口又不在同一高度时，如图 4 - 4 - 19（c）所示，对由此高度而引起的测量误差应按 $\Delta p = \pm H \rho g$ 进行修正。式中 H 为高度差，ρ 为导压管中介质的密度，g 为重力加速度。

5）压力计的连接处，应根据被测压力的高低和介质性质，选择适当的材料，作为密封垫片，以防泄漏。一般在低于 80℃ 及 2 MPa 时，用牛皮或橡胶垫片；在 450℃ 及 5 MPa 以下用石棉或铝垫片，温度及压力更高时用退火紫铜或铝垫片。但测量氧气时，不能使用浸油垫片和有机化合物垫片，测量乙炔、氨介质压力时，不得使用铜垫片。

6）为安全起见，测量高压的压力计除选用有通气孔的外，安装时表壳应向墙壁或无人通过之处，以防发生意外。

3．压力计的校验

压力计在长期的使用中，会因弹性元件疲劳、传动机构磨损及化学腐蚀等造成测量误差。因此有必要对仪表定期进行校验，新仪表在安装使用前也应校验，以更恰当的估计仪表指示值的可靠程度。

（1）校验原理。校验工作是将被校仪表与标准仪表处在相同条件下的比较过程。标准仪表的选择原则是，当被校仪表的允许绝对误差为 $\alpha_{允}$ 时，标准仪表的允许绝对误差不得超过 $1/3\alpha_{允}$（最好不超过 $1/5\alpha_{允}$）。这样可以认为标准仪表的读数就是真实值。另外，为防止标准仪表超程损坏，标准仪表的测量范围应比被校仪表大一档次。比较结果若被校仪表的精确度等级高于仪表标明的等级，仪表合格，否则应检修、更换或降级使用。

（2）校验仪器-活塞式压力计。在一个密闭的容器内充满变压器油（6 MPa 以下）或蓖麻油（6 MPa 以上），如图 4 - 4 - 20 所示。

转动手轮使活塞向前推进，对油产生一个压力，这个压力在密闭的系统内向各个方向传递,所以进入标准仪表、被校仪表和标准器的压力都是相等的。因此利用比较的方法便可得出被校仪表的绝对误差。

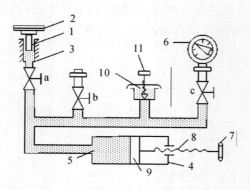

图 4-4-20 活塞式压力计

1—测量活塞;2—砝码;3—活塞筒;4—螺旋压力发生器;5—工作液;6—被校压力表;
7—手轮;8—丝杆;9—工作活塞;10—油杯;11—进油阀;a、b、c—切断阀

标准器由活塞和砝码构成。活塞的有效面积和活塞杆、砝码的质量都是已知的。这样,标准器的标准压力值就可根据压力的定义准确地计算出来。活塞式压力计的精确度有 0.05,0.2 级等。高精确度的活塞式压力计可用来校验标准弹簧管压力计、变送器等。在校验时,为了减少活塞与活塞之间的静摩擦力的影响,用手轻轻拨转手轮,使活塞旋转。另外,使用时要保持活塞处于垂直位置,这点可通过调整仪器底座螺钉,使底座上的水准泡处于中心位置来满足。如被校压力计的精确度不高,则可不用砝码校验,而采用被校仪表与标准仪表比较的方法校验。这时要关闭进油阀。

(3)校验内容。校验分为现场校验和实验室校验。校验内容包括指示值误差、变差和线性调整。具体步骤是:首先在被校表量程范围内均匀地确定几个被校点(一般为 5~6 个,一定有测量的下限和上限值),然后由小到大(上行程)逐点比较标准表的指示值,直到最大值。再推进一点点,使指针稍超过最大值,再进行由大到小(下行程)的校验。这样反复 2~3 次,最后依各项技术指标的定义进行计算、确定仪表是否合格。

4.5 流量检测及仪表

在石油、化工等生产过程中,为了正确、有效地进行生产操作和控制,经常需要测量生产过程中各种介质(液体、气体和蒸汽等)的流量,以便为生产操作和控制提供依据。同时,为了进行经济核算,经常需要知道在一段时间(一班、一天等)内流过的介质总量。因此,介质流量是控制生产过程达到优质高产和安全生产以及进行经济核算所必需的一个重要参数。随着自动化水平的不断提高,流量测量和控制已由原来的保证稳定运行朝着最优化控制过渡。这样流量仪表更是成为不可缺少的检测仪表之一。

4.5.1 流量的定义与单位

一般所讲的流量是指流经管道(或设备)某一截面的流体数量。随着工艺要求不同,它的测量又可分为瞬时流量和累积流量。

1. 瞬时流量

瞬时流量是指单位时间内流经管道（或设备）某一有效截面的流体数量。它可以分别用体积流量和质量流量来表示。

（1）体积流量。单位时间内流过某一有效截面的流体体积，可用 Q 表示为

$$Q = vA \qquad (4-5-1)$$

式中，v—— 某一有效截面处的平均流速；

　　A—— 流体通过的有效截面积。

常用的单位为 $m^3/h, L/h, L/min$ 等。

（2）质量流量。单位时间内流经某一有效截面的流体质量，常用 M 表示。若流体的密度是 ρ，则体积流量与质量流量之间的关系为

$$M = Q\rho = vA\rho \qquad (4-5-2)$$

常用的单位为 $t/h, kg/h, kg/s$ 等。

2. 累积流量（总量）

累积流量（总量）是指在某段时间内流经某一有效截面的流体数量的总和。其总和可以用体积总量 Q_Σ 和质量总量 M_Σ 表示为

$$Q_\Sigma = \int_0^t Q\mathrm{d}t, \quad M_\Sigma = \int_0^t M\mathrm{d}t \qquad (4-5-3)$$

式中，t—— 时间。

常用的单位分别为 m^3、L、t、kg 等。

测量流体流量的仪表一般叫流量计；测量流体总量的仪表常称为计量表。然而两者并不是截然划分的，在流量计上配以累积机构，也可以读出总量。

3. 流量测量仪表的分类

测量流量的方法很多，其测量原理和所应用的仪表结构形式各不相同。目前有许多流量测量的分类方法，本书仅举一种大致的分类法：

（1）速度式流量计。这是一种以测量流体在管道内的流速作为测量依据来计算流量的仪表。因为如果已知被测流体的流通截面积 A，那么只要测出该流体的流速 v，即可求得流体的体积流量 $Q=vA$。基于这种原理的速度式流量测量仪表可分为两种工作方式：一种是直接测量流体流速的流量测量仪表，例如电磁流量计、超声波流量计等。这种工作方式的特点是不必在管道内设置检测元件，因而不会改变流体的流动状态，也不会产生压力损失，更不存在管道堵塞等问题。另一种工作方式，是通过设置在管道内的检测变换元件（如孔板、浮子等），将被测流体的流速按一定的函数关系变换成压差、位移、转速、频率等信号，由此来间接地测量流量。按此方式工作的流量测量仪表主要有差压式流量计、浮子流量计、涡轮流量计、涡街流量计和靶式流量计等。

（2）容积式流量计。这是一种以单位时间内所排出的流体的固定容积的数目作为测量依据来计算流量的仪表。例如椭圆齿轮流量计、活塞式流量计、腰轮流量计、圆盘流量计等。

（3）质量流量计。这是一种以测量流体流过的质量 M 为依据的流量计。根据质量流量与体积流量之间的关系（式 2-3-2），采用速度式（或容积式）流量测量仪表先测出体积流量（或

体积总量),再乘以被测流体的密度,即可求得质量流量(或质量总量)。基于这种原理来间接测量质量流量的仪表称为推导式(间接式)质量流量计。由于介质密度会随压力、温度的变化而有所变化,因此工业上普遍应用的推导式质量流量计通常采取了温度、压力的自动补偿措施。

为了使被测质量流量的数值不受流体的压力、温度、黏度等变化的影响,一种直接测量流体质量流量的直接式质量流量计正在发展之中。例如,热式质量、角动量式、陀螺式和科里奥利力式等。其中,热式质量流量计已在工业中得到了应用。

4.5.2 差压式流量计

差压式(也称节流式)流量计是基于流体流动的节流原理,利用流体流经节流装置时产生的压力差而实现流量测量的。它是目前生产中测量流量最成熟,最常用的方法之一。通常是由能将被测流量转换成压差信号的节流装置和能将此压差转换成对应的流量值显示出来的差压计以及显示仪表所组成。在单元组合仪表中,由节流装置产生的压差信号,经常通过差压变送器转换成相应的标准信号(电的或气的),以供显示、记录或控制用。

1. 节流现象与流量基本方程式

(1)节流现象。流体在有节流装置的管道中流动时,在节流装置前后的管壁处,流体的静压力产生差异的现象称为节流现象。

节流装置包括节流件和取压装置,节流件是能使管道中的流体产生局部收缩的元件,应用最广泛的是孔板,其次是喷嘴、文丘里管等。下述以孔板为例说明节流现象。

具有一定能量的流体,才可能在管道中形成流动状态。流动流体的能量有两种形式,即动能和静压能。由于流体有流动速度而具有动能,又由于流体有压力而具有静压能。这两种形式的能量在一定的条件下可以互相转化。但是,根据能量守恒定律,流体所具有的静压能和动能,再加上克服流动阻力的能量损失,在没有外加能量的情况下,其总和是不变的。图 4-5-1 表示在孔板前后流体的速度与压力的分布情况。

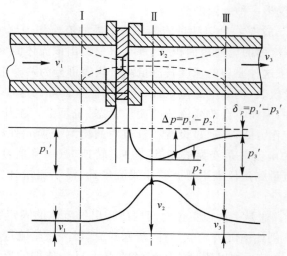

图 4-5-1 孔板装置及压力、流速分布图

　　流体在管道截面 Ⅰ 前,以一定的流速 v_1 流动,此时静压力为 $p_1{}'$。在接近节流装置时,由于遇到节流装置的阻挡,使靠近管壁处的流体受到节流装置的阻挡作用最大,所以使一部分动能转换为静压能,出现了节流装置入口端面靠近管壁处的流体静压力升高,并且比管道中心处的压力要大,即在节流装置入口端面处产生一径向压差。这一径向压差使流体产生径向附加速度,从而使靠近管壁处的流体质点的流向就与管道中心轴线相倾斜,形成了流束的收缩运动。由于惯性作用,流束的最小截面并不在孔板的孔处,而是经过孔板后仍继续收缩,到截面 Ⅱ 处达到最小,这时流速最大,达到 v_2,随后流束又逐渐扩大,至截面 Ⅲ 后完全复原,流速便降低到原来的数值,即 $v_3 = v_1$。

　　节流装置造成流束的局部收缩,使流体的流速发生变化,即动能发生变化。与此同时,表征流体静压能的静压力也要变化。在截面 Ⅰ,流体具有静压力 $p_1{}'$。到达截面 Ⅱ 处,流速增加到最大值,静压力就降低到最小值 $p_2{}'$,而后静压力又随着流束的恢复而逐渐恢复。由于在孔板端面处,流通截面突然缩小与扩大,使流体形成局部涡流,要消耗一部分能量,同时流体流经孔板时,要克服摩擦力,所以流体的静压力不能恢复到原来的数值 $p_1{}'$,而产生了压力损失 $\delta_p = p_1{}' - p_3{}'$。

　　节流装置前流体压力较高,称为正压,常以"+"标志;节流装置后流体压力较低,称为负压(注意不要与真空混淆),常以"—"标志。节流装置前后压差的大小与流量有关。管道中流动的流体流量越大,在节流装置前后产生的压差也越大,只要测出孔板前后两侧压差的大小,即可表示流量的大小,这就是节流装置测量流量的基本原理。

　　值得注意的是,要准确地测量出截面 Ⅰ 与截面 Ⅱ 处的压力 $p_1{}'$ 和 $p_2{}'$ 是有困难的,这是因为产生最低静压力 $p_2{}'$ 的截面 Ⅱ 的位置随着流速的不同会改变的,事先根本无法确定。因此实际上是在孔板前后的管壁上选择两个固定的取压点,来测量流体在节流装置前后的压力变化的。因而所测得的压差与流量之间的关系,与测压点及测压方式的选择是紧密相关的。

　　(2) 流量基本方程式。流量基本方程式是阐明流量与压差之间定量关系的基本流量公式。它是根据流体力学中的伯努利方程和流体连续性方程式推导而得的,即

$$Q = \alpha \varepsilon F_0 \sqrt{\frac{2}{\rho_1} \Delta p} \qquad (4-5-4)$$

$$M = \alpha \varepsilon F_0 \sqrt{2\rho_1 \Delta p} \qquad (4-5-5)$$

式中,α —— 流量系数,它与节流装置的结构形式、取压方式、孔口截面积与管道截面积之比 m、雷诺数 Re、孔口边缘锐度、管壁粗糙度等因素有关;

　　ε —— 膨胀校正系数,它与孔板前后压力的相对变化量、介质的等熵指数、孔口截面积与管道截面积之比等因素有关,应用时可查阅有关手册而得,但对不可压缩的液体来说,常取 $\varepsilon = 1$;

　　F_0 —— 节流装置的开孔截面积;

　　Δp —— 节流装置前后实际测得的压力差;

　　ρ_1 —— 节流装置前的流体密度。

　　由流量基本方程式可以看出,要知道流量与压差的确切关系,关键在于 α 的取值。α 是一个受许多因素影响的综合性参数,对于标准节流装置,其值可从有关手册中查出;对于非标准节流装置,其值要由实验方法确定。因此,在进行节流装置的设计计算时,是针对特定条件,选择一个 α 值来计算的。计算的结果只能应用在一定条件下,一旦条件改变(例如节流装置形

式、尺寸、取压方式、工艺条件等等的改变），就不能随意套用，必须另行计算。例如，按小负荷情况下计算的孔板，用来测量大负荷时流体的流量，就会引起较大的误差，必须加以必要的修正。

由流量基本方程式还可以看出，流量与压力差 Δp 的二次方根成正比。因此，用这种流量计测量流量时，如果不加开方器，流量标尺刻度是不均匀的。起始部分的刻度很密，后来逐渐变疏。因此，在用差压法测量流量时，被测流量值不应接近于仪表的下限值，否则误差将会很大。

2. 标准节流装置

（1）标准节流元件。差压式流量计，由于使用历史长久，已经积累了丰富的实践经验和完整的实验资料。因此，国内外已把最常用的节流装置孔板、喷嘴、文丘里管等标准化，并称为"标准节流装置"。标准化的具体内容包括节流装置的结构、尺寸、加工要求、取压方法、使用条件等。例如，标准孔板对尺寸和公差、表面粗糙度等都有详细规定。如图 4-5-2 所示，其中 d/D 应在 $0.2 \sim 0.8$ 之间；最小孔应不小于 12.5 mm；直孔部分的厚度 $h = (0.005 \sim 0.02)D$；总厚度 $H < 0.05D$；锥面的斜角 $\alpha = 30° \sim 45°$ 等，需要时可参阅设计手册。

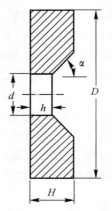

图 4-5-2　孔板断面示意图

（2）取压方式。由流量基本方程式可知，节流元件前后的压差 $(p_1 - p_2)$ 是计算流量的关键数据，因此取压方法相当重要。我国规定的标准节流装置取压方法有两种，即角接取压法和法兰取压法。标准孔板可以采用角接取压法和法兰取压法，而标准喷嘴只规定有角接取压方式。

1）角接取压。就是在孔板（或喷嘴）前后两端面与管壁的夹角处取压。角接取压方法可以通过环室或单独钻孔结构来实现。

2）环室取压。结构如图 4-5-3(a) 所示，它是在管道 1 的直线段处，利用左右对称的环室 2 将孔板 3 夹在中间，环室与孔板端面间留有狭窄的缝隙，再由导压管将环室内的压力 p_1 和 p_2 引出。单独钻孔结构则是在前后夹紧环 4 上直接钻孔将压力引出，如图 4-5-3(b) 所示。对于孔板，环室取压用于工作压力即管道中流体的压力在 6.4 MPa 以下，管道直径 D 在 $50 \sim 520$ mm 之间；单独钻孔取压用于工作压力在 2.5 MPa 以下，D 在 $50 \sim 1\,000$ mm 之间。

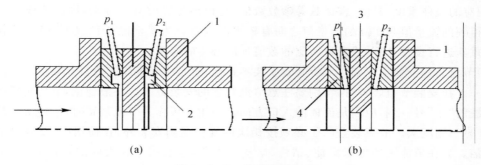

图 4 - 5 - 3　角接取压方式

(a)环室结构;(b)单独钻孔结构

1—管道法兰;2—环室;3—孔板;4—夹紧环

　　采用环室取压法能得到较好的测量精度,但是加工制造和安装要求严格,如果由于加工和现场安装条件的限制,而达不到预定的要求时,其测量精度仍难保证。所以,在现场使用时,为了加工和安装方便,有时不用环室而用单独钻孔取压,特别是对大口径管道。

　　(3)标准孔板应用广泛,它具有结构简单、安装方便的特点,适用于大流量的测量。孔板最大的缺点是流体经过孔板后压力损失大,当工艺管道上不允许有较大的压力损失时,便不宜采用。标准喷嘴和标准文丘里管的压力损失较孔板为小,但结构比较复杂,不易加工。实际上,在一般场合下,仍多采用孔板。

　　标准节流装置仅适用于测量管道直径大于 50 mm,雷诺数在 $10^4 \sim 10^5$ 以上的流体,而且流体应当清洁,完全充满管道,不发生相变。此外,为保证流体在节流装置前后为稳定的流动状态,在节流装置的上、下游必须配置一定长度的直管段。

　　节流装置将管道中流体流量的大小转换为相应的差压大小,但这个差压信号还必须由导压管引出,并传递到相应的差压计,以便显示出流量的数值。差压计有很多种型式,例如 U 型管差压计、双波纹管差压计和膜盒式差压计等,但这些仪表均为就地指示型仪表。事实上,工业生产过程中的流量测量及控制多半是采用差压变送器,将差压信号转换为统一的标准信号,以利于远传,并与单元组合仪表中的其他单元相连接,这样便于集中显示及控制。差压变送器的结构和工作原理与压力变送器基本上是一样的,在前边介绍的力矩平衡式、电容式差压变送器都能使用。

　　3. 差压式流量计的测量误差

　　差压式流量计的应用非常广泛。但是,在实际应用现场,往往具有比较大的测量误差,有的甚至高达 $10\% \sim 20\%$(应当指出,造成这么大的误差实际上完全是由于使用不当引起的,而不是仪表本身的测量误差)。特别是在采用差压式流量计作为工艺生产过程中物料的计量,进行经济核算和测取物料核算数据时,这一矛盾显得更为突出。然而在只要求流量相对值的场合下,对流量指示值与真实值之间的偏差往往不注意,但是事实上误差却是客观存在的。因此,必须引起注意的是,不仅需要合理的选型、准确的设计计算和加工制造,更要注意正确的安装、维护和符合使用条件等,才能保证差压式流量计有足够的测量精度。

　　下述列举一些造成测量误差的原因,以便在应用中注意,并予以适当解决。

　　(1)被测流体工作状态的变动。如果实际使用时被测流体的工作状态(如温度、压力、湿度等)及相应的流体重度、黏度、雷诺数等参数数值,与设计计算时有所变动,则会造成原来由差压计算得到的流量值与实际的流量值之间有较大的误差。为了消除这种误差,必须按新的工艺条件重新进行设计计算,或者将所测的数值加以必要的修正。

(2)节流装置安装不正确。节流装置安装不正确,也是引起差压式流量计测量误差的重要原因之一。在安装节流装置时,特别要注意节流装置的安装方向。一般地说,节流装置露出部分所标注的"+"号一侧,应当是流体的入口方向。当用孔板作为节流装置时,应使流体从孔板90°锐口的一侧流入。节流装置除了必须按相应的规程正确安装外,在使用中,要保持节流装置的清洁。如在节流装置处有沉淀、结焦、堵塞等现象,也会引起较大的测量误差,必须及时清洗。

(3)孔板入口边缘的磨损。节流装置使用日久,特别是在被测介质夹杂有固体颗粒等机械物情况下,或者由于化学腐蚀,都会造成节流装置的几何形状和尺寸的变化。对于使用广泛的孔板来说,它的入口边缘的尖锐度会由于冲击、磨损和腐蚀而变钝。这样,在相等数量的流体经过时所产生的压差 Δp 将变小,从而引起仪表指示值偏低。故应注意检查、维修,必要时应换用新的孔板。

(4)导压管安装不正确,或有堵塞、渗漏现象。导压管要正确地安装,防止堵塞与渗漏,否则会引起较大的测量误差。对于不同的被测介质,导压管的安装亦有不同的要求,下面结合几类具体情况来讨论。

1)测量液体的流量时,应该使两根导压管内都充满同样的液体而无气泡,以使两根导压管内的液体密度相等。这样,由两根导压管内液柱所附加在差压计正、负压室的压力可以互相抵消。为了使导压管内没有气泡,必须做到以下几点:

a. 取压点应该位于节流装置的下半部,与水平线夹角 α 应为 $0°\sim45°$,如图 4-5-4 所示(如果从底部引出,液体中夹带的固体杂质会沉积在引压管内,引起堵塞,亦属不宜)。

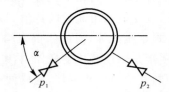

图 4-5-4 测量液体流量时的取压点位置

b. 引压导管最好垂直向下,如条件不许可,导压管亦应下倾一定的坡度(至少 1:20~1:10),使气泡易于排出。

c. 在引压导管的管路中,应有排气的装置。如果差压计只能装在节流装置之上时,则须加装储气罐,如图 4-5-5 中的储气罐 6 与放空阀 3。这样,即使有少量气泡,对差压 Δp 的测量仍无影响。

2)在测量气体流量时,上述的这些基本原则仍然适用。尽管在引压导管的连接方式上有些不同,其目的仍是要保持两根导管内流体的密度相等。为此,必须使管内不积聚气体中可能夹带的液体,具体措施如下:

a. 取压点应在节流装置的上半部。

b. 引压导管最好垂直向上,至少亦应向上倾斜一定的坡度,使引压导管中不滞留液体。

c. 如果差压计必须装在节流装置之下,则须加装储液罐和排放阀,如图 4-5-6 所示。

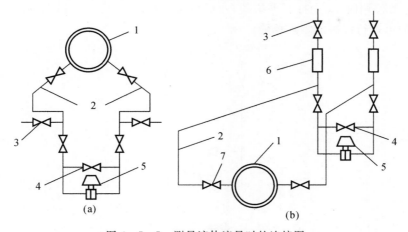

图 4-5-5　测量液体流量时的连接图

1—节流装置;2—引压导管;3—放空阀;4—平衡阀;5—差压变送器;6—储气罐;7—切断阀

3)测量蒸汽的流量时,要实现上述的基本原则,必须解决蒸汽冷凝液的等液位问题,以消除冷凝液液位的高低对测量精度的影响,最常用的接法如图 4-5-7 所示。取压点从节流装置的水平位置接出,并分别安装凝液罐 2。这样,两根导压管内都充满了冷凝液,而且液位一样高,从而实现了差压 Δp 的准确测量。自凝液罐至差压计的接法与测量液体流量时相同。

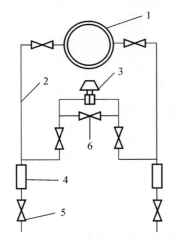

图 4-5-6　测量气体流量时的连接图

1—节流装置;2—引压导管;3—变送器;
4—储液罐;5—排放阀;6—平衡阀

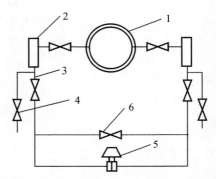

图 4-5-7　测量蒸汽流量时的连接图

1—节流装置;2—凝液罐;3—引压导管;
4—排放阀;5—变送器;6—平衡阀

(5)差压计安装或使用不正确。差压计或差压变送器安装或使用不正确也会引起测量误差。由引压导管接至差压计或差压变送器前,必须安装切断阀 1,2 和平衡阀 3 构成三阀组,如图 4-5-8 所示。通常差压计是用来测量差压 Δp 的,但如果两切断阀不能同时开闭时,就会造成差压计单向受很大的静压力,有时会使仪表产生附加误差,严重时会损坏仪表。为了防止差压计单向承受很大的静压力,必须正确使用平衡阀。即在启用差压计时,应先开平衡阀 3,

使正、负压室连通,受压相同,然后再打开切断阀 1,2,最后再关闭平衡阀 3,差压计即可投入运行。差压计需要停用时,应先打开平衡阀,然后再关闭切断阀 1,2。当切断阀 1,2 关闭时,打开平衡阀 3,便可进行仪表的零点校验。

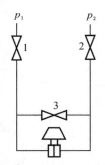

图 4-5-8　差压计阀组安装示意图

1,2—切断阀;3—平衡阀

测量腐蚀性(或因易凝固不适宜直接进入差压计)的介质流量时,必须采取隔离措施。最常用的方法是用某种与被测介质互不相溶且不起化学变化的中性液体作为隔离液,同时起传递压力的作用。当隔离液的密度 ρ_1' 大于或小于被测介质密度 ρ_1 时,隔离罐分别采用图 4-5-9 所示的两种形式。

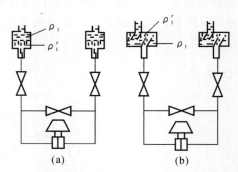

图 4-5-9　隔离罐的两种形式

(a)$\rho_1<\rho_1'$;(b)$\rho_1>\rho_1'$

4.5.3　浮子流量计

在工业生产中经常遇到小流量的测量,因其流体的流速低,要求测量仪表有较高的灵敏度,才能保证一定的精度。节流装置对管径小于 50 mm、雷诺数低的流体的测量精度是不高的。而浮子流量计则特别适宜于测量管径 50 mm 以下管道的流量,测量的流量可小到每小时几升。浮子流量计(也称转子流量计)与差压式流量计在工作原理上是不相同的。

1. 工作原理

浮子流量计原理如图 4-5-10 所示。它基本上由两部分组

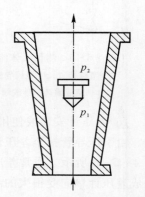

图 4-5-10　浮子流量计的工作原理图

成,一个是由下往上逐渐扩大的锥形管(通常用玻璃制成,锥度为 $40'\sim3°$);另一个是放在锥形管内可自由运动的浮子。工作时,被测流体(气体或液体)由锥形管下端进入,沿着锥形管向上运动,流过浮子与锥形管之间的环隙,再从锥形管上端流出。当流体流过锥形管时,位于锥形管中的浮子便受到一个向上的力,使浮子浮起。当这个力正好等于浸没在流体里的浮子重力(即等于浮子质量减去流体对浮子的浮力)时,则作用在浮子上的上下两个力达到平衡,此时浮子就停浮在一定的高度上。假如被测流体的流量突然由小变大时,作用在浮子上的向上的力就加大。因为浮子在流体中受的重力是不变的,即作用在浮子上的向下的力是不变的,所以浮子就上升。由于浮子在锥形管中位置的升高,造成浮子与锥形管间的环隙增大,即流通面积增大。随着环隙的增大,流过此环隙的流体流速变慢。因此,流体作用在浮子上的向上的力也就变小。当流体作用在浮子上的力再次等于浮子在流体中的重力时,浮子又稳定在一个新的高度上。这样,浮子在锥形管中的平衡位置的高低与被测介质的流量大小相对应。如果在锥形管外沿其高度刻上对应的流量值,那么根据浮子平衡位置的高低就可以直接读出流量的大小。这就是浮子流量计测量流量的基本原理。

差压式流量计是在节流面积(如孔板流通面积)不变的条件下,以差压变化来反映流量的大小。而浮子流量计是以压降不变,利用节流面积的变化来测量流量的大小,即浮子流量计采用的是恒压降、变节流面积的流量测量方法。

浮子流量计中浮子的平衡条件是

$$V(\rho_t - \rho_f)g = (p_1 - p_2)A \tag{4-5-6}$$

式中, V —— 浮子的体积;

ρ_t —— 浮子材料的密度;

ρ_f —— 被测流体的密度;

p_1,p_2 —— 浮子前、后流体的压力;

A —— 浮子的最大横截面积;

g —— 重力加速度。

由于在测量过程中, V,ρ_t,ρ_f,A,g 均为常数,所以由式(4-5-6)可知, $p_1 - p_2$ 也应为常数。这就是说,在浮子流量计中,流体的压降是固定不变的。所以,浮子流量计是以定压降、变节流面积法测量流量的。这正好与差压法测量流量的情况相反,差压法测量流量时,差压是变化的,而节流面积却是不变的。

由式(4-5-6)可得

$$\Delta p = p_1 - p_2 = \frac{V(\rho_t - \rho_f)g}{A} \tag{4-5-7}$$

在差压 Δp 一定的情况下,流过浮子流量计的流量和浮子与锥形管间环隙面积 F_0 有关。由于锥形管由下往上逐渐扩大,所以 F_0 是与浮子浮起的高度 h 有关的。这样,根据浮子浮起的高度就可以判断被测介质的流量大小,可用下式表示为

$$Q = \Phi h \sqrt{\frac{2}{\rho_f}\Delta p} \tag{4-5-8}$$

或

$$M = \Phi h \sqrt{2\rho_f \Delta p} \tag{4-5-9}$$

式中, Φ —— 仪表常数;

h —— 浮子浮起的高度。

将式(4-5-7)代入式(4-5-8)和式(4-5-9),分别可得

$$Q = \Phi h \sqrt{\frac{2gV(\rho_{\mathrm{t}} - \rho_{\mathrm{f}})}{\rho_{\mathrm{f}}A}} \qquad (4-5-10)$$

$$M = \Phi h \sqrt{\frac{2gV(\rho_{\mathrm{t}} - \rho_{\mathrm{f}})\rho_{\mathrm{f}}}{A}} \qquad (4-5-11)$$

其他符号的意义同前。

2. 电远传式浮子流量计

以上所讲的指示式浮子流量计,只适用于就地指示。电远传式浮子流量计可以将反映流量大小的浮子高度 h 转换为电信号,适合于远传,进行显示或记录。

LZD 系列电远传式浮子流量计主要由流量变送及电动显示两部分组成。

(1)流量变送部分。LZD 系列电远传式浮子流量计是用差动变压器进行流量变送的。差动变压器的结构与原理如图 4-5-11 所示。

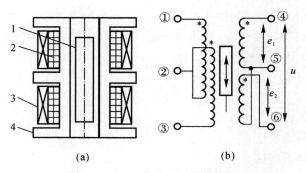

图 4-5-11　差动变压器结构图
(a)结构图;(b)原理图
1—铁芯;2—初级线圈;3—次级线圈;4—骨架

它由铁芯、线圈以及骨架组成。线圈骨架分成长度相等的两段,初级线圈均匀地密绕在骨架的内层,并使两个线圈同相串联相接;次级线圈分别均匀地密绕在两段骨架的外层,并将两个线圈反相串联相接。

当铁芯处在差动变压器两段线圈的中间位置时,初级激磁线圈激励的磁力线穿过上、下两个次级线圈的数目相同,因而两个匝数相等的次级线圈中产生的感应电势 e_1,e_2 相等。由于两个次级线圈系反相串接,所以 e_1,e_2 相互抵消,从而输出端 4,6 之间总电势为零,即

$$u = e_1 - e_2 = 0$$

当铁芯向上移动时,由于铁芯改变了两段线圈中初、次级的耦合情况,使磁力线通过上段线圈的磁力线数目增加,通过下段线圈的磁力线数目减少,因而上段次级线圈产生的感应电势比下段次级线圈产生的感应电势大,即 $e_1 > e_2$,于是 4,6 两端输出的总电势 $u = e_1 - e_2 > 0$。当铁芯向下移动时,情况与上移正好相反,即输出的总电势 $u = e_1 - e_2 < 0$。无论哪种情况,都把这个输出的总电势称为不平衡电势,它的大小和相位由铁芯相对于线圈中心移动的距离和方向来决定。

若将浮子流量计的浮子与差动变压器的铁芯连结起来,使浮子随流量变化的运动带动铁芯一起运动,那么,就可以将流量的大小转换成输出感应电势的大小,这就是电远传浮子流量

计的转换原理。

（2）电动显示部分。LZD 系列电远传浮子流量计的原理图如图 4-5-12 所示。

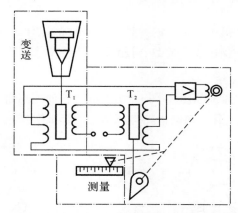

图 4-5-12　LZD 系列电远传浮子流量计的原理图

当被测介质流量变化时,引起浮子停浮的高度发生变化,浮子通过连杆带动发送的差动变压器 T_1 中的铁芯上下移动。当流量增加时,铁芯向上移动,变压器 T_1 的次级绕组输出一不平衡电势,进入电子放大器。放大后的信号一方面通过可逆电机带动显示机构动作;另一方面通过凸轮带动接收的差动变压器 T_2 中的铁芯也向上移动。使 T_2 的次级绕组也产生一个不平衡电势。由于 T_1、T_2 的次级绕组是反向串接的,因此由 T_2 产生的不平衡电势去抵消 T_1 产生的不平衡电势,一直到进入放大器的电压为零后,T_2 中的铁芯便停留在相应的位置上,这时显示机构的指示值便可以表示被测流量的大小了。

（3）浮子流量计的指示值修正。浮子流量计是一种非标准化仪表,在大多数情况下,可按照实际被测介质进行刻度。但仪表厂为了便于成批生产,是在工业基准状态（20℃,0.101 33 MPa）下用水或空气进行刻度的,即浮子流量计的流量标尺上的刻度值,对用于测量液体来讲是代表 20℃时水的流量值,对用于测量气体来讲则是代表 20℃,0.101 33 MPa 压力下空气的流量值。因此,在实际使用时,如果被测介质的密度和工作状态不同,则必须对流量指示值按照实际被测介质的密度、温度、压力等参数的具体情况进行修正。

3. 浮子流量计安装注意事项

正确地安装与使用流量计是保证测量精度、防止出现故障和避免损坏仪表的重要环节,在安装浮子流量计时应注意以下事项:

（1）浮子流量计必须垂直安装,流体必须自下而上地通过锥形管。

（2）仪表应安装在没有振动并便于维修的地方。在生产管线上安装时,应加装与仪表并联的旁路管道,以便在检修仪表时不影响生产的正常进行。在仪表启动时,应先由旁路运行,待仪表前后管道内均充满液体时再将仪表投入使用并关断旁路,以避免仪表因受冲击而损坏。安装前应冲洗管道,以防管道内残存的杂质进入仪表而影响正常工作。

（3）安装玻璃管式浮子流量计时,应将其上、下管道固定牢靠,切不可让仪表来承受管道重量。当被测流体温度高于 70℃时,应加装保护罩,以防止仪表的玻璃管遇冷炸裂。

（4）在拆装金属管式浮子流量计时,须注意保护浮子连杆的露出部分。对于电远传式金属管浮子流量计,在仪表安装连线完成之后,须仔细检查无误后方可接通电源投入运行。

4.5.4　椭圆齿轮流量计

椭圆齿轮流量计属于容积式流量计的一种。它对被测流体的黏度变化不敏感,特别适合于测量高黏度的流体(例如重油、聚乙烯醇、树脂等),甚至糊状物的流量。

1. 工作原理

椭圆齿轮流量计的工作原理如图 $4-5-13$ 所示。它的测量部分是由两个相互啮合的椭圆形齿轮 A 和 B,轴及壳体组成。椭圆齿轮与壳体之间形成测量室。

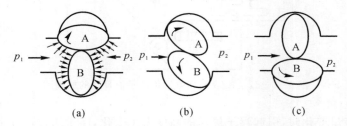

图 $4-5-13$　椭圆齿轮流量计原理图

当流体流过椭圆齿轮流量计时,由于要克服阻力将会引起压力损失,从而使进口侧压力 p_1 大于出口侧压力 p_2,在此压差的作用下,产生作用力矩使椭圆齿轮连续转动。在如图 $4-5-13(a)$ 所示的位置时,由于 $p_1 > p_2$,在 p_1 和 p_2 的作用下所产生的合力矩使轮 A 顺时针方向转动。这时 A 为主动轮,B 为从动轮。

在图 $4-5-13(b)$ 所示的中间位置时,根据力的分析可知,此时 A 轮与 B 轮均为主动轮。当继续转至 $4-5-13(c)$ 所示位置时,p_1 和 p_2 作用在 A 轮上的合力矩为零,作用在 B 轮上的合力矩使 B 轮作逆时针方向转动,并把已吸入的半月形容积内的介质排出出口,这时 B 轮为主动轮,A 轮为从动轮,与图 $4-5-13(a)$ 所示情况刚好相反。如此循环往复,轮 A 和轮 B 互相交替地由一个带动另一个转动,并把被测介质以半月形容积为单位一次一次地由进口排至出口。

显然,图 $4-5-13(a)(b)(c)$ 仅仅表示椭圆齿轮转动了 1/4 周的情况,而其所排出的被测介质为一个半月形容积。因此,椭圆齿轮每转一周所排出的被测介质的体积量为一个半月形容积的 4 倍。故通过椭圆齿轮流量计的体积流量 Q 为

$$Q = 4nV_0 \qquad\qquad (4-5-12)$$

式中,n—— 椭圆齿轮每秒旋转的转数;

V_0—— 半月形测量室容积,容积的计算可参考相关手册。

由式(4-5-12)可知,在椭圆齿轮流量计的半月形容积 V_0 已定的条件下,只要测出椭圆齿轮每秒旋转的转数 n,便可知道被测介质的流量。

椭圆齿轮流量计的流量信号(即转数 n)的显示,有就地显示和远传显示两种。配以一定的传动机构及积算机构,就可记录或指示被测介质的总量。就地显示是将椭圆齿轮流量计某个齿轮的转动通过磁耦合方式、经一套减速齿轮传动,传递给仪表指针及积算机构,指示被测流体的体积流量和累积流量;远传式可采用脉冲信号形式传送。

2. 使用特点

由于椭圆齿轮流量计是基于容积式测量原理的,与流体的黏度等性质无关。因此,特别适

用于高黏度介质的流量测量。测量精度较高,压力损失较小,安装使用也较方便。但是,在使用时要特别注意被测介质中不能含有固体颗粒,更不能夹杂机械物,否则会引起齿轮磨损以至损坏。为此,椭圆齿轮流量计的入口端必须加装过滤器。另外,椭圆齿轮流量计的使用温度有一定范围,温度过高,就有使齿轮发生卡死的可能。

椭圆齿轮流量计适合于中、小流量测量,测量范围为 3 L/h～540 m³/h,口径为 10～250 mm。椭圆齿轮流量计的结构复杂,加工制造较为困难,因而成本较高。如果因使用不当或使用时间过久,发生泄漏现象,就会引起较大的测量误差。

4.5.5　涡轮流量计

在流体流动的管道内,安装一个可以自由转动的叶轮,当流体通过叶轮时,流体的动能使叶轮旋转。流体的流速越高,动能就越大,叶轮转速也就越高。在规定的流量范围和一定的流体粘度下,转速与流速成线性关系。因此,测出叶轮的转速或转数,就可确定流过管道的流体流量或总量。日常生活中使用的某些自来水表、油量计等,都是利用这种原理制成的,这种仪表称为速度式仪表。涡轮流量计正是利用相同的原理,在结构上加以改进后制成的。图 4-5-14 是涡轮流量计的结构示意图。

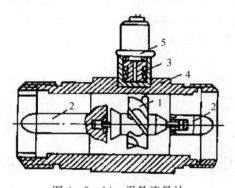

图 4-5-14　涡轮流量计
1—涡轮;2—导流器;3—磁电感应转换器;4—外壳;5—前置放大器

涡轮流量计主要由下列几部分组成:涡轮 1 是用高导磁系数的不锈钢材料制成,叶轮芯上装有螺旋形叶片,流体作用于叶片上使之转动。导流器 2 是用以稳定流体的流向和支承叶轮的。磁电感应转换器 3 是由线圈和磁钢组成,用以将叶轮的转速转换成相应的电信号,以供给前置放大器 5 进行放大。整个涡轮流量计安装在外壳 4 上,外壳 4 是由非导磁的不锈钢制成,两端与流体管道相连接。

涡轮流量计的工作过程如下:当流体通过涡轮叶片与管道之间的间隙时,由于叶片前后的压差产生的力推动叶片,使涡轮旋转。在涡轮旋转的同时,高导磁性的涡轮就周期性地扫过磁钢,使磁路的磁阻发生周期性的变化,线圈中的磁通量也跟着发生周期性的变化,线圈中便感应出交流电信号。交流电信号的频率与涡轮的转速成正比,也即与流量成正比。这个电信号经前置放大器放大后,送往电子计数器或电子频率计,以累积或指示流量。

涡轮流量计安装方便,磁电感应转换器与叶片间不需密封和齿轮传动机构,因而测量精度高,可耐高压,静压可达 50 MPa。由于基于磁电感应转换原理,故反应快,可测脉动流量。输出信号为电频率信号,便于远传,不受干扰。

涡轮流量计的涡轮容易磨损,被测介质中不应带机械杂质,否则会影响测量精度和损坏机件。因此,一般应加过滤器。安装时,必须保证前后有一定的直管段,以使流向比较稳定。一般入口直管段的长度取管道内径的 10 倍以上,出口取 5 倍以上。

4.5.6 电磁流量计

当被测介质是具有导电性的液体介质时,可以应用电磁感应原理来测量流量。电磁流量计的特点是能够测量酸、碱、盐溶液以及含有固体颗粒(例如泥浆)或纤维液体的流量。电磁流量计通常由变送器和转换器两部分组成。被测介质的流量经变送器变换成感应电势后,再经转换器把电势信号转换成统一标准信号(4～20 mA)输出,以便进行指示、记录或与电动单元组合仪表配套使用。

1. 工作原理

电磁流量计变送部分的原理图如图 4－5－15 所示。在一段用非导磁材料制成的管道外面,安装有一对磁极 N 和 S,用以产生磁场。

当导电液体流过管道时,因流体切割磁力线而产生了感应电势(根据发电机原理)。此感应电势由与磁极成垂直方向的两个电极引出。当磁感应强度不变,管道直径一定时,这个感应电势的大小仅与流体的流速有关,而与其他因素无关。将这个感应电势经过放大、转换、传送给显示仪表,就能在显示仪表上读出流量。

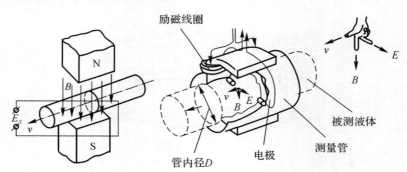

图 4－5－15 电磁流量计原理图

感应电势的方向由右手定则判断,其大小由下式决定,即

$$E_x = K'BDv \qquad (4-5-13)$$

式中,E_x——感应电势;

K'——比例系数;

B——磁感应强度;

D——管道直径,即垂直切割磁力线的导体长度;

v——垂直于磁力线方向的液体流速。

体积流量 Q 与流速 v 的关系为

$$Q = \frac{1}{4}\pi D^2 v \qquad (4-5-14)$$

将式(4－5－14)代入式(4－5－13),可得

$$E_x = \frac{4K'BQ}{\pi D} = KQ \qquad (4-5-15)$$

式中
$$K = \frac{4K'B}{\pi D} \qquad (4-5-16)$$

K 称为仪表常数,在磁感应强度 B,管道直径 D 确定不变后,K 就是一个常数,这时感应电势的大小与体积流量之间具有线性关系,因而仪表具有均匀刻度。

为了避免磁力线被测量导管的管壁短路,并使测量导管在磁场中尽可能地降低涡流损耗,测量导管应由非导磁的高阻材料制成。

2. 电磁流量计的特点和注意事项

(1)电磁流量计的特点。

1)测量导管内无可动部件或突出于管道内部的部件,几乎没有压力损失,也不会发生堵塞现象,并可以测量含有颗粒、悬浮物等流体的流量,例如纸浆、矿浆和煤粉浆的流量,这是电磁流量计的突出特点。由于电磁流量计的衬里和电极是防腐的,所以可以用来测量腐蚀性介质的流量。

2)电磁流量计输出电流与流量间具有线性关系,并且不受液体的物理性质(温度、压力、黏度等)的影响,特别是不受黏度的影响,这是一般流量计所达不到的。

3)电磁流量计的测量范围很宽,对于同一台电磁流量计,可达 1∶100,精度为 1% ～ 1.5%。

4)电磁流量计无机械惯性,反应灵敏,可以测量脉动流量。

(2)电磁流量计的局限性和不足之处。

1)工作温度和工作压力。电磁流量计的最高工作温度,取决于管道及衬里的材料发生膨胀、形变和质变的温度,因具体仪表而有所不同,一般低于 120℃。最高工作压力取决于管道强度、电极部分的密封情况及法兰的规格,一般为 $1.6 \times 10^5 \sim 2.5 \times 10^5$ Pa,由于管壁太厚会增加涡流压力损失,所以测量导管做得较薄。

2)被测流体的导电率。被测介质必须具有一定的导电性能。一般要求导电率为 $10^{-4} \sim 10^{-1}$ S/cm,最低不小于 50 μS/cm。因此,电磁流量计不能测量气体、蒸汽和石油制品等非导电流体的流量。对于导电介质,从理论上讲,凡是相对于磁场流动时,都会产生感应电势,实际上,电极间内阻的增加,要受到传输线的分布电容、放大器的输入阻抗以及测量精度的限制。

3)流速和流速分布。电磁流量计也是速度式仪表,感应电势是与平均流速成比例的。而这个平均流速是以各点流速对称于管道中心的条件下求出的。因此,流体在管道中流动时,截面上各点流速分布情况对仪表示值有很大的影响。对一般工业上常用的圆形管道点电极的变送器来说,如果破坏了流速相对于导管中心轴线的对称分布,电磁流量计就不能正常工作。因此在电磁流量计的前后,必须有足够的直管段,以消除各种局部阻力对流速分布对称性的影响。

流速的下限一般为 50 cm/s,由于存在零点漂移,在流速为零时,并不一定没有输出电流,因此在低流速工作时应注意检查仪表的零点。由于电磁流量计的总增益是有一定限度的,所以为了得到一定的输出信号,流速下限是有一定限度的。

(3)电磁流量计使用应注意的问题。

1)变送器的安装位置,要选择在任何时候测量导管内都能充满液体,以防止由于测量导管内没有液体而指针不在零点所引起的错觉。最好是垂直安装,以便减小由于液体流过在电极上出现气泡造成的误差,如图 4-5-16 所示。

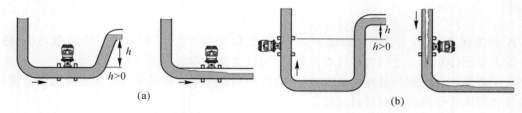

图 4-5-16 电磁流量计的安装图
(a)垂直安装;(b)水平安装

2)电磁流量计的信号比较微弱,在满量程时只有 2.5～8 mV,流量很小时,输出仅有几微伏,外界略有干扰就能影响测量的精度。因此,变送器的外壳、屏蔽线、测量导管及变送器两端的管道都要接地,并且要求单独设置接地点,绝对不要连接在电机、电器等公用的地线或上下水道上。转换部分已通过电缆线接地,切勿再行接地,以免因地电位的不同而引入干扰。

3)变送器的安装地点要远离一切磁源(例如大功率电机、变压器等),不能有振动。

4)变送器和二次仪表必须使用电源的同一相线,否则由于检测信号和反馈信号相位差120°,使仪表不能正常工作。

使用经验证明,即使变送器接地良好,当变送器附近的电力设备有较强的漏地电流,或在安装变送器的管道上存在较大的杂散电流,或进行电焊,都将引起干扰电势的增加,进而影响仪表正常运行。

此外,如果变送器使用日久而在导管内壁沉积垢层时,也会影响测量精度。尤其是垢层电阻过小将导致电极短路,表现为流量信号愈来愈小,甚至骤然下降,测量线路中电极短路。除上述导管内壁附着垢层造成以外,还可能是导管内绝缘衬里被破坏,或是由于变送器长期在酸、碱、盐雾较浓的场所工作,使用一段时期后,讯号插座被腐蚀,绝缘被破坏而造成的。因此,使用中必须注意维护。

4.5.7 涡街流量计

涡街流量计又称漩涡流量计。它可以用来测量各种管道中的液体、气体和蒸汽的流量,是目前工业控制、能源计量及节能管理中常用的新型流量仪表。涡街流量计是利用有规则的漩涡剥离现象来测量流体流量的仪表。在流体中垂直插入一个非流线形的柱状物(圆柱或三角柱)作为漩涡发生体,如图 4-5-17 所示。

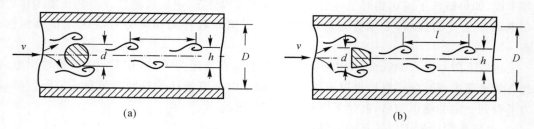

图 4-5-17 卡曼涡街
(a)圆柱形;(b)三角柱形

当雷诺数达到一定数值时,会在柱状物的下游处产生两列平行状,并且上下交替出现的漩涡,因为这些漩涡有如街道旁的路灯,故有"涡街"之称,又因为此现象首先被卡曼(Karman)发现,也称作"卡曼涡街"。当两列漩涡之间的距离 h 和同列的两漩涡之间的距离 l 之比等于0.281 时,则所产生的涡街是稳定的。

由圆柱体形成的卡曼漩涡,其单侧漩涡产生的频率为

$$f = St \frac{v}{d} \tag{4-5-17}$$

式中, f——单侧漩涡产生的频率,Hz;

v——流体平均流速,m/s;

d——圆柱体直径,m;

St——斯特劳哈尔(Strouhal)系数(当雷诺数 $Re = 5 \times 10^2 \sim 15 \times 10^4$ 时, $St = 0.2$)。

由式(4-5-17)可知,当 St 近似为常数时,漩涡产生的频率 f 与流体的平均流速 v 成正比,测得 f 即可求得体积流量 Q。

检测漩涡频率有许多种方法,例如热敏检测法、电容检测法、应力检测法和超声检测法等,利用漩涡的局部压力、密度、流速等的变化作用于敏感元件,以产生周期性电信号,再经放大整形,得到方波脉冲。

图 4-5-18 所示为一种热敏检测法。它采用铂电阻丝作为漩涡频率的转换元件。在圆柱形发生体上有一段空腔(检测器),被隔板分成两部分。在隔墙中央有一小孔,小孔上装有一根被加热了的细铂丝。在产生漩涡的一侧,流速降低,静压升高,于是在有漩涡的一侧和无漩涡的一侧之间产生静压差。流体从空腔上的导压孔进入,从未产生漩涡的一侧流出。流体在空腔内流动时将铂丝上的热量带走,铂丝温度下降,导致其电阻值减小。由于漩涡是交替地出现在柱状物的两侧,所以铂热电阻丝阻值的变化也是交替的,且阻值变化的频率与漩涡产生的频率相对应,故可通过测量铂丝阻值变化的频率来推算流量。

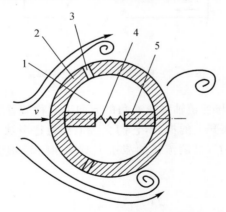

图 4-5-18 圆柱检出器原理图

1—空腔;2—圆柱棒;3—导压孔;4—铂电阻丝;5—隔板

铂丝阻值的变化频率,采用一个不平衡电桥进行转换、放大和整形,再变换成 4~20 mA 直流电流信号输出,以供显示、累积流量或进行自动控制。

涡街流量计结构简单,无可动部件,维护容易,使用寿命长,压力损失小,适用多种流体进

行容积计量,如液体包括工业用水、排水、高温液体、化学液体和石油产品等;气体包括天然气、城市煤气、压缩空气等各种气体以及饱和蒸汽和过热蒸汽。特别适用于大口径管道流量的检测。

由于它的计量精度不受流体压力、粘度、密度等影响,因此精度高,可达±(0.5%～1%),测量范围宽广。涡街流量计的口径,如 VA 型为 25～300 mm,可以根据被测液体的密度和黏度,查表确定各种口径仪表对应的最大和最小流量,对于气体和蒸汽则根据其压力和温度来查表确定。

涡街流量计有水平和垂直两种安装方式。由于速度式流量测量仪表的测量精度受管道内流体速度分布规律变化的影响较大,因此要求在流量计进出口都安装直管段,一般在进口端有 15D(管道口径)长度,在出口端为 5D。如果进口端前,弯管头是圆弧形的,则直管段长度应增加到 23D 以上;如果弯头是直角形的,则进口端前直管段长度甚至要求增长到 40D 以上。

4.5.8 超声波流量计

超声波在流体中的传播速度与流体的流动速度有关。若向管道内的被测流体发射超声波(顺流发射和逆流发射),超声波在固定距离内的传播时间及所接收到的信号相位、频率等均与流体的流速有关。因此,只要测量出超声波顺流与逆流传播的时间差、相位差或频率差,即可求得被测流体的流速进而得到流体的流量。超声波测量流量的方法可以是传播速度差法(时间差法、相位差法或频率差法),也可以采用多普勒效应的原理或利用声束偏移法。

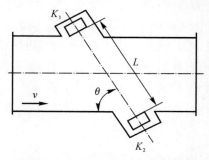

图 2-3-19　时间差法测量原理图

如图 4-5-19 所示,在与管道轴线成 θ 角的方向上对称放置了两个完全相同的超声波换能器 K_1 和 K_2,通过电子切换开关的控制,它们交替地作为超声脉冲发生器与接收器。设静止流体中的超声波传播速度为 C,被测流体的流速为 v,则由 K_1 顺流发射的超声脉冲在距离 L 内的传播时间为

$$t_1 = \frac{L}{C + v\cos\theta} \qquad (4-5-18)$$

而由 K_2 逆流发射的超声脉冲通过距离 L 的传播时间为

$$t_2 = \frac{L}{C - v\cos\theta} \qquad (4-5-19)$$

在一般情况下,被测流体的流速远小于液体中的声速,即 $v \ll c$,故可近似认为

$$\Delta t = t_2 - t_1 \approx \frac{2Lv\cos\theta}{C^2} \qquad (4-5-20)$$

$$v = \frac{C^2}{2L\cos\theta}\Delta t \qquad\qquad (4-5-21)$$

由此可见,只要测出时间差 Δt,即可求得流体的流速。应当指出的是,流体中的声速 C 与被测介质的性质及温度有关。因此,在必要时应采取适当的补偿措施,才能保证测量精度。

超声波流量计是一种非接触式的流量测量仪表,在被测流体中不插入任何元件,因而不会影响流体的流动状态,也不会造成压力损失。这对于被测介质有毒或有腐蚀性的场合以及要求卫生标准较高的饮料等生产过程具有特殊意义。

4.5.9　质量流量计

前面介绍的各种流量计均为测量体积流量的仪表,一般来说可以满足流量测量的要求。但是,有时人们更关心的是流过流体的质量。这是因为物料平衡、热平衡及储存、经济核算等都需要知道介质的质量。因而,在测量工作中,常常要将已测出的体积流量乘以介质的密度,换算成质量流量。由于介质密度受温度、压力、黏度等许多因素的影响,气体尤为突出,这些因素往往会给测量结果带来较大的误差。质量流量计能够直接得到质量流量,这就能从根本上提高测量精度,省去了烦琐的换算和修正。

质量流量计大致可分为两大类:一类是直接式质量流量计,即直接检测流体的质量流量;另一类是间接式或推导式质量流量计,这类流量计是通过体积流量计和密度计的组合来测量质量流量。

1. 直接式质量流量计

直接式质量流量计的形式很多,有量热式、角动量式、差压式和科氏力式等。下述主要介绍科氏力流量变送器。

如图 4-5-20(a)所示,当一根管子绕着原点旋转时,让一个质点从原点通过管子向外端流动,即质点的线速度由零逐渐加大,也就是说质点被赋予能量,随之产生的反作用力 F_c(即惯性力)将使管子的旋转速度减缓,即管子运动发生滞后。

相反,让一个质点从外端通过管子向原点流动,即质点的线速度由大逐渐减小趋向于零,也就是说质点的能量被释放出来,随之而产生的反作用力 F_c 将使管子的旋转速度加快,即管子运动发生超前。

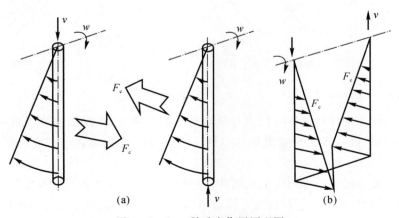

图 4-5-20　科氏力作用原理图

这种能使旋转着的管子运动速度发生超前或滞后的力 F_c 就称为科里奥利（Coriolis）力，简称科氏力。

通过实验演示可以证明科氏力的作用。将绕着同一根轴线以同相位旋转的两根相同的管子外端用同样的管子连接起来，如图 4-5-20(b) 所示。当管子内没有流体流过时，连接管与轴线是平行的，而当管子内有流体流过时，由于科氏力的作用，两根旋转管发生相位差（质点流出侧相位领先于流入侧），连接管就不再与轴线平行。总之，管子的相位差大小取决于管子变形的大小，而管子变形的大小仅仅取决于流经管子的流体质量的大小。这就是科氏力质量流量计的原理，它正是利用相位差来反映质量流量的。

不断旋转的管子只能在实验环境中实现，不能用于实际生产。在实际应用中是将管子的圆周运动轨迹切割下来一段圆弧，使管子在圆弧里反复摆动，即将单向旋转运动变成双向振动，则连接管在没有流量时为平行振动，而在有流量时就变成反复扭动。要实现管子振动是非常方便的，即用激磁电流进行激励。而在管子两端利用电磁感应分别取得正弦信号 1 和 2，两个正弦信号相位差的大小就直接反映出质量流量的大小，如图 4-5-21 所示。

利用科氏力构成的质量流量计，其形式有直管、弯管、单管、双管之分。图 4-5-22 是双弯管型结构示意图。两根金属 U 形管与被测管路由连通器相接，流体按箭头方向分为两路通过。在 A,B,C 三处各有一组压电换能器，其中 A 利用逆压电效应，B 和 C 处利用正压电效应。A 处在外加交流电压下产生交变力，使两个 U 形管彼此一开一合地振动，B 和 C 处分别检测两管的振动幅度。B 位于进口侧，C 位于出口侧。根据出口侧相位领先于进口侧相位的规律，C 输出的交变电信号领先于 B 某个相位差，此相位差的大小与质量流量成正比。若将这两个交流信号相位差经过电路进一步转换成直流 $4 \sim 20$ mA 的标准信号，就成为质量流量变送器。

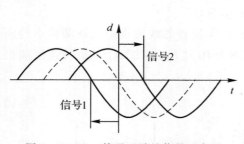

图 4-5-21　管子两端的信号示意图

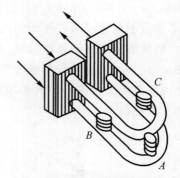

图 4-5-22　双管弯管型科氏力流量计

2. 间接式质量流量计

这类仪表是由测量体积流量的仪表与测量密度的仪表配合，再用运算器将两表的测量结果加以适当的运算，间接得出质量流量。如测量体积流量 Q 的仪表与密度计配合，这种测量方法如图 4-5-23 所示。

测量体积流量的仪表可采用涡轮流量计、电磁流量计、容积式流量计和漩涡流量计等。涡轮流量计的输出信号 y 正比于 Q，密度计的输出信号 x 正比于 ρ，通过运算器进行乘法运算，即得质量流量为

$$xy = K\rho Q \qquad\qquad (4-5-22)$$

式中，K——系数。

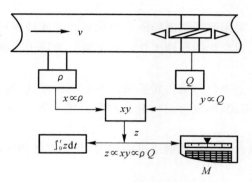

图 4-5-23　涡轮流量计与密度计配合

4.5.10　流量测量仪表的选用

掌握了以上的知识，在选用流量计时首先要考虑流体的性质和状态，其次要考虑工艺允许的压力损失，最大最小额定流量，同时应注意使用场合的特点，测量精度的要求，以及显示的方式等。只有同时注意以上几点，才可能选用合适的流量计，进行精确的测量。

4.6　物位检测及仪表

4.6.1　概述

物位仪表包括液位计、料位计和界面计。在容器中液体介质的高低叫液位，容器中固体或颗粒状物质的堆积高度叫料位。测量液位的仪表叫液位计，测量料位的仪表叫料位计，而测量两种密度不同且不相溶的液体介质的分界面的仪表叫界面计。

物位测量在现代工业生产自动化中具有重要的地位。随着现代化工业设备规模的扩大和集中管理，特别是计算机投入运行以后，物位的测量和远传显得更为重要。

通过物位的测量，可以正确获知容器设备中所储物质的体积或质量；监视或控制容器内的介质物位，使它保持在工艺要求的高度，或对它的上、下限位置进行报警，以及根据物位来连续监视或控制容器中流入与流出物料的平衡。因此，一般测量物位有两个目的，一是对物位测量的绝对值要求非常准确，借以确定容器或储存库中的原料、辅料、半成品或成品的数量；二是对物位测量的相对值要求非常准确，要能迅速正确反映某一特定水准面上的物料相对变化，用以连续控制生产工艺过程，即利用物位仪表进行监视和控制。

物位测量与生产安全的关系十分密切。如合成氨生产中铜洗塔塔底的液位控制，塔底液位过高，精炼气就会带液，导致合成塔触媒中毒；反之，如果液位过低，就会失去液封作用，发生高压气冲入再生系统，造成严重事故。

工业生产中对物位仪表的要求多种多样，主要有精度、量程、经济和安全可靠等方面。其中首要的是安全可靠。测量物位仪表的种类很多，按其工作原理主要有以下几种类型：

（1）直读式物位仪表。这类仪表中主要有玻璃管液位计、玻璃板液位计等。

（2）差压式物位仪表。它又可分为压力式和差压式,利用液柱或物料堆积对某固定点产生静压力的原理而工作。

（3）浮力式物位仪表。利用浮子高度随液位变化而改变或液体对浸沉于液体中的浮子(或称沉筒)的浮力随液位高度而变化的原理工作。它又可分为浮子带钢丝绳(或钢带)的、浮球带杠杆的和沉筒式的几种。

（4）电磁式物位仪表。使物位的变化转换为一些电量的变化,通过测出这些电量的变化来测知物位。它可以分为电阻式(即电极式)、电容式和电感式等。还有利用压磁效应工作的物位仪表。

（5）核辐射式物位仪表。利用核辐射透过物料时,其强度随物质层的厚度而变化的原理而工作的,目前应用较多的是 γ 射线。

（6）声波式物位仪表。由于物位的变化引起声阻抗的变化、声波的遮断和声波反射距离的不同,测出这些变化就可测知物位。所以声波式物位仪表可以根据它的工作原理分为声波遮断式、反射式和阻尼式。

（7）光学式物位仪表。利用物位对光波的遮断和反射原理工作,它利用的光源可以是普通白炽灯光或激光等。

此外,还有一些其他型式的物位仪表,下面重点介绍差压式液位计,并简单介绍几种其他类型的物位测量仪表。

4.6.2　差压液位变送器

利用差压或压力变送器可以很方便地测量液位,且能输出标准的电流或气压信号,有关变送器的原理及结构已在 4.4 节中做了介绍,此处只着重讨论其应用。

1. 工作原理

差压式液位变送器,是利用容器内的液位改变时,由液柱产生的静压也相应变化的原理而工作的,如图 4-6-1 所示。

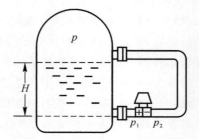

图 4-6-1　差压液位变送器原理图

将差压变送器的一端接液相,另一端接气相。设容器上部空间为干燥气体,其压力为 p,则

$$p_1 = p + H\rho g \qquad (4-6-1)$$

$$p_2 = p \qquad (4-6-2)$$

可得

$$\Delta p = p_1 - p_2 = H\rho g$$

式中，H—— 液位高度；

ρ—— 介质密度；

g—— 重力加速度；

p_1, p_2—— 分别为差压变送器正、负压室的压力。

通常，被测介质的密度是已知的。差压变送器测得的差压与液位高度成正比。把测量液位高度转换为测量差压的问题了。

当被测容器是敞口时，即气相压力为大气压，只需将差压变送器的负压室通大气即可。若不需要远传信号，也可以在容器底部安装压力表，如图 4-6-2 所示，根据压力 p 与液位 H 成正比的关系，可直接在压力表上按液位进行刻度。

2. 零点迁移问题

在使用差压变送器测量液位时，一般来说，其压差 Δp 与液位高度 H 之间有关系：

$$\Delta p = H\rho g \tag{4-6-3}$$

这就属于一般的"无迁移"情况。当 $H = 0$ 时，作用在正、负压室的压力是相等的。在实际应用中，往往 H 与 Δp 之间的对应关系不那么简单。

如图 4-6-3 所示，为防止容器内液体和气体进入变送器而造成管线堵塞或腐蚀，并保持负压室的液柱高度恒定，在变送器正、负压室与取压点之间分别装有隔离罐，并充以隔离液。

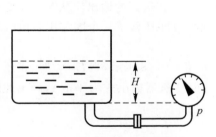

图 4-6-2　压力表式液位计

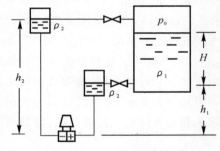

图 4-6-3　负迁移示意图

若被测介质密度为 ρ_1，隔离液密度为 ρ_2（通常 $\rho_2 > \rho_1$），这时正、负压室的压力分别为

$$p_1 = h_1\rho_2 g + H\rho_1 g + p_0 \tag{4-6-4}$$

$$p_2 = h_2\rho_2 g + p_0 \tag{4-6-5}$$

正、负压室间的压差为

$$p_1 - p_2 = H\rho_1 g + h_1\rho_2 g - h_2\rho_2 g$$

即

$$\Delta p = H\rho_1 g - (h_2 - h_1)\rho_2 g \tag{4-6-6}$$

式中，Δp—— 变送器正、负压室的压差；

H—— 被测液位的高度；

h_1—— 正压室隔离罐液位到变送器的高度；

h_2—— 负压室隔离罐液位到变送器的高度。

将式(4-6-6)与式(4-6-3)进行比较，可知道这时压差减少了 $(h_2 - h_1)\rho_2 g$ 一项，也就是说，当 $H = 0$ 时，$\Delta p = -(h_2 - h_1)\rho_2 g$，对比无迁移情况，相当于在负压室多了一项压力，其固定数值为 $(h_2 - h_1)\rho_2 g$。

假定采用的是 DDZ-Ⅲ型差压变送器,其输出范围为 4～20 mA 的直流电流信号:

(1)在无迁移时 $H=0$,$\Delta p=0$ 变送器的输出 $I_o=4$ mA;$H=H_{max}$;$\Delta p=\Delta p_{max}$,这时变送器的输出 $I_o=20$ mA。

(2)在有迁移时,根据式(4-6-6)可知,由于有固定差压的存在,从理论上讲,当 $H=0$ 时,变送器的输入小于 0,其输出必定小于 4 mA;当 $H=H_{max}$ 时,变送器的输入小于 Δp_{max},其输出必定小于 20 mA。

为了使仪表的输出能正确反映出液位的数值,也就是使液位的零值与满量程能与变送器输出的上、下限值相对应,必须设法抵消固定压差 $(h_2-h_1)\rho_2 g$ 的作用,使得当 $H=0$ 时,变送器的输出仍然回到 4 mA,而当 $H=H_{max}$ 时,变送器的输出仍为 20 mA。采用零点迁移的办法就能够达到此目的,即调整仪表上的迁移弹簧,以抵消固定压差 $(h_2-h_1)\rho_2 g$ 的作用。

这里迁移弹簧的作用,其实质是改变变送器的零点。迁移和调零都是使变送器输出的起始值与被测量起始点相对应,只不过零点调整量通常较小,而零点迁移量则比较大。

迁移同时改变了测量范围的上、下限,相当于测量范围的平移,它不改变量程的大小。

例如,某差压变送器的测量范围为 0～0.5 MPa,当压差由 0 变化到 0.5 MPa 时,变送器的输出将由 4 mA 变化到 20 mA,这是无迁移的情况,如图 4-6-4 中曲线 a 所示。

当有迁移时,假定固定压差为 $(h_2-h_1)\rho_2 g=0.2$ MPa,那么当 $H=0$ 时,根据式(4-6-6),有 $\Delta p=-(h_2-h_1)\rho_2 g=-0.2$ MPa,这时变送器的输出应为 4 mA;当 H 为最大时,$\Delta p=H\rho_1 g-(h_2-h_1)\rho_2 g=0.5-0.2=0.3$ MPa,这时变送器输出应为 20 mA,见图 4-6-4 中曲线 b 所示。也就是说,当 Δp 从 -0.2 MPa 变化到 0.3 MPa 时,变送器的输出应从 4 mA 变化到 20 mA。它维持原来的量程(0.5 MPa)大小不变,只是向负方向迁移了一个固定压差值$[(h_2-h_1)\rho_2 g=0.2$ MPa]。这种情况称之为负迁移。

由于工作条件的不同,有时会出现正迁移的情况,如图 4-6-5 所示,当 $H=0$ 时,正压室多了一项附加压力 $h\rho g$,或者说当 $H=0$ 时,$\Delta p=h\rho g$,这时变送器输出应为 4 mA,画出此时变送器输出和输入压差之间的关系,就如同图 4-6-4 中曲线 c 所示。

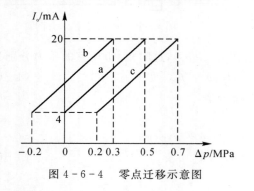

图 4-6-4 零点迁移示意图

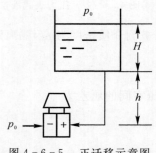

图 4-6-5 正迁移示意图

3. 用法兰式差压变送器测量液位

为了解决测量具有腐蚀性或含有结晶颗粒以及黏度大、易凝固等液体液位时引压管线被腐蚀、被堵塞的问题,应使用在导压管入口处加隔离膜盒的法兰式差压变送器。

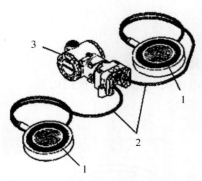

图 4-6-6　双法兰式差压变送器

1— 法兰；2— 毛细管；3— 变送器

法兰式差压变送器如图 4-6-6 所示。作为敏感元件的测量头 1（金属膜盒），经毛细管 2 与变送器 3 的测量室相通。在膜盒、毛细管和测量室所组成的封闭系统内充有硅油，作为传压介质，并使被测介质不进入毛细管与变送器，以免堵塞。

法兰式差压变送器按其结构形式又分为单法兰式及双法兰式两种。容器与变送器间只需一个法兰将管路接通的称为单法兰差压变送器，而对于上端和大气隔绝的闭口容器，因上部空间压力与大气压力多半不等，必须采用两个法兰分别将液相和气相压力导至差压变送器，如图 4-6-7 所示，这就是双法兰差压变送器。

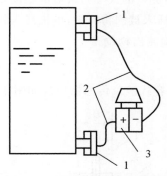

图 4-6-7　双法兰式差压变送器测量液位示意图

1— 法兰式测量头；2— 毛细管；3— 变送器

4.6.3　电容式物位传感器

1. 测量原理

在电容器的极板之间，充以不同介质时，电容量的大小也有所不同。因此，可通过测量电容量的变化来检测液位、料位和两种不同液体的分界面。

图 4-6-8 所示是由两个同轴圆柱极板 1，2 组成的电容器，在两圆筒间充以介电常数为 ε 的介质时，则两圆筒间的电容量表达式为

$$C = \frac{2\pi\varepsilon L}{\ln\dfrac{D}{d}} \qquad (4-6-7)$$

式中，L—— 两极板相互遮盖部分的长度；

d，D—— 圆筒形电容器内电极的外径和外电极的内径；

ε—— 中间介质的介电常数。

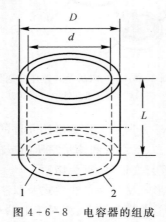

图 4 - 6 - 8　电容器的组成

1— 内电极；2— 外电极

因此，当 D 和 d 一定时，电容量 C 的大小与极板的长度 L 和介质的介电常数 ε 的乘积成比例。这样，将电容传感器（探头）插入被测物料中，电极浸入物料中的深度随物位高低变化，必然引起其电容量的变化，从而可检测出物位。

2. 液位的检测

对非导电介质液位测量的电容式液位传感器原理如图 4 - 6 - 9 所示。

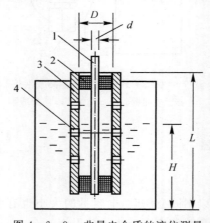

图 4 - 6 - 9　非导电介质的液位测量

1— 内电极；2— 外电极；3— 绝缘体；4— 流通小孔

它由内电极 1 和一个与它相绝缘的同轴金属套筒做的外电极 2 所组成，外电极 2 上开很多小孔 4，能使介质流进电极之间，内外电极用绝缘体 3 绝缘。当液位为零时，仪表调整零点（或

在某一起始液位调零也可以），其零点的电容为

$$C_0 = \frac{2\pi\varepsilon_0 L}{\ln\dfrac{D}{d}} \tag{4-6-8}$$

式中，ε_0—— 空气介电常数；

　　d, D—— 内电极外径及外电极内径。

　　当液位上升为 H 时，电容量变为

$$C = \frac{2\pi\varepsilon H}{\ln\dfrac{D}{d}} + \frac{2\pi\varepsilon_0(L - H)}{\ln\dfrac{D}{d}} \tag{4-6-9}$$

电容量的变化为

$$C_X = C - C_0 = \frac{2\pi(\varepsilon - \varepsilon_0)H}{\ln\dfrac{D}{d}} = K_1 H \tag{4-6-10}$$

　　因此，电容量的变化与液位高度 H 成正比。式（4-6-10）中的 K_1 为比例系数。K_1 中包含（$\varepsilon - \varepsilon_0$），也就是说，这个方法是利用被测介质的介电常数 ε 与空气介电常数 ε_0 不等的原理工作的。（$\varepsilon - \varepsilon_0$）值越大，仪表越灵敏。$D/d$ 实际上与电容器两极间的距离有关，D 与 d 越接近，即两极间距离越小，仪表灵敏度越高。

　　电容式液位计在结构上稍加改变以后，也可以用来测量导电介质的液位。

　　3. 料位的检测

　　电容法可以测量固体块状、颗粒状及粉状的料位。固体间磨损较大，容易"滞留"，一般不用双电极式电极。可用电极棒及容器壁组成电容器的两极来测量非导电固体料位。

　　图 4-6-10 所示为用金属电极棒插入容器来测量料位的示意图。它的电容量变化与料位升降的关系为

$$C_X = \frac{2\pi(\varepsilon - \varepsilon_0)H}{\ln\dfrac{D}{d}} \tag{4-6-11}$$

式中，D, d—— 容器的内径和电极的外径；

　　$\varepsilon, \varepsilon_0$—— 物料和空气的介电常数。

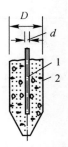

图 4-6-10　料位检测
1— 金属棒内电极；2— 容器壁

　　电容物位计的传感部分结构简单、使用方便。但由于电容变化量不大，要精确测量，就需

借助于较复杂的电子线路才能实现。此外,还应注意当介质浓度、温度变化时,其介电常数也会发生变化这一情况,以便及时调整仪表,达到预想的测量目的。

4.6.4　核辐射物位计

放射性同位素的辐射线射入一定厚度的介质时,部分粒子因克服阻力与碰撞动能消耗被吸收,另一部分粒子则透过介质。射线的透射强度随着通过介质层厚度的增加而减弱。入射强度为 I_0 的放射源,随介质厚度增加其强度呈指数规律衰减,其关系为

$$I = I_0 e^{-\mu H} \tag{4-6-12}$$

式中,μ—— 介质对放射线的吸收系数;

　　H—— 介质层的厚度;

　　I—— 穿过介质后的射线强度。

不同介质吸收射线的能力是不一样的。一般说来,固体吸收能力最强,液体次之,气体则最弱。当放射源已经选定,被测的介质不变时,则 I_0 与 μ 都是常数,根据式(4-6-12),只要测定通过介质后的射线强度 I,介质的厚度 H 就知道了。介质层的厚度,在这里指的是液位或料位的高度,这就是放射线检测物位法。

核辐射物位计的原理示意图如图 4-6-11 所示。辐射源 1 射出强度为 I_0 的射线,接收器 2 用来检测透过介质后的射线强度 I,再配以显示仪表就可以指示物位的高低了。

这种物位仪表由于核辐射线的突出特点,能够透过钢板等各种物质,因而可以完全不接触被测物质,适用于高温、高压容器、强腐蚀、有剧毒、有爆炸性、黏滞性、易结晶或沸腾状态的介质的物位测量,还可以测量高温融熔金属的液位。由于核辐射线特性不受温度、湿度、压力、电磁场等影响,所以可在高温、烟雾、尘埃、强光及强电磁场等环境下工作。但由于放射线对人体有害,它的剂量要加以严格控制,所以使用范围受到一定限制。

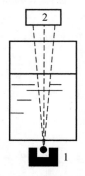

图 4-6-11　核辐射物位计原理示意图
1— 辐射源;2— 接收器

4.6.5　称重式液罐计量仪

在石油、化工生产中,有许多大型储罐,由于高度与直径都很大,即使液位变化 $1 \sim 2$ mm,就会有几百千克到几吨的差别,所以要求液位的测量很精确。同时,液体(例如油品)的密度会随温度发生较大的变化,而大型容器由于体积很大,各处温度很不均匀,因此即使液位(即体积)测得很准,也反映不了罐中真实的质量储量有多少。利用称重式液罐计量仪,就可以基本

上解决上述问题。称重仪是根据天平平衡原理设计的,它的原理如图 4 - 6 - 12 所示。

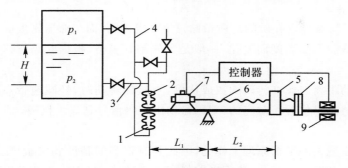

图 4 - 6 - 12　称重式液罐计量仪

1— 下波纹管;2— 上波纹管;3— 液相引压管;

4— 气相引压管;5— 砝码;6— 丝杠;7— 可逆电机;8— 编码盘;9— 发讯器

罐顶压力 p_1 与罐底压力 p_2 分别引至下波纹管 1 和上波纹管 2。两波纹管的有效面积 A 相等,差压引入两波纹管,产生总的作用力,作用于杠杆系统,使杠杆失去平衡,于是通过发讯器和控制器,接通电机线路,使可逆电机旋转,并通过丝杠 6 带动砝码 5 移动,直至由砝码作用于杠杆的力矩与测量力(由差压引起)作用于杠杆的力矩平衡时,电机才停止转动。下面推导在杠杆系统平衡时,砝码离支点的距离 L_2 与液罐中总的质量储量之间的关系。

当杠杆平衡时,有

$$(p_2 - p_1)AL_1 = MgL_2 \tag{4-6-13}$$

式中,M—— 砝码质量;

$\quad\quad g$—— 重力加速度;

L_1, L_2—— 杠杆臂长;

$\quad\quad A$—— 纹波管有效面积。

由于

$$p_2 - p_1 = H\rho g \tag{4-6-14}$$

将式(4 - 6 - 14)代入式(4 - 6 - 13),得

$$L_2 = \frac{AL_1}{M}\rho H = K\rho H \tag{4-6-15}$$

式中,ρ—— 被测介质密度;

$\quad\quad K$—— 仪表常数。

如果液罐是均匀截面,其截面积为 A_1,于是液罐内总的液体储量 M_0 为

$$M_0 = \rho H A_1 \tag{4-6-16}$$

即

$$\rho H = \frac{M_0}{A_1} \tag{4-6-17}$$

将式(4 - 6 - 17)代入式(4 - 6 - 15),得

$$L_2 = K\frac{M_0}{A_1} \tag{4-6-18}$$

因此,砝码离支点的距离 L_2 与液罐单位面积储量成正比。如果液罐的横截面积 A_1 为常数,则可得

$$L_2 = K_1 M_0 \tag{4-6-19}$$

式中

$$K_1 = \frac{K}{A_1} = \frac{AL_1}{A_1 M}$$

(4 - 6 - 20)

由此可见，L_2 与液罐内介质的总质量储量 M_0 成比例，而与介质密度 ρ 无关。

如果储罐横截面积随高度而变化，一般是预先制好表格，根据砝码位移量 L_2 就可以查得储存液体的质量。

由于砝码移动距离与丝杠转动圈数成比例，当丝杠转动时，经减速带动编码盘 8 转动，因此编码盘的位置与砝码位置是对应的，编码盘发出编码信号到显示仪表，经译码和逻辑运算后用数字显示出来。

由于称重仪是按天平平衡原理工作的，因此具有很高的精度和灵敏度。当罐内液体受组分、温度等影响，密度发生变化时，并不影响仪表的测量精度。该仪表可以用数字直接显示，并便于与计算机联用，进行数据处理或进行控制。

4.6.6 液位计的选用

选择液位计主要考虑以下几方面：
(1)仪表特性，主要包括测量范围、测量精度、工作可靠性等。
(2)工作环境，主要包括被测对象情况、液位计的放置情况等。
(3)输出方式，主要包括是否连续测量、信号传递和显示等。

4.7 物质成分分析仪表

现代化工生产过程中，为了保证原材料、中间产品、成品的质量和产量，可以利用温度、压力、流量等过程参数进行测量和控制，这是间接的方法。而成分分析仪表则可以随时监视原料、半成品、成品的成分及其含量，达到直接检测和控制的目的。成分分析仪表的应用，可以提高和保证产品的质量，降低原材料的消耗，提高劳动生产率，促进生产力的发展。因此，成分分析测量在工业生产过程中有重要的地位。

成分分析仪表种类繁多，按其工作原理可分为光学式、热学式、电化学式、传质式和其他类型的分析仪表。本节仅对常用的分析仪表的工作原理简要介绍。

4.7.1 红外线气体分析仪

红外线气体分析仪是一种吸收式光学分析仪器，常用来检测 CO，CO_2，NH_3 及 CH_4，C_2H_2，C_2H_4 等气体的浓度，在现代化工流程工业（如合成氨工业）中有广泛的应用。它也可用来检测锅炉烟气中 CO，CO_2 的含量，以及环境的大气污染。

红外线气体分析仪是基于物质对光辐射的选择性吸收原理来工作的。一定的物质只能吸收特定波长的光辐射，称为该物质的特征光谱。混合气能吸收红外线的波带与待测组分有关，能吸收红外辐射能的大小与待测组分的浓度有关。当红外线通过混合气体时，气体中的待测组分吸收红外线的辐射能，引起自身压力、温度的变化。若将这种变化转化成易于测量的电信号（如电容），就可测出气体吸收的辐射能，进而得到气体的浓度。

红外线的波长范围为 $0.76 \sim 300 \ \mu m$，位于可见光和微波之间。在红外线气体分析仪中通常只利用 $1 \sim 25 \ \mu m$ 范围内的光谱。由于一些结构对称、无极性的气体（如 O_2，H_2，Cl_2，N_2，

He,Ne,Ar)的吸收光谱不在 $1\sim25\ \mu m$ 内,所以红外线气体分析仪不能检测此类气体。红外线通过介质被介质吸收的规律,符合朗伯-比尔定理,即

$$I = I_0 \mathrm{e}^{-KCL} \tag{4-7-1}$$

式中,I —— 红外线的出射光强;

$\quad\ \ I_0$ —— 红外线的入射光强;

$\quad\ \ K$ —— 待测组分的吸收系数;

$\quad\ \ C$ —— 待测组分的浓度;

$\quad\ \ L$ —— 样气的厚度。

当气体浓度不是很大时,可认为 K 与 C 无关。这样当 I_0、L 一定时,出射光强 I 是 C 的单值函数,通过检测 I,可求出 C 的大小。

红外线气体分析仪的种类很多,可大致分类如下:

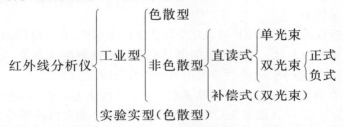

目前中国生产的工业型红外线气体分析仪大都属于直读、双光束、正式这一类。直读式气体分析仪的结构简图如图 $4-7-1$ 所示。

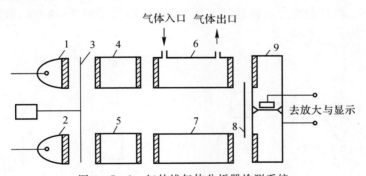

图 $4-7-1$　红外线气体分析器检测系统

1,2—红外线光源;3—切光片;4,5—干扰滤光室;

6—测量气室;7—参比气室;8—调零挡板;9—薄膜电容接收器

红外线光源 1,2 发出两束波长范围基本相同、光强基本相等的两束红外光,切光片 3 在同步电机的带动下周期性的遮断光源,它将两束平行光调制成两束脉冲光。一束光通过干扰滤光室 5、参比气室 7 进入薄膜电容接收器 9,光强基本不变;另一束光通过干扰滤光室 4、测量气室 6 进入接收器。由于在测量气室里红外线被待测组分气体吸收了部分能量,光强减弱,减弱的程度与待测组分的浓度有关,因此进入检测器的两束光强是不同的。在接收器内光强的差转化成电信号,送入放大器,最后由仪表显示。

红外线光源通常由镍铬丝制成,工作温度在 $700\sim800\,℃$ 范围内。此时其辐射光的波长范围为 $3\sim10\ \mu m$,比较适合检测气体的浓度。由于检测时需要稳定的辐射光谱,灯丝的温度不

能随意变化,因此需要较好的稳定电源。

干扰滤光室充以待测样气中含有的干扰组分气体,这些干扰组分气体的吸收光谱与待测气体组分的吸收光谱有一部分重叠。例如在合成氨工业中,由于 CO_2 与 CO 的吸收光谱有一部分重叠,在测量 CO 的浓度时,必须在干扰滤光室里充以足量的 CO_2,让 CO_2 完全吸收其特征波长范围内的红外线能量,这样,在后面的气室吸收过程中,光强的变化完全由 CO 的吸收引起,就排除了 CO_2 的干扰。

4.7.2 氧化锆氧气分析仪

工业生产过程中检测氧气的含量,比较常用的检测仪器如氧化锆氧气分析仪。其优点是:结构简单、维护方便、反应迅速、测量范围广等。它适用于化工、冶金部门检测各种工业锅炉及炉窑中烟道气的氧含量。此外,它与调节器组成自动调节系统,能实现低氧燃烧控制,有利于节省能源和减少环境污染。

氧化锆气体分析仪的基本原理是以氧化锆作为固体电解质,在较高的温度下,电解质两侧的氧浓度不同而形成浓差电池。浓差电池的电动势与两侧的氧浓度有关,当一侧氧浓度固定时,可通过输出电势和浓差——电势关系求出另一侧氧气浓度。

氧化锆(ZrO_2)在常温下是一种单斜晶系物质,导电性能差。若掺入一定数量的氧化钙(CaO)或氧化钇(Y_2O_3)并经高温焙烧后,就变成稳定的面心正方形晶系物质,具有良好的导电性。此时 Ca^{2+} 就会置换晶格点阵上的 Zr^{4+} 并在晶格中形成氧离子空穴。如果有外加电场,就会形成氧离子 O^{2-} 占据空穴的定向移动而导电,示意图如图 4-7-2 所示。固体电解质的导电性与温度有关,温度越高导电性越强。在 $600\sim1\,000\,℃$ 高温下,掺杂的氧化锆晶体对氧离子有良好的传导性。

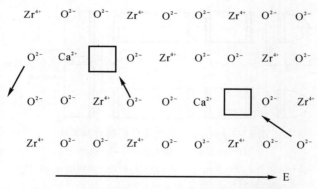

图 4-7-2 ZrO_2(+CaO)固体电解质与导电机理

氧浓差电池构造如图 4-7-3 所示。氧化锆晶体材料两侧分别为参比气体和待测气体,两侧气体的氧气浓度不等。在晶体两侧贴有多孔的铂金属极板,在高温下,吸附在铂金属片周围的氧分子从铂电极上获得自由电子后变成氧离子,并通过氧化锆晶体中的氧离子空穴向低浓度一侧移动,在另一侧的铂电极上释放电子变成氧分子逸出。于是在铂电极上造成电荷积累,形成氧浓差电池。当接通外电路时,指针就会偏转。

氧浓差电池可表示为 $(-)P_t,O_2(分压 p_1)|ZrO_2\cdot CaO|O_2(分压 p_0),P_t(+)$
其中 p_0,p_1 为两侧的氧分压,$p_0>p_1$。

在正极上的反应为 $O_2(p_0) + 4e \longrightarrow 2O^{2-}$

在负极上的反应为 $2O^{2-} \longrightarrow O_2(p_1) + 4e$

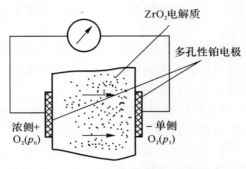

图 4-7-3 氧浓差电池示意图

电池两端的电势 E 可由能斯特(Nernst)公式表示为

$$E = \frac{RT}{NF} \ln \frac{p_0}{p_1} \qquad\qquad (4-7-2)$$

式中,E—— 氧浓差电势,mV;

R—— 气体常数 $R = 8.315\ \text{J}/(\text{mol} \cdot \text{K})$;

F—— 法拉第常数 $F = 96\ 500\ \text{C}$;

T—— 热力学温度,K;

N—— 反应时所输送的电子数(对氧 $N = 4$);

p_0, p_1—— 两侧气体氧分压。

若两侧气体总压力相等,则式(4-7-2)可改写为

$$E = \frac{RT}{NF} \ln \frac{\phi_0}{\phi_1} \qquad\qquad (4-7-3)$$

式中,ϕ_0, ϕ_1 表示两侧气体的氧容积成分。

若用空气作为参比气体,$\phi_1 = 20.8\%$,当 T 一定时,E 只取决于待测气体的氧容积成分 ϕ_0。通过测出 E 的大小,可求出待测气体的氧浓度。

图 4-7-4 是带有恒温加热炉的氧化锆测氧检测器的示意图。

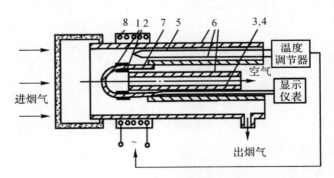

图 4-7-4 带恒温炉的氧化锆检测器结构示意图

1,2—外、内电极;3,4—内、外电极引线;5—热电偶;6—Al_2O_3 陶瓷管;7—氧化锆管;8—恒温加热炉

为了正确测量气体的氧浓度,需注意以下几点。

(1)氧化锆传感器要恒温,否则要在计算电路中采取补偿措施。式(4-7-3)表示,当 ϕ_0 一定时,E 与 T 成正比。要保证 E 与 ϕ_0 的单值对应关系,必须保证测量时传感器的温度不变,否则要进行温度补偿。

(2)氧化锆传感器一定要在高温下工作,以保证有足够的灵敏度。只有在高温环境下,氧化锆才是氧离子的良好导体。而且温度愈高,在相同氧浓差下输出电压越大,灵敏度越高。通常要求氧化锆传感器工作温度在 800℃ 左右。

(3)在应用式(4-7-3)时,要保证被测气体与参比气体的总压相等,此时两种气体的氧分压之比才能用两气体的氧容积百分比表示。

(4)两侧的气体应保持一定的流速。氧浓差电池有使两侧气体的氧浓度趋于一致的趋向,为测量准确,必须使两侧气体按一定的速度流动,以便不断更新。

4.7.3　工业电导仪

工业电导仪是通过测量溶液的电导而间接的得到溶液的浓度,常用来分析酸、碱、盐等电解质的浓度。它也可用来分析气体的浓度,但首先需要用某种电解质溶液吸收气体,然后测量电解质溶液的电导改变量,再间接的得到气体的浓度。

1. 工作原理

电解质溶液和金属导体一样,也是电的良导体。它的导电特性可用电阻或电导来表示,测量示意图如图 4-7-5 所示。

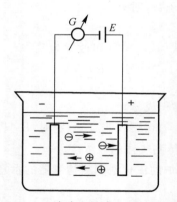

图 4-7-5　溶液电导或电阻测量示意图

溶液的电阻或电导的计算式与金属导体的是一样的,即

$$R = \rho \frac{L}{A} \qquad (4-7-4)$$

$$G = \gamma \frac{A}{L} \qquad (4-7-5)$$

式中,R—— 溶液的电阻;

ρ—— 溶液的电阻率;

L—— 电解质溶液导体的总长度,即两极板间的距离;

A—— 电解质溶液导体的横截面积,即极板的面积;

G—— 溶液的电导；

γ—— 溶液的电导率。

令 $K = L/A$，K 称为电极常数，则

$$R = K\rho \qquad\qquad (4-7-6)$$

$$G = \frac{\gamma}{K} \qquad\qquad (4-7-7)$$

溶液的电阻随温度的升高而减小，导电能力增强。一般不用电阻 R 或电阻率 ρ 来表示溶液的导电能力，而用电导 G 或电导率 γ 来表示。γ 值越大，溶液的导电能力越强。γ 与溶液电解质的种类、性质、浓度及温度等因素有关。图 4-7-6 给出了两种常见的水溶液在 20℃ 时其电导率与浓度的关系曲线。从图上可以看出，溶液的电导率 γ 与浓度 G 只有在低浓度区和高浓度区才呈线性关系，可利用电导率来测量溶液的浓度。

在低浓度区域，电导率与浓度的线性关系可表示为

$$\gamma = mc \qquad\qquad (4-7-8)$$

式中，m 表示直线的斜率，为正值。图 4-7-7 为几种低浓度的水溶液在 20℃ 时电导率与浓度的关系曲线。

但在高浓度区，γ 却随浓度的增大而减小，这是因为溶液中的正负离子存在相互吸引作用，影响了导电能力。浓度愈高，相互吸引作用愈强，电导愈小。此时 γ 与 c 的关系可表示为

$$\gamma = mc + a \qquad\qquad (4-7-9)$$

式中，m 表示斜率，为负值；a 表示直线延长线在 γ 轴上的截距。

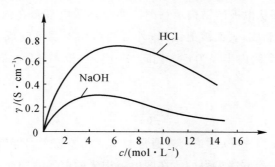

图 4-7-6　常见两种水溶液在 20℃ 时电导率与浓度的关系曲线

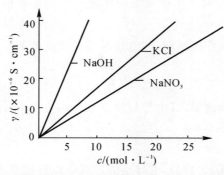

图 4-7-7　常见几种低浓度水溶液在 20℃ 时电导与浓度的关系曲线

2. 电导检测器

常用的电导检测器有两种结构,一种是筒状电极,另一种是环状电极。当两极间充满导电液体时,也可称为电导池。电导池的电极常数 K 是已知的,通过测出其电导,可得到溶液的电导率,进而得到溶液的浓度。

图 4-7-8 所示为筒状电极的结构示意图。内电极外半径为 r_1,外电极的内半径为 r_2,电极长度为 l,理论电极常数为

$$K = \frac{1}{2\pi l} \ln \frac{r_2}{r_1} \tag{4-7-10}$$

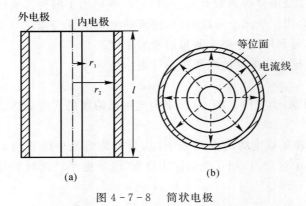

图 4-7-8　筒状电极

图 4-7-9 所示为环状电极的结构示意图。两个环状电极套在内管上,内管一般为玻璃管;环状电极常用金属铂制成,表面镀上铂黑;外套管可用不锈钢制成。环半径为 r_1,环厚度为 h,两电极距离为 l,外套筒内半径为 r_2。当 r_1、r_2 比 l 小得多且 h 也不很大时,其理论电极常数可近似为

$$K = \frac{l}{\pi(r_2^2 - r_1^2)} \tag{4-7-11}$$

式(4-7-10)与式(4-7-11)理论公式通常与实际相差较大,只能作估算用。实际的电导检测器的电极常数是用实验方法求得的。在两电极构成的电导池中充满了电导率已知的标准溶液,用精度较高的电导仪或交流电桥测出两电极间的标准溶液的电阻 R 或电导 G,即可用公式(4-7-7)求出电极常数 K。对一个已知电极常数为 K 的电导检测器,两电极的电导可由公式(4-7-7)求出。

用来测量低浓度溶液的电导检测器,其电导与溶液浓度的关系为

$$G = \frac{m}{K}c \tag{4-7-12}$$

用来测量高浓度溶液的电导检测器,其电导与溶液浓度的关系为

$$G = \frac{m}{K}c + \frac{a}{K} \tag{4-7-13}$$

利用式(4-7-12)和式(4-7-13),电导检测器就可以将被测溶液的浓度信号转化成电导信号。

3. 溶液电导的测量

(1)测量方法。工业上常用接触法来测量溶液的电导,即将两电极插入溶液中再测量两电极的电导。按外接电路的结构不同,可分为分压式和桥路式。分压式电路图如图 4-7-10 所示。

桥路式分为平衡桥式和不平衡桥式,如图 4-7-11 和图 4-7-12 所示。以上几种测量方法常用来检测电解质(盐类)的浓度。由于浓酸易腐蚀电极,不能采用接触法测量,若要检测浓酸类溶液的浓度,可采用电磁感应法。

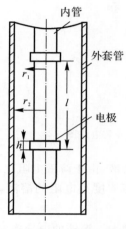

图 4-7-9　环状电极

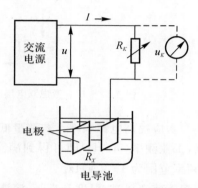

图 4-7-10　分压法测量线路原理图

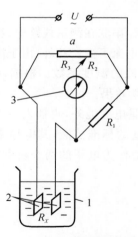

图 4-7-11　平衡电桥测量原理线路图

1—电导池;2—电极片;3—检流计

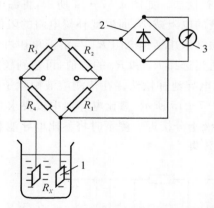

图 4-7-12　不平衡电桥法测量原理线路图

1—电导池;2—桥式整流器;3—指示仪表

(2)影响测量的因素。影响因素有以下几点。

1)电极极化。电导检测器若用直流电源供电,就会出现电解现象。在正、负电极上发生氧化和还原反应,并产生双电层和表面电场;此外,还引起溶液中的传质过程(电离子迁移和扩散等),使局部浓度发生变化。前者称为化学极化,后者称为浓度极化。极化会严重影响测量精度。为了减小极化现象的影响,电导检测器常用交流电源供电。要求电源频率较高,通常为

1 kHz,这样由于两极电位交替改变,来不及电解或至少是能大大地减弱电解作用。还可以采用增大电极表面面积来减小电流密度,这是因为电流密度越大,浓差极化越严重。通常在铂电极上镀一层粗糙的铂黑,以增大电极的有效面积。

2)电导池电容的影响。当用交流电源供电时,在两电极间会产生电容,此时电导池等效成一阻抗。电导池的电容可等效地认为由两部分组成,一部分是由于电极反应在电极与溶液间形成双电层而产生的电容,它与溶液电阻 R 串联;另一部分是两电极与被测电解质溶液形成的电容,它与 R 并联。当溶液电导率不是很低时,双电层电容的影响是主要的。图 4-7-13 给出了只考虑双电层电容影响时的等效电路图。

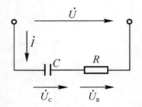

图 4-7-13　考虑双电层时电容检测器的等效电路图

为了减小 $\dot{U}_C$,应提高电源频率。若测量低浓度范围的溶液,由于溶液电阻比较大,可以不用高频交流电,工业频率(50 Hz)即可得到满意结果;对于高浓度小电阻的溶液,则必须采用高频,常用的频率范围为 1~4 kHz。

3)温度影响。前文提过,温度升高时,溶液的电导率会增大。溶液的电导率对温度的变化是极敏感的,电导检测器如果不采用温度补偿措施是无法应用的。常用的补偿方法有如下两种。

a. 电阻补偿法。如图 4-7-14 所示,将温度补偿电阻 R_t 串联在测量线路中,当溶液温度升高时,溶液的电阻减小,而温度补偿电阻的阻值增大,保证电流不变。此外,由于溶液的温度系数很大,通常采用锰铜电阻 R_1 与溶液电阻并联以降低溶液的温度系数。根据待测溶液的温度系数,适当选择 R_1 和 R_t 的数值,可达到较好的温度补偿效果。

b. 参比电导池补偿法。在待测溶液中除了插入一支测量电导池外,再插入一支参比电导池。如图 4-7-15 所示,参比电导池中按要求封入一定浓度的标准溶液,其电导率和温度系数与待测溶液十分接近。测量时将参比电导池和测量电导池作为电桥的两个桥臂,即可达到良好的补偿效果。

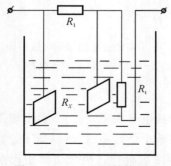

图 4-7-14　电阻补偿原理

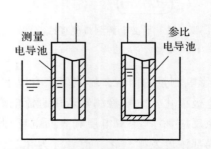

图 4-7-15　参比电导池补偿原理图

4.8 思考题与习题

4-1 试述温度测量仪表的种类有哪些？各使用在什么场合？

4-2 热电偶的热电特性与哪些因素有关？

4-3 常用的热电偶有哪几种？所配用的补偿导线是什么？为什么要使用补偿导线？并说明使用补偿导线时要注意哪几点。

4-4 在用热电偶测温时，为什么要进行冷端温度补偿？其冷端温度补偿的方法有哪几种？

4-5 测温系统如题图 4-1 所示。请说出这是工业上用的哪种温度计。已知热电偶为 K，但错用与 E 配套的显示仪表，当仪表指示为 160℃时，请计算实际温度 t_x（室温为 25℃）。

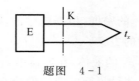

题图 4-1

4-6 试述热电阻测温原理及常用热电阻的种类，并说明 R_0 各为多少。

4-7 热电偶的结构与热电阻的结构有什么不同之处？

4-8 说明热电偶温度变送器、热电阻温度变送器的组成及线性化的方法。

4-9 试述测温元件的安装和布线的要求。

4-10 什么叫压力？表压力、绝对压力、负压力（真空度）之间有何关系？

4-11 为什么一般工业上的压力计做成测表压或真空度，而不做成测绝对压力的形式？

4-12 测压仪表有哪几类？各基于什么原理？

4-13 作为感受压力的弹性元件有哪几种？各有何特点？

4-14 霍尔片式压力传感器是如何利用霍尔效应实现压力测量的？

4-15 应变片式与压阻式压力计各采用什么测压元件？

4-16 试简述 DDZ-Ⅲ型力矩平衡压力变送器的基本原理，并说明它是如何实现负反馈作用的。

4-17 电容式压力传感器的工作原理是什么？有何特点？

4-18 试简述智能型差压变送器的组成及特点。

4-19 手持通信器在智能型差压变送器中起什么作用？

4-20 为什么测量仪表的测量范围要根据被测量大小来选取？选一台量程很大的仪表来测量很小的参数值有何问题？

4-21 压力计安装要注意什么问题？

4-22 试述化工生产中测量流量的意义。

4-23 什么叫节流现象？流体经节流装置时为什么会产生静压差？

4-24 试述差压式流量计测量流量的原理，并说明哪些因素对差压式流量计的流量测量有影响。

4-25 原来测量水的差压式流量计，现在用来测量相同测量范围的油的流量，读数是否正确？为什么？

4-26 为什么说浮子流量计是定压降式流量计,而差压式流量计是变压降式流量计？

4-27 试述差动变压器传送位移量的基本原理。

4-28 椭圆齿轮流量计的工作原理是什么？椭圆齿轮流量计的特点是什么？在使用中要注意什么问题？

4-29 涡轮流量计的工作原理及特点是什么？

4-30 电磁流量计的工作原理是什么？它对被测介质有什么要求？

4-31 试简述涡街流量计的工作原理及其特点。

4-32 质量流量计有哪两大类？

4-33 按工作原理不同,物位测量仪表有哪些主要类型？它们的工作原理各是什么？

4-34 差压式液位计的工作原理是什么？当测量有压容器的液位时,差压计的负压室为什么一定要与容器的气相相连接？

4-35 生产中欲连续测量液体的密度,根据已学的测量压力及液位的原理,试考虑一种利用差压原理来连续测量液体密度的方案。

4-36 有两种密度分别为 ρ_1,ρ_2 的液体,在容器中,它们的界面经常变化,试考虑能否利用差压变送器来连续测量其界面。测量界面时要注意什么问题？

4-37 什么是液位测量时的零点迁移问题？怎样进行迁移？其实质是什么？

4-38 正迁移和负迁移有什么不同？如何判断？

4-39 在测量高温液体(指它的蒸汽在常温下要冷凝的情况)时,经常在负压管上装有冷凝罐,试问这时用差压变送器来测量液位,要不要迁移。如要迁移,迁移量应如何考虑？

4-40 为什么要用法兰式差压变送器？

4-41 试述核辐射物位计的特点及应用场合。

4-42 试述称重式液罐计量仪的工作原理及特点。

4-43 试述氧化锆氧气分析仪的工作原理。

4-44 试述工业电导仪的工作原理。

4-45 选择某一类型仪表,查阅资料,了解其技术进展。

第5章 执 行 器

　　执行器是自动控制系统中必不可少的一个重要组成部分,它的作用是接收控制器送来的控制信号,改变被控介质的流量,从而将被控变量维持在所要求的数值上或一定的范围内。因此是自动调节系统的终端部件,而调节阀则是执行器中最广泛使用的形式。执行器的好坏直接影响到调节系统的正常工作。

　　执行器按其能源形式可分为气动、液动和电动3种类型。气动执行器用压缩空气作为能源,其特点是结构简单、动作可靠、平稳、输出推力较大、维修方便、防火防爆,而且价格较低,因此广泛地应用于化工、炼油等生产过程中。它可以方便地与气动仪表配套使用,即使是采用电动仪表或计算机控制时,只要经过电-气转换器或电-气阀门定位器将电信号转换为 20～100 kPa 的标准气压信号,仍然可用气动执行器。电动执行器的能源取用方便,信号传递迅速,但由于它结构复杂、防爆性能差,故较少应用。液动执行器在化工、炼油等生产过程中基本上不使用。

5.1　气动执行器

　　执行器由执行机构和控制机构(阀或调节机构)两部分组成、执行机构是执行器的推动装置,它按控制信号压力的大小产生相应的推力,推动控制机构动作,所以它是将信号压力的大小转换为阀杆位移的装置。控制机构是执行器的控制部分,它直接与被控介质接触,控制流体的流量。所以它是将阀杆的位移转换为流过阀的流量的装置。

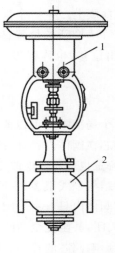

图 5-1-1　气动薄膜调节阀外形图
1—气动执行机构;2—阀体

图 5-1-1 所示是一种常用薄膜式气动执行器的示意图。气压信号由上部引入，作用在薄膜上，推动阀杆产生位移，改变了阀芯与阀座之间的流通面积，从而达到了控制流量的目的。图中上半部为执行机构，下半部为控制机构。

气动执行器有时还配备一定的辅助装置。常用的有阀门定位器和手轮机构。阀门定位器的作用是利用反馈原理来改善执行器的性能，使执行器能按控制器的控制信号，实现准确的定位。手轮机构的作用是当控制系统因停电、停气、控制器无输出或执行机构失灵时，利用它可以直接操纵控制阀，以维持生产的正常进行。

5.1.1 气动执行器的结构与分类

前文已经提到，气动执行器主要由执行机构与控制机构两部分组成。根据不同的使用要求，它们又可分为许多不同的型式。

1. 执行机构

气动执行机构主要分为薄膜式和活塞式两种。其中薄膜式执行机构最为常用，它可以用作一般控制阀的推动装置，组成气动薄膜式执行器，习惯上称为气动薄膜调节阀。它的结构简单、价格便宜、维修方便，应用广泛。

气动活塞式执行机构的推力较大，适用于大口径、高压降控制阀或蝶阀的推动装置。

除了薄膜式和活塞式之外。还有长行程执行机构。它的行程长、转矩大，适于输出转角（0°～90°）和力矩，如用于蝶阀或风门的推动装置。

气动薄膜式执行机构有正作用和反作用两种型式。当来自控制器或阀门定位器的信号压力增大时，阀杆向下动作的叫正作用执行机构（ZMA 型）当信号压力增大时，阀杆向上动作的叫反作用执行机构（ZMB 型）。正作用执行机构的信号压力是通入波纹膜片上方的薄膜气室，如图 5-1-1 所示；反作用执行机构的信号压力是通入波纹膜片下方的薄膜气室。通过更换个别零件，两者便能互相改装。

根据有无弹簧执行机构可分为有弹簧的及无弹簧的，有弹簧的薄膜式执行机构最为常用，无弹簧的薄膜式执行机构常用于双位式控制（即气开气关型）。

有弹簧的薄膜式执行机构的输出位移与输入气压信号成比例关系。当信号压力（通常为0.02～0.1 MPa）通入薄膜气室时，在薄膜上产生一个推力，使阀杆移动并压缩弹簧，直至弹簧的反作用力与推力相平衡，推杆稳定在一个新的位置。信号压力越大，阀杆的位移量也越大。阀杆的位移即为执行机构的直线输出位移，也称行程。行程规格有 10 mm、16 mm、25 mm、40 mm、60 mm、100 mm 等。

2. 控制机构

控制机构即控制阀，实际上是一个局部阻力可以改变的节流元件。通过阀杆上部与执行机构相连，下部与阀芯相连。由于阀芯在阀体内移动，改变了阀芯与阀座之间的流通面积，即改变了阀的阻力系数。被控介质的流量也就相应地改变，从而达到控制工艺参数的目的。

根据不同的使用要求，控制阀的结构型式很多、主要有以下几种。

（1）直通单座控制阀。这种阀的阀体内只有一个阀芯与阀座，如图 5-1-2(a)所示。其特点是结构简单、泄漏量小，易于保证关闭，甚至完全切断。但在压差大的时候，流体对阀芯上下作用的推力不平衡，这种不平衡力会影响阀芯的移动。因此这种阀一般应用在小口径、低压差的场合。

（2）直通双座控制阀。阀体内有两个阀芯和阀座，如图 5 - 1 - 2(b)所示。这是最常用的一种类型。由于流体流过的时候，作用在上、下两个阀芯上的推力方向相反而大小近于相等，可以互相抵消，所以不平衡力小。但是，由于加工的限制，上、下两个阀芯阀座不易保证同时密闭，因此泄漏量较大。

根据阀芯与阀座的相对位置，这种阀可分为正作用式与反作用式（或称正装与反装）两种型式。当阀体直立，阀杆下移时，阀芯与阀座间的流通面积减小的称为正作用式，如图 5 - 1 - 2(b)所示为正作用式时的情况。如果将阀芯倒装，则当阀杆下移时，阀芯与阀座间流通面积增大，称为反作用式。

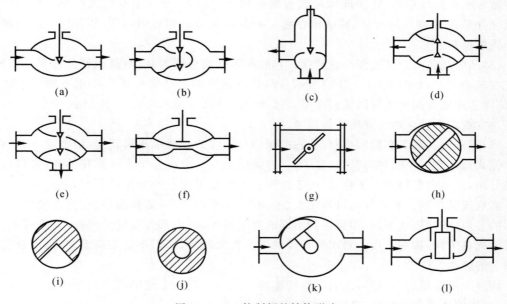

图 5 - 1 - 2 控制阀的结构形式

(a)直通单座阀；(b)直通双座阀；(c)角形阀；(d)三通阀合流型；(e)三通阀分流型；
(f)隔膜阀；(g)蝶阀；(h)球阀；(i)V 型球阀阀芯；(j)O 型球阀阀芯；(k)凸轮挠曲阀；(l)笼式阀

（3）角形控制阀。角形阀的两个接管呈直角形，一般为底进侧出，如图 5 - 1 - 2(c)所示。这种阀的流路简单、阻力较小，适用于现场管道要求直角连接，介质为高黏度、高压差和含有少量悬浮物和固体颗粒状的场合。

（4）三通控制阀。三通阀共有 3 个出入口与工艺管道连接。其流通方式有合流（两种介质混合成一路）型和分流（一种介质分成两路）型两种，分别如图 5 - 1 - 2(d)(e)所示。这种阀可以用来代替两个直通阀，适用于配比控制与旁路控制。与直通阀相比，组成同样的系统时，可省掉一个二通阀和一个三通接管。

（5）隔膜控制阀。它采用耐腐蚀衬里的阀体和隔膜，如图 5 - 1 - 2(f)所示。隔膜阀结构简单、流阻小、流通能力比同口径的其他种类的阀要大。由于介质用隔膜与外界隔离，故无填料。介质也不会泄漏。这种阀耐腐蚀性强，适用于强酸、强碱、强腐蚀性介质的控制，也能用于高黏度及悬浮颗粒状介质的控制。

选用隔膜阀时,应注意执行机构须有足够的推力。一般隔膜阀直径大于 100 mm 时,均采用活塞式执行机构。由于受衬里材料性质的限制,这种阀的使用温度宜在 150℃ 以下,压力在 1 MPa 以下。

(6)蝶阀。又名翻板阀,如图 5-1-2(g)所示。蝶阀具有结构简单、质量轻、价格便宜、流阻极小的优点,但泄漏量大,适用于大口径、大流量、低压差的场合,也可以用于含少量纤维或悬浮颗粒状介质的控制。

(7)球阀。球阀的阀芯与阀体都呈球形体,转动阀芯使之与阀体处于不同的相对位置时,就具有不同的流通面积,以达到流量控制的目的,如图 5-1-2(h)所示。

球阀阀芯有 V 形和 O 形两种开口形式,分别如图 5-1-2(i)(j)所示。O 形球阀的节流元件是带圆孔的球形体,转动球体可起控制和切断的作用,常用于双位式控制。V 形球阀的节流元件是 V 形缺口球形体,转动球心使 V 形缺口起节流和剪切的作用,适用于高黏度和污秽介质的控制。

(8)凸轮挠曲阀。又名偏心旋转阀。它的阀芯呈扇形球面状,与挠曲臂及轴套一起铸成,固定在转动轴上,如图 5-1-2(k)所示。凸轮挠曲阀的挠曲臂在压力作用下能产生挠曲变形,使阀芯球面与阀座密封圈紧密接触,密封性好。同时,它的质量轻、体积小、安装方便,适用于高黏度或带有悬浮物的介质流量控制。

(9)笼式阀。又名套筒型控制阀,它的阀体与一般的直通单座阀相似,如图 5-1-2(l)所示。笼式阀内有一个圆柱形套筒(笼子)。套筒壁上有一个或几个不同形状的孔(窗口),利用套筒导向,阀芯在套筒内上下移动,由于这种移动改变了笼子的节流孔面积,就形成了各种特性并实现流量控制。笼式阀的可调比大、振动小、不平衡力小、结构简单、套筒互换性好,更换不同的套筒(窗口形状不同)即可得到不同的流量特性,阀内部件所受的汽蚀小、噪音小,是一种性能优良的阀,特别适用于要求低噪音及压差较大的场合,但不适用高温、高黏度及含有固体颗粒的流体。

除以上所介绍的阀以外,还有一些特殊的控制阀。例如小流量阀适用于小流量的精密控制,超高压阀适用于高静压、高压差的场合。

5.1.2 控制阀的流量特性

控制阀的流量特性是指被控介质流过阀门的相对流量与阀门的相对开度(相对位移)间的关系,即

$$\frac{Q}{Q_{\max}} = f\left(\frac{l}{L}\right) \tag{5-1-1}$$

式中,相对流量 $Q/Q_{\max}$ 是控制阀某一开度时流量 Q 与全开时流量 Q_{max} 之比;相对开度 l/L 是控制阀某一开度行程 l 与全开行程 L 之比。

一般来说,改变控制阀阀芯与阀座间的流通截面积,便可控制流量。但实际上还有多种因素影响,例如在节流面积改变的同时还发生阀前后压差的变化,而这又将引起流量变化。为了便于分析,先假定阀前后压差固定,然后再引伸到真实情况,于是有理想流量特性与工作流量特性之分。

1. 控制阀的理想流量特性

在不考虑控制阀前后压差变化时得到的流量特性称为理想流量特性。它取决于阀芯的形

状如图 5-1-3 所示。主要有直线、等百分比(对数)、抛物线及快开等几种。

(1)直线流量特性。直线流量特性是指控制阀的相对流量与相对开度成直线关系,即单位位移变化所引起的流量变化是常数。用数学式表示为

$$\frac{d\left(\dfrac{Q}{Q_{max}}\right)}{d\left(\dfrac{l}{L}\right)} = K \qquad\qquad (5-1-2)$$

式中,K—— 控制阀的放大系数,为常数。将式(5-1-2)积分可得

$$\frac{Q}{Q_{max}} = K\,\frac{l}{L} + C \qquad\qquad (5-1-3)$$

式中,C—— 积分常数。

边界条件:当 $l=0$ 时 $Q=Q_{min}$(Q_{min} 为控制阀能控制的最小流量);当 $l=L$ 时 $Q=Q_{max}$。把边界条件代入式(5-1-3),可分别得:

$$C = \frac{Q_{min}}{Q_{max}} = \frac{1}{R}; K = 1 - C = 1 - \frac{1}{R} \qquad\qquad (5-1-4)$$

式中,R—— 控制阀所能控制的最大流量 Q_{max} 与最小流量 Q_{min} 的比值,称为控制阀的可调范围或可调比。

值得指出的是,Q_{min} 并不等于控制阀全关时的泄漏量,一般它是 Q_{max} 的 $2\% \sim 4\%$。国产控制阀理想可调范围 R 为 30(这是对于直通单座、直通双座、角形阀和阀体分离阀而言的。隔膜阀的可调范围为 10)。

将式(5-1-4)代入式(5-1-3),可得

$$\frac{Q}{Q_{max}} = \frac{1}{R}\left[1 + (R-1)\,\frac{l}{L}\right] \qquad\qquad (5-1-5)$$

式(5-1-5)表明 $\dfrac{Q}{Q_{max}}$ 与 $\dfrac{l}{L}$ 之间呈线性关,在直角坐标上是一条直线,如图 5-1-4 中直线 2 所示。要注意的是当可调比 R 不同时,特性曲线在纵坐标上的起点是不同的。当 $R=30$,$\dfrac{l}{L}=0$ 时,$\dfrac{Q}{Q_{max}}=0.33$。为便于分析和计算,假设 $R=\infty$,即特性曲线以坐标原点为起点,这时当位移变化 10% 所引起的流量变化总是 10%。但流量变化的相对值是不同的,以行程的 10%、50% 及 80% 三点为例,若位移变化量都为 10%,则流量变化的相对值分别为

在 10% 时:
$$\frac{20-10}{10} \times 100\% = 100\%$$

在 50% 时:
$$\frac{60-50}{50} \times 100\% = 20\%$$

在 80% 时:
$$\frac{90-80}{80} \times 100\% = 12.5\%$$

可见,当流量小时,流量变化的相对值大;当流量大时,流量变化的相对值小。也就是说,当阀门在小开度时控制作用太强;而在大开度时控制作用太弱,不利于控制系统的正常运行。从控制系统来讲,当系统处于小负荷时(原始流量较小),要克服外界干扰的影响,希望控制阀动作所引起的流量变化量不要太大,以免控制作用太强产生超调,甚至发生振荡;系统处于大负荷时,要克服外界干扰的影响,希望控制阀动作所引起的流量变化量要大一些,以免控制作

用微弱而使控制不够灵敏。直线流量特性不能满足以上要求。

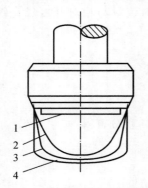

图 5-1-3 不同流量特性的阀芯形状

1— 快开；2— 直线；3— 抛物线；4— 等百分比

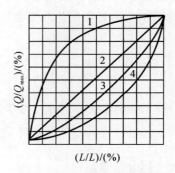

图 5-1-4 理想流量特性

1— 快开；2— 直线；3— 抛物线；4— 等百分比

（2）等百分比（对数）流量特性。等百分比流量特性是指单位相对行程变化所引起的相对流量变化与此点的相对流量成正比关系，即控制阀的放大系数随相对流量的增加而增大。用公式表示为

$$\frac{\mathrm{d}\left(\dfrac{Q}{Q_{\max}}\right)}{\mathrm{d}\left(\dfrac{l}{L}\right)} = K \, \frac{Q}{Q_{\max}} \tag{5-1-6}$$

将式（5-1-6）积分，得

$$\ln \frac{Q}{Q_{\max}} = K \, \frac{l}{L} + C$$

将前述边界条件代入，可得

$$C = \ln \frac{Q_{\min}}{Q_{\max}} = \ln \frac{1}{R} = -\ln R, \quad K = \ln R$$

最后得

$$\frac{Q}{Q_{\max}} = R^{\left(\frac{l}{L}-1\right)} \tag{5-1-7}$$

相对开度与相对流量成对数关系。曲线斜率如图 5-1-4 中曲线 4 所示，即放大系数随行程的增大而增大。在同样的行程变化值下，流量小时，流量变化小，控制平稳缓和；流量大时，流量变化大，控制灵敏有效。

（3）抛物线流量特性。$\dfrac{Q}{Q_{\max}}$ 与 $\dfrac{l}{L}$ 之间成抛物线关系，在直角坐标上为一条抛物线。它介于直线及对数曲线之间。数学表达式为

$$\frac{Q}{Q_{\max}} = \frac{1}{R}\left[1 + (\sqrt{R}-1)\frac{l}{L}\right]^2$$

（4）快开特性。这种流量特性在开度较小时就有较大流量，随开度的增大，流量很快就达到最大，故称为快开特性，适用于迅速启闭的切断阀或双位控制系统。

2. 控制阀的工作流量特性

在实际生产中，控制阀前后压差总是变化的，这时的流量特性称为工作流量特性。

（1）串联管道的工作流量特性。以如图 5-1-5 所示串联系统为例来讨论,系统总压差 Δp 等于管路系统(除控制阀外的全部设备和管道的各局部阻力之和）的压差 Δp_2 与控制阀的压差 Δp_1 之和如图 5-1-6 所示。

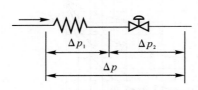

图 5-1-5　串联管道的情形

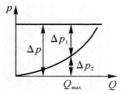

图 5-1-6　管道串联时控制阀差压变化情况

用 S 表示控制阀全开时阀上压差与系统总压差(即系统中最大流量时动力损失总和)之比。用 Q_{max} 表示管道阻力等于零时控制阀的全开流量,此时阀上压差为系统总压差。于是可得串联管道以 Q_{max} 作参比值的工作流量特性,如图 5-1-7 所示。

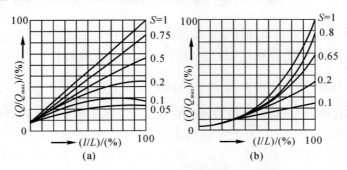

图 5-1-7　管道串联时控制阀的工作特性

（a）理想特性为直线型;（b）理想特性为等百分比型

由图 5-1-7 可知,当 $S=1$ 时,管道阻力损失为零,系统总压差全降在阀上,工作特性与理想特性一致。随着 S 值的减小,直线特性渐渐趋近于快开特性,等百分比特性渐渐接近于直线特性。所以,在实际使用中,一般希望 S 值不低于 $0.3 \sim 0.5$。

在现场使用中,如控制阀选得过大或生产在小负荷状态,控制阀将工作在小开度。有时,为了使控制阀有一定的开度而把工艺阀门关小些以增加管道阻力,使流过控制阀的流量降低,这样,S 值下降,使流量特性畸变,控制质量恶化。

（2）并联管道的工作流量特性。控制阀一般都装有旁路,以便手动操作和维护。当生产量提高或控制阀选小了时,只好将旁路阀打开一些,此时控制阀的理想流量特性就改变成为工作特性。并联管道时的情况如图 5-1-8 所示。显然这时管路的总流量 Q 是控制阀流量 Q_1 与旁路流量 Q_2 之和,即 $Q = Q_1 + Q_2$。

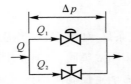

图 5-1-8　并联管道的情况

若以 x 代表并联管道时控制阀全开时的流量 Q_{1max} 与总管最大流量 Q_{max} 之比,可以得到在压差 Δp 为一定,而 x 为不同数值时的工作流量特性,如图 5-1-9 所示。图中纵坐标流量以总管最大流量 Q_{max} 为参比值。

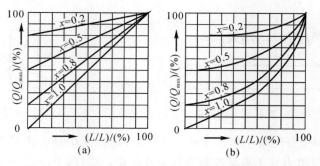

图 5-1-9 并联管道时控制阀的工作特性
(a) 理想特性为直线型;(b) 理想特性为等百分比型

由图可见,当 $x=1$,即旁路阀关闭、$Q_2=0$ 时,控制阀的工作流量特性与它的理想流量特性相同。随着 x 值的减小,即旁路阀逐渐打开,虽然阀本身的流量特性变化不大,但可调范围大大降低了。控制阀关死,即 $\dfrac{l}{L}=0$ 时,流量 Q_{min} 比控制阀本身的 Q_{1min} 大得多。同时,在实际使用中总存在着串联管道阻力的影响,控制阀上的压差还会随流量的增加而降低,使可调范围下降得更多些,控制阀在工作过程中所能控制的流量变化范围更小,甚至几乎不起控制作用。因此,采用打开旁路阀的控制方案是不好的,一般认为旁路流量最多只能是总流量的百分之十几,即 x 值最小不低于 0.8。

综合串、并联管道的情况,可得以下结论。

1)串、并联管道都会使阀的理想流量特性发生畸变,串联管道的影响尤为严重。

2)串、并联管道都会使控制阀的可调范围降低,并联管道尤为严重。

3)串联管道使系统总流量减少,并联管道使系统总流量增加。

4)串、并联管道会使控制阀的放大系数减小,即输入信号变化引起的流量变化值减少。串联管道时控制阀若处于大开度,则 S 值降低对放大系数影响更为严重;并联管道时控制阀若处于小开度,则 x 值降低对放大系数影响更为严重。

5.1.3 控制阀的选择

气动薄膜控制阀选用得正确与否是很重要的。在选用控制阀时,一般要根据被控介质的特点(温度、压力、腐蚀性、黏度等)、控制要求及安装地点等因素,参考各种类型控制阀的特点合理地选用。选用时,一般应考虑以下几个主要问题。

1. 控制阀结构与特性的选择

控制阀的结构形式主要根据工艺条件,如温度、压力及介质的物理、化学特性(如腐蚀性、粘度等)来选择。例如强腐蚀介质可采用隔膜阀、高温介质可选用带翅形散热片的结构形式。

控制阀的结构型式确定以后,还需确定控制阀的流量特性(即阀芯的形状)。一般是先按控制系统的特点来选择阀的希望流量特性,然后再考虑工艺配管情况来选择相应的理想流量特性。使控制阀安装在具体的管道系统中,畸变后的工作流量特性能满足控制系统对它的要求。目前使用比较多的是等百分比流量特性。

2. 气开式与气关式的选择

气动执行器有气开式与气关式两种型式。有压力信号时阀开、无压力信号时阀关的为气开式。反之,为气关式。执行机构有正、反作用,控制阀(具有双导向阀芯的)也有正、反作用,因此气动执行器的气关或气开由二者组合而成(见图 5-1-10 和表 5-1-1)。

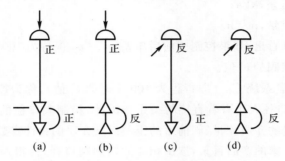

图 5-1-10　组合方式图

表 5-1-1　组合方式

序　号	执行机构	控制阀	气动执行器	序　号	执行机构	控制阀	气动执行器
(a)	正作用	正作用	气关(正)	(c)	反作用	正作用	气开(反)
(b)	正作用	反作用	气开(反)	(d)	反作用	反作用	气关(正)

气开、气关的选择主要从工艺生产上安全要求出发。考虑原则是,当信号压力中断时,应保证设备和操作人员的安全。如果阀处于打开位置时危害性小,则应选用气关式,以使气源系统发生故障,气源中断时,阀门能自动打开,保证安全。反之阀处于关闭时危害性小,则应选用气开阀。例如,加热炉的燃料气或燃料油应采用气开式控制阀,即当信号中断时应切断进炉燃料,以免炉温过高造成事故。又如控制进入设备易燃气体的控制阀,应选用气开式,以防爆炸,若介质为易结晶物料,则选用气关式,以防堵塞。

3. 控制阀口径的选择

控制阀口径选择得合适与否将会直接影响控制效果。口径选择得过小,会使流经控制阀的介质达不到所需要的最大流量。在大的干扰情况下,系统会因介质流量(即操纵变量的数值)的不足而失控,因而使控制效果变差,此时若企图通过开大旁路阀来弥补介质流量的不足,则会使阀的流量特性产生畸变;口径选择得过大,不仅会浪费设备投资,而且使控制阀经常处于小开度工作,控制性能也会变差,容易使控制系统变得不稳定。

控制阀的口径选择是由控制阀流量系数 C 值决定的。流量系数 C 的定义是,在给定的行程下,当阀两端压差为 100 kPa,流体密度为 1 g/cm^3 时,流经控制阀的流体流量(以 m^3/h 表示)。例如,某一控制阀在给定的行程下,当阀两端压差为 100 kPa 时,如果流经阀的水流量为 40 m^3/h,则该控制阀的流量系数 C 值为 40。

控制阀的流量系数 C 表示控制阀容量的大小,是表示控制阀流通能力的参数。因此,控制

阀流量系数 C 亦可称控制阀的流通能力。

对于不可压缩的流体,且当阀前后压差 $p_1 - p_2$ 不太大(即流体为非阻塞流)时,其流量系数 C 的计算公式为

$$C = 10Q \sqrt{\frac{\rho}{p_1 - p_2}} \tag{5-1-8}$$

式中,ρ—— 流体密度,g/cm^3;

$p_1 - p_2$—— 阀前后的压差,kPa;

Q—— 流经阀的流量,m^3/h。

从式(5-1-8)可以看出,如果控制阀前后压差 $p_1 - p_2$ 保持为 100 kPa,流经阀的水($\rho = 1\ g/cm^3$)流量 Q 即为该阀的 C 值。

控制阀全开时的流量系数 C_{100}(即行程为 100% 时的 C 值),称为控制阀的最大流量系数 C_{max}。C_{max} 与控制阀的口径大小有着直接的关系。因此,控制阀口径的选择实质上就是根据特定的工艺条件(即给定的介质流量、阀前后的压差以及介质的物性参数等)进行 C_{max} 值的计算,然后按控制阀生产厂家的产品目录,选出相应的控制阀口径,使得通过控制阀的流量满足工艺要求的最大流量且留有一定的裕量,但裕量不宜过大。

C 值的计算与介质的特性、流动的状态等因素有关,在具体计算时请参考有关计算手册或应用相应的计算机软件。

5.1.4　气动执行器的安装和维护

气动执行器的正确安装和维护,是保证它能发挥应有效用的重要一环。对气动执行器的安装和维护,一般应注意以下事项。

(1)为便于维护检修,气动执行器应安装在靠近地面或楼板的地方。当装有阀门定位器或手轮机构时,更应保证观察、调整和操作的方便。手轮机构的作用是,在开停车或事故情况下,可以用它来直接人工操作控制阀,而不用气压驱动。

(2)气动执行器应安装在环境温度不高于＋60℃和不低于－40℃的地方,并应远离振动较大的设备。为了避免膜片受热老化,控制阀的上膜盖与载热管道或设备之间的距离应大于 200 mm。

(3)阀的公称通径与管道公称通径不同时,两者之间应加一段异径管。

(4)气动执行器应该是正立垂直安装于水平管道上。特殊情况下需要水平或倾斜安装时,除小口径阀外,一般应加支撑。即使正立垂直安装,当阀的自重较大和有振动场合时,也应加支撑。

(5)通过控制阀的流体方向在阀体上有箭头标明,不能装反,正如孔板不能反装一样。

(6)控制阀前后一般要各装一只切断阀,以便修理时拆下控制阀。考虑到控制阀发生故障或维修时,不影响工艺生产的继续进行,一般应装旁路阀,如图 5-1-11 所示。

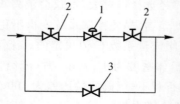

图 5-1-11　控制阀在管道中的安装

1—调节阀;2—切断阀;3—旁路阀

（7）控制阀安装前，应对管路进行清洗，排去污物和焊渣。安装后还应再次对管路和阀门进行清洗，并检查阀门与管道连接处的密封性能。当初次通入介质时，应使阀门处于全开位置以免杂质卡住。

（8）在日常使用中，要对控制阀经常维护和定期检修。应注意填料的密封情况和阀杆上下移动的情况是否良好，气路接头及膜片有否漏气等、检修时重点检查部位有阀体内壁、阀座、阀芯、膜片及密封圈和密封填料等。

5.2　电动执行器

电动执行器与气动执行器一样，是控制系统中的一个重要部分。它接收来自控制器的 $0\sim10$ mA 或 $4\sim20$ mA 的直流电流信号，或者数字量开关信号，并将其转换成相应的角位移或直行程位移，去操纵阀门、挡板等控制机构，以实现自动控制。

电动执行器有角行程、直行程和多转式等类型。角行程电动执行机构以电动机为动力元件，将输入的直流电流信号或开关信号转换为相应的角位移（$0°\sim90°$），这种执行机构适用于操纵蝶阀、挡板之类的旋转式控制阀。

5.2.1　输入直流电流信号的电动执行器

直行程执行机构接收输入的直流电流信号后，使电动机转动，然后经减速器减速并转换为直线位移输出，去操纵单座、双座、三通等各种控制阀和其他直线式控制机构。多转式电动执行机构主要用来开启和关闭闸阀、截止阀等多转式阀门，由于它的电机功率比较大，一般多用作就地操作和遥控。几种类型的电动执行机构在电气原理上基本上是相同的，只是减速器不一样。

角行程电动执行机构主要由伺服放大器、伺服电动机、减速器、位置发送器和操纵器组成，如图 5-2-1 所示。下述介绍其工作过程。

1. 伺服放大器

伺服放大器将由控制器来的输入信号与位置反馈信号进行比较，当无信号输入时，由于位置反馈信号也为零，放大器无输出，电机不转；如有信号输入，且与反馈信号比较产生偏差，使放大器有足够的输出功率，驱动伺服电动机，经减速后使减速器的输出轴转动，直到与输出轴相连的位置发送器的输出电流与输入信号相等为止。此时输出轴就稳定在与该输入信号相对应的转角位置上，实现了输入电流信号与输出转角的转换。

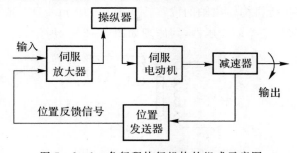

图 5-2-1　角行程执行机构的组成示意图

伺服放大器的原理如图 5-2-2 所示,伺服放大器接收 4~20 mA 直流电流信号,由前置级磁放大器 FC-01、触发器 FC-02、交流可控硅开关 FC-03、校正回路 FC-04 和电流等部分组成。

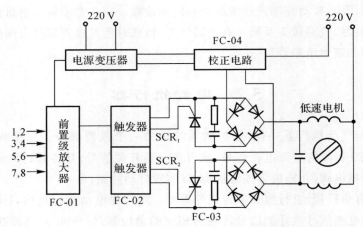

图 5-2-2　电动执行器伺服放大器原理图

为满足组成复杂调节系统的要求,伺服放大器有 3 个输入信号通道和一个位置反馈通道,可以同时输入 3 个输入信号和一个位置反馈信号。在简单调节系统中,只用一个输入通道和一个反馈通道。

当有信号输入时,在磁放大器内进行综合、比较、放大,然后输出具有"正"或"负"极性的电压信号。两个触发器是将前置级的输出不同极性的电压变成触发脉冲,分别触发 SCR₁ 和 SCR₂。

主回路采用一个可控硅整流元件和四个整流二极管组成的交流无触点开关,共有两组,可使电机正反运转。

2. 执行器

执行器由伺服电动机、减速器和位置发送器三部分组成。伺服电动机是执行机构的动力装置,它将电能转换成机械能以对调节机构做功。由于伺服电动机转速高、且输出力矩小,既不能满足低调节速度的要求,又不能带动调节机构,故须经减速器将高转速、小力矩转化为低转速、大力矩输出。

3. 位置发送器

位置发生器是能将执行机构输出轴的位移转变为 0~10 mA DC(或 4~20 mA DC)反馈信号的装置,它的主要部分是差动变压器,其原理如图 5-2-3 所示。

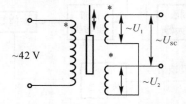

图 5-2-3　差动变压器原理图

在差动变压器的原边加一交流稳压电源后,其副边分别会感应出交流电压 $\widetilde{U}_1$、$\widetilde{U}_2$,由于两副边绕组匝数相等,且反向串联,故感应电压 $\widetilde{U}_{sc}$ 的大小将取决于铁芯的位置。铁芯的位置是与执行机构输出轴的位置相对应的。

当铁芯在中间位置时,因两副边绕组的磁路对称,故在任一瞬间穿过两副边绕组的磁通都相等,因而感应电压 $\widetilde{U}_1 = \widetilde{U}_2$。但因两绕组反向串联,它们所产生的电压互相抵消,所以输时电压 $\widetilde{U}_{sc}$ 等于零。

当铁芯自中间位置有一向上的位移时,使磁路对两绕组不对称,这时上边绕组中交变磁通的幅值将大于下面绕组中交变磁通的幅值,两绕组中的感应电压将是 $\widetilde{U}_1 > \widetilde{U}_2$,因而有输出电压 $\widetilde{U}_{sc} = \widetilde{U}_1 - \widetilde{U}_2$ 产生。反之,当铁芯下移时,两电压的关系将是 $\widetilde{U}_2 > \widetilde{U}_1$,此时输出电压的相位与上述相反,其大小为 $\widetilde{U}_{sc} = \widetilde{U}_2 - \widetilde{U}_1$。

信号 $\widetilde{U}_{sc}$ 经过整流、滤波电路可以得到 $0 \sim 10$ mA 的直流电流信号,它的大小与执行机构输出位移相对应。这个信号被反馈到伺服放大器的输入端,以与输入信号相比较。

电动执行机构不仅可与控制器配合实现自动控制,还可通过操纵器实现控制系统的自动控制和手动控制的相互切换。当操纵器的切换开关置于手动操作位置时,由正、反操作按钮直接控制电机的电源,以实现执行机构输出轴的正转或反转,进行遥控手动操作。

5.2.2 输入数字量开关信号的电动执行器

当闭环回路中控制器输出为数字量开关信号时,需要对应执行器将开关信号转换为阀门开关增量。图 5-2-4 所示是一种功能较全的电动开关执行器原理图。

图 5-2-4 中电动开关执行器的核心通常是一个可以正反转的单相电机,通过电容 C 移相作用实现电机正反转切换。单相电机经过减速机构输出角行程或直行程。电机功率决定执行器输出扭矩。

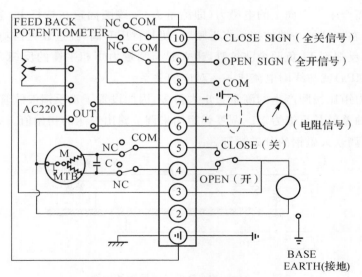

图 5-2-4 电动开关执行器原理图

当接线端③④接入单相交流电源时,电机正转,电机旋转角度跟接入电源时间相关。当与阀门执行机构连接时,即可实现阀门打开动作。当接线端③⑤接入单相交流电源时,电机反转,带动阀门执行机构,即可实现阀门关闭动作。

控制器输出的数字量开关信号通常为脉冲信号,当需要连续打开/关闭阀门时,对应接线端③④/③⑤可以一直保持接通电源。执行器内设有限位保护机构,当执行器全开时,减速机构带动行程开关,接线端⑧⑨接通,输出一个全开开关量信号,同时通过接线端④切断电源,防止执行器全开时,电机仍输出扭矩,损害执行器。同理,当执行器全关时,接线端⑧⑩接通,输出一个全关开关量信号。

图5-2-4中执行器还带有执行器位置指示和反馈功能,通过指针就地显示执行器位置,指针与减速机构连接。三端滑线电阻器也与减速机构连接,通过接线端⑥⑦输出执行器位置电阻信号。

5.3 电-气转换器及电-气阀门定位器

在实际系统中,电与气两种信号常是混合使用的、这样可以取长补短。因而有各种电-气转换器及气-电转换器把电信号(0～10 mA DC 或 4～20 mA DC)与气信号(0.02～0.1 MPa)进行转换。电-气转换器可以把电动变送器来的电信号变为气信号,送到气动控制器或气动显示仪表;也可把电动控制器的输出信号变为气信号去驱动气动执行器,此时常用电-气阀门定位器,它具有电-气转换器和气动阀门定位器两种作用。

5.3.1 电-气转换器

电-气转换器的结构原理如图5-3-1所示,它按力矩平衡原理工作。当0～10 mA(4～20 mA)直流电流信号通入置于恒定磁场里的测量线圈中时,所产生的磁通与磁钢在空气隙中的磁通相互作用而产生一个向上的电磁力(即测量力)。线圈固定在杠杆上,会使杠杆绕十字簧片偏转,于是装在杠杆另一端的挡板靠近喷嘴,使其背压升高,经过放大器功率放大后,一方面输出,另一方面反馈到正、负两个波纹管,建立起与测量力矩相平衡的反馈力矩。于是输出信号(0.02～0.1 MPa)就与线圈电流成一一对应的关系。

由于负反馈力矩比线圈产生的测量力矩大得多,因此设置了正反馈波纹管,负反馈力矩减去正反馈力矩后的差就是反馈力矩。调零弹簧用来调节输出气压的初始值。如果输出气压变化的范围不对,可调永久磁钢的分磁螺钉。

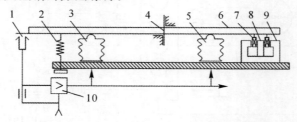

图5-3-1 电-气转换器原理结构图
1—喷嘴挡板;2—调零弹簧;3—负反馈波纹管;4—十字弹簧;
5—正反馈波纹管;6—杠杆;7—测量线圈;8—铁芯;9—磁钢;10—放大器

5.3.2 电-气阀门定位器

配薄膜执行机构的电-气阀门定位器的动作原理如图 5－3－2 所示，它是按力矩平衡原理工作的。

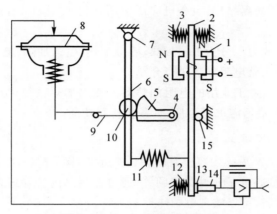

图 5－3－2 电-气阀门定位器

1—力矩马达；2—主杠杆；3—平衡弹簧；4—反馈凸轮支点；5—反馈凸轮；6—副杠杆；7—副杠杆支点；
8—薄膜执行机构；9—反馈杆；10—滚轮；11—反馈弹簧；12—调零弹簧；13—挡板；14—喷嘴；15—主杠杆支点

电-气阀门定位器一方面具有电-气转换器的作用，可用电动控制器输出的 0～10 mA DC 或 4～20 mA DC 信号去操纵气动执行机构；另一方面还具有气动阀门定位器的作用，可以使阀门位置按控制器送来的信号准确定位（即输入信号与阀门位置呈一一对应关系）。同时，改变图 5－3－2 中反馈凸轮 5 的形状或安装位置，还可以改变控制阀的流量特性和实现正、反作用（即输出信号可以随输入信号的增加而增加，也可以随输入信号的增加而减少）。

当信号电流通入力矩马达 1 的线圈时，它与永久磁钢作用后，对主杠杆产生一个力矩，于是挡板靠近喷嘴，经放大器放大后，送入薄膜气室使杠杆向下移动，并带动反馈杆绕其支点 4 转动，连在同一轴上的反馈凸轮也作逆时针方向转动，通过滚轮使副杠杆绕其支点偏转，拉伸反馈弹簧。当反馈弹簧对主杠杆的拉力与力矩马达作用在主杠杆上的力两者力矩平衡时，仪表达到平衡状态，此时，一定的信号电流就对应于一定的阀门位置。

5.4　其他类型的执行器

5.4.1 电加热器

电加热是将电能转换为热能的过程。自从发现电源通过导线可以发生热效应之后，世界上就许多发明家从事于各种电热电器的研究与制造。流体防爆电加热器是一种消耗电能转换为热能，来对需加热物料进行加热。

在工作中低温流体介质通过管道在压力作用下进入其输入口，沿着电加热容器内部特定换热流道，运用流体热力学原理设计的路径，带走电热元件工作中所产生的高温热能量，使被加热介质温度升高，电加热器出口得到工艺要求的高温介质。

流体防爆电加热器典型的应用场合主要有以下 4 种。

(1)化工行业的化工物料升温加热、一定压力下一些粉末干燥、化工过程及喷射干燥。

(2)碳氢化合物加热,包括石油原油、重油、燃料油、导热油、滑油和石腊等。

(3)工艺用水、过热蒸汽、熔盐、氮(空)气和水煤气类等等需升温加热的流体加温。

(4)由于采用先进的防爆结构,设备可广泛应用在化工、军工、石油、天然气、海上平台、船舶和矿区等需防爆场所。

电加热器按加热方式可以分为电阻加热、感应加热、电弧加热、电子束加热、红外线加热和介质加热等方式。文中仅就电阻加热进行介绍。

图 5-4-1 所示为一种工业用的电阻加热器。在电加热系统中,电阻加热器与固态继电器(SSR)、周波控制器等根据需求组合后,具备执行器功能。

1. 电阻加热器与 SSR 组合

SSR 在本书第 8.3.7 节后续内容中有较为详细介绍,图 5-4-2 所示是一种直流输入、三相交流输出的 SSR,其核心电子元件为晶闸管,通过控制晶闸管导通角,控制电加热器电源通断或 PWM 方式进行控制,可以实现电加热控制系统。

图 5-4-1 电阻加热器

图 5-4-2 SSR

2. 电阻加热器、SSR 与周波控制器组合

周波控制器工业电加热系统中广泛应用的 SSR 信号处理控制器,如图 5-4-3 所示。它能接收 PWM 或 4~20 mA 输入,产生周期过零式(PWM 占空比控制)和周波过零式(CYC 变周期)两种输出。

通常周波控制器具有硬手操和辅助功率调整功能,由于负载电流的通断是按正弦波均匀分布,多台设备运行的随机性和叠加性,所造成的总动力负载电流相对是均衡的,它提高了调节精度和电源利用效率,并避免了打表针和电力设备增容,节电效果明显。

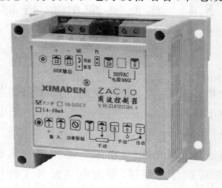

图 5-4-3 周波控制器

当周波控制器接收 4～20 mA 输入,与 SSR、电阻加热器一起构成执行器,其工作原理与输入直流信号的电动、气动执行器一样,即接收连续变化的输入量,输出连续变化的被控量。

5.4.2　变频器与风机、泵组合

变频器(Variable - frequency Drive,VFD)是应用变频技术与微电子技术,通过改变电机工作电源频率的方式来控制交流电动机的电力控制设备。使用的电源分为交流电源和直流电源,一般的直流电源大多是由交流电源通过变压器变压,整流滤波后得到的。通常,把电压和频率固定不变的工频交流电变换为电压或频率可变的交流电的装置称作"变频器"。

变频器的控制方式可分为开环控制和闭环控制两种。开环控制有 V/F 控制方式,闭环控制有矢量控制等方式。

V/F 控制是改变频率的同时控制变频器输出电压,使电动机的磁通保持一定,在较广泛的范围内调速运转时,电动机的功率因数和效率不下降。作为变频器调速控制方式,V/F 控制比较简单,现多用于通用变频器。如风机和泵类机械的节能运行、生产流水线的传送控制和空调等家用电器中。

矢量控制就是将定子电流分解成磁场电流和转矩电流,任意进行控制。两者合成后,决定定子电流大小,然后供给异步电动机。矢量控制方式使交流异步电动机具有与直流电动机相同的控制性能。目前采用这种控制方式的变频器已广泛应用于生产实际中。

图 5-4-4 所示是一种变频器的内部结构和主要外部接口图。图中的频率给定可以接收模拟信号输入,作为频率给定信号。变频器与风机或泵组合,可以作为执行器,接收控制器输出直流信号,转化为输出频率变化,使风机或泵转速变化,改变被控介质流量。此时,变频器与风机或泵的组合,工作原理与输入直流信号的电动、气动执行器一样。

变频器与风机或泵的组合作为执行器已经广泛应用于过程控制系统中,由于变频器技术的发展,这种组合具有节能、调节精度高、控制性能好等优点。

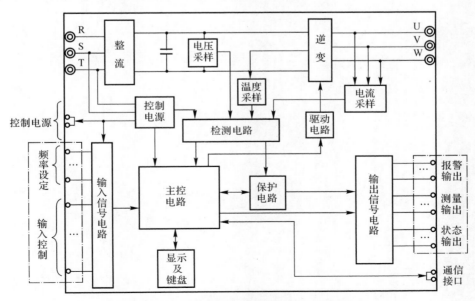

图 5-4-4　变频器的内部结构和主要外部接口图

5.5　思考题与习题

5-1　气动执行器主要由哪两部分组成？各起什么作用？

5-2　控制阀的结构有哪些主要类型？各使用在什么场合？

5-3　为什么说双座阀产生的不平衡力比单座阀的小？

5-4　什么是控制阀的流量特性和理想流量特性？常用的控制阀理想流量特性有哪些？

5-5　为什么说等百分比特性又叫对数特性？与线性特性比较起来它有什么优点？

5-6　什么叫控制阀的工作流量特性？

5-7　什么叫控制阀的可调范围？在串、并联管道中可调范围为什么会变化？

5-8　什么是串联管道中的阻力比 s？s 值的变化为什么会使理想流量特性发生畸变？

5-9　什么是并联管道中的分流比 x？试说明 x 值对控制阀流量特性的影响。

5-10　如果控制阀的旁路流量较大，会出现什么情况？

5-11　什么是气动执行器的气开式与气关式？其选择原则是什么？

5-12　要想将一台气开阀改为气关阀，可采取什么措施？

5-13　试述电气转换器的用途与工作原理。

5-14　试述电-气阀门定位器的基本原理与工作过程。

5-15　电-气阀门定位器有什么用途？

5-16　控制阀的安装与日常维护要注意什么？

5-17　电动执行器有哪几种类型？各使用在什么场合？

5-18　电动执行器的反馈信号是如何得到的？试简述差动变压器将位移转换为电信号的基本原理。

5-19　输入直流信号的执行器与其他类型的执行器的异同点有哪些？

第6章 显示与调节仪表

在工业过程的测量与控制领域,不但要用传感器把各种过程变量检测出来,往往还要把测量结果准确直观地显示或记录下来,以便人们对被测对象有所了解,并进一步对其进行控制。

1. 显示仪表

早期的检测仪表是把测量与显示功能合为一体的。随着科学技术的进步和工业过程自动化水平的不断提高,逐步将工业自动化仪表的测量与显示功能分开,并把显示与记录仪表集中在控制室的仪表屏上,而将传感器获取的测量信号通过一定的传输方式远传给显示仪表,以实现集中监测与控制。

显示仪表和记录仪表可以按不同的方法分类。按照能源来分,可分为电动显示仪表和气动显示仪表;从显示方式而言,可以分为模拟式、数字式及图形显示三种显示方式;若从仪表的结构特点而言,可以分为带微处理器和不带微处理器的两大类型。目前,除模拟式显示仪表和数字式显示仪表早已得到广泛应用外,数字-模拟混合式记录仪和无纸记录仪等微机化显示记录仪表的应用也日益广泛。

2. 调节仪表

自动调节仪表也称为自动控制仪表。在化工、造纸、炼油等工业生产过程中,对于生产装置中的压力、流量、液位、温度等参数常要求维持在一定的数值上或按一定的规律变化,以满足生产要求。自动调节仪表在自动控制系统中的作用是将被控变量的测量值与给定值相比较,产生一定的偏差,控制仪表根据该偏差进行一定的数学运算,并将运算结果以一定的信号形式送往执行器,以实现对于被控变量的自动控制。

6.1　显　示　仪　表

6.1.1　模拟式显示仪表

模拟式显示仪表是以模拟量(如指针的转角、记录笔的位移等)来显示或记录被测值的一种自动化仪表。在工业过程测量与控制系统中比较常见的模拟式显示仪表,可按其工作原理可分为以下 3 种类型:

(1)磁电式显示与记录仪表,如动圈式显示仪表。

(2)自动平衡式显示与记录仪表,如自动平衡电位差计、自动平衡电桥等。

(3)光柱式显示仪表,如 LED 光柱显示仪。

　　模拟式显示仪表一般具有结构简单可靠、价格低廉的优点,其最突出的特点是可以直观地反映测量值的变化趋势,便于操作人员一目了然地了解被测变量的总体状况。因此,即使在数字式和微机化仪表技术快速发展的今天,模拟式显示仪表仍然在许多场合得到广泛应用。

　　1. 动圈式显示仪表

　　在工业自动化领域,动圈式显示仪表发展较早,是工业生产中常用的一种模拟式显示仪表。其特点是体积小、质量轻、结构简单、造价低,既能单独用做显示仪表,又能兼有显示、调节、报警功能。动圈式显示仪表可以和热电偶、热电阻相配合作为温度显示、控制之用,也可以与压力变送器相配合用来显示、控制压力等参数。温度、压力等被测参数首先由传感器转换成电参数(如电势、电阻等),然后由测量电路转换成流过动圈的电流,该电流的大小由与动圈连在一起的指针的偏转角度指示出来。

　　动圈仪表由测量线路和测量机构(又称表头)两部分组成。测量线路的任务是把被测量(热电势或热电阻值等)转换为测量机构可以直接接收的毫伏信号,转换方法因被测量而异,有关内容将在后面介绍。测量机构是动圈仪表中的核心部分,下述结合图 6-1-1 介绍其工作原理。

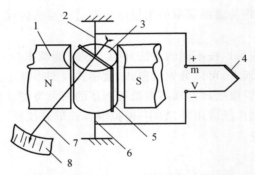

图 6-1-1　动圈式显示仪表的工作原理

1—永久磁铁;2,6—张丝;3—软铁芯;4—热电偶;5—动圈;7—指针;8—刻度面板

　　动圈仪表的测量机构是一个磁电式毫伏级电压计。其中动圈是用具有绝缘层的细铜线绕成的矩形无骨框架。可动线圈处于永久磁钢的空间磁场中,当有直流毫伏级电压信号在动圈上时,便有电流流过动圈。此时,该载流线圈将受到电磁力矩作用而转动。动圈的支撑是张丝,张丝同时还兼作导流丝。动圈的转动使张丝扭转,于是张丝就产生反抗动圈转动的力矩。这个反力矩随着张丝扭转角的增大而增大。当电磁力矩和张丝反作用力矩平衡时,线圈就停留在某一位置上,这时动圈偏转角度的大小与输入毫伏信号相对应。当面板直接刻成温度标尺时,装在动圈上的指针就指示出被测对象的温度值。

　　2. 光柱式显示仪表

　　光柱式显示仪表具有显示醒目、直观、抗振、防磁、性能稳定等特点,能够非常直观地显示过程控制中液位、流量、温度、压力、速度等各种物理量的变化趋势,而且可以用仪表面板的非线性刻度来方便地解决非线性信号的显示问题,可替代动圈式指针仪表和机械式色带仪等传统的模拟式显示仪表,被广泛地应用于石油、化工、轻工、冶金及电力等工业系统中及某些恶劣的环境条件下。

　　当前,可制成光柱显示器的有等离子体显示器件(PDP)、液晶显示器件(LCD)和发光二极管器件(LED)等。其中,LED 光柱显示器件具有工作电压低、省电、价廉、机械强度高等特点,而且可以制成结构紧凑、精度高的显示屏,因此得到广泛应用。光柱式显示仪表由显示光柱与驱动电路两大部分组成。显示光柱通常是用高亮度的发光二极管器件(LED)按直线根据规定长度(例如 101 线为 100 mm 长)等距排列,10 个为 1 组,每 10 只 LED 管芯的阳极或阴极连在一起,组成共阳或共阴极的 LED 矩阵。例如,每组中各 LED 管芯的阳极共同连接,各组中序号相同的芯片的阴极又共同相连,引出 $n/10$(n 为 LED 芯片数)个公共阳极和 10 个公共阴极与相应的驱动电路连接,如图 6-1-2 所示。

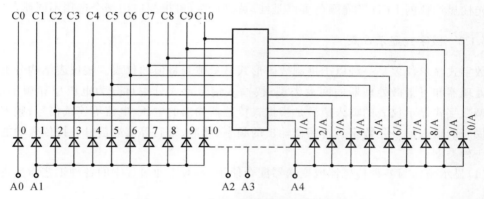

图 6-1-2　发光二极管管芯列阵连线图

　　驱动电路的基本原理是把输入的模拟信号(如 1~5 V 或 4~20 mA)转换成串行输出的数字量(一定频幅的脉冲信号),并以动态扫描方式输出。驱动信号可根据输入量的大小重复地从第一行第一列开始以快速扫描方式逐行逐列地扫描相应的 LED 矩阵单元,使相应的 LED 芯片重复快速地瞬时点亮。在适当的振荡频率下,借助于人的视觉暂留特性,便可观察到持续稳定的光柱显示,根据光柱中点亮的 LED 个数(亦即某种颜色光柱的长短),即可从面板的刻度线上看出被测量的变化趋势和数值。图 6-1-3 所示为某种单光柱显示器的控制原理示意图。

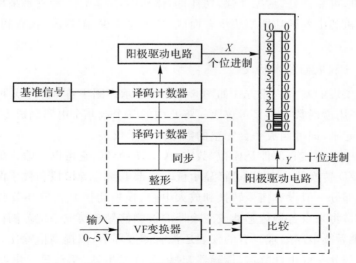

图 6-1-3　光柱显示器控制原理图

光柱式显示仪表对形成光柱的 LED 管芯的发光一致性要求较高。为了防止各芯片之间光带相互串扰,有的产品采用经特殊处理的透明光栅,把点光源变成线显示。

光柱式显示仪表的组合方式种类繁多,有单光柱、双光柱、三光柱等多种系列,既可与电动单元组合仪表配套替代指针式显示仪表或色带指示仪,又可制成指示报警仪。目前被大量用作单回路调节器的显示单元,稍加改变还可作为双回路调节器的显示单元。国产 LED 光柱显示仪对电源供电要求不高,输入信号范围较大,具有良好的保护措施,因此尤适用于工业过程自动化领域。101 线、51 线和 41 线光柱显示仪的精度可分别达到 1%,2% 和 2.5%,完全可以取代相应的动圈仪表,具有广泛的应用前景。

光柱显示仪的 LED 发光颜色可以是红、黄、橙、绿,可根据应用场合选用不同颜色。

6.1.2　数字式显示仪表

数字式显示仪表是一种以十进制数码形式显示被测量值的仪表。按仪表结构分类可分为带微处理器和不带微处理器的两大类型;按输入信号形式分类可分为电压型和频率型两类。电压型数字式显示仪表的输入信号是模拟式传感器输出的电压、电流等连续信号;频率型数字显示仪表的输入信号是数字式传感器输出的频率、脉冲、编码等离散信号。按仪表功能可分为以下 4 种类型:

(1)显示型。与各种传感器或变送器配合使用,可对工业过程中的各种工艺参数进行数字显示。

(2)显示报警型。除可显示各种被测参数,还可用作有关参数的超限报警。

(3)显示调节型。在仪表内部配置有某种调节电路或控制机构,除具有测量、显示功能外,还可按照一定的规律将工艺参数控制在规定范围内。常用的调节规律有继电器接点输出的两位调节、三位调节、时间比例调节、连续 PID 调节等。

(4)巡回检测型。可定时地对各路信号进行巡回检测和显示。

与模拟式显示仪表相比,数字显示仪表具有读数直观方便、无读数误差、准确度高、响应速度快、易于和计算机联机进行数据处理等优点。目前,数字式显示仪表普遍采用中、大规模集成电路,线路简单,可靠性好,耐振性强,功耗低,体积小,质量轻。特别是采用模块化设计的数字式显示仪表的机芯由各种功能模块组合而成,外围电路少,配接灵活,有利于降低生产成本,便于调试和维修。

1. 数字式显示仪表的基本构成

数字式显示仪表的基本构成方式如图 6-1-4 所示。图中各基本单元可以根据需要进行组合,以构成不同用途的数字式显示仪表。将其中的一个或几个电路制成专用功能模块电路,若干个模块组装起来,即可制成一台完整的数字式显示仪表。

数字式显示仪表的核心部件是模拟/数字(A/D)转换器,它可以将输入的模拟信号转换成数字信号。以 A/D 转换器为中心,可将显示仪表内部电路分为模拟和数字两大部分。

仪表的模拟部分一般设有信号转换和放大电路、模拟切换开关等环节。信号转换电路和放大电路的作用是将来自各种传感器或变换器的被测信号转换成一定范围内的电压值并放大到一定幅值,以供后续电路处理。有的仪表还没有滤波环节,以提高信噪比。

仪表的数字部分一般由计数器、译码器、时钟脉冲发生器、驱动显示电路及逻辑控制电路等组成。经放大后的模拟信号由 A/D 转换器转换成相应的数字量后,经译码、驱动,送到显示器件去进行数字显示。常用的数字显示器件如发光二极管(LED)、液晶(LCD)显示器等。

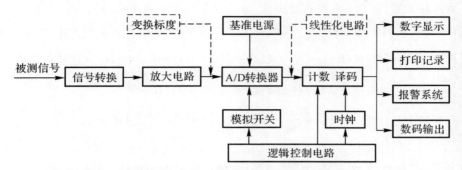

图 6 - 1 - 4　数字式显示仪表的基本构成

数字式显示仪表除以数字显示形式输出外,还可以进行报警或打印记录。在必要时,还可以数码形式输出,供计算机进行数据处理。

逻辑控制电路也是数字式显示仪表不可缺少的环节之一,它对仪表各组成部分的工作起着协调指挥作用。目前,在许多数字式显示仪表中已经采用微处理器等集成电路芯片来代替常规数字仪表中的逻辑控制电路,从而由软件来进行程序控制。

对于工业过程检测用数字式显示仪表,往往还设有标度变换和线性化电路。标度变换电路用于对信号进行量纲换算,将仪表显示的数字量和被测物理量统一起来。而线性化电路的作用是为了克服某些传感器(如热电偶、热电阻等)的非线性特性,使显示仪表输出的数字量与被测参数间保持良好的线性关系。这两个环节的功能既可以在数字仪表的模拟部分实现,也可以在数字部分实现,还可以用软件来实现。除上述诸环节外,高稳定度的基准电源和工作电源也是数字式显示仪表的重要组成部分。

2. D/A 转换器原理

D/A 转换器是一种把数字量转换为模拟量的器件,它作为计算机控制模拟过程的一种手段,得到了广泛的应用。一个 n 位的二进制数,具有 2^n 个二进制数的组合。因此,D/A 就要具有 2^n 个分立的模拟电压或电流,以与不同的数字一一对应。这 2^n 个模拟量,常用一个基准电压 U_r 通过网络来产生。这个网络的电路结构和数字量对其控制操作方式的不同,便产生了各种各样的 D/A 转换类型。这里仅介绍一种倒 R - $2R$ 型 D/A 转换器,如图 6 - 1 - 5 所示。

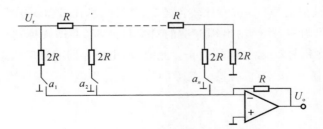

图 6 - 1 - 5　倒 R - $2R$ 电阻网络 D/A 结构

由于倒 R - $2R$ 电阻网络 D/A 有极快的转换速度,转换精度较高,并且基准电压的负载不随数字输入变化而变,基准源电路的设计变得简单等优点,因此得到了广泛的应用。

由于运算放大器(运放)求和点是虚地,故当开关掷向运放求和点时($a_i = 1$),电流流过反馈电阻 R;当开关掷向地时($a_i = 0$),支路电流不流过反馈电阻 R。此时,$I_1 = U_r/(2R)$,$I_2 = \left(U_r - \dfrac{U_r}{2R}R\right)/(2R) = U_r/(4R)$,$\cdots$,$I_i = U_r/(2^i R)$,$\cdots$,$I_n = U_r/(2^n R)$。这样输出电压 U_o 为

$$U_o = -(a_1 I_1 + a_2 I_2 + \cdots + a_n I_n)R =$$
$$-\left(a_1 \frac{U_r}{2R} + a_2 \frac{U_r}{2^2 R} + \cdots + a_n \frac{U_r}{2^n R}\right)R =$$
$$-U_r(a_1 2^{-1} + a_2 2^{-2} + \cdots + a_n 2^{-n}) \qquad (6-1-1)$$

这就是倒 R - $2R$ 型 D/A 转换器的传输函数,其输出模拟电压与输入数码成正比。

仔细观察图 6-1-5 可得以下结论:①无论开关掷向运放求和点还是地,流过电阻 $2R$ 的电流不变,因此电阻的分布电容没有充放电的问题,转换速度较快;②这种电路结构的电阻只有两种,因此易于集成并保证电阻的公差和温度跟踪,这样可以得到较高的转换精度;③从参考电压端向电阻网络看,等效电阻不随开关位置的变化而变化,始终为 R,这对参考电压的负载能力要求可大大降低。正是这些优点,使得这种 D/A 得到了广泛的应用。

3. A/D 转换器

由于在工业过程检测技术领域,被测信号通过各种传感器或变送器转换后,一般都是随时间连续变化的模拟电信号,因此将模拟电信号转换成数字信号是实现数字显示的前提。

按照转换方式,A/D 转换器可分为反馈比较型(如逐次逼近型)、电压-时间变换型(如双积分型)、电压-频率变换型等多种类型,每种类型的 A/D 转换器又可分别制成不同型号的集成芯片。下述介绍几种典型的 A/D 转换器的基本原理及其集成芯片。

(1)逐次逼近型 A/D 转换器。逐次逼近型 A/D 转换器是目前应用较广的模拟/数字转换器,其基本原理如图 6-1-6 所示。将来自传感器的模拟输入信号 U_{IN} 与一个推测信号 U_i 相比较,根据 U_i 大于还是小于 U_{IN} 来决定增大还是减小该推测信号 U_i,以便向模拟输入信号 U_{IN} 逼近。由于推测信号 U_i 即为 D/A 转换器的输出信号,所以当推测信号 U_i 与模拟输入信号 U_{IN} 相等时,向 D/A 转换器输入的数字量也就是对应于模拟输入量 U_{IN} 的数字量。

其工作过程是:当逻辑控制电路加上启动脉冲时,使二进制计数器(输出锁存器)中的每一位从最高位起依次置 1,按照时钟脉冲的节拍控制 D/A 转换器依次给出数值不同的推测信号 U_i,并逐次与被测模拟信号 U_{IN} 进行比较。若 $U_{IN} > U_i$,则比较器输出为 l,并使该位保持为 1;反之,则比较器输出为零,并使输出锁存器的对应位清零(亦即去掉这一位)。如此进行下去,直至最低位的推测信号 U_i 参与比较为止。此时,输出锁存器的最后状态(亦即 D/A 转换器的数字输入)即为对应于待转换模拟输入信号的数字量。将该数字量输出就完成了 A/D 转换过程。

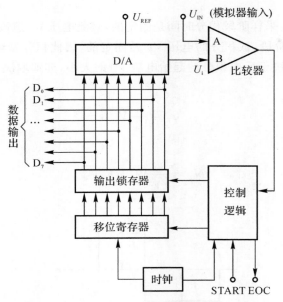

图 6-1-6　逐次逼近型 A/D 转换器工作原理

（2）双积分型 A/D 转换器。双积分型 A/D 转换器的原理如图 6-1-7 所示,其工作过程分为采样和测量两个阶段。

1）采样阶段。在开始工作前,图 6-1-7 所示的开关 K 接地,积分器的起始输出电压为零。采样阶段开始,控制电路发出的控制脉冲将开关 K 与被测电压 V_x 接通,使积分器对 V_x 进行积分。与此同时,计数器开始计数。经过一段预先设定的时间 t_1 后,计数器计满 N_1 值,计数器复零并发出一个溢出脉冲,使控制电路发出控制信号将开关 K 接向与被测电压极性相反的基准电压（$+V_R$ 或 $-V_R$）,采样阶段至此结束。此时,积分器输出电压 V_0 取决于被测电压 V_x 的平均值 $\overline{V_x}$,即

$$V_0 = -\frac{t_1}{RC}\,\overline{V_x} \tag{6-1-2}$$

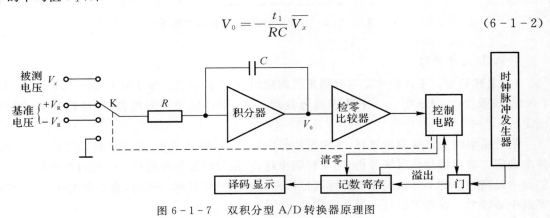

图 6-1-7　双积分型 A/D 转换器原理图

2）测量阶段。当开关 K 接向基准电压后,积分器开始反方向积分,其输出电压从原来的 V_0 值开始下降。与此同时,计数器又从零开始计数。当积分器输出电压下降至零时,检零比较器动作,使控制电路发出控制信号,计数器停止计数。此时,计数器的计数值 N_2 即为 A/D

转换的结果。

如图 6-1-8 示,在采样阶段积分时间是固定的,被测电压 V_x 愈高,定时积分的最终输出值 V_0 亦愈高。在测量阶段,被积分的电压 V_R 是固定的,因此积分器输出电压的变化斜率固定,而积分时间 t_2 则取决于反向积分的起始电压 V_0 的大小,亦即取决于被测电压 V_x 的平均值,即

$$t_2 = \frac{t_1}{V_R} \overline{V_x} \qquad\qquad (6-1-3)$$

亦即

$$N_2 = \frac{N_1}{V_R} \overline{V_x} = K \overline{V_x} \qquad\qquad (6-1-4)$$

式中,K 为常数。

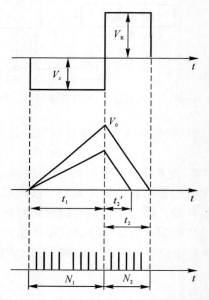

图 6-1-8 双积分型 A/D 转换器波形图

4. A/D 选择原则

(1)采样频率。采样频率是等间隔采样间隔时间 T 的倒数。如 100 Hz,200 Hz,500 Hz,1 000 Hz 及 2 000 Hz 等。一个数字信号处理系统,采样频率一般根据 A/D 转换器的参数而定。

信号采集时采样频率的选择,要根据信号的特点、分析的要求、所用的设备等诸方面的条件来确定。若对信号作时域分析,则采样频率越高,信号的复原性越好。一般可取采样频率为信号中最高频率的 10 倍,但还要兼顾其他因素。对信号作频域分析时,为了避免混叠,采样频率最小必须大于或等于信号中最高频率的 2 倍。

一般情况下,测试的对象如果是动态参数,则采样频率选择尽可能地高;测试的对象如果是静态参数,则采样频率选择可以低一点。因此在实际使用时,要具体问题具体分析。

(2)分辨率。分辨率是 A/D 转换器的重要参数,它的高低直接关系到 A/D 转换器的转换精度乃至整个测试系统的精度。

（3）采样点数。进行时域分析时，采样点数尽可能多一些，采样点数越多信号越容易复原。进行频域分析时，为了快速傅里叶变换（FFT）计算的方便，采样点数一般取 2 的幂数，如：32，64，128，256，512，1 024 等。有许多信号处理设备固定取为 1 024 点。

（4）触发方式选择。触发信号是启动 A/D 开始采样的信号。触发方式选择即选择不同形式的触发信号。

（5）性能价格比的要求。选择 A/D 转换器必须考虑到性能价格比。一定要根据使用的场合、使用的环境等条件，只要能满足技术要求即可，而不要仅片面追求性能的高指标。

5. D/A 选择原则

目前应用系统中 D/A 转换接口电路的设计主要是根据使用的微处理机选择 D/A 集成芯片、配置外围电路及器件，实现数字量至模拟量的线性转换。

在选择 D/A 芯片时，主要考虑芯片的性能、结构及应用特性。在性能上必须满足 D/A 转换技术的要求，在结构和应用特性上应满足接口方便、外围电路简单、价格低廉等要求。

（1）D/A 芯片的主要性能指标的考虑。D/A 芯片的主要性能指标有，在给定工作条件下的静态指标，包括各项精度指标、动态指标及环境指标等。这些性能指标在器件手册上通常会给出。实际上，用户在选择时主要考虑的是以位数表现的转换精度和转换时间。

（2）D/A 芯片主要结构特性与应用特性的选择。D/A 芯片这些特性虽然主要表现为芯片内部结构的配置状况，但这些配置状态对 D/A 转换接口电路的设计带来很大的影响。主要考虑的问题如下。

1）数字输入特性。数字输入特性包括数据码制、数据格式及逻辑电平等。

目前的 D/A 芯片一般都只能接收自然二进制数字代码，因此，当输入数字代码为别的码制（如 2 的补码）时，应外接适当电路进行变换。

输入格式一般为并行码，对于芯片内配置有移位寄存器的 D/A 芯片、可以接收串行码输入。对于不同的 D/A 芯片输入逻辑电平要求不同，要按手册规定，通过外围电路给予这一端以合适的电平。

2）数字输出特性。目前多数 D/A 芯片均属电流输出器件。

3）锁存特性及转换控制。如果 D/A 芯片无输入锁存器，在通过 CPU 数据总线传送数字量时，须外加锁存器，否则只能通过具有输出锁存功能的 I/O 口给 D/A 芯片送入数字量。

6.2　自动调节仪表

第 4 章已经介绍了工艺参数的检测方法。如果是人工控制，操作者根据参数测量值和规定的参数值（给定值）相比较的结果，决定开大或关小某个阀门以维持参数在规定的数值上。如果是自动控制，可以在检测的基础上，再应用控制仪表（常称为控制器）和执行器来代替人工操作。从调节仪表的发展来看，大体上经历了以下三个阶段。

（1）基地式调节仪表。这类调节仪表一般是与检测装置、显示装置一起组装在一个整体之内，同时具有检测、控制与显示的功能，所以它的结构简单、价格低廉、使用方便。但由于它的通用性差，信号不易传递，故一般只应用于一些简单控制系统。在一些中、小工厂中的特定生产岗位，这种控制装置仍被采用并具有一定的优越性。例如沉筒式的气动液位控制器（UTQ - 101 型）可以用来控制某些储罐或设备内的液位。

(2)单元组合式仪表中的调节单元。单元组合式仪表是将仪表按其功能的不同分成若干单元(如变送单元、定值单元、控制单元、显示单元等),每个单元只完成其中的一种功能。各个单元之间以统一的标准信号相互联系。单元组合式仪表中的调节单元能够接收测量值与给定值信号,然后根据它们的偏差发出与之有一定关系的控制作用信号。单元组合式调节仪表有气动与电动两大类。目前国产的气动调节仪表例如 QDZ-Ⅰ型(膜片型)、QDZ-Ⅱ型(波纹管型),采用的是 20～100 kPa 的气动标准信号。电动调节仪表例如 DDZ-Ⅱ型,采用的是 0～10 mA 信号;DDZ-Ⅲ型,采用的是 4～20 mA 信号。

(3)以微处理器为基元的控制装置。微处理器自从 20 世纪 70 年代初出现以来,由于它具有灵敏、可靠、价廉、性能好等特点,因此很快在自动控制领域得到广泛的应用。以微处理器为基元的控制装置其控制功能丰富、操作方便,很容易构成各种复杂控制系统。目前,在自动控制系统中应用的以微处理器为基元的控制装置主要有总体分散控制装置、单回路数字调节器、可编程数字控制器(PLC)和微计算机系统等。

6.3 模拟式控制器

控制器的作用是将被控变量测量值与给定值进行比较,然后对比较后得到的偏差进行比例、积分、微分等运算,并将运算结果以一定的信号形式送往执行器,以实现对被控变量的自动控制。

在模拟式控制器中,所传送的信号形式为连续的模拟信号。根据所加的能源不同,目前应用的模拟式控制器主要有气动控制器与电动控制器两种。

6.3.1 基本构成原理及部件

气动控制器与电动控制器,尽管它们的构成元件与工作方式有很大的差别,但基本上都是由三部分组成,如图 6-3-1 所示。

1. 比较环节

比较环节的作用是将给定信号与测量信号进行比较,产生一个与它们的偏差成比例的偏差信号。在气动控制器中,给定信号与测量信号都是与它们成一定比例关系的气压信号,然后通过膜片或波纹管将它们转化为力或力矩。所以,在气动控制器中,比较环节是通过力或力矩比较来实现的。

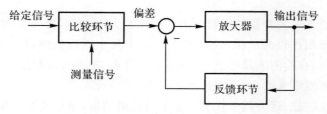

图 6-3-1 控制器基本构成

在电动控制器中,给定信号与测量信号都是以电信号出现的,因此比较环节都是在输入电路中进行电压或电流信号的比较。

2. 放大器

放大器实质上是一个稳态增益很大的比例环节。气动控制器中采用气动放大器,来将气压(或气量)进行放大。电动控制器中可采用高增益的运算放大器。

3. 反馈环节

反馈环节的作用是通过正、负反馈来实现比例、积分、微分等控制规律的。在气动控制器中,输出的气压信号通过膜片或波纹管以力(或力矩)的形式反馈到输入端。在电动控制器中,输出的电信号通过由电阻和电容构成的无源网络反馈到输入端。

6.3.2　气动控制器

气动单元组合仪表 QDZ 中的控制单元便为气动控制器,它的输入输出信号均采用 20～100 kPa 的标准气压信号。目前使用的气动控制器,其工作原理主要有力平衡和力矩平衡两种。例如 QDZ-I 型中的膜片式比例积分调节器 QTL-500 型和膜片式微分器 QTW-200型,其工作原理都是属于力平衡式的。QDZ-II 中的波纹管式三作用调节器 QTM-23 型,其工作原理是基于力矩平衡式的。

气动控制器虽然结构简单、价格便宜,但由于它信号传送慢、滞后大,不易与计算机联用,故目前使用较少。

6.3.3　DDZ-II 型电动控制器

DDZ-II 型电动控制器有 DTL-121 型和 DTL-321 型等,其线路大致相同,DTL-121型是统一设计的产品,下述简单介绍其特点、原理及使用方法。

1. DDZ-II 型仪表的特点

(1)采用晶体管等分立元件构成,线路较复杂。

(1)信号制采用 0～10 mA 直流电流作为现场传输信号;0～2 V 直流电压作为控制室内传输信号。

(3)采用 220 V 交流电压作为供电电源。

(4)现场变送器为四线制,即供电电源和输出信号分别用两根导线,如图 6-3-2 所示。由图可以看出,DDZ-II 型仪表的信号传输采用电流传送-电流接收的串联制方式,控制室内接收同一信号的各仪表串联在电流信号回路中,图中四个仪表分别用负载电阻 R_{L1},R_{L2},R_{L3},R_{L4} 来表示。

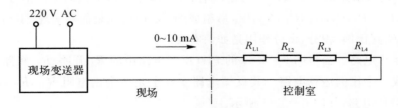

图 6-3-2　DDZ-II 型仪表信号传输示意图

2. DTL-121 调节器的基本组成

DTL-121 型调节器能对偏差信号进行 PID 连续运算,其原理框图如图 6-3-3 所示。

DTL-121 型调节器由输入回路、自激调制式直流放大器、隔离电路、PID 运算反馈电路及手动操作电路等组成。

输入回路的作用是将测量信号与给定信号相比较,得出偏差信号,其值由偏差指示表显示。测量信号为相应的现场变送器的输出信号;给定信号有内给定、外给定两种,根据系统的要求分别由表内和表外给出。

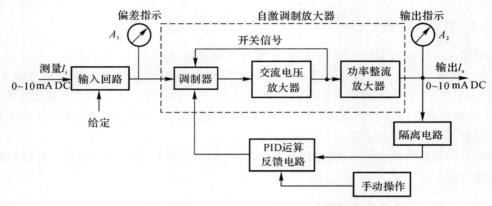

图 6-3-3   DTL-121 型调节器方框图

自激调制式直流放大器由调制器、交流电压放大器和整流功率放大器组成。它的作用是将输入回路送来的偏差信号与反馈回路送来的反馈信号叠加后的综合信号进行放大,最后得到 0~10 mA 的直流输出信号。调制器由场效应管组成,其作用是将输入的直流综合信号调制成具有一定频率(由开关信号给出)的交流信号,然后由交流电压放大器进行放大,最后经整流、滤波得到 0~10 mA 的直流输出 I_o,这就是整机的输出,I_o 的大小由输出指示表进行显示。

隔离电路,其作用是通过耦合电路将输出电流的变化耦合到反馈电路的输入端。

手动操作电路的作用是当调节器切换到手动时,给出一个手持电流直接送往执行器,进行手动操作。

3. PID 运算反馈电路

为了说明 PID 反馈电路的作用,现将 DTL-121 调节器的原理线路简化图如图 6-3-4 所示。图中 I_i 是与偏差信号 e 成比例的输入电流信号,I_o 是调节器的输出信号,R_L 是其负载电阻。由 R_{27},R_{28},R_I,C_I,R_D,C_D,R_P,W_P 所组成的 RC 网络就是能够实现 PID 运算的反馈电路。现分别说明其比例、积分、微分作用是如何实现的。

(1)比例运算电路。当将图 6-3-4 的 PID 反馈电路中的 R_I 开路、R_D 短路、C_I 短路、C_D 开路时,就构成一个比例运算电路。其反馈电路实际上是一个由电阻 R_{27},R_{28},R_P 和电位器 W_P 所组成的分压电路,如图 6-3-5 所示。

假如输入信号电流 I_i 作阶跃变化,在无反馈的情况下,输出电流 I_o 将与其成正比变化,比例系数即为放大器的开环增益。在有反馈的情况下,反馈电流 I_f 通过电位器 W_P 的压降起着负反馈的作用,使放大器的输出比开环时大为减小,由图 6-3-5 可知,电位器 W_P 的滑动触点愈往右移,负反馈电压愈大,整机增益愈小,输出也就愈小。因此可以用 W_P 来调整比例度的大小。

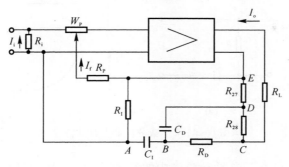

图 6-3-4　PID 反馈电路

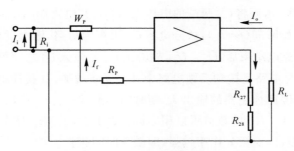

图 6-3-5　比例运算电路

（2）比例积分运算电路。当图 6-3-4 中的 R_D 短路、C_D 开路时,PID 运算电路就成为 PI 运算电路,如图 6-3-6 所示。此时调节器的积分作用是靠微分反馈电路来实现的。如果将此时 I_0 在 R_{27},R_{28} 上的压降设为 U_1,而将 R_I 上的压降设为 U_2,其电路如图 6-3-7(a) 所示。

此时输出 U_2 与输入 U_1 之间呈微分特性,如图 6-3-7(b) 所示。当 U_1 作阶跃变化时,因一开始 C_I 可视为短路,U_1 全部降在 R_I 上,$U_2=U_1$。随着对 C_I 的充电,其上的电压逐渐增加,U_2 逐渐减小,充电完毕后,U_2 减小至零,U_2 的变化呈微分特性,如图 6-3-7(b) 所示。由于该微分电路是接到反馈电路中,U_2 逐渐减小,其反馈电流 I_f 也逐渐减小,负反馈量随时间逐渐减小,因此调节器的输出 I_0 随时间逐渐增加,呈积分特性。改变 R_I 的数值,可以改变充电的快慢,也就改变负反馈量减小的速度,即改变了调节器输出增加的速度。R_I 越大,U_2 减小得越慢,I_0 增加得越慢,因此积分时间变长,积分作用变弱。

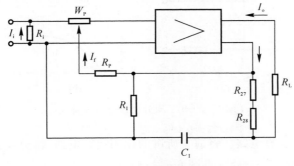

图 6-3-6　PI 运算电路

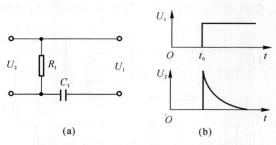

图 6-3-7 微分反馈电路及特性

（3）比例微分运算电路。当图 6-3-4 中的 R_I 开路，C_I 短路时，PID 运算电路就成为 PD 运算电路，如图 6-3-8 所示。此时调节器的微分作用是靠积分反馈电路来实现的。如果此时将 I_o 在 R_{28} 上的压降设为 U_1，而将 C_D 两端的电压设为 U_2，其电路如图 6-3-9(a) 所示。当 U_1 作阶跃变化时，在变化开始瞬间（$t=t_0$），微分电容 C_D 可视为短路，输出 U_2 为零。以后随着对 C_D 的充电，U_2 逐渐增加，充电结束后，$U_2 = U_1$，故输出 U_2 与输入 U_1 之间呈积分特性，如图 6-3-9(b) 所示。由于该积分电路是接到反馈电路中，U_2 逐渐增加，其反馈电流 I_f 逐渐增加，负反馈量随时间逐渐增加，因此控制器的输出 I_o 随时间逐渐减小。由于 I_o 开始较大，后来随时间逐渐减小，故呈微分特性。R_D 的数值可以用来调整微分时间。R_D 越大，C_D 的充电速度越慢，负反馈量增加得也越慢，因而微分作用越强，即微分时间越长。

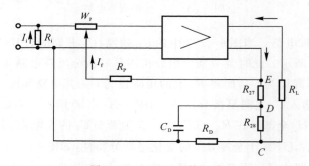

图 6-3-8 PD 运算电路

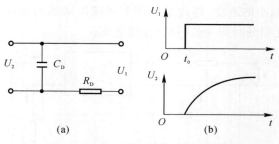

图 6-3-9 积分反馈电路及特性

（4）比例积分微分运算电路。将前文所讲的比例运算电路、微分反馈电路、积分反馈电路串联起来，就构成了 PID 反馈电路，见图 6-3-4。

PID 运算电路的工作过程如下:当输入信号 I_i 有一阶跃变化时,开始 C_D、C_1 相当于短路,输出信号突跳至微分作用最大值。继而随着对 C_D 的充电,负反馈电压逐渐升高,输出电流 I_o 逐渐衰减。与此同时,C_1 也被充电,随着 C_1 两端电压逐渐增加,使负反馈作用逐渐减小,输出电流 I_o 又慢慢上升。在 I_i 阶跃作用下,PID 输出特性曲线如图 6-3-10 所示。

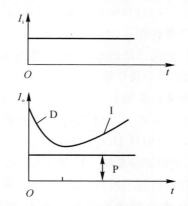

图 6-3-10　PID 调节器输出动态特性

6.3.4　DDZ-Ⅲ型电动控制器

DDZ-Ⅲ型仪表在品种及系统中的作用上和 DDZ-Ⅱ型仪表基本相同,但是Ⅲ型仪表采用了集成电路和安全火花型防爆结构,提高了防爆等级、稳定性和可靠性,适应了大型化工厂、炼油厂的要求。

1. DDZ-Ⅲ型仪表的特点

(1)采用国际电工委员会(IEC)推荐的统一标准信号,现场传输信号为 4~20 mA DC,控制室联络信号为 1~5 V DC,信号电流与电压的转换电阻为 250 Ω,具有如下优点。

1)电气零点不是从零开始,且不与机械零点重合,这不但利用了晶体管的线性段,而且容易识别断电、断线等故障。

2)只要改变转换电阻阻值,控制室仪表便可接收其他 1:5 的电流信号,例如将 1~5 mA 或 10~50 mA 等直流电流信号转换为 1~5 V DC 电压信号。

3)因为最小信号电流不为零,所以为现场变送器实现两线制创造了条件。现场变送器与控制室仪表仅用两根导线联系(见图 6-3-2),既节省了电缆线和安装费用,还有利于安全防爆。

(2)广泛采用集成电路,可靠性提高,维修工作量减少,为仪表带来了如下优点。

1)由于集成运算放大器均为差分放大器,输入对称性好,漂移小,仪表的稳定性高。

2)由于集成运算放大器有高增益,因而开环放大倍数很高,这使仪表的精度得到提高。

3)由于采用了集成电路,焊点少,强度高,大大提高了仪表的可靠性。

(3)Ⅲ型仪表统一由电源箱供给 24 V DC 电源,并有蓄电池作为备用电源,这种供电方式的优点如下。

1)各单元省掉了电源变压器,没有工频电源进入单元仪表,既解决了仪表发热问题,又为仪表的防爆提供了有利条件。

2)在工频电源停电时备用电源投入,整套仪表在一定时间内仍可照常工作,继续进行监视控制作用,有利于安全停车。

(4)结构合理,比之Ⅱ型有许多先进之处,主要表现在以下四方面。

1)基型控制器有全刻度指示控制器和偏差指示控制器两个品种,指示表头为100 mm刻度纵形大表头,指示醒目,便于监视操作。

2)自动、手动的切换以无平衡、无扰动的方式进行,并有硬手动和软手动两种方式。面板上设有手动操作插孔,可和便携式手动操作器配合使用。

3)结构形式适于单独安装和高密度安装。

4)有内给定和外给定两种给定方式,并设有外给定指示灯,能与计算机配套使用,可组成SPC系统实现计算机监督控制,也可组成DDC控制的备用系统。

(5)整套仪表可构成安全火花型防爆系统。Ⅲ型仪表在设计上是按国家防爆规程进行的,在工艺上对容易脱落的元件部件都进行了胶封,而且增加了安全单元——安全栅,实现了控制室与危险场所之间的能量限制与隔离,仪表不会引爆,使电动仪表在石油化工企业中应用的安全可靠性有了显著提高。

2. DDZ-Ⅲ型电动控制器的组成

Ⅲ型控制器有全刻度指示和偏差指示两个基型品种。为满足各种复杂控制系统的要求,还有各种特殊控制器,例如断续控制器、自整定控制器、前馈控制器和非线性控制器等。主要由输入电路、给定电路、PID运算电路、自动与手动(包括硬手动和软手动两种)切换电路、输出电路及指示电路等组成,其结构方框图如图6-3-11所示。

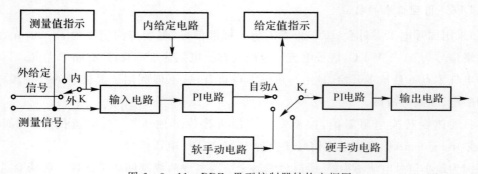

图6-3-11 DDZ-Ⅲ型控制器结构方框图

在图6-3-11中,控制器接收变送器来的测量信号(4~20 mA或1~5 V DC),在输入电路中与给定信号进行比较,得出偏差信号。然后在PD与PI电路中进行PID运算,最后由输出电路转换为4~20 mA直流电流输出。

控制器的给定值可由"内给定"或"外给定"两种方式取得,用切换开关K进行选择。当控制器工作于"内给定"方式时,给定电压由控制器内部的高精度稳压电源取得。当控制器需要由计算机或另外的控制器供给给定信号时,开关K切换到"外给定"位置上,由外来的4~20 mA电流流过250 Ω精密电阻产生1~5 V的给定电压。

6.4　数字式控制器

数字式控制器与模拟式控制器的构成原理和工作方式有根本的差别,但从仪表总的功能和输入输出关系来看,由于数字式控制器备有模/数和数/模转换器件(A/D 和 D/A),因此两者并无外在的明显差异。

随着微处理器的出现,近年来出现了一台计算机化仪表对应于一个控制回路(包括复杂的控制回路)的数字控制器。虽然它在实质上是一台过程用的微型计算机,但在外观、体积、信号制上都与 DDZ-Ⅲ型控制器相似或一致,也装在仪表盘上使用,因此称为单回路数字控制器。

这类控制器的控制规律可根据需要由用户自己编程,而且可以擦去改写,因此实际上是一台可编程序的数字控制器,为了不至于跟下面要叙述的另一种可编程序控制器(PLC)混淆,这里使用它的一个习惯名称——可编程序调节器。

KMM 型可编程序调节器是一种单回路的数字控制器,是 DK 系列中的一个重要品种,而 DK 系列仪表又是集散控制系统 TDC-3000 的一部分,是为了把集散系统中的控制回路彻底分散到每一个回路而研制的。面板布置如图 6-4-1 所示。

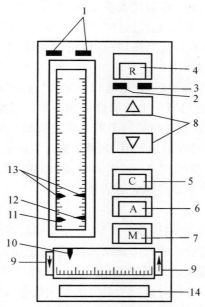

图 6-4-1　KMM 型调节器正面布置图
1~7—指示灯;8,9—按钮;10~13—指针;14—标牌

KMM 型可编程序调节器可以接收 5 个模拟输入信号(1~5 V),4 个数字输入信号,输出 3 个模拟信号(1~5 V),其中一个可为 4~20 mA,输出 3 个数字信号。这种调节器的功能强大,它是在比例积分微分运算的功能上再加上好几个辅助运算的功能,并将它们都装到一台仪表中去的小型面板式控制仪表。它能用于单回路的简单控制系统与复杂的串级控制系统,除了能完成传统的模拟控制器的比例、积分、微分控制功能外,还能进行加、减、乘、除、开方等运算,并可进行高、低值选择和逻辑运算等。这种调节器除了功能丰富的优点外,还具有控制精

度高、使用方便灵活等优点,调节器本身具有自诊断的功能,维修方便。当与电子计算机联用时,该调节器能以通讯方式直接接收上位计算机来的设定值信号,可作为分散型数字控制系统中装置级的控制器使用。

图6-4-1中,指示灯1分左右两个,分别作为测量值上、下限报警用。

当调节器依靠内部诊断功能检出异常情况后,指示灯2就发亮(红色),表示调节器处于"后备手操"运行方式。在此状态时,各指针的指示值均为无效。以后的操作可由装在仪表内部的"后备操作单元"进行。只要异常原因不解除,调节器就不会自行切换到其他运行方式。

可编程序调节器通过附加通讯接口,就可和上位计算机通讯。在通讯进行过程中,通讯指示灯3亮。

当输入外部的联锁信号后,指示灯4闪亮,此时调节器功能与手动方式相同。但每次切换到此方式后,联锁信号中断,如不按复位按钮R,就不能切换到其他运行方式。一按复位按钮R,就返回到"手动"方式。

仪表上的测量值(PV)指针10和给定值(SV)指针11分别指示输入到PID运算单元的测量值与给定值信号。

仪表上还设有备忘指针13,用来给正常运行时的测量值、给定值、输出值作记号用。

按钮M,A,C及指示灯7,6,5分别代表手动、自动与串级运行方式。

当按下按钮M时,指示灯亮(红色)。这时调节器为"手动"运行方式,通过输出操作按钮9可进行输出的手动操作。按下右边的按钮时,输出增加;按下左边的按钮时,输出减小。输出值由输出指针12进行显示。

当按下按钮A时,指示灯亮(绿色)。这时调节器为"自动"运行方式,通过给定值(SV)设定按钮8可以进行内给定值的增减。上面的按钮为增加给定值,下面的按钮为减小给定值。当进行PID定值调节时,PID参数可以借助表内侧面的数据设定器加以改变。数据设定器除可以进行PID参数设定外,还可以对给定值、测量值进行数字式显示。

当按下按钮C时,指示灯亮(橙色)。这时调节器为"串级"运行方式,调节器的给定值可以来自另一个运算单元或从调节器外部来的信号。

调节器的启动步骤如下:

(1)调节器在启动前,要预先将"后备手操单元"的"后备/正常"运行方式切换开关扳到"正常"位置。另外,还要拆下电池表面的两个止动螺钉,除去绝缘片后重新旋紧螺钉。

(2)使调节器通电,调节器即处于"联锁手动"运行方式,联锁指示灯亮。

(3)用"数据设定器"来显示、核对运行所必需的控制数据,必要时可改变PID参数。

(4)按下复位按钮(R),解除"联锁"。这时就可进行手动、自动或串级操作。

这种调节器由于具有自动平衡功能,所以手动、自动、串级运行方式之间的切换都是无扰动的,不需要任何手动调整操作。

6.5　思考题与习题

6-1　动圈式显示仪表的磁电式动圈测量机构的工作原理是什么?

6-2　通过查阅资料,试列表说明常见光柱式显示仪表的类型、规格、特点及其主要应用。

6-3　试说明逐次逼近型A/D转换器的工作原理。此种A/D转换器有何特点?适合应用于哪种场合？

　　6-4　双积分型 A/D 转换器的两个积分过程有何不同之处？与逐次逼近型 A/D 转换器相比,这种 A/D 转换器有何特点？

　　6-5　试分别写出 QDZ 型、DDZ-Ⅱ型、DDZ-Ⅲ型仪表的信号范围。

　　6-6　DTL-121 型电动调节器由哪几部分组成？各部分的作用如何？

　　6-7　电动控制器 DDZ-Ⅲ型有何特点？

　　6-8　DDZ-Ⅲ型基型控制器由哪几部分组成？各组成部分的作用如何？

　　6-9　DDZ-Ⅲ型控制器的软手动和硬手动有什么区别？各用在什么条件下？

　　6-10　什么是控制器的无扰动切换？

　　6-11　试简述可编程序调节器的功能与特点。

第三篇 过程控制工程及系统设计

第7章　计算机控制系统

现代过程工业向着大型化和连续化方向发展,生产过程也日趋复杂,对生态环境的影响也日益突出,这些都对过程控制提出了越来越高的要求。不仅如此,生产的安全性和可靠性、生产企业的经济效益都成为衡量当今自动控制水平的重要指标。因此,仅用常规的模拟调节仪表已无法满足现代化企业的控制要求,由此出现了计算机控制系统在过程工业中的应用。由于计算机具有运算速度快、精度高、存贮量大、编程灵活以及有很强的通信能力等特点,故在过程控制的各个领域里都得到了广泛的应用。下面针对计算机控制系统的组成、特点、所采用的控制算法、可靠性、可编程序控制器等方面进行分析。

7.1　概　　述

自从电子计算机问世以来,在结构、性能、价格、可靠性等方面不断改进,其应用范围逐渐从科学计算拓展到过程控制。特别是20世纪70年代微型计算机的问世,使计算机过程控制逐步进入实用和普及阶段。1975年,美国 Honeywell 公司推出具有里程碑意义的 TDC-2000,标志着计算机过程控制进入集散控制系统时代,计算机在现代工业生产过程控制中的应用越来越广泛,已基本取代了由模拟调节器构成的控制系统。

在计算机控制系统中,计算机包括嵌入式的单片机(MCU 或 DSP)构成的数字调节器、工业控制计算机(IPC)、可编程序控制器(PLC)以及集散控制系统(DCS)等形态。与商用个人计算机(PC)相比,用于过程控制的计算机具有,以下显著特点:一是可靠性高,平均无故障时间长达数千小时甚至数万小时以上;二是集成度高,在保持很小的体积的同时具有丰富的输入输出接口和设备;三是实时性好,这依赖其完善的中断系统;四是指令系统丰富,能够适应各种控制任务,对 IPC 和 DCS,还可运行完善的软件系统。

图7-1-1所示为一个计算机直接数字控制系统的方框图,与前几章所述的有关控制系统的基本概念、有关调节原理和调节过程是相同的,都是基于"检测偏差、纠正偏差"的控制原理。与模拟控制系统不同之处是,在计算机控制系统中,控制器对控制对象的参数、状态信息的检测和控制结果的输出在时间上是离散的,对检测信号的分析计算是数字化的,而在模拟控制系统中则是连续的。在系统的对象、执行元件和检测元件等环节内部的运动规律与模拟控制系统是相同的。

在计算机控制系统中,使用数字控制器代替了模拟控制器,以及为了数字控制器与其他模拟量环节的衔接增加了模数转换元件和数模转换元件。它的给定值也是以数字量形式输入计算机,而不再是由一个给定线路产生一个连续电信号,再通过硬件连接到比较电路。对于能接收数字量的执行元件,图 7-1-1 中的数/模转换元件(D/A)是可以省去的。同样,采用数字测量元件时,模/数转换元件(A/D)也可省去。

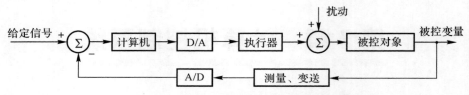

图 7-1-1　计算机直接数字控制系统的方框图

计算机控制系统的控制过程分为以下 3 个步骤。

(1)实时数据采样,测量被控量的当前值,为离散的数字化信号。

(2)实时判断,判断被控量当前值与给定值的偏差。

(3)实时控制,根据偏差,作为控制决策。即按照预定的算法对偏差进行运算,以及适时适量地向执行机构发出控制信号。在这里控制信号的含义是广泛的,它可能是个数字量(控制量)输出,去定量定向地控制执行元件的操作,也可能是个控制电平或者脉冲,去完成诸如显示、报警、限位、延时等特定操作,控制器也能同时发出多种用途的控制信号。

与模拟控制系统相比,计算机控制系统具有以下优点。

(1)由于数据的采样处理、控制都是离散的。因此一个控制器可以实现分时对多个对象、多个回路的控制。

(2)对于计算机而言,实时数据采样、实时判断、实时控制实际上只是执行了算术、逻辑运算和输入输出的操作,所有这些操作都是由编制相应的计算机程序完成的,故对系统功能的扩充修改极为方便,只要修改程序即可,一般不必或很少做硬件连接的改动。

(3)在模拟控制系统中很多由硬件难以完成的功能,如大时间常数的滤波、元件的非线性补偿、系统的误差补偿等因素,在计算机控制系统中均可以方便地由软件完成,既简化了硬件线路又提高了可靠性。

7.2　计算机控制系统的组成及分类

7.2.1　计算机控制系统的组成

计算机控制系统是由工业对象和工业控制计算机两大部分组成。工业控制计算机主要由硬件和软件两部分组成。硬件部分主要包括计算机主机、外部设备、外围设备、工业自动化仪表和操作控制台等。软件是指计算机系统的程序系统。图 7-2-1 所示为计算机控制系统基本组成的结构图。

1. 硬件部分

(1)主机。计算机主机是整个系统的核心装置,它由微处理器、内存贮器和系统总线等部分构成。主机根据过程输入通道发送来的反映生产过程工况的各种信息和已确定的控制规律,作出相应的控制决策,并通过过程输出通道发出控制命令,达到预定的控制目的。

主机所产生的控制是按照人们预先安排好的程序进行的。能实现过程输入、控制和输出等功能的程序预先已放入内存,系统启动后,CPU 逐条取出来并执行,从而产生预期的控制效果。

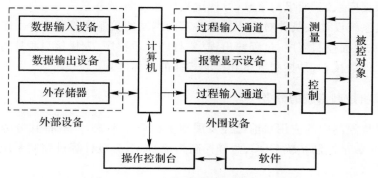

图 7-2-1　计算机控制系统基本组成

(2)过程输入输出通道。它是在微机和生产过程之间起信息传递和变换作用的装置。它包括:模拟量输入通道(AI)、开关量输入通道(DI)、模拟量输出通道(AO)和开关量输出通道(DO)。

(3)操作设备。系统的操作设备是操作员与系统之间的信息交换工具。操作设备一般由 CRT 显示器(或其他显示器)、键盘、开关和指示灯等构成。操作员通过操作设备可以操作控制系统和了解系统的运行状态。

(4)常规外部设备。它是指键盘终端、打印机、绘图仪、磁盘等计算机输入输出设备。

(5)通信设备。规模较大的工业生产过程,其控制和管理常常非常复杂,需要几台或数十台微型计算机才能分级完成控制与管理任务。这样,系统中的微机之间就需要通信。因此,需要由通信设备与数据线将系统中的微机互联起来,构成控制与管理网络。

(6)系统支持功能。计算机控制系统的系统支持功能主要包括以下几部分。

1)监控定时器,俗称看门狗(Watchdog),主要作用是在系统因干扰或其他原因出现异常时,如"飞程序"或程序进入死循环,使系统自动恢复正常工作运行,从而提高系统的可靠性。

2)电源掉电检测,如果系统在运行过程中出现电源掉电故障,应能及时发现并保护当时的重要数据和 CPU 寄存器的内容,以保证复电后系统能从断点处继续运行。电源掉电检测电路能检测电源是否掉电,并能在掉电时产生非屏蔽中断请求。

3)保护重要数据的后备存贮体,监控定时器和掉电保护功能均要有能保存重要数据的存贮体的支持。后备存贮体容量不大,在系统掉电时数据不会丢失,故常采用 NVRAM,EEPROM 或带有后备电池的 SRAM。为了保证可靠、安全,系统存贮器工作期间,后备存贮体应处于上锁状态。

4)实时日历钟,使系统具有时间驱动功能,如在指定时刻产生某种控制或自动记录某个事件发生的时间等。实时日历钟在电源掉电仍应能正常工作。

5)总线匹配,总线母板上的信号线在高速时钟频率下运行时均为传输长线,很可能产生反射和干扰信号,一般采用 RC 滤波网络予以克服。

2. 软件部分

计算机系统的软件包含系统软件和应用软件两部分。软件的优劣关系到硬件功能的发挥和对生产过程的控制品质和管理水平。

系统软件一般包括汇编语言,高级算法语言、过程控制语言及它们的汇编、解释、编译程序,操作系统,数据库系统,通讯网络软件,调试程序和诊断程序等。

应用软件是系统设计人员针对生产过程要求而编制的控制和管理程序。应用软件一般包括过程输入程序、过程控制程序、过程输出程序、打印显示程序、人机接口程序等。其中过程控制程序是应用软件的核心,是控制方案和控制规律的具体实现。

7.2.2 计算机控制系统的分类

计算机在过程控制中的应用目前已经发展到多种应用形式,一般将其分为数据采集和数据处理系统、直接数字控制系统 DDC、监督控制系统 SCC、分级计算机控制系统以及集散型控制系统等 5 种类型。

1. 数据采集和数据处理系统

数据采集和数据处理系统的工作主要是对大量的过程状态参数实现巡回检测、数据存储记录、数据处理(计算、统计、整理)、进行实时数据分析以及数据越限报警等功能。严格来讲,它不属于计算机控制,因为在这种应用方式中,计算机不直接参与过程控制,对生产过程不产生直接影响,但对指导生产过程操作具有积极作用。它属于计算机应用于过程控制的低级阶段。

所谓数据采集就是由传感器把温度、压力、流量、位移等物理量转换来的模拟电信号经过处理并转换成计算机能识别的数字量,之后输入计算机中。计算机将采集来的数字量根据需要进行不同的判识、运算,得出所需要的结果,这就是数据处理。数据采集与数据处理系统的典型结构如图 7-2-2 所示。

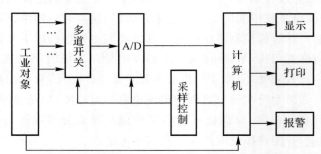

图 7-2-2 数据采集与数据处理系统的典型结构

2. 直接数字控制系统

直接数字控制系统(Direct Digital Control,DDC)分时地对被控对象的状态参数进行测试,并根据测试的结果与给定值的差值,按照预先制定的控制算法进行数字分析、运算后,控制量输出直接作用在调节阀等执行机构上,使各个被控参数保持在给定值上,实现对被控对象的闭环自动调节。DDC 的构成方框图如图 7-2-3 所示。

DDC 系统的优点:计算机不但完全代替了模拟调节器,实现了几个甚至更多的回路 PID 控制(一般大于 50 个回路时,比较经济);而且还能比较容易地实现其他新型控制规律的控制,如串级控制、前馈控制、自动选择性控制、具有大纯滞后对象的控制等。它把显示、记录、报警和给定值设定等功能都集中在操作控制台上,给操作人员带来了很大方便。只要改变程序即可实现上述各种形式的控制规律。其缺点是:要求工业控制计算机的可靠性很高,否则会直接影响生产的正常运行。

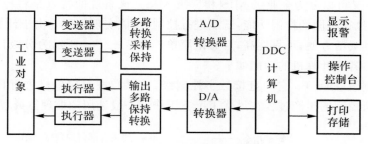

图 7-2-3　DDC 的构成方框图

3. 监督控制系统

监督控制系统(Supervisory Process Computer Control,SCC)由若干台 DDC(或模拟调节仪表)实现对生产过程的直接控制,再增设一台档次较高的微型计算机 SCC。SCC 和 DDC 计算机之间是通过信息进行联系的,可简单地进行数据传送。SCC 计算机根据原始工艺信息和工业过程现行状态参数,按照生产过程的数学模型进行最优化的分析计算,并将其算出的最优化操作条件去重新设定 DDC 计算机的给定值;然后由 DDC 计算机去进行过程控制。由于DDC 计算机的给定值能及时不断得到修正,从而可以使生产过程始终处于或接近最优化操作条件。当 DDC 计算机出现故障时,可由 SCC 计算机代替其功能,从而确保了生产的安全性,SCC+DDC 的控制系统如图 7-2-4 所示。

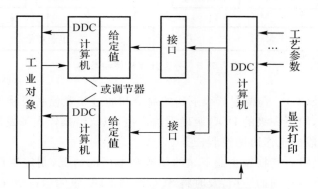

图 7-2-4　SCC+DDC 的控制系统

4. 分级计算机控制系统

在生产过程中既存在控制问题,也存在大量的管理问题。过去,由于计算机价格高,对复杂的生产过程控制往往采取集中控制方式,以便充分利用计算机。这种控制方式,由于任务过于集中,一旦计算机出现故障,将影响全局。价廉而功能完善的微型计算机的出现,则可以用若干台微处理器或微机分别承担部分任务,这种分级计算机系统有代替集中控制的趋势。它是以一个"主"计算机和两个或两个以上的"从"计算机为基础构成的。其中最高级的计算机具有经营管理功能。分级系统一般是混合式,即除计算机直接控制外,还有仪表控制和直接连接现场的执行机构。

分级控制一般分为三级,即生产管理级 MIS、监督控制级 SCC 及直接数字控制级 DDC。生产管理级 MIS 又可以分为企业级 MIS 和厂级 MIS。该系统的特点是将控制功能分散,用多台计算机分别执行不同的控制功能,既能进行控制,又能实现管理。由于计算机控制和管理范围的缩小,使其灵活方便,可靠性高,且通讯简单。图 7-2-5 所示为分级计算机控制系统是一个四级系统,各级计算机的功能如下。

(1)装置控制级(DDC)。它为直接数字控制级,对生产过程或单机进行直接数字控制或者巡回检测,使所控制的生产过程在最优工况下工作。一般选用微处理器或智能化控制装置。

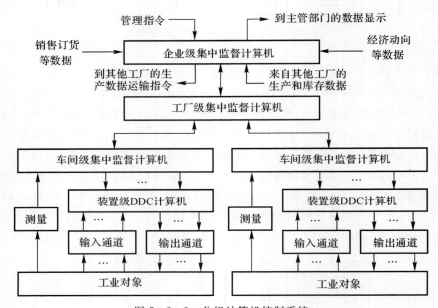

图 7-2-5 分级计算机控制系统

(2)车间监督级(SCC)。它根据厂级下达的命令和通过装置控制级获得的生产过程信息,实现最优控制的计算,给下一级的 DDC 级确定给定值,以及给操作人员发出指示、报警等。它还担负着车间内各工段的工作协调控制任务。

(3)工厂集中控制级。它根据企业下达的任务和本厂的情况,制定生产计划、安排本厂的工作、进行人员调配及各车间的协调,及时将 SCC 级和 DDC 级的运行情况向上级反映。

(4)企业管理级。用来制定长期发展规划、生产计划、销售计划,发命令至各工厂,并接收各工厂、各部门发回来的信息,实现全企业的总调度。这一级一般要求计算机数据处理和计算功能要强,内存及外存储容量要大。

5. 集散型控制系统

随着生产的发展、生产规模越来越大、信息来源越来越多,对控制的及时性要求越来越高。因而在大型计算机控制系统中出现了一个重要的发展方向——集散型控制系统(Distributed Control System,DCS),也称为分布式计算机控制系统,其组成原理如图 7-2-6 所示。

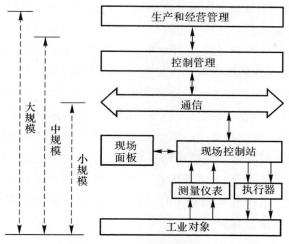

图 7 - 2 - 6　集散型控制系统

集散型控制系统将生产过程按其系统结构纵向分成现场控制级、控制管理级、生产和经营管理级。级间相互独立又相互联系,再对每一级按其功能划分为若干子块,采取既分散又集中的设计原则,进行集散控制系统的硬件和软件设计。与一般的计算机控制系统相比,集散型控制系统具有以下主要特点。

(1)硬件组装积木化。集散型控制系统一般分为二级、三级或四级的组装积木结构,系统配置灵活,可以方便地构成多级控制系统。并可按照需要增加或者拆掉一些单元以扩展或缩小系统的规模,系统的基本特性与功能并不受到影响。这种组装方式有利于工厂分期分批投资,逐渐形成由简单到复杂、由低级到高级的现代化生产过程控制与经营管理系统。

(2)软件模块化。不同的生产过程,其工艺和产品虽然千差万别,但从过程控制的要求分析仍具有共性,给集散型控制系统的软件设计带来方便。系统具有功能丰富的软件,用户可按需求选用,大大简化了用户的软件开发工作量。其中功能软件包括控制软件包、操作显示软件包、报警与报表打印软件包等;还有几种过程控制语言(如 C 语言、VB 语言等),以供用户自己开发高级的应用软件。

(3)组态控制系统。集散型控制系统提供了一种面向问题的语言(Problem Oriented Language,POL),用户从所提供的数十种常用运算和控制模块中,按照系统的控制模式选择合适的模块以填表方式在操作站上或基本控制器上对控制系统进行组态。也可按需要修改某一控制回路甚至改变整个控制系统,只需输入功能模块表即可完成,与硬件配置没有关系。不但使用方便,设计效率也高。

(4)应用先进的通信网络。通信网络将分散配置的多台计算机有机联系起来,使之互相协调,资源共享和集中管理。经过高速数据通道,将现场控制单元或基本控制器、局部操作站、控制管理计算机、生产管理计算机和经营管理计算机灵活有效地联系起来,构成规模不同的集散型控制系统,实现整体的最优控制和最有效管理。因此人们认为通信网络是集散型控制系统的神经中枢。

(5)具有开放性。由于采用国际标准通信协议,使得不同厂商生产的集散型控制系统产品与网络之间可以实现最大限度地互连运行,有利于工厂分期优选不同厂家的产品,由小到大逐步发展到完善的集散型控制系统。这样不但在技术上得到更新,而且原有的设备也可能充分利用。

(6)可靠性高。集散型控制系统的每个单元均采用高性能的元器件,分别完成一部分功能。如一台基本控制器或现场操作单元能控制 8～16 个回路,即使它发生故障也只影响少数控制回路。局部操作站一般管理 8～16 台基本控制器,如操作站发生故障,基本控制器仍能独立工作。中央操作站管理数台局部操作站,后者能脱离前者独立工作,大大提高了系统的可靠性。加上冗余技术的普遍采用和机(仪)器都具有自诊断功能,保证系统的可靠性。

因此,集散型控制系统既有计算机控制系统控制算法先进、精度高、响应速度快的优点,又有仪表控制系统安全可靠、维护方便的优点。而且,集散型控制系统容易实现复杂的控制规律,系统是积木式结构。电缆和敷缆成本低,施工周期短。随着计算机网络技术的进一步发展,这种控制结构正在大量得到应用。

7.3 直接数字控制系统及 PID 算法

由于 DDC 是最基本的计算机控制系统,下面就围绕 DDC 系统来进一步分析。

7.3.1 DDC 系统概述

上述已经介绍了什么叫 DDC 系统。在 DDC 系统中,微型计算机直接参与了闭环控制过程。它的操作功能包括从被控对象中获取各种信息,执行器能够反映控制规律的控制算法,把计算结果以一定形式送到执行器和(或)显示报警装置,实现操作人员-控制台-微型计算机系统之间的联系等。其中"执行能够反映控制规律的控制算法"和"把计算结果以一定形式送到执行器"是 DDC 系统所特有的功能。其他功能要求及其实现与数据采集系统中的响应功能基本类似,在这里不再详述。

在系统构成以后,控制规律是反映计算机控制系统性能的核心。在 DDC 系统中,微型计算机的最主要的任务就是执行控制算法,以实现控制规律。在 DDC 系统中,可以直接对几十甚至数百个控制回路进行自动巡回检测和数字控制。图 7-3-1 所示为一个 DDC 系统构成的方框图,图中只表示出了模拟量输入输出通道。

由生产过程(被控对象)的各物理量的变化情况,通过一次仪表进行测量放大后变成统一的电信号,作为 DDC 的输入信号。为了避免现场输入线路带来的电、磁干扰,用滤波器对各种信号分别进行了滤波。采样器顺序地按周期把各信号传送给数据放大器,被放大后的信号经 A/D 转换器变成一定规律的数字代码输入计算机。计算机按预先存放在存储器中的程序,对输入被测各量进行一系列检测并按 PID 等控制规律进行运算。运算的结果以二进制代码形式由计算机输出,送到步进控制器。步进控制器将接收到的二进制代码转换成一定频率的脉冲数,经输出扫描(与采样器同步而不同回路)送至步进单元,变成模拟信号。这里的步进单元实际上是一个电机式的 D/A 转换器。该模拟信号送至生产现场,输入电动执行器或经电-气转换器转换为气压信号带动调节阀等执行机构进行调节,达到稳定生产的目的。时间控制器是用来控制整机同步协调工作的。

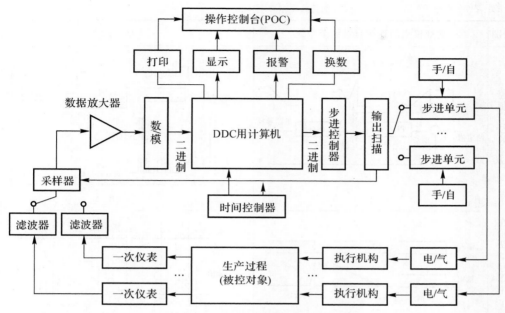

图 7-3-1　DDC 系统的组成方框图

由此可见，DDC 是利用计算机的分时处理能力对多个回路完成多种控制的一种计算机控制方式。它的控制过程与模拟调节是有差别的，两者的比较见表 7-3-1。

表 7-3-1　DDC 系统与模拟调节系统的比较

类　别	常规仪表的连续自动调节系统	DDC 系统
系统图	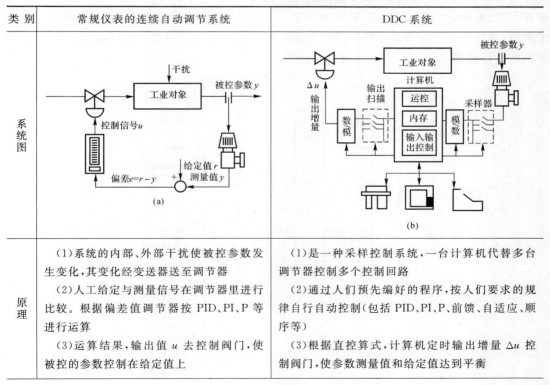	
	(a)	(b)
原理	(1)系统的内部、外部干扰使被控参数发生变化，其变化经变送器送至调节器 (2)人工给定与测量信号在调节器里进行比较。根据偏差值调节器按 PID、PI、P 等进行运算 (3)运算结果，输出值 u 去控制阀门，使被控的参数控制在给定值上	(1)是一种采样控制系统，一台计算机代替多台调节器控制多个控制回路 (2)通过人们预先编好的程序，按人们要求的规律自行自动控制(包括 PID、PI、P、前馈、自适应、顺序等) (3)根据直控算式，计算机定时输出增量 Δu 控制阀门，使参数测量值和给定值达到平衡

续 表

类别	常规仪表的连续自动调节系统	DDC 系统
控制信号的比较	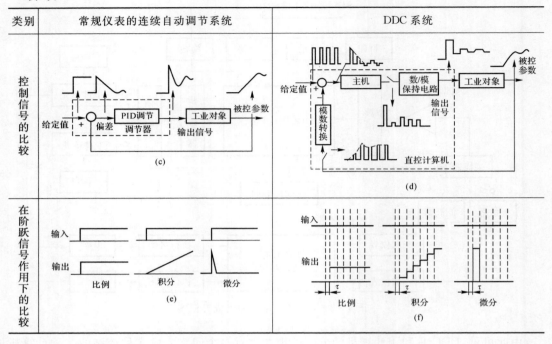	
在阶跃信号作用下的比较		

DDC 系统必须具备的功能如图 7-3-2 所示。它的功能最后可以归结到各种各样的控制程序所组成的应用软件里,如直接控制程序、数据处理程序、控制模型程序、报警程序、操作指导程序、数据记录程序和人机联系程序等。这些程序平时存储于数据库中,在使用时才从库中调出,最后从各种外部设备的输出结果来加以验证。运行人员可以随时监视或要求改变计算机的运行状态。

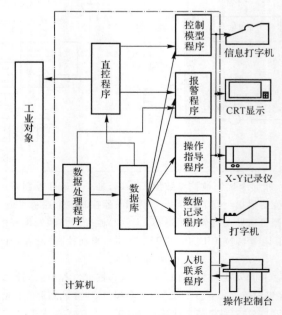

图 7-3-2 DDC 系统具备的功能

　　DDC 系统功能的齐全程度,随其完成的任务和控制机本身的功能不同而异。它的特点是易于实现任意的控制算法,只需按人们的要求改变程序或修改算式的某些系数,就可以得到不同的控制效果。只要充分发挥 DDC 的功能,就能实现不同控制方式和算法,以满足各种应用场合的需要。

　　DDC 系统要求计算机系统要有很高的可靠性,并且在计算机万一发生故障时能安全地切换到人工控制或其他备用控制系统,故障解除后应能无扰动地切换回到计算机控制来。

　　DDC 系统应用于下列工业过程控制场合时,其效果比较明显:

　　(1)过程回路很多的大规模生产过程。

　　(2)被控参数需要进行一些计算的生产过程。

　　(3)各参数间相互关联的生产过程。

　　(4)原料、产品和产量经常变更的生产过程。

　　(5)具有较大滞后时间的工业对象。

7.3.2　DDC 的 PID 算法

　　DDC 的基本算法是指计算机对生产过程进行 PID 控制时的几种控制方程,在第 2.5 和第 2.6 节、6.3 节已经就 PID 进行了阐述,这里只介绍 PID 的数字化算法。PID 调节器在模拟控制系统中应用最为广泛、技术最成熟,参数选择与调整都在长期的应用中积累了丰富的经验,且这些经验和方法为广大工程技术人员所熟悉。随着计算机在过程控制中的广泛应用,人们首先想到的是把 PID 控制规律移植到数字控制系统中,即用数字 PID 调节器取代模拟调节器。要完成此任务需要做的主要工作是:把 PID 调节规律数字化,用数字运算来实现它,以及编制 PID 算法的程序。在这里关键是 PID 调节规律的数字化,即本节所讲的基本算法。实践证明,数字化 PID 能取得近似于 PID 模拟调节器的控制效果,而且在很多方面具有突出的优势,主要表现在以下几方面:

　　(1)可用一台微型计算机控制数十个回路,大量节省设备和费用,提高了系统的可靠性。

　　(2)不仅用软件代替了物理的 PID 调节器,而且由于编程灵活,可以很方便地对 PID 规律进行各种改进,衍生多种形式的 PID 算法,如带死区的 PID、带自动比率的 PID 等。PID 参数的调整也只要改变程序的数据,十分方便。

　　因此,在 DDC 系统中,用数字运算实现 PID 的调节规律被广泛应用。PID 基本算法分为两种:理想 PID 和实际 PID。这两种形式的 PID 算法的比例积分运算相同,区别主要是微分项不同。

　　1. DDC 的理想 PID 算法

　　DDC 的理想 PID 算法的表达式有 3 种,即位置式、增量式和速度式。

　　(1)位置式 PID 算法。在对连续量的控制中,模拟 PID 调节器的理想 PID 算法为

$$u(t) = K_P \left[e(t) + \frac{1}{T_I} \int_0^t e(t) \mathrm{d}t + T_D \frac{\mathrm{d}e(t)}{\mathrm{d}t} \right] \qquad (7-3-1)$$

式中, $u(t)$ —— 调节器的输出;

　　$e(t)$ —— 调节系统的控制偏差;

　　　K_P —— 调节器的放大系数(增益或放大倍数);

　　　T_I —— 积分时间常数;

T_D—— 微分时间常数。

在计算机控制系统中,因为是采样控制,它根据采样时刻的偏差值计算控制量,因此在式(7-3-1)中的积分和微分项是不能直接准确计算出的,只能用数值计算的方法逼近。用数字形式的差分方程来代替连续系统的微分方程,此时积分项和微分项可用求和及增量式来表示,即采用下列变换,有

$$\int_0^t e(t)\,\mathrm{d}t = \sum_{i=0}^{k} e(i)\Delta t = T\sum_{i=0}^{k} e(i) \qquad (7-3-2)$$

$$\frac{\mathrm{d}e(t)}{\mathrm{d}t} \approx \frac{e(k)-e(k-1)}{\Delta t} = \frac{e(k)-e(k-1)}{T} \qquad (7-3-3)$$

式中, T—— 采样周期, $T=\Delta t$;

$e(k)$—— 第 k 次采样时刻的控制偏差量;

$e(k-1)$—— 第 $k-1$ 次采样时刻的控制偏差量;

k—— 采样时刻序号, $k=0,1,2,\ldots$。

将式(7-3-2)、式(7-3-3)代入式(7-3-1),可得离散的 PID 表达式为

$$u(k) = K_P\left\{e(k) + \frac{T}{T_I}\sum_{i=0}^{k} e(i) + \frac{T_D}{T}[e(k)-e(k-1)]\right\} \qquad (7-3-4)$$

式中, $u(k)$—— 第 k 次采样时刻调节器的输出数字量。

可见式(7-3-4)是式(7-3-1)的数值近似计算式。如果采样周期 T 取得足够小,其计算结果与式(7-3-1)的结果十分接近,控制过程与连续控制过程也十分接近。这种情况常称为"准连续过程"。式(7-3-4)称为位置式 PID 控制算法或算式,因为若用式(7-3-4)来控制阀门的开度,其输出值恰与阀门开度的位置——对应。

(2)增量式 PID 算法。DDC 计算机经 PID 运算,其输出为调节阀开度(位置)的增量(改变量)时,这种 PID 算法称为增量式 PID 算法。有很多控制系统的执行元件,都要求接收的是前一次控制量输出的增量,如步进电机、多圈电位器等。因此需要此种算法。

计算机 PID 运算的输出增量,为前后两次采样所计算的位置值之差,即

$$\Delta u(k) = u(k) - u(k-1) \qquad (7-3-5)$$

由式(7-3-4)可知

$$u(k-1) = K_P\left\{e(k-1) + \frac{T}{T_I}\sum_{i=0}^{k-1} e(i) + \frac{T_D}{T}[e(k-1)-e(k-2)]\right\} \qquad (7-3-6)$$

则有

$$\Delta u(k) = K_P\left\{[e(k)-e(k-1)] + \frac{T}{T_I}e(k) + \frac{T_D}{T}[e(k)-2e(k-1)+e(k-2)]\right\}$$
$$(7-3-7)$$

或

$$\Delta u(k) = K_P[e(k)-e(k-1)] + K_I e(k) + K_D[e(k)-2e(k-1)+e(k-2)]$$
$$(7-3-8)$$

式中, $K_I = K_P T/T_I$—— 积分系数;

$K_D = K_P T_D/T$—— 微分系数。

式(7-3-7)或式(7-3-8)就是理想的 PID 增量式算法,其输出 $\Delta u(k)$ 表示阀位在第 $k-1$ 次

采样时刻输出基础上的增量。

（3）速度式 PID 算法。DDC 计算机经 PID 运算，其输出是指直流伺服电机的转动速度，则此种算法称为速度式 PID 算法。

将式（7-3-7）两边除以 T，即得速度式表达式为

$$v(k) = \frac{\Delta u(k)}{T} = K_P \left\{ \frac{1}{T}[e(k) - e(k-1)] + \frac{1}{T_1}e(k) + \frac{T_D}{T^2}[e(k) - 2e(k-1) + e(k-2)] \right\}$$

$$(7-3-9)$$

由于 T 为常数，故式（7-3-9）与式（7-3-7）并无本质区别。

在实际应用中，增量式 PID 算法应用较多。与位置式相比，增量式 PID 有以下优点：

1）位置式 PID 算法中的积分项包含了过去误差的累积值 $\sum_{i=0}^{k} e(i)$，容易产生累积误差。当该项累积值很大时，使输出控制量难以减小，调节缓慢，发生积分饱和，对控制调节不利。由于计算机字长的限制，当该项值超过字长时，又引起积分丢失现象。增量式 PID 则没有这种缺点。

2）系统进行手动和自动切换时，增量式 PID 由于执行元件保存了过去的位置，因此冲击较小。即使发生故障时，也由于执行元件的寄存作用，仍可保存原位，对被控过程的影响较小。

在实际应用时，以上各理想 PID 算法形式的选用要结合执行器的形式、被控对象特性以及客观条件而定。

2. DDC 的实际 PID 算法

前文讨论的理想 PID 算法，在有些工业过程中难以得到满意的控制效果，主要有两个方面的原因：一个原因是由于理想 PID 算法本身存在不足，如位置式 PID 积分饱和现象严重，增量式 PID 算法在给定值发生跃变时，可能出现比例和微分的饱和，且动态过程慢等；另一个原因是由于具体工业过程控制的特殊性，理想 PID 算法无法满足，如有的过程希望控制动作不要过于频繁，有的过程对象具有很大的纯滞后特性，理想 PID 算法难于胜任，有的过程运行环境恶劣，希望 PID 算法有较强的干扰抑制能力等。这些原因都促使人们对理想 PID 算法进行改进。

由于实际 DDC 的采样回路都可能存在高频干扰，因此几乎在所有数字控制回路都设置了一阶低通滤波器（一阶滞后环节）来限制高频干扰的影响。在这里不作详细推导，仅给出实际 PID 算法的一些表达式。

（1）实际 PID 的位置式。如图 7-3-3 所示，实际 PID 的差分算法可先分别推得图中每个方框的表达式，然后按图叠加而得，其表达式为

$$u(k) = u_2(k-1) + K_1\left(1 + \frac{T}{T_1}\right) + \left[\frac{\gamma T_2}{\gamma T_2 + T}D(k-1) + \right.$$

$$\left. \left(\frac{T_2 + T}{\gamma T_2 + T}\right)e(k) - \frac{T_2}{\gamma T_2 + T}e(k-1)\right]$$

$$(7-3-10)$$

式中，K_1 —— 放大倍数；

　　T_1 —— 实际积分时间；

　　T_2 —— 实际微分时间；

　　γ —— 微分放大倍数，$\gamma = T_F/T_2$，T_F 为低通滤波器的时间常数。

实际 PID 的阶跃响应比较平滑,保留微分作用持续时间更长,因此能得到更好的控制效果。

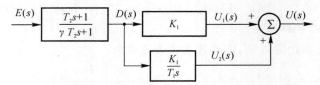

图 7 - 3 - 3   实际 PID 算法的方框图

(2) 实际 PID 的增量式。PID 的增量式其算法表达式为

$$\Delta u(k) = \Delta u_2(k-1) + K_1 \left(1 + \frac{T}{T_1}\right) \left[\frac{\gamma T_2}{\gamma T_2 + T} \Delta D(k-1) + \right.$$

$$\left. \left(\frac{T_2 + T}{\gamma T_2 + T}\right) \Delta e(k) - \frac{T_2}{\gamma T_2 - T} \Delta e(k-1) \right] \qquad (7-3-11)$$

式中,
$$\Delta u_2(k-1) = u_2(k-1) - u_2(k-2)$$
$$\Delta D(k-1) = D(k-1) - D(k-2)$$
$$\Delta e(k) = e(k) - e(k-1)$$
$$\Delta e(k-1) = e(k-1) - e(k-2)$$

7.3.3   改进的 PID 算法

由于生产实际的需要,在 DDC 系统中需要采用一些改进的 PID 算法。如带死区的 PID 算法、遇限削弱积分或积分分离 PID 算法、不完全微分 PID 算法、带史密斯(Smith)预测器补偿纯滞后的 PID 算法等。这些算法具有一个共同特征,就是在理想 PID 算法中,P,I,D 三个组成部分的比例在整个控制过程中都是不变的,而在改进的 PID 算法中,往往在控制过程的某个阶段,有意识地加强或削弱其中某个成分的比例,即 P,I,D 三个部分的比例在整个控制过程中是变化的。下面讨论一些常见的改进算法。

1. 带有死区的 PID 控制

在某些控制系统中,由于系统不希望过于频繁的执行控制操作,以免引起振荡,或者造成执行机构的过快磨损,因此要求当控制偏差在某个阈值以内时,系统不进行调节;当超过这个阈值时,系统按照 PID 进行调节。如图 7 - 3 - 4 所示,则有

$$p(k) = \begin{cases} p(k), & \text{当} \mid e(k) \mid > B \text{ 时,PID 控制动作} \\ 0, & \text{当} \mid e(k) \mid \leqslant B \text{ 时,无控制输出值} \end{cases} \qquad (7-3-12)$$

式中,B 为阈值,$0 \sim B$ 的区间称为死区,算式没有输出,无控制作用产生;当偏差的绝对值超过阈值 B 时,$p(k)$ 则以 PID 运算结果输出。这种方式称为带死区的 PID 算法。B 的大小可根据系统实验确定。这种控制方式适用于要求控制作用尽可能少变动的场合,例如在中间容器的液面控制中采用等。

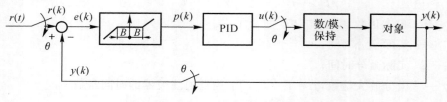

图 7 - 3 - 4   带有死区的 PID 控制

2. 饱和作用的抑制

在实际过程控制中,控制量因受到执行元件机械和物理性能的约束而限制在有限范围以内,即

$$u_{min} \leqslant u \leqslant u_{max} \qquad (7-3-13)$$

式中,u_{min}——系统允许的最小控制作用;

u_{max}——系统允许的最大控制作用。

控制量的变化率也局限在一定范围内,即

$$|\Delta u| \leqslant \Delta u_{max} \qquad (7-3-14)$$

式中,Δu_{max}——连续两次控制作用之差的绝对值的最大值。

若计算机按照规定的控制算法计算出的控制量 u 及变化率都在上述范围以内,那么控制可以按预期结果进行。一旦超出上述范围,例如超出最大的阀门开度(阀门开度只能在最大开度与最小开度之间与 u 值一一对应)或进入执行元件的饱和区,那么控制器实际执行的控制量就不再是计算值,由此将引起非期望的控制效应。这类效应常称为饱和效应。这类现象在给定值发生突变时特别容易发生,所以有时也称为启动效应。下面来分析这类效应在 PID 控制算法中带来的不利影响,并介绍克服的方法。

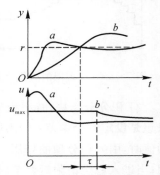

图 7-3-5　PID 位置算法的
积分饱和现象

(1)PID 位置算法的积分饱和作用及其抑制。若给定值 r 从 0 突变到 r,由于这时偏差 e 较大,根据位置式 PID 控制算法式(7-3-4)算出的控制量 u 就可能超出限制范围,例如 $u > u_{max}$,那么执行器实际执行的控制量只能取上限值(见图 7-3-5 中的曲线 b),而不是计算值(见图 7-3-5 中的曲线 a)。此时系统输出量 y 虽然在不断上升,但由于控制量受到执行器的限制,其增长要比控制量不受限制时慢,所以偏差 e 将比正常情况下在更长的时间内保持在正值,从而积分的累加值很大。当输出量 y 超出给定值 r 后,开始出现负偏差,但由于以前积分的累加值很大,还要经过相当长的一段时间之后,控制量 u 才能脱离饱和区,这样就使系统输出 y 出现了明显的超调,甚至振荡不止。

显然,在位置式 PID 控制算法中,"饱和作用"主要是由积分累加引起的,故称为"积分饱和"。当系统进入稳态值附近调节时,偏差值已经小得多,而且有正有负。这时就不会出现积分累加的饱和效应。饱和现象对于变化缓慢的对象,例如温度、液位调节系统等,影响更为严重。

在连续控制系统中也同样存在饱和作用。而在数字控制系统中,由于计算机字长的限制,当积分累积到超出计算机字长容量时,反而会走向反面,造成积分累加值丢失的现象。

为了克服积分饱和作用带来的不利影响,下面介绍两种修正算法。

1)遇限削弱积分法,这一修正算法的基本思想是:一旦控制量进入饱和区,将只执行削弱积分项的运算,而停止进行增大积分项的计算。具体来讲,就是在计算 $u(k)$ 时,将判断上一时刻的控制量 $u(k-1)$ 是否已超出限制范围。如果已超限,那么将根据偏差的符号,判断系统输出是否在超调区域,由此决定是否将相应偏差计入积分累加项,如图 7-3-6 所示。图 7-3-7 给出了遇限削弱积分法的算法框图。

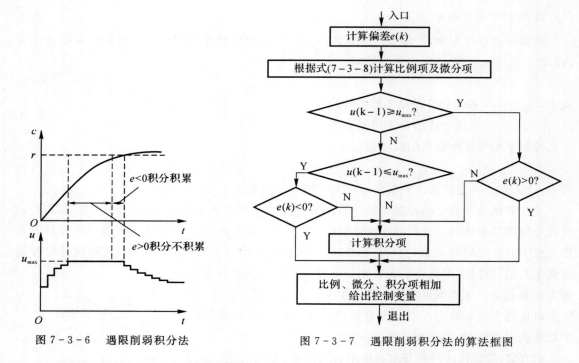

图 7-3-6 遇限削弱积分法

图 7-3-7 遇限削弱积分法的算法框图

2)积分分离法,减小积分饱和的关键在于不能使积分累加项过大。积分分离 PID 的基本思想是设定一个偏差 e 的阈值,当 e 大于这个阈值时,消去积分项的作用;当 e 小于或等于这个阈值时,引入积分项的作用。在实际过程控制中,一般当起动、给定值突变时消去积分项的作用;当进入稳定值附近调节时,引入积分项的作用,可以消除静差。这样一方面防止了调节一开始就有过大的控制量;另一方面即使进入饱和,因积分累加小,也能较快的退出,从而减小超调。图 7-3-8 所示为带与不带积分分离的 PID 调节的过渡过程曲线。

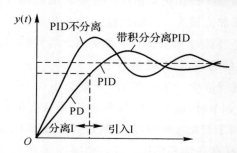

图 7-3-8 带与不带积分分离的 PID 调节的过渡过程曲线

积分分离法可表示为

$$当 e(k) = | R - y(k) | \begin{cases} > A \text{ 时,消去积分项,采用 PD 控制} \\ \leqslant A \text{ 时,引入积分项,采用 PID 控制} \end{cases} \qquad (7-3-15)$$

式中,R 为给定值;$y(k)$ 为测量值。

使用积分分离的 PID 控制算法,可以显著降低被调量的超调量和过渡过程时间,使调节过程性能得以改善。图 7-3-9 给出了积分分离 PID 算法的程序框图。

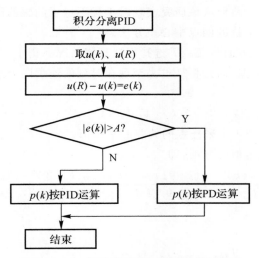

图 7-3-9　积分分离 PID 算法的程序框图

（2）PID 增量算法的饱和作用及其抑制。在增量式 PID 算法中,由于不出现积分累加项,所以不会产生位置式 PID 算法中那样的累加效应,但却有可能出现比例及微分饱和现象。

在增量式 PID 算法中,特别在给定值发生阶跃变化时,由算法的比例部分和微分部分计算出的控制量增量可能比较大。如果该值超出了执行器所允许的最大变化限度,那么实际上实现的控制增量将是受到限制的值,计算出的控制量中未被执行的超出部分就被遗失了。这部分遗失的信息只能通过积分部分来补偿。因此,与没有限制时相比较,系统的动态特性将变化,如图 7-3-10 所示。

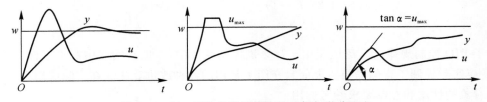

图 7-3-10　PID 的增量算法的比例与微分饱和

(a)无限制时的控制结果;(b)(c)控制量及其变化率受限制时的比例及微分饱和

显然,比例和微分饱和对系统的影响的表现形式与积分饱和是不同的,它不是增大超调,而是减慢了动态过程。

克服比例和微分饱和的办法之一是采用所谓的"积累补偿法"。其基本思想是将那些因饱和而未能执行的增量信息累积起来。一旦有可能,再补充执行。这样,信息就没有遗失,动态过程也得到了加速。

（3）干扰的抑制。抗干扰设计是贯穿于过程控制系统设计全过程的重要任务之一。在这里仅讨论在控制算法设计中,如何考虑抗干扰问题。

在 PID 控制算法中,微分部分对数据误差和外来干扰信号特别敏感。一旦出现干扰,由微分部分而得的计算结果有可能出现不期望的大的控制量。因此,在数字 PID 算法中,干扰通过微分项对控制质量的影响是主要的。由于微分部分对某些对象是必要的,不能简单地因其对干扰反应敏感而弃之。所以应该研究实现对干扰不过于敏感的微分项的近似算法。下面简单介绍常用的可以抑制干扰的四点中心差分法。

在这种修改算法中,一方面将 T_D/T 选择得比理想情况下稍小一点;另一方面在组成差分时,不是直接应用现时的偏差,而是将从过去至现在时刻的连续四个采样点上的偏差的平均值作为基准,即

$$\bar{e}(k) = [e(k) + e(k-1) + e(k-2) + e(k-3)]/4 \qquad (7-3-16)$$

式中,$\bar{e}(k)$ 为采样时刻 k 的 4 个采样点的偏差的平均值。

然后再通过加权求和近似微分项,即

$$\frac{T_D}{T}\Delta\bar{e}(k) = \frac{T_D}{4}\left[\frac{e(k)-\bar{e}(k)}{1.5T} + \frac{e(k-1)-\bar{e}(k)}{0.5T} + \frac{e(k-2)-\bar{e}(k)}{0.5T} + \frac{e(k-3)-\bar{e}(k)}{1.5T}\right]$$

$$(7-3-17)$$

整理后,得

$$\frac{T_D}{T}\Delta\bar{e}(k) = \frac{T_D}{6T}[e(k) + 3e(k-1) - 3e(k-2) - e(k-3)] \qquad (7-3-18)$$

代入式(7-3-4)就可得到修改后的位置式 PID 控制算法,即

$$u(k) = K_P\left\{e(k) + \frac{T}{T_I}\sum_{i=0}^{k}e(i) + \frac{T_D}{6T}[e(k) + 3e(k-1) - 3e(k-2) - e(k-3)]\right\}$$

$$(7-3-19)$$

同理,可导得修改后的增量式 PID 算法,即

$$\Delta u(k) = K_P\left\{\frac{1}{6}[e(k) + 3e(k-1) - 3e(k-2) - e(k-3)] + \frac{T}{T_I}e(k)\right\} +$$

$$\frac{K_P T_D}{6T}[e(k) + 2e(k-1) - 6e(k-2) + 2e(k-3) + e(k-4)]$$

$$(7-3-20)$$

由于 PID 控制规律已广泛地应用于计算机控制系统中,人们在实践中提出了许多修改算法,以适应实际控制工程的需要。上面只介绍了常用的几种改进算法。在实际应用中,可以根据被控对象的性质和控制要求参考选用。

7.3.4　采样周期的选择

前文所讨论的 DDC 的 PID 算法实际上是计算机对连续 PID 控制规律进行数字模拟的控制器。在推导数字 PID 控制算法时,要求采样周期 T 充分小。采样周期越小,数字模拟越精确,控制效果就越接近连续控制。但采样周期的选择是受到多方面因素影响的。下面简要讨论一下应该怎样选择合适的采样周期。

在工业过程控制中,大量被控对象都具有低通特性。如果对象的阶跃响应近似于图 7-3-11(a)所示的曲线,常取采样周期 $T \leqslant 0.1T_g$;如果对象是一个振荡环节,阶跃响应近似于图 7-3-11(b)所示的曲线,可取 $T \leqslant 0.1T_c$;对于阶跃响应如图 7-3-11(c)所示的有较大纯滞后的自平衡对象,可取 $T \leqslant 0.25\tau$。

从对控制质量的要求来看,应将采样周期取得小一些。这样在按连续系统 PID 控制选择整定参数时,可得到较好的控制效果。但实际上,控制质量对采样周期的要求有充分的余度,

即当采样周期小到某一值时,再减小采样周期对提高控制质量已没有多大意义,所以采样周期也不要过小。

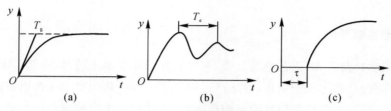

图 7 - 3 - 11　采样周期的经验选择

(a)单容过程 $T \leqslant 0.1T_g$;(b)振荡过程 $T \leqslant 0.1T_e$;(c)滞后过程 $T \leqslant 0.25\tau$

从被控对象的动态特性来看,如果对象的反应速度快,要选用较短的采样周期;如果对象的反应速度慢,则可以选用较长的采样周期。当对象中纯滞后占主导地位时,采样周期应按纯滞后大小选取,并尽可能使纯滞后时间等于或接近采样周期的整数倍。

从执行机构的要求来看,有时需要计算机输出的控制信号保持一定的时间宽度。例如,当通过模/数转换器带动步进电机时,输出信号通过保持器达到所要求的控制幅度需要一定的时间。在这段时间内,要求计算机的输出值不应变化,因此采样周期必须大于这一时间,否则上一输出值还来不及实现,马上又转换为新的输出值,执行机构就不能按预期的调节规律动作。

从抗干扰的要求来看,希望采样周期短些。对于变化速度不太快的干扰,采用短的采样周期可以使控制器尽快作出反应,使之迅速得到校正并使其产生的动态偏差较小;对于变化较快的干扰,如果采样周期选大了,干扰就有可能得不到及时的控制和抑制。

从计算机的工作量和每个控制回路的成本来看,一般要求采样周期尽可能大些。特别是当计算机用于多回路控制时,必须使每个回路都有足够的时间完成数据采集、控制量的计算、组织输出等工作。在用计算机对动态特性不同的多个回路进行控制时,可以充分利用计算机的灵活性,对各个回路分别选用相应的采样周期,不必强求统一的最小采样周期。

从以上分析可以看出,各方面因素对采样周期的要求是不同的,有的甚至是相互矛盾的。在选择采样周期时,必须根据具体情况和主要的要求作出折中的选择。表 7 - 3 - 2 给出了几种常见的被控制量的经验采样周期,供选用时参考。

表 7 - 3 - 2　常见被调量的经验采样周期

被调量	采样周期 T/s
流量	1~2
压力	3~5
液位	3~10
温度	15~20
成分	15~20

7.4 集散控制系统与现场总线控制系统

7.4.1 集散控制系统

随着生产规模日益扩大,工艺愈加复杂,对可靠性的要求越来越高,功能需求也不断增加;同时,经济全球化的趋势越来越明显,对生产过程寻求全局优化的要求使得原来孤立的控制单元逐渐连成一体,并与企业级的信息网络相连通,最终导致了集散控制系统的诞生。

DCS 是一种以微处理器为基础的、综合 3C(计算机、控制、通信)技术的、应用于过程控制工程的分布式计算机控制系统。从美国 Honeywell 公司于 1975 年推出世界上第一套 DCS 至今,DCS 已经历了四代的不断发展和完善。DCS 采用分散控制、集中操作、综合管理的设计原则,已发展成为生产过程自动化与生产管理信息化相结合的管控一体化综合集成系统,提供了更佳的安全可靠性、通用灵活性、最有控制性能和综合管理能力,在工业生产的各个部门中都已经成为大型自动控制装置的主流。

在计算机集成制造系统(Computer Integrated Manufacturing System,CIMS)或计算机集成作业系统(Computer Integrated Production System,CIPS)中,集散控制系统将成为主角,发挥其优势。随着计算机技术和网络技术的发展,系统的开放性不仅能使不同制造厂商的集散控制系统产品互联,方便地进行数据交换,而且也使得第三方的软件可以方便地在现有的集散控制系统上应用。

目前国内外各种产品不少于 60 种,主要的有 Honeywell,Westinghouse,ABB,Yokogawa等。21 世纪以来,国内已开发出适合中国企业应用的 DCS,典型的有北京和利时(Hollysys),北京昆仑通态(MCGS),浙大中控(Supcon)和浙大中自(SunnyTDS)等。应用领域遍及石化、轻化、冶金、建材、纺织、制药等各行各业。

7.4.1.1 DCS 的基本组成

在第四代产品中,DCS 的体系结构通常为分散过程控制级、集中操作监控级和综合信息管理级等三级。各级之间由通信网络连接,级内各装置之间由本级的通信网络进行通信联系。典型的 DCS 体系结构如图 7-4-1 所示。

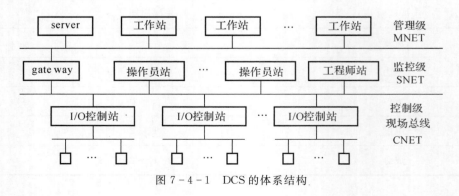

图 7-4-1 DCS 的体系结构

1. 分散过程控制级

如图7-4-1所示,此级是直接面向生产过程的,是分散控制系统的基础。在这一级上,过程控制单元直接与现场各类装置如变送器、执行器、记录仪表等相连,完成过程数据采集、直接数字控制、设备监测和系统测试与诊断、实施安全性和冗余化方面的措施等。构成这一级的主要装置有:现场I/O控制站、可编程序控制器(PLC)、智能调节器以及其他测控装置。现场I/O控制站是完成对过程现场I/O处理并实现直接数字控制的网络节点,主要功能如下。

(1)将现场各种过程量(如温度、压力、流量、物位及各种开关状态等)进行数字化,并将数字化后的量存在存储器中,形成一个与现场过程量一致的并按实际运行情况实时改变和更新的现场过程量的实时映像。

(2)将本站采集到的实时数据通过网络送到操作员站、工程师站及其他现场I/O控制站,以便实现全系统范围内的监督和控制,同时现场I/O控制站还可接收由上一级操作员站、工程师站下发的信息,以实现对现场的控制或对本站的参数设定。

(3)在本站实现局部自动控制、回路的计算及闭环控制和顺序控制等。

2. 集中操作监控级

这一级以操作监视为主要任务,兼有部分管理功能。它是面向操作员和控制系统工程师的,因而这一级配备有技术手段齐备,功能强的计算机系统及各类外部装置,特别是CRT显示器和键盘,以及需要较大存储容量的硬盘或软盘支持,另外还需要功能强的软件支持,确保工程师和操作员对系统进行组态、监视和操作,对生产过程实行高级控制策略、故障诊断、质量评估。其具体组成包括工程师站和操作员站。

(1)操作员站。DCS的操作员站是处理一切与运行操作有关的操作界面(Operator Interface,OI)或人机界面(Human Machine Interface,HMI)功能的网络节点,主要是为系统的运行操作人员提供人机交互,使操作员可以通过操作员站及时了解现场运行状态、各种运行参数的当前值、是否有异常情况发生等。同时通过输入设备对工艺过程进行控制和调节,以保证生产过程的安全、可靠、高效、高质。

除了人机界面外,操作员站还应具有历史数据的处理功能,这主要是为了形成运行报表和历史趋势曲线。一般的运行报表可分为时报、班报、日报、周报、月报和年报若干种,这些报表均要调用历史数据库,并按用户要求进行排版并打印输出。历史趋势曲线主要是能了解过去某时间段内某个或某几个参数或变量的变化情况,有时还要求与当前的变化情况相对照,以得到一些指导性的结论,使操作员在进行控制和调节时更具有目标性。

(2)工程师站。工程师站是对DCS进行离线配置或组态工作和在线系统监督、控制、维护的网络节点。其主要功能是提供对DCS进行组态、配置工作的工具软件(即组态软件),并当DCS在线运行时实时地监视DCS网络上各个节点的运行情况,使系统工程师可以通过工程师站及时调整系统配置及一些系统参数的设定,使DCS随时处在最佳的工作状态中。

1)工程师站的组态功能。工程师站的最主要功能是对DCS进行离线的配置和组态工作。在DCS进行配置和组态之前,只是一个硬件、软件的集合体,它对于实际应用来说是毫无意义的,只有在经过对应用过程进行了详细透彻的分析、设计并按设计要求正确地完成了组态工作之后,DCS才成为一个真正适于某个生产过程使用的应用控制系统。在DCS工程师站中,一般要提供硬件配置、数据库、操作员站显示画面等组态功能。

2）工程师站的监控功能。与操作员站不同，工程师站必须对 DCS 本身的运行状态进行监视，包括各个现场 I/O 控制站的运行状态、各操作员站的运行情况、网络通信情况等。一旦发现异常，系统工程师必须及时采取措施，进行维修或调整以使 DCS 能保证长时间连续运行，不会因对生产过程的失控造成损失。另外还有对组态的在线修改功能，如上下限设定值的改变、控制参数的调整，对某个检测点或若干个检测点，甚至对某个现场 I/O 站的离线直接操作等。

在一个 DCS 中，系统工程师站可能只有一台，而操作员站要根据功能配置数台，它们都应选用可靠性高的微型计算机或工作站。

3. 综合信息管理级

这一级是用来实现整个工厂或企业的综合信息管理，主要执行生产计划、销售业务、成本会计、库存备品、采购物流等的信息汇总、综合、协调等管理功能，提供关于生产流程和工艺参数、生产进度和原材料库存、生产统计和市场预测等经济信息分析、报表，为生产管理者和经营者提供决策依据，确保最佳的经济效益。因此，这一级本质上是一个以计算机为主要工具、以信息处理为核心业务的综合性管理信息系统，即企业 MIS 和 DSS。

4. 通信网络系统

DCS 各级之间的信息传输主要依靠通信网络系统来支持。通信网络是 DCS 的神经中枢，它将物理上分散配置的多台计算机有机地连接起来，实现相互协调、资源共享的集中管理。针对各级的不同要求，通信网也分为低速、中速和高速。低速网络面向分散过程控制级，中速网络面向集中操作监控级，高速网络面向管理级。

DCS 一般采用同轴电缆或光纤作为通信介质，也有的采用双绞线。通信距离可从十几米到十几千米，通信速率为 $1 \sim 10$ Mb/s，光纤可达 100 Mb/s。DCS 的通信网络可满足大型企业的各种类型数据通信、实现实时控制和管理的需要。

7.4.1.2 DCS 的特点

DCS 采用标准化、模块化和系统化设计，其主要有下述特点。

1. 独立性

DCS 上各工作站是通过网络接口连接起来的，各工作站独立自主地完成分配给自己的任务。它的控制功能齐全，控制算法丰富，不但可以完成连续控制、顺序控制和批量控制，还可实现串级、前馈、预测、解耦和自适应等先进控制策略。其控制功能分散、危险分散的特点提高了系统的可靠性。

2. 协调性

DCS 各工作站间能够通过通信网络传送各种信息并协调工作，以完成控制系统的总体功能和优化处理。采用实时性、安全可靠的工业控制局部网络，提高了信息的畅通性，使整个系统信息共享。采用标准通信网络协议，可将 DCS 与上层的信息管理系统连接起来进行信息的交互。通过高速数据通信线，将现场控制站、局部操作站、监控计算机、中央操作站及管理计算机连接起来，构成多级控制系统。

3. 系统灵活性

DCS 硬件和软件采用开放式、标准化和模块化设计，系统为积木式结构，具有灵活的配置，可适应不同用户的需要。当工厂根据生产需要改变生产工艺或流程时，可改变系统的某些配置和控制方案,通过组态软件,进行一些填写表格式的操作即可实现。

DCS 操作方便、显示直观,提供了装置运行下的可监视性。其简洁的人机会话系统、CRT 彩色高分辨率交互图形显示、复合窗口技术,使画面日趋丰富,菜单功能更具实时性,提供的总貌、控制、调整、趋势、流程、回路一览、报警一览、批量控制、计量报表及操作指导等画面具有实用性。而平面密封式薄膜操作键盘、触摸式屏幕、鼠标器、跟踪球操作器等更便于操作,语音输入/输出使操作员与系统对话更加方便。

DCS 提供的组态软件包括系统组态、过程控制组态、画面组态,是集散控制系统的关键部分,使用组态软件可以生成相应的实用系统,易于用户设计新的控制系统,便于灵活扩充。

4. 实时性

通过人机接口和 I/O 接口,DCS 对过程对象的数据进行实时采集、处理、记录、监视、操作控制,并包括对系统结构和组态回路的在线修改、局部故障的在线维护等,提高了系统的可用性。

5. 可靠性

高可靠性、高效率和高可用性是 DCS 能够长期存在的原因。制造厂商在确定系统结构的同时,就采用了可靠性保证技术进行可靠性设计,其高可靠性体现在系统结构采用容错设计、系统所有硬件采用冗余设计、软件容错设计、"电磁兼容性"设计、结构、组装工艺的可靠性设计和在线快速排除故障的设计上。

7.4.1.3　典型 DCS 系统实例——SIMATIC PCS7 系统

SIMATIC PCS7 是西门子新型过程控制系统,为过程工业现代化、低成本、面向未来的解决方案提供了开放的开发平台。现代化的设计和体系结构保证了应用系统的高效率设计和经济运行,内容包括规划、工程实施、开车、培训、运行、维护及未来的扩展。PCS7 具有过程控制系统的所有特性和功能,辅以最新的 SIMATIC 技术,可以非常方便地满足所有对性能、可靠性、简单性、运行安全性等方面的需求。基于全集成自动化的概念,PCS7 不仅能实现过程领域的控制任务,还适用于这些领域所有辅助过程的完全自动化。因此,PCS7 可称为一种实现生产企业完全自动化的标准平台,将企业所有过程高效率地、全范围地集成到完整的企业环境中来。

PCS7 的功能非常强大,但作为一种面向过程的集散型控制系统,具有 DCS 的典型特征,其硬件体系也主要由分散过程控制装置、集中管理操作系统和通信网络三大块组成。其系统结构示意图如图 7 - 4 - 2 所示。

1. 通信系统

SIMATIC PCS7 的通讯系统包括系统总线和现场总线。

系统总线是系统的主干,用来连接过程控制系统(自动化系统 AS、工程师站 ES、操作员站 OS)的所有部件,使它们之间能彼此通信。系统总线以工业以太网、Profibus 或 MPI 为基础。

现场总线用于连接自动化系统和分布式 I/O 以及智能现场设备,使它们之间的数据以最小的安装工作进行传输。在 PCS7 中,采用标准化的 Profibus - DP/PA 现场总线连接 I/O 和现场设备。该总线遵循 IEC 61158 国际标准,PA 版还支持基于总线的现场设备在潜在易爆环境中的连接。

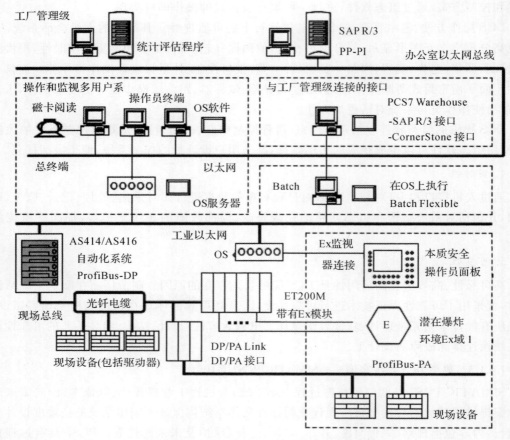

图 7 - 4 - 2 SIMATIC PCS7 系统结构示意图

2. 分散过程控制装置

SIMATlC PCS7 自动化系统的分散过程控制装置主要由 S7 - 400 PLC 自动化系统和分布式 I/O 组成。

S7 - 400PLC 自动化系统是 PCS7 自动化系统的可靠而功能强大的设备基础。它不但可以完成复杂的控制任务,而且还可以作为一个系统部件通过网络与操作员站 OS 和工程站 ES 相连接。

分布式 I/O 模块插入 ET200M 分布式 I/O 站内,通过 Profibus - DP 连接到中央单元。这就使分布式 I/O 既可集中在电子组件室,也可分散地放在分离的开关间。自动化系统、分布式 I/O 以及智能现场设备之间的数据,经过现场总线,以最小的安装工作进行传输。

3. 集中操作和管理站

PCS7 过程控制系统的操作管理站包括操作员站(OS)和工程师站(ES)。

(1)操作员站(OS)。操作员站可供操作人员从事操作、维护和监视。操作人员能够在标准的、面向应用的显示器上跟踪过程活动,修改批顺序,编辑实际值,或者与过程通信。在操作员站上也可以得到报警和操作员提示。操作员站通过通信处理器与工厂级的工业以太网相连。

(2)工程师站（ES）。工程师站（也称为工程师系统）为 PCS7 的操作员站、自动化系统以及分布式 I/O 提供全厂范围的编程。工程师站也可以作为单用户系统使用，每个工程师站都有一个与终端总线连接的接口，可以通过终端总线直接将数据从工程师站传输到 OS 服务器。

工程师站包含了如图 7-4-3 所示的多种工具，具有硬件配置、通信网络组态、连续和顺序过程运行组态、操作和监控策略设计、批量过程配方的产生等用途。

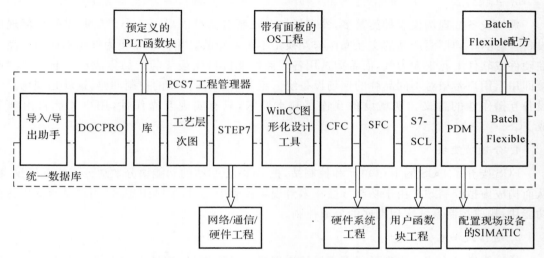

图 7-4-3 SIMATIC PCS7 工程师系统工具集

7.4.2 现场总线控制系统

进入 20 世纪 80 年代以来，用微处理器技术实现过程控制以及智能传感器的发展，导致需要用数字信号取代 4～20 mA DC 模拟信号，这就形成了现场总线（Fieldbus）。现场总线是连接工业过程现场仪表和控制系统之间的全数字化、双向、多站点的串行通信网络，与控制系统和现场仪表联用组成现场总线控制系统。现场总线不单单是一种通信技术，也不仅仅是用数字仪表代替模拟仪表，它是用新一代的现场总线控制系统 FCS 代替传统的分散型控制系统 DCS，实现现场总线通信网络与控制系统的集成。

7.4.2.1 现场总线及其体系结构

现场总线是用于过程自动化和制造自动化等领域中最底层的通信网络，以实现微机化的现场测量控制仪表或设备之间的双向串行多节点数字通信。作为网络系统，它具有开放统一的通信协议；以现场总线为纽带构成的现场总线控制系统 FCS 是一种新型的自动化系统和底层控制网络，承担着生产运行测量和控制的特殊任务。现场总线还可与因特网（Internet）、企业内部网（Intranet）相连，使自动化控制系统与现场设备成为企业信息系统和综合自动化系统中的一个组成部分。现场总线的体系结构由以下六方面构成。

1. 现场通信网络

现场总线把通信一直延伸到生产现场或生产设备，用于过程自动化和制造自动化的现场设备或现场仪表互连的现场通信网络。

2. 现场设备互连

现场设备或现场仪表是指变送器、执行器、服务器、网桥、辅助设备、监控设备等。这些设备通过一对传输线互连，传输线可以是双绞线、同轴电缆、光纤甚至是电源线，可根据需要，因地制宜地选择确定传输介质。

3. 互操作性

现场设备或现场仪表种类繁多，没有任何一家制造商可以提供一个工厂所需的全部现场设备，因此，不同厂商产品的交互操作与互换是不可避免的。用户不希望为选用不同的产品而在硬件或软件上花很大力气，而希望选用各厂商性能价格比最优的产品集成在一起，实现"即接即用"，用户希望对不同品牌的现场设备统一组态，构成所需要的控制回路，这就是现场总线设备互操作性的含义。现场设备互连是基本要求，只有实现互操作性，用户才能自由地集成 FCS。

4. 分散功能块

FCS 废弃了 DCS 的 I/O 单元和控制站，把 DCS 控制站的功能块分散地分配给现场仪表，从而构成虚拟控制站。由于功能分散在多台现场仪表中，并可统一组态，供用户灵活选用各种功能块，构成控制系统实现彻底的分散控制。

5. 通信线供电

通信线供电方式允许现场仪表直接从通信线上摄取能量，这种方式提供用于本质安全环境的低功耗现场仪表，与其配套的还有安全栅。众所周知，许多生产现场有可燃性物质，所有现场设备必须严格遵守安全防爆标准，现场总线设备也不例外。

6. 开放式互联网络

现场总线为开放式互联网络，既可与同层网络互联，也可与不同层网络互联。开放式互联网络还体现在网络数据库共享，通过网络对现场设备和功能块统一组态，使不同厂商的网络及设备融为一体，构成统一的 FCS。

7.4.2.2 FCS 对 DCS 的变革

现场总线控制系统打破了传统的模拟仪表控制系统、传统的计算机控制系统（DDC、DCS）的结构形式，具有独立的特点和优点。

如图 7-4-4 所示，新一代 FCS 已将传统 DCS 的控制站化整为零，分散分布到各台现场总线仪表中，在现场总线上构成分散的控制回路，实现了彻底的分散控制。

现场总线用一对通信线连接多台数字仪表代替一对信号线只能连接一台仪表；用多变量、双向、数字通信方式代替单变量、单向、模拟传输方式；用多功能的现场数字仪表代替单功能的现场模拟仪表；用分散式的虚拟控制站代替集中式的控制站；变革传统的信号标准、通信标准和系统标准；变革传统的自动化系统体系结构、设计方法和安装调试方法。

FCS 对 DCS 的变革主要包括以下几点。

（1）FCS 的通信传输实现了全数字化，从最底层的传感器和执行器就采用现场总线网络。逐层向上直至最高层均为通信网络互连。

（2）FCS 的系统结构是全分散式，它废弃了传统 DCS 的 I/O 单元和控制站，由现场设备或现场仪表取而代之。

（3）FCS 的现场设备具有互操作性，满足同一 FCS 标准的不同厂商的现场设备既可互连也可互换，并可以统一组态，彻底改变传统 DCS 控制层的封闭性和专用性。

（4）FCS 的通信网络为开放式互连网络，既可同层网络互连，也可与不同层网络互连，用户可极方便地共享网络数据库。

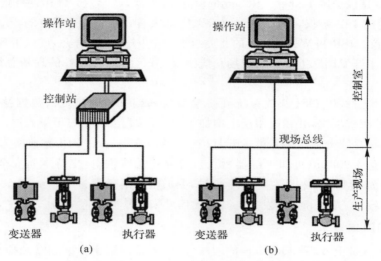

图 7 - 4 - 4　传统 DCS 和新一代 FCS 的结构对比

(a)传统 DCS；(b)新一代 FCS

7.4.2.3　FCS 的优点

采用现场总线技术构成的控制系统，其控制功能更加分散，系统的构成将更加灵活，可靠性将更高。现场总线控制系统（FCS）主要有以下优点。

1. 增强了现场级信息集成能力

现场总线可从现场设备获取大量丰富信息，能够更好地满足过程控制及工厂自动化的信息集成要求。现场总线是数字化通信网络，它不单纯取代 4～20 mA 信号，还可实现设备状态、故障、参数信息传送。系统除完成远程控制外，还可完成远程参数化工作。

2. 开放式、互操作性、互换性、可集成性

不同厂家产品只要使用同一总线标准，就具有互操作性、互换性，因此设备具有很好的可集成性。系统为开放式，允许其他厂商将自己专长的控制技术，如控制算法、工艺流程、配方等集成到通用系统中去。

3. 系统可靠性高、可维护性好

基于现场总线的自动化监控系统采用总线连接方式替代一对一的 I/O 连线，对于大规模 I/O 系统来说，减少了由接线点造成的不可靠因素。同时，系统具有现场级设备的在线故障诊断、报警、记录功能，可完成现场设备的远程参数设定、修改等参数化工作，也增强了系统的可维护性。

4. 降低了系统及工程成本

对大范围、大规模 I/O 的分布式系统来说，省去了大量的电缆、I/O 模块及电缆铺设工程

费用,降低了系统及工程成本。

7.4.2.4 几种常见的 FCS 标准简介

1. 基金会现场总线(Foundation Fieldbus,FF)

FF 的前身是以美国 Fisher - Rosemount 公司为首,联合 Foxboro、横河、ABB、西门子等80 家公司制定的 ISP 协议,并以 Honeywell 公司为首,联合欧洲等地的 150 家公司制定的 World FIP 协议。ISP 和 World FIP 的北美组织于 1994 年 9 月合并,成立了现场总线基金会,其初衷是致力于开发国际上统一的现场总线协议。FF 已成为 IEC 的现场总线国际标准的子集之一。

基金会现场总线以 OSI 开放系统互联模型为基础,取其物理层、数据链路层、应用层为 FF 通信模型的相应层次,并在应用层上增加了用户层,隐去了第三至第六层。

基金会现场总线分低速 H1 和高速 H2 两种通信速率。H1 的传输速率为 31.25 Kbps,直接通信距离可达 1 900 m(可加中继器延长),可支持总线供电,支持本质安全防爆环境。H2 的传输速率可为 1Mbit/s 和 2.5 Mbit/s 两种,其通信距离分别为 750 m 和 500 m。物理传输介质可支持双绞线、光缆和无线发射。其传输信号采用曼彻斯特编码。

2. PROFIBUS 技术

PROFIBUS 是 Process Fieldbus 的缩写,已成为德国国家标准和欧洲标准。PROFIBUS 由 PROFIBUS - FMS、PROFIBUS - PA 和 PROFIBUS - DP 三部分组成。其中 PROFIBUS - DP 是一种高速(数据传输速率 9.6 Kbps~12 Mbps)设备级网络,主要用于现场控制器与分散 I/O 之间的通信,定义了第一、二层和用户接口。第三到第七层未加描述。用户接口规定了用户和系统以及不同设备可调用的应用功能,并详细说明了各种不同 PROFIBUS - DP 设备的设备行为,可满足交直流调速系统快速响应的时间要求。

PROFIBUS - PA 的数据传输采用扩展的 PROFIBUS - DP 协议。PA 的传输技术可确保其本质安全性,而且可通过总线给现场设备供电。使用连接器可在 DP 上扩展 PA 网络,传输速率为 31.25 Kbit/s。

PROFIBUS - FMS 定义了 OSI 模型中的第一、二、七层,应用层包括现场总线信息规范(Fieldbus Message Specification,FMS)和低层接口(Lower Layer Interface,LLI)。FMS 包括了应用协议并向用户提供了可广泛选用的强有力的通信服务。LLI 协调不同的通信关系并提供不依赖设备的第二层访问接口,主要解决车间级通信问题,完成中等传输速度的循环或非循环数据交换任务。

3. CAN 总线

CAN 是 Control Area Network 的简称,最早由德国 BOSCH 公司提出,用于汽车内部测量与执行部件之间的数据通信。其总线规范现已被 ISO 制定为国际标准,被广泛应用于离散控制领域。

CAN 协议采用了 OSI 模型中第一、第二层。物理层又分为物理信号(Physical Signaling, PLS)、物理介质附件(Physical Medium Attachment,PMA)与媒体接口(Medium Dependent Interface,MDI)三部分,完成电气连接,实现驱动器/接收器的定时、同步、位编码解码功能。数据链路层分为逻辑链路控制 LLC 与介质访问控制 MAC 两部分,分别完成接收滤波、超载通知、恢复管理,以及应答、帧编码、数据封拆装、介质访问管理和出错检测等。

CAN 的信号传输采用短帧结构，每帧的有效字节数为 8 个，因而传输时间短，受干扰的概率低。当节点严重错误时，具有自动关闭的功能，以切断该节点与总线的联系，使总线上的其他节点及其通信不受影响，具有较强的抗干扰能力。

CAN 信号的传输介质为双绞线，其通信速率最高可达 1 Mbps/40 m，直接传输距离最远可达 10 km/5 Kbps，挂接设备数最多可达 110 个。

7.5　思考题与习题

7-1　计算机控制系统是由哪几部分组成的？各部分有什么作用？

7-2　计算机控制系统与常规的模拟控制系统相比，有哪些相同与不同点？

7-3　计算机控制系统按照控制目的不同一般分为哪些类型？各有什么特点？

7-4　某被控对象有 5 个模拟量控制回路和 3 个模拟量检测监视回路，试为该对象设计一个监督计算机控制系统方框图。

7-5　如何选择 A/D,D/A 转换器的位数及转换速度？

7-6　什么是计算机直接数字控制系统？它有什么特点？

7-7　DDC 的基本算法有哪些？各有什么优缺点？

7-8　试列出一些改进的 PID 算法，并分析其改进特点及适用场合。在计算机控制系统中，采样周期是如何确定的？为什么执行器响应速度较慢时采样周期可适当选大一些？

7-9　DCS 的层次结构一般分为几层？各层的功能及相互联系是怎样的？相对于分层控制系统，DCS 有哪些主要特点？

7-10　概述 FCS 的含义、层次结构，并分别叙述不同 FCS 标准的特点。

第8章 电气控制与 PLC

在化工过程控制系统中,除了回路控制还有诸多流体机械,通常由电机带动,实现化工过程的流体输送。其中,一部分流体机械由变频器驱动,在回路控制中完成执行器功能,除此之外,仍有众多电机需要单独由过程控制系统完成启停控制。出于对过程控制工程及系统设计所需知识体系完整性的考虑,本章阐述电机控制所需低压电器、电气控制线路和电气系统图等电气控制内容,以及可编程序逻辑控制器(Programmable Logic Controller,PLC)组成、工作原理、典型 I/O 模块、指令和工程 PID 等内容。

8.1 概　　述

电气是电能的生产、传输、分配、使用和电工装备制造等学科或工程领域的统称。它是以电能、电气设备和电气技术为手段来创造、维持与改善限定空间和环境的一门科学,涵盖电能的转换、利用和研究三方面,包括基础理论、应用技术和设施设备等。电气是广义词,指一种行业,一种专业,也可指一种技术,而不具体指某种产品。

电气控制主要分为两大类:一种是传统的以继电器、接触器等为主搭接起来的逻辑电路,即继电-接触器控制;另一种是基于 PLC 的弱电控制强电的系统——PLC 控制。

1. 继电-接触器控制

继电-接触器控制技术属于传统电气控制技术,继电-接触器控制系统是由接触器、继电器、主令电器和保护电器等元件用导线按一定的控制逻辑连接而成的系统。它主要采用硬接线逻辑,利用继电器触点的串联或并联,延时继电器的滞后动作等组成控制逻辑,从而实现对电动机或其他机械设备的启动、停止、反向、调速及多台设备的顺序控制和自动保护等功能。

继电-接触器控制系统具有结构简单、控制电路成本低廉、维护容易及抗干扰能力强等优点,但这种控制系统采用固定的接线方式,若控制方案改变,则需拆线,重新再接线,乃至更换元器件,灵活性差,系统体积较大,工作频率低,触点易损坏,可靠性差,且控制装置是专用的,通用性差。

2. PLC 控制

PLC 控制技术属于现代电气控制技术,它是计算机技术与继电-接触器控制技术相结合的控制技术,同时 PLC 的输入、输出仍与低压电器密切相关。PLC 控制以微处理技术为核心,综合应用计算机技术、自动控制技术、电子技术及通信技术等,以软件手段实现各种控制功能。

PLC 控制具有下述优点:①可靠性高,抗干扰能力强;②适用性强,在需要改变设备的控制功能时,只要修改程序,稍稍修改接线即可完成,应用灵活;③编程方便,易于应用;功能强大,扩展能力强;④系统设计、安装、调试方便;⑤体积小,质量轻,易于实现机电一体化。但其价格相对继电-接触器控制系统较高,在一定程度上限制了 PLC 的发展,应用 PLC 控制技术需要一定的电气专业知识和计算机知识。

两种控制技术既有区别又有联系,在进行电气控制设计时,应充分考虑它们各自的优缺点,选择相应的控制技术,使系统控制效果好,成本低,以达到最高的性价比。

继电-接触器控制系统主要用于动作简单、控制规模比较小的电气控制系统中,至今仍是机床和其他许多机械设备广泛采用的电气控制形式,而 PLC 控制系统则用于相对较复杂的控制电路,实现设备的简便连接,根据实际要求自动控制设备按程序运行。继电-接触器控制系统在简单控制系统中经济性方面明显优于 PLC 控制系统,在不太重要的场合可以考虑使用,而可靠性方面 PLC 控制系统则明显优于继电-接触器控制系统。

8.2　电气控制技术的发展历程

1831 年,英国科学家法拉第发现了电磁感应现象,奠定了发电机的理论基础。1866 年西门子提出了发电机的工作原理,19 世纪 70 年代,实际可用的发电机问世。1882 年,法国人德普勒发现了远距离送电的方法,美国科学家爱迪生建立了美国第一个火力发电站,把输电线连接成网络。19 世纪末到 20 世纪初为生产机械电力拖动的初期,常以一台电动机拖动多台设备,或者使一台电动机拖动一台机床的多个运动部件,称为集中拖动,20 世纪 30 年代发展成为分散拖动。

20 世纪二三十年代产生了继电-接触器控制,最初采用一些手动控制电器,通过人力操作实现对电动机的控制。后来发展为采用继电器、接触器、主令电器和保护电器等组成的自动控制方式,这种控制方式由操作者发出信号,通过主令电器接通继电器和接触器电路,控制电动机。由于继电-接触器控制系统采用固定接线方式,若工艺流程改变,则需要重新设计生产线,开发周期长。特别是对于一些大型生产线的控制系统,使用的继电器、接触器等数量很多,降低了系统的可靠性,进行故障检测的难度较大。

20 世纪 60 年代出现了矩阵式顺序控制器和晶体管逻辑控制系统来代替继电-接触器控制系统,它是以逻辑元件插接方式组成的控制系统,编程简单,系统成本也降低。对于复杂的自动控制系统则采用计算机控制,但其系统复杂,抗干扰能力差,成本较高。

1968 年美国最大的汽车制造商通用汽车公司(GM),为了适应汽车型号不断更新的要求,提出要研制一种新型的工业控制装置来取代继电-接触器控制装置,为此,特拟定了 10 项公开招标的技术要求:

(1)编程简单方便,可在现场修改程序。

(2)硬件维护方便,最好是插件式结构。

(3)可靠性要高于继电-接触器控制装置。

(4)体积小于继电-接触器控制装置。

(5)可将数据直接送入管理计算机。

(6)成本上可以与继电器竞争。

（7）输入可以是交流 115 V。

（8）输出为交流 115 V,2 A 以上,能直接驱动电磁阀。

（9）扩展时,原有系统只需做很小改动。

（10）用户程序存储器容量至少可以扩展到 4 KB。

以上要求可归纳为以下四点：

（1）用计算机代替继电器控制盘。

（2）用程序代替硬接线。

（3）输入/输出电平可与外部装置直接相接。

（4）结构易扩展。

根据招标要求,1969 年美国数字设备公司（DEC）研制出世界上第一台可编程序控制器（PDP－14 型）,并在通用汽车公司自动装配线上试用,获得了成功,从而开创了工业控制新时代。从此,可编程序控制器这一新的控制技术迅速发展起来。目前,PLC 已作为一种标准化通用设备应用于机械加工、自动机床、木材加工、冶金工业、建筑施工、交通运输、纺织、造纸、化工等行业,对传统的控制系统进行技术改造,使工厂自动控制技术产生了很大的飞跃。

8.3　常用低压电器及电机控制

低压电器在低压供电配电系统、电力拖动系统和自动控制系统中起着极其重要的作用,是电气控制技术的基础,所用低压电器的性能与控制系统性能的优劣有直接关系,直接影响着系统的可靠性、先进性和经济性。

8.3.1　定义与分类

低压电器是指工作在交流电压 1 200 V 以下、直流电压 1 500 V 以下的电器。

低压电器种类繁多,结构形式各异,工作原理及功能也各不相同。低压电器的分类方法很多,通常采用以下几种：

1. 按工作原理分类

（1）电磁式电器。依据电磁感应原理来工作,这类电器主要有接触器、电磁式继电器等。

（2）非电量控制电器。依靠外力或某种非电物理量（如速度、压力、温度等）的变化而动作的电器,如刀开关、行程开关、按钮和速度继电器等。

2. 按操作方式分类

（1）手动电器。主要通过外力（如人力）直接操作来完成动作的电器,如刀开关、转换开关、按钮等。

（2）自动电器。主要通过电器本身参数的变化或外来信号的作用,自动接通或分断电路的电器,如接触器、继电器、熔断器等。

3. 按用途分类

（1）控制电器。用于各种控制电路和控制系统的电器,对这类电器的主要技术要求是有一定的通断能力,操作频率高,电气和机械寿命长,如接触器、继电器、电动机启动器等。

（2）主令电器。用于自动控制系统中发送动作指令的电器,如按钮、行程开关、万能转换开关等。

（3）保护电器。用于保护电路及用电设备的电器,对这类电器的主要技术要求是有一定的通断能力、反应灵敏、可靠性高,如熔断器、热继电器、各种保护继电器等。

（4）执行电器。用于完成某种动作或传动功能的电器,如电磁铁、电磁离合器等。

（5）配电电器。用于电能的输送和分配的电器,对这类电器的主要技术要求是分断能力强、限流效果好、动稳定及热稳定性能好,如断路器、隔离开关、刀开关等。

8.3.2　接触器

接触器是一种能频繁地接通或分断交、直流主电路及大功率、大容量控制电路的切换电器,主要控制对象是电动机,能实现远距离控制,并具有欠电压保护功能。它主要用于控制电动机的启动、反转、制动和调速等,还可以控制电焊机、电容器组等设备,是电力拖动控制系统中使用最广泛的控制电器之一。它具有比工作电流大数倍乃至数十倍的接通和分断能力,但不能分断短路电流。它是一种执行电器,即使在 PLC 应用系统中,它也不能被取代。

接触器种类很多,按驱动力不同可分为电磁式、气动式和液压式,以电磁式应用最广;按其主触点的极数（主触点的个数）可分为单极、双极、三极、四极和五极等多种;按其主触点所控制电路电流的种类可分为直流接触器和交流接触器。

下述分别介绍交流接触器和直流接触器。

1. 交流接触器

交流接触器线圈通以交流电,主触点用于接通、分断交流主电路,其外形如图 8-3-1 所示。当交流磁通穿过铁芯时,将产生涡流和磁滞损耗,使铁芯发热。为减少铁损,铁芯用硅钢片冲压而成;为便于散热,线圈做成短而粗的圆筒状绕在骨架上。

图 8-3-1　交流接触器

交流接触器主要由电磁机构、触点系统、灭弧装置及其他辅助部件组成,其结构图如图 8-3-2 所示。

（1）电磁机构。电磁机构是接触器的主要组成部分之一,包括铁芯、线圈和衔铁,它将电磁能转换成机械能,带动触点使之闭合或断开。

（2）触点系统。触点是接触器的执行元件,用来接通或断开被控制的电路。根据其所控制节电路可分为主触点和辅助触点。主触点用于接通或断开主电路,允许通过较大的电流,多为常开触点;辅助触点用于接通或断开控制电路,只能通过较小的电流,通常常开和常闭是成对的。

　　当线圈得电后,衔铁在电磁吸力的作用下吸向铁芯,带动全部动触点移动,实现全部触点状态的切换。

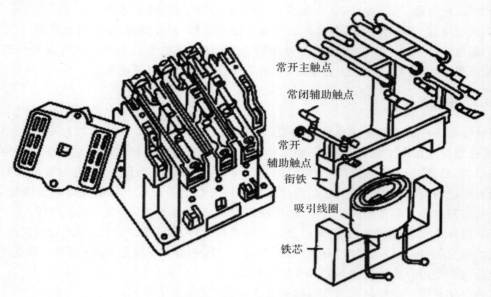

常开主触点
常闭辅助触点
常开辅助触点
衔铁
吸引线圈
铁芯

图 8-3-2　接触器结构图

　　(3)灭弧装置。容量在 10 A 以上的接触器都有灭弧装置,对于小容量的接触器,常采用双断口桥式触点以利于灭弧,触点上带有灭弧罩;对于大容量的接触器常采用纵缝灭弧罩及灭弧栅。

　　(4)辅助部件。接触器的其他辅助部件包括复位弹簧、缓冲弹簧、动触点压力弹簧、传动机构及支架等。当线圈通电电压大于线圈额定电压的 85% 时,在静铁芯中产生磁通,由此对动铁芯产生吸力,使动铁芯克服复位弹簧拉力带动触点动作,即常闭触点先断开,常开触点后闭合;当线圈断电或电压降到较低值时,电磁吸力消失或减弱,衔铁在复位弹簧的作用下回到初始位置,触点又恢复到原来的状态。这就是接触器的工作原理。

　　2. 直流接触器

　　直流接触器线圈通以直流电,主触点用于接通切断直流主电路。直流接触器的结构和工作原理与交流接触器基本相同,但也有区别:

　　(1)触点系统。直流接触器的触点系统多制成单极的,有小电流的制成双极的,触点也有主、辅之分。

　　(2)铁芯。由于直流接触器线圈通入的是直流电,铁芯不会产生涡流和磁滞损耗,所以不会发热,一般用整块钢块制成。

　　(3)线圈。由于直流接触器和交流接触器的线圈通入的电流不同,所以其线圈也不同。

　　(4)灭弧装置。直流接触器的主触点用灭弧能力较强的磁吹灭弧装置;而交流接触器的主触点一般采用灭弧栅进行灭弧。

　　3. 技术参数与选型

　　接触器的主要技术参数有以下几项:

(1)额定电压。接触器的额定电压是指主触点的额定电压。常用的额定电压等级分为直流接触器的 110 V,220 V,440 V,660 V;交流接触器的 127 V,220 V,380 V,500 V 及 660 V。

(2)额定电流。接触器的额定电流是指主触点的额定电流。常用的额定电流等级:直流接触器的 5 A,10 A,20 A,40 A,60 A,100 A,150 A,250 A,400 A,600 A;交流接触器的 5 A,10 A,20 A,40 A,60 A,100 A,150 A,250 A,400 A,600 A。

(3)电磁线圈的额定电压。该额定电压是指保证衔铁可靠吸合的线圈工作电压。常用的电压等级分为直流线圈的 24 V,48 V,110 V,220 V 及 440 V 和交流线圈的 36 V,110 V,220 V 及 380 V。线圈的额定电压可与触点的额定电压相同也可不同。

(4)额定操作频率。接触器的额定操作频率是指每小时的接通次数。通常交流接触器的额定操作频率为 600 次/h;直流接触器为 1 200 次/h。操作频率直接影响到接触器的寿命,对交流接触器还影响到线圈的温升。

(5)接通和分断能力。接触器的接通和分断能力是指主触点在规定条件下能可靠地接通和分断的电流值(此值远大于额定电流)。在此电流值下,接通时主触点不应发生熔焊,分断时主触点不应发生长时间燃弧。电路中超出此电流值的分断任务则由熔断器、低压断路器等保护电路承担。

(6)机械寿命和电气寿命。机械寿命是指接触器在需要修理或更换机构零件前所能承受的无载操作次数;电气寿命是指在规定的正常工作条件下,接触器不需修理或更换的有载操作次数。

(7)使用类别。当接触器用于不同负载时,其对主触点的接通和分断能力要求不同,按不同使用条件来选用相应使用类别的接触器便能满足其要求。AC-1 和 DC-1 类允许接通和分断额定电流;AC-2,DC-3 和 DC-5 类允许接通和分断 4 倍的额定电流;AC-3 类允许接通和分断 6 倍的额定电流;AC-4 类允许接通和分断 6 倍的额定电流。

接触器型号众多,应根据被控对象的类型和参数合理选用,保证接触器可靠运行。接触器的选用依据主要包括以下 6 项:

(1)选择接触器的类型。通常根据接触器所控制电路的电流种类来确定接触器的类型,即交流负载应选用交流接触器,直流负载应选用直流接触器。

(2)选择接触器的使用类别。根据控制负载的工作任务来选择相应使用类别的接触器。如负载是一般任务则选用 AC-3 类别;负载为重任务则一般选用 AC-4 类别;当负载为一般任务与重任务混合时,则可根据实际情况选用 AC-3 或 AC-4 类接触器,在选用 AC-3 类别时,接触器的容量应降低一级使用,即使这样,其寿命仍有不同程度的降低。

(3)选择接触器的额定电压。通常所选择接触器主触点的额定电压应美宇或等于负载回路的额定电压。

(4)选择接触器的额定电流。当接触器控制电阻性负载时,主触点的额定电流应等于负载的工作电流;当接触器控制电动机时,所选接触器的主触点的额定电流应大于负载电流的 5 倍。接触器如在频繁启动、制动和频繁正反转的场合下使用,容量应增大一倍以上。

(5)选择线圈的电压。接触器线圈的额定电压应与接入此线圈的控制电路的额定电压相等。

(6)选择接触器的触点数量及触点类型。接触器的触点数量和种类应满足主电路和控制电路的要求。

4. 接触器的图形及文字符号

接触器的图形及文字符号如图 8-3-3 所示。

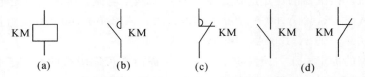

图 8-3-3　接触器的图形及文字符号

(a)线圈;(b)常开主触点;(c)常闭主触点;(d)常开、常闭辅助触点

8.3.3　低压断路器

低压断路器俗称为自动空气开关或自动开关。它既有手动开关的功能,又能自动进行失电压、欠电压、过载和短路保护。它在电路中除起控制作用外,还具有一定的保护功能,如过负荷、短路和欠电压等。低压断路器是低压配电网中一种重要的保护电器,相当于刀开关、熔断器或过电流继电器、热继电器和欠电压继电器的组合。由于其具有操作安全、使用方便、工作可靠、安装简单、有多种保护功能等优点,因此得到了广泛应用。

1. 低压断路器的结构与工作原理

低压断路器由主触点、灭弧装置、操作机构、自由脱扣机构及脱扣器等组成,主触点是断路器的执行元件,用来接通和分断主电路,为提高其分断能力,主触点上装有灭弧装置。操作机构是实现断路器闭合、断开的机构,有直接手柄操作、杠杆操作、电磁铁操作和电动机操作等方式。自由脱扣机构是用来联系操作机构和主触点的机构,当操作机构将主触点闭合后,自由脱扣机构将主触点锁在合闸位置上。脱扣器包括过电流脱扣器、热脱扣器、分励脱扣器和欠电压脱扣器等。低压断路器的结构原理图分别如图 8-3-4 所示。

低压断路器通过手动操作或电动合闸后,主触点闭合,自由脱扣机构将主触点锁在合闸位置上。

过电流脱扣器的线圈和热脱扣器的热元件与主电路串联,当流过断路器的电流在整定值以内时,过电流脱扣器所产生的吸力不足以吸动衔铁,热脱扣器的热元件所产生的热量也不能使自由脱扣机构动作;当电流发生短路或严重过载时,过电流脱扣器的衔铁吸合使自由脱扣器动作,主触点断开主电路,起短路和过电流保护作用;当电路过载时,热脱扣器的热元件发热使双金属片向上弯曲,推动自由脱扣机构动作,使主触点断开主电路,起长期过载保护作用。

欠电压脱扣器的线圈与电源并联,它的工作过程与过电流脱扣器相反,当电源电压等于额定电压时,失电压脱扣器产生的吸力足以吸合衔铁,使断路器处于合闸状态;当电路欠电压或失电压时,欠电压脱扣器的衔铁释放,使自由脱扣机构动作,主触点断开主电路,起到欠电压和失电压保护作用。

分励脱扣器用于远距离操作,在正常工作时,其线圈是断开的,在需要远距离控制时,按下按钮使线圈通电,衔铁带动自由脱扣机构动作,使主触点断开。

以上介绍的是断路器可以实现的功能,但并不是指所有的断路器都具有图 8-3-4 所示低压断路器的上述功能,比如有的断路器没有分励脱扣器,有的没有热脱扣器,大部分都具有过电流保护和欠电压保护等功能。

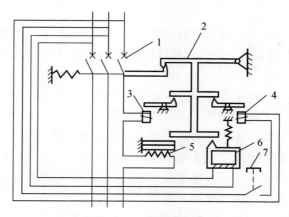

图 8 - 3 - 4　结构原理图

1—主触点；2—自由脱扣机构；3—过电流脱扣器；4—分励脱扣器；5—热膜扣器；6—负电压脱扣器；7—按钮

低压断路器的图形及文字符号如图 8 - 3 - 5 所示。

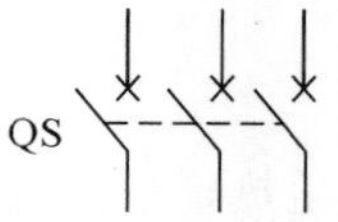

QS

图 8 - 3 - 5　接触器的图形及文字符号

2. 低压断路器的种类

断路器的种类繁多，按用途和结构特点可分为框架式断路器、塑料外壳式断路器、直流快速断路器和限流式断路器等。

（1）框架式断路器，也称为万能式断路器或敞开式电压断路器，其具有绝缘衬底的框架结构底座将所有的构件组装在一起，用于配电网络的保护。

（2）塑料外壳式断路器，也称为装置式低压断路器，它用由模压绝缘材料制成的封闭型外壳将所有构件组装在一起，用作配电网络的保护和电动机、照明电路及电热器等的控制开关。

（3）直流快速断路器，具有快速电磁铁和强有力的灭弧装置，最快动作时间可在 0.02 s 以内，用于半导体整流元件和整流装置的保护。

（4）限流断路器是利用短路电流所产生的电动力使触点在 8 ～10 ms 内可以迅速断开，能在交流短路电流尚未达到峰值之前就把故障电路切断，适用于要求分断能力较高的场合（可分断高达 70 kA 短路电流的电路）。

3. 主要技术参数及选型

（1）低压断路器的主要技术参数。

1）额定电压。断路器在长期工作时的允许电压，通常等于或大于电路的额定电压。

2）额定电流。断路器在长期工作时允许通过的持续电流。

3）通断能力。断路器在规定的电压、频率以及规定的线路参数（交流电路为功率因数，直流电路为时间常数）下，所能接通或分断的短路电流值。

4）分断时间。断路器切断故障电流所需的时间。

(2)低压断路器的选型。

1)根据使用场合和保护要求选择断路器类型,一般选用塑壳式,在短路电流很大时选用限流型,在额定电流比较大或有选择性保护要求时选用框架式,控制和保护含半导体器件的直流电路选择直流快速断路器等。

2)断路器的额定电压和额定电流应大于或等于线路、设备正常工作时的电压和电流,一般选择断路器的额定电流大于电动机额定电流的1.3倍。

3)断路器的极限分断能力应大于或等于电路最大短路电流。

4)欠电压脱扣器的额定电压应等于电路中的额定电压。

5)过电流脱扣器的额定电流应大于或等于电路的最大负载电流。

6)长延时电流整定值等于电动机额定电流。

7)瞬时整定电流:对于保护笼型电动机的断路器,瞬时整定电流等于8～15倍的电动机额定电流,倍数大小取决于被保护笼型电动机的型号、容量和启动条件;对于保护绕线转子电动机的断路器,瞬时整定电流等于3～6倍的电动机额定电流,其值大小取决于被保护绕线转子电动机的型号、容量及启动条件。

8.3.4 热继电器

热继电器利用电流流过发热元件产生热量来使检测元件受热弯曲,当弯曲达到一定程度时,就会推动连杆动作,实现触点的通断,它是一种保护电器。由于发热元件具有热惯性,所以在电路中不能用于瞬时过载保护,更不能用作短路保护。它主要用作电动机的长期过载保护和断相保护,可防止因过热而损坏电动机的绝缘材料。过电流继电器和熔断器不能胜任过载保护。

按相数来分,热继电器有单相、两相和三相3种类型,每种类型按发热元件的额定电流又有不同的规格。三相式热继电器有不带断相保护和带断相保护两种类型。

1. 热继电器的结构与工作原理

热继电器的外形及结构示意图如图8-3-6所示,主要由发热元件、双金属片和触点三部分组成。双金属片是热继电器的感测元件,它是由两种不同热膨胀系数的金属碾压而成的,当双金属片受热时,由于两层金属的膨胀系数不同,会使得双金属片向膨胀系数小的金属所在侧弯曲并产生机械力带动触点动作。

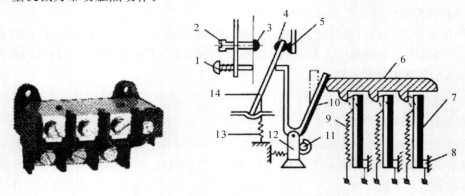

图8-3-6 热继电器的外形及结构示意图

1—复位按钮;2—复位螺钉;3—常开静触点;4—动触点;5—静触点;6—导板;7—主双金属片;
8—推杆;9—加热元件;10—补偿双金属片;11—调节旋钮;12—支撑件;13—压簧;14—推杆

在使用时,一般将热继电器的加热元件串接在电动机定子绕组中,电动机绕组电流即为流过加热元件的电流。当电动机正常运行时,加热元件产生的热量虽能使主双金属片弯曲,但还不足以使继电器动作;当电动机过载时,加热元件产生的热量增大,使双金属片弯曲推动导板,并通过补偿双金属片与推杆 14 将动触点和静触点分开,动触点和静触点为热继电器串于接触器线圈电路的常闭触点,断开后使接触器失电,接触器的常开触点将电动机与电源断开,起到保护电动机的作用。

热继电器动作后,一般不能自动复位,要等双金属片冷却后,按下复位按钮才能复位。调节旋钮是一个偏心轮,它与支撑件构成一个杠杆,13 为压簧,转动偏心轮,改变它的半径即可改变补偿双金属片和导板的接触距离,从而达到调节整定动作电流的目的。调节复位螺钉可改变常开静触点的位置,使热继电器能工作在手动复位和自动复位两种工作状态。采用手动复位时,在故障排除后要按下复位按钮才能使动触点恢复与静触点的接触。热继电器的图形及文字符号如图 8-3-7 所示。

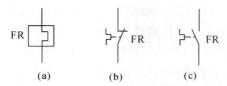

图 8-3-7　热继电器的图形及文字符号
(a)热元件;(b)常闭触点;(c)常开触点

2. 带断相保护的热继电器

三相电动机的断相运行即其中的一相与电源断开是造成电动机烧毁的主要原因之一。如果热继电器所保护的电动机绕组为 Y 联结,当线路发生一相断电时,其余两相的电流会增大,但由于线电流等于相电流,流过电动机绕组的电流与流过热继电器的电流增加的比例相同,因此采用普通的两相或三相热继电器即可实现保护。如果电动机绕组为△联结,当发生故障时,由于电动机的相电流与线电流不等,若线电流达到额定电流,则在电动机绕组内部,电流较大的那一相绕组的相电流将超过额定相电流,因加热元件串接在电源进线中(即通过的电流为线电流),故热继电器不动作,电动机会因过热烧毁。为此对于△联结的电动机需采用带断相保护的热继电器。

3. 热继电器的选用

热继电器的主要技术参数有额定电压、额定电流、相数、热元件编号及整定电流调节范围等。

热继电器的选择主要以电动机的额定电流为依据,同时也要考虑到电动机的形式、动作特性和工作制等因素,具体选择热继电器时应考虑以下几点:

(1)对于过载能力较差的电动机,其配用的热继电器(主要是发热元件)的额定电流可适当小些。通常,选取热继电器的额定电流(实际上是选取发热元件的额定电流)为电动机额定电流的 60%～80%。

(2)对于长期工作制或间断长期工作制的电动机,热继电器的整定值可等于电动机额定电流的 0.95～1.05 倍,也可以等于电动机的额定电流,然后校验其动作特性。

（3）在不频繁启动场合，要保证热继电器在电动机的启动过程中不产生误动作。通常，当电动机的启动电流为其额定电流的6倍、启动时间不超过6 s且很少连续启动时，就可按电动机的额定电流选取热继电器。

（4）当电动机为重复短时工作时，首先注意确定热继电器的允许操作频率。因为热继电器的操作频率是很有限的，如果用它保护操作频率较高的电动机，效果会很不理想，有时甚至不能使用。

（5）若负载性质不允许停车，即便过载会使电动机寿命缩短，也不让电动机贸然脱扣，这时继电器的额定电流可选择较大值，这种场合最好采用由热继电器和其他保护电器有机地组合起来的保护措施，只有在发生非常危险的过载时才考虑脱扣。

此外，对于正反转及通断频繁的电动机，不宜采用热继电器保护，必要时可采用装入电动机内部的温度继电器来保护。

热继电器存在功能少，无断相保护，对电机发生通风不畅，扫膛、堵转、长期过载；频繁启动等故障不起保护作用。这主要是因为热继电器动作曲线和电动机实际保护曲线不一致，失去了保护作用。且重复性能差，大电流过载或短路故障后不能再次使用，调整误差大、易受环境温度的影响误动或拒动，功耗大、耗材多、性能指标落后等缺陷。

针对热继电器不能满足需要的场合，可选用电动机保护器。电动机保护器（电机保护器）以检测线电流的变化（包括采取、正序、负序、零序和过流）为原则，可检测断相或过载信号，除具有断相保护功能外，还具有过负荷、堵转保护功能，是集保护、遥测、通讯、遥控与一体的电动机保护装置，对电动机发生断相、过载、短路、欠压、过压和漏电等故障时实现保护。

8.3.5　控制按钮

控制按钮控制按钮又称按钮，是一种结构简单、使用广泛的手动电器。它在控制电路中通过手动发出控制信号去控制继电器、接触器或电气联锁电路等，而不是直接控制主电路的通断。控制按钮触点允许通过的电流很小，一般不超过5 A。

1. 控制按钮的结构

控制按钮一般由按钮、复位弹簧、触点和外壳等部分组成，常用按钮的外形及结构示意图如图8-3-8所示。每个按钮中触点的形式和数量可根据需要装配成1常开1常闭到6常开6常闭形式。根据按钮内部机械结构的不同可以将其分为自复位按钮和自锁按钮，在手动按下按钮后，自复位按钮能自动恢复到初始状态，而自锁按钮则一直保持按下状态直至再次对其进行操作。按钮帽有不同的颜色以便识别各按钮的作用，避免误操作，按钮的颜色及其含义见表8-3-1。

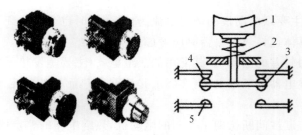

图8-3-8　控制按钮的外形及结构示意图
1—按钮帽；2—复位弹簧；3—动触点；4—常闭静触点；5—常开静触点

表 8-3-1 按钮的颜色及其含义

按钮颜色	含 义	说 明	应用示例
红	紧急	危险或紧急情况时操作	急停
黄	异常	异常情况时操作	干预制止异常情况
绿	正常	正常情况时启动操作	正常启动
蓝	强制性	要求强制动作情况下操作	复位功能
白			启动/接通(优先)、停止/断开
灰	未赋予特定含义	除急停以外的一般功能的启动	启动/接通、停止/断开
黑			启动/接通、停止/断开(优先)

控制按钮的图形及文字符号如图 8-3-9 所示。

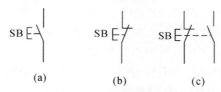

图 8-3-9 控制按钮的图形及文字符号
(a)常开按钮；(b)常闭按钮；(c)复合按钮

2. 主要技术参数及选用

控制按钮的主要技术参数有额定电压、额定电流和触点数量等。

选用按钮应参考以下原则：

(1)根据控制电路的需要确定,由控制电路的电压和电流确定按钮的额定电压和额定电流。

(2)根据用途选择合适的形式,如在紧急操作的场合选用有蘑菇形按钮帽的紧急式按钮；在按钮控制作用比较重要的场合选用钥匙式按钮,即插入钥匙后方可旋转操作。

(3)根据使用场合选择按钮的种类,如开启式、保护式或防水式等。

(4)根据工作状态和工作情况选择,若需要显示工作状态则选用带指示灯的按钮,并根据其作用选择按钮帽的颜色。

8.3.6 万能转换开关

万能转换开关是一种多挡式且能对多个回路同时转换的主令电器。它用于各种控制电路的转换、电气测量仪表的转换及配电设备的远距离控制,也可用作小功率电动机的启动、制动和换向控制等。

1. 万能转换开关的结构

常见的万能转换开关的外形及结构示意图如图 8-3-10 所示,它主要由操作机构、定位装置和触点等部分组成,触点的通断由凸轮控制。在上述示意图中,每层触点底座有 3 对触点和一个装在转轴上的凸轮,触点底座可由多层叠装而成,每层凸轮的形状可以不同,其叠装方向可以自由选择。

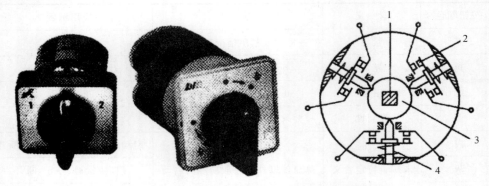

图 8-3-10　万能转换开关的外形及结构示意图
1—转轴；2—触点；3—凸轮；4—触点弹簧

在对万能转换开关进行操作时，手柄带动转轴和凸轮一起旋转，当手柄转到图 8-3-10 所示的位置时，有一对触点闭合两对触点断开。由于每层凸轮的叠装方向不同，各层触点的闭合或断开的情况就不同，因而这种开关可以组成多种接线方案以适应不同的控制要求。

万能转换开关的图形、文字符号及触点通断表如图 8-3-11 所示。为了表示触点的分合状态与手柄位置的关系，图中给出了两种方法表示：一种是在电路图中画虚线和"·"虚线表示手柄的位置，有无"·"表示触点是闭合还是断开，如图 8-3-11(a)所示，例如若将手柄转至Ⅰ，则触点 1，3 闭合，2，4，5，6 断开，将手柄转Ⅱ，则触点 2，4，5，6 闭合，1，3 断开；另一种表示是不在图中画虚线和"·"，而只是在图形符号表中标出触点号，在触点通断表中标出手柄在不同位置时触点的通断状态，如图 8-3-11(b)所示，其中"×"表示手柄在该位置时触点闭合。

2. 万能转换开关的选型

万能转换开关的主要技术参数有额定电压、额定电流、绝缘电压、发热电流及触点数量等。万能转换开关的选用应参考以下原则：

(1)根据控制电路的电压和电流来选择，使万能转换开关的额定电压与额定电流符合电路的要求。

(2)按操作需要选择手柄形状以及手柄的定位特征。

(3)根据不同控制要求选用触点数量、接触系统节数和接线图编号。

(4)选择面板型式及标志。

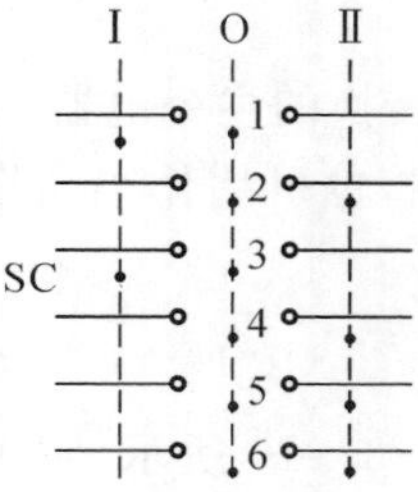

触点编号	手柄定位		
	Ⅰ	O	Ⅱ
1	×	×	
2		×	×
3	×	×	
4		×	×
5			×
6		×	×

（a）　　　　　　　　　（b）

图 8-3-11　万能转换开关的图形、符号及触点通断表
(a)图形符号及位置符号；(b)触点通断表

8.3.7　固态继电器

固态继电器又称为"无触点开关"，是由微电子电路、分立电子器件、电力电子功率器件组成的新型无触点开关，它利用电子组件（如开关晶体管、双向晶闸管等半导体组件）的开关特性，达到无触点、无火花却能接通和断开电路的目的。固态继电器为四端器件，其中两个端子为输入控制端，两个为输出受控端，中间采用隔离元件，作为输入与输出之间的电气隔离。

固态继电器的种类较多，按切换负载性质分，有直流型固态继电器（DC-SSR）和交流型固态继电器（AC-SSR）两种，其中直流型以晶体管作为开关元件，交流型以晶闸管作为开关元件；按输入与输出之间的隔离方式分，有光耦合隔离型、磁隔离型和混合型三种，其中光耦合隔离型较多；按控制触发信号不同，可分为过零触发型和非过零触发型、有源触发型和无源触发型。

光耦合式固态继电器的工作原理图如图 8-3-12 所示，在输入端加直流或脉冲信号，输出端就能从关断状态转变成导通状态，从而控制较大负载；而在输入端无信号时输出端呈阻断状态。

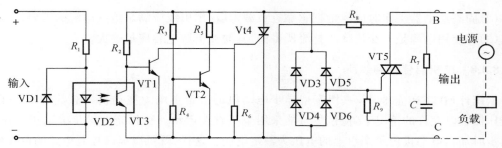

图 8-3-12　光耦合式固态继电器的工作原理图

由图 8-3-12 可以看出，输入端的负载为电阻和光耦合器，在使用时可以直接与计算机输出口相连，也可以与其他适当的控制电路相连。如果在开关电路中不加特殊的控制电路，将产生射频干扰并以谐波或尖峰电流等形式污染电网，因此在有些固态继电器中设计了过零控制电路。其原理是只有输入控制信号且交流电压过零时，固态继电器才为导通状态；当断开控制信号后，固态继电器要等到交流电压的正半周向负半周转变的交界点即零电位时才为关断状态。相反，为了防止电源中传来的尖峰、浪涌电压对开关器件双向晶闸管的冲击和干扰，需要设计相应的吸收电路，也即原理图中的 R_7 和 C。

根据固态继电器的工作原理可知，它具有工作可靠性高、使用寿命长、灵敏度高、能与多数逻辑集成电路兼容、转换速度快、无火花、无动作噪声和控制功率小等优点，但也有过载能力低、触点单一、易受温度和辐射影响等缺点。因此在选用继电器时，应加以综合考虑。

在使用固态继电器时应注意以下几点：

（1）固态继电器的选择应根据负载类型（阻性、感性）来确定，并采取有效的过电压吸收保护措施。

（2）输出端要采用阻容浪涌吸收回路或非线姓压敏电阻吸收瞬变电压。

（3）过电流保护采用专门保护半导体器件的熔断器或用动作时间小于 10 ms 的断路器。

（4）固态继电器对温度的敏感性很强，在安装时应加散热器，防止其温度超过标称值，并妻求接触良好且对地绝缘。

(5)在安装时切勿使负载侧两端短路,以免损坏固态继电器。

(6)在低电压、要求信号失真小的场合,可选用采用场效应晶体管作输出器件的直流固态继电器;对交流阻性负载和多数感性负载,可选用过零触发型固态继电器,这样可延长负载和继电器的寿命,也可减小自身的射频干扰;在作为相位输出控制时,应选用随即导通型固态继电器。

(7)应远离电磁干扰和射频干扰源,以防固态继电器误动失控。

另外,在使用直流固态继电器时,还应注意以下事项:

(1)负载为感性负载时,如直流电磁阀或电磁铁,应在负载两端并联一只二极管,极性如图8-3-13所示。

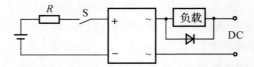

图8-3-13 直流固体继电器感性负载连接图

(2)固态继电器工作时应尽量把它靠近负载,其输出引线应满足负载电流的需要。

(3)若使用电源是经交流降压整流所得的,其滤波电解电容应足够大。

8.3.8 电机启停控制线路

据统计,在工矿企业中,三相笼型异步电动机的数量占电力拖动设备总数的85%以上。在变压器容量允许的情况下,应该尽可能采用全压直接启动。三相笼型异步电动机全压启动指起步时加在电动机定子绕组上的电压为额定电压。这样,既可以提高控制电路的可靠性,又可以减少电器的维修量。因此,电动机直接起、停控制电路是广泛应用的,也是基本的控制电路。对于大功率三相笼型异步电动机,在启动时,为降低电机启动电流对电网的冲击,可采用降压启动、软启动器启动等方式。

1. 电机就地启停控制

为实现电动机的连续运行,电机就地启、停控制可采用的接触器自锁正转控制电路如图8-3-4所示。

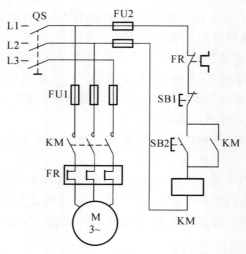

图8-3-14 电机自锁控制电路

电路的工作原理如下,闭合低压断路器 QS:

(1)启动。按下 SB2→KM 线圈得电→KM 主触点闭合

→常开辅助触点闭合→M 启动连续运转

松开 SB2,因为接触器 KM 的常开辅助触点闭合时已将 SB2 短接,控制电路仍保持接通,所以接触器 KM 继续得电,电动机 M 实现连续运转。

像这种当松开启动按钮 SB2 后,接触器 KM 通过自身常开触点而使线圈保持得电的作用叫做自锁。与启动按钮 SB2 并联起自锁作用的常开触点叫自锁触点。

(2)停止。按下停止按钮 SB1→KM 线圈失电→KM 主触点分断

→KM 自锁触点分断→M 断电停停止运转

松开 SB1,因接触器 KM 的自锁触点在切断控制电路时已分断,解除了自锁,SB2 也是分断的,所以接触器 KM 不能得电,电动机 M 也不会转动。

图 8-3-14 中电机自锁控制电路应具备以下保护环节:

(1)短路保护。由熔断器 FU1,FU2 分别实现主电路和控制电路的短路保护。为了扩大保护范围,熔断器应安装在靠近电源端,通常安装在电源开关下面。

(2)过载保护。由于熔断器具有反时限和分散性,难以实现电动机的长期过载保护,为此,采用热继电器 FR 实现电动机的长期过载保护。当电动机出现长期过载时,串接在电动机定子电路中的双金属片因过热变形,致使其串接在控制电路中的常闭触点打开,切断 KM 线圈电路,电动机停止运转,实现过载保护。

(3)欠电压保护。当电源电压由于某种原因下降时,电动机的转矩将显著降低,影响电动机正常运行,严重时会引起"堵转"现象,以致损坏电动机。采用接触器自锁控制电路就可避免上述故障,当电源电压低于接触器线圈额定电压的 85% 时,接触器电磁系统所产生的电磁力克服不了弹簧的反作用力,因而释放,主触点打开,自动切断主电路,达到欠电压保护的作用。

(4)失电压保护。当电动机启动后,若供电电路停电,但随后又恢复供电,在这种情况下,由于自锁触点仍然断开,电动机不会自行启动,防止意外情况的发生。

2. 电机远程启、停控制

在现代的化工过程控制系统中,工业现场电机数量少则数十台,多则上百甚至上千台,电机分布整个生产流程的各个环节,电机就地启、停控制通常用来作为应急处理的备用手动。生产过程中,电机启、停一般都是由过程控制系统远程操作完成。图 8-3-15 所示是一种远程电机启、停控制线路。

图 8-3-15 控制线路是在图 8-3-14 控制线路基础上,增加了 1 个万能转换开关 SC,1 个中间继电器触点 KA 和 1 个接触器辅助触点。

(1)就地控制。当万能转换开关 SC 切换至"手动"位置时,触点③④接通,实现电机就地控制,与图 8-3-13 中电机控制线路相同。

(2)停车。当万能转换开关 SC 切换至"停车"位置时,触点③④以及触点①②均断开,一般电机控制设备检修时,使用电机停车功能,以防止远程、本地误启动电机,避免设备损坏和人员伤害。

(3)远程控制。当万能转换开关 SC 切换至"自动"位置时,触点⑦⑧接通,"运行 DCS 启动"信号送至 DCS 系统,同时触点③④断开,触点①②接通,电机由中间继电器触点 KA 控制。KA 接通,电机启动,KA 断开电机停止。

电机运行状态反馈通过接触器辅助触点 KM 送至 DCS 系统。

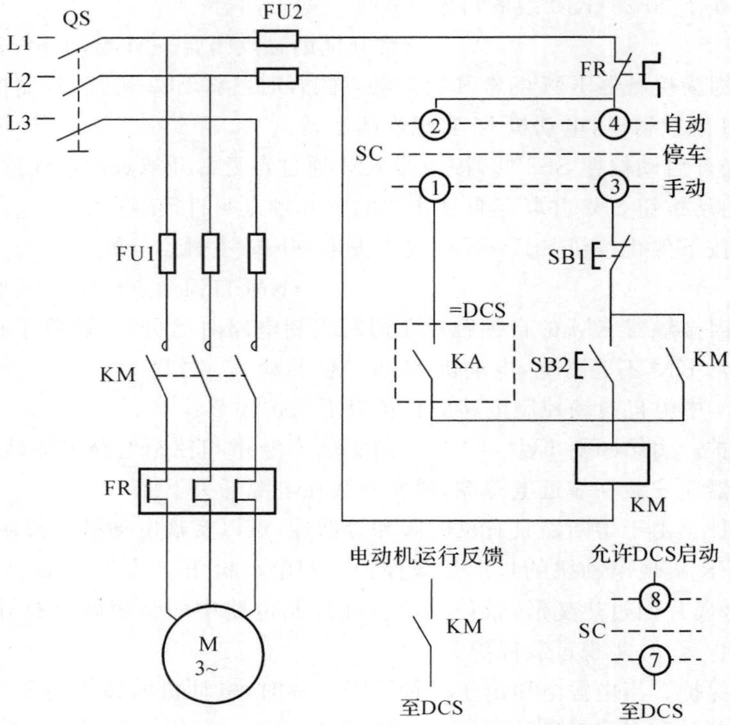

图 8 - 3 - 15　远程电机启、停控制线路

8.3.9　电气控制系统图

电气控制系统图是用导线将电动机、电器、仪表及 I/O 模块等元器件按一定的要求连接起来，并实现某种特定控制要求的电路。为了表达生产电气控制系统的结构、原理等设计意图，便于电气系统的安装、调试、使用和维修，将电气控制系统中各电器元件及其连接线路用一定的图形表达出来，这就是电气控制系统图。电气控制系统图一般有电气原理图、电器元件布置图和电气安装接线图等 3 种。电气控制系统图中电气元件的图形符号和文字符号必须符合国家标准。

1. 电气原理图

电气原理图是根据控制电路工作原理绘制的，具有结构简单、层次分明、便于研究和分析电路工作原理的特点。电气原理图包括所有电器元件的导线部件和接线端点之间的相互关系，不按电器元件的实际位置和实际接线情况来绘制，也不反映电器元件的大小。

绘制电气原理图的基本原则如下：

（1）电气原理图一般分主电路和辅助电路两部分。主电路指从电源到电动机绕组的大电流通过的路径。辅助电路包括控制电路、照明电路、信号电路及保护电路等，由继电器的线圈和触点、接触器的线圈和辅助触点、按钮、照明灯、变压器等电气元件组成。通常主电路由粗实线表示，画在左边（或上部）；辅助电路用细实线表示，画在右边（或下部）。

(2)电气原理图中的所有电器元件都应采用国家标准中统一规定的图形符号和文字符号表示。对同类型的电器,在同一电路中的表示可采用在文字符号后加阿拉伯数字序号区分。

(3)电气原理图中电器元件的布局应根据便于阅读的原则安排。同一电器元件的各部件根据需要可不画在一起,但文字符号要相同。

(4)所有电器的可动部分都应按没有通电和没有外力作用时的初始开、关状态画出。例如继电器、接触器的触点按吸引线圈不通电时的状态画,控制器按手柄处于零位时的状态画,按钮、行程开关等按不受外力作用时的状态画。

(5)无论主电路还是控制电路,各电器元件一般按动作顺序从上到下,从左到右依次排列,可水平布置或者垂直布置。

(6)电气原理图中尽量减少线条和避免线条交叉。各导线之间有电联系时,对"T"形连接点,在导线交点处可画实心圆点,也可以不画;对"十"形连接点必须画实心圆点。根据图形布置需要,可将图形符号旋转绘制,一般逆时针旋转 90°,但文字符号不可倒置。

(7)具有循环运动的机械设备,应在电路原理图上绘出工作循环图。转换开关、行程开关等应绘出动作程序及动作位置示意图表。

(8)由若干元件构成的具有特定功能的环节,可用虚线框括起来,并标注出环节的主要作用,如速度调节器、电流继电器等。

(9)对于外购的成套电气装置,如稳压电源、电子放大器等,应将其详细电路与参数绘在电气原理图上。

(10)全部电动机、电器元件的型号、文字符号、用途、数量、额定技术数据,均应填在元件明细表中。

2. 电器元件布置图

电器元件布置图主要用来表明电器设备或系统中所有电器元件的实际位置,为制造、安装、维护提供必要的资料。电器元件布置图可按电气设备或系统的复杂程度集中绘制或单独绘制,元件的轮廓用细实线或点画线,如有需要,也可用粗实线绘制简单的外形轮廓。

电器元件布置图的设计应遵循下述原则:

(1)必须遵循相关国家标准设计和绘制电器元件布置图。

(2)相同类型的电器元件布置时,应把体积较大和较重的安装在控制柜或面板的下方。

(3)发热的器件应安装在控制柜或面板的上方或后方,但热继电器一般安装在接触器的下面,以便电动机与接触器的连接。

(4)需要经常维护、整定和检修的电器元件、操作开关和监视仪器仪表,其安装位置应高低适宜,以便操作人员操作。

(5)强电、弱电应该分开走线,注意屏蔽层的连接,防止干扰的窜入。

(6)电器元件的布置应该考虑安装间隙,并尽可能做到整齐、美观。

3. 电气安装接线图

电气安装接线图用于电气设备和电器元件的安装、配线、维护和检修电器故障。图中标出各元件之间的关系、接线情况及安装和敷设的位置等。对某些较为复杂的电气控制系统或设备,当电气控制柜中或电气安装板上的元件较多时,还应画出各端子排的接线图。一般情况下,电气安装接线图和原理图需结合起来使用。

绘制电气安装接线图应遵循下述原则：

（1）必须遵循相关国家标准绘制电气安装接线图。

（2）各电器元件的位置、文字符号必须和电气原理图中标注一致，同一个电器元件的各部件（如同一个接触器的触点、线圈等）必须绘在一起，各电器元件的位置与实际安装位置一致。

（3）不在同一安装板或电气柜上的电器元件或信号的连接一般应通过端子排连接，并按照电气原理图中的连线编号连接。

（4）走向相同、功能相同的多根导线可以用单线或线束表示。绘制连接线时，应标明导线的规格（数量、截面积），一般不表示导线的实际走线路径。

（5）控制装置的外部连接线应在图上绘出或用接线表表示清楚，并注明电源的引入点。

8.4 PLC

8.4.1 PLC 概述

1985 年国际电工委员会（IEC）对可编程序控制器作了如下定义："可编程序控制器是一种数字运算的电子系统，专为在工业环境下应用而设计。它采用可编程序的存贮器，用来在内部存储执行逻辑运算、顺序控制、定时、计数和算术运算等操作的指令，并通过数字式、模拟式的输入和输出，控制各种类型的机械或生产过程。可编程序控制器及其有关设备，都应按照易于与工业控制器系统联成一个整体、易于扩充功能的原则设计。"

自从可编程序控制器问世以来，其发展极为迅速。国际上生产可编程控制器的厂家很多，但其核心控制技术都大同小异，概括起来主要有以下特点。

1. 编制程序简单

PLC 的设计者充分考虑到现场工程技术人员的技能和习惯，在 PLC 程序的编制时，采用梯形图或面向工业控制的简单指令形式。梯形图与继电器原理图相类似，这种编程语言形象直观，容易掌握，不需要专门的计算机知识和语言，只要具有一定的电工和工艺知识的人员都可在短时间内学会。

2. 控制系统简单，通用性强

PLC 品种多，可由各种组件灵活组合成各种大小和要求不同的控制系统。在 PLC 构成的控制系统中，与现场仪表、执行器和电机控制线路连接简单方便。当控制要求改变，需要变更控制系统的功能时，可以用编程器在线或离线修改程序；同一 PLC 装置用于不同的被控对象，只是输入输出组件和应用软件的不同。

3. 抗干扰能力强，可靠性高

微机虽然具有很强的功能，但抗干扰能力差。工业现场的电磁干扰、电源波动、机械振动、温度和湿度的变化等因素都可能使通用微机不能正常工作。而 PLC 是专为工业控制设计的，在设计和制造过程中采取了多层次的抗干扰和精选元器件的措施，可在恶劣的环境下工作。PLC 的平均故障间隔时间通常在 2 万小时以上，这是一般微机无法比拟的。

4. 体积小、维护方便

PLC 体积小，质量轻，便于安装。PLC 具有自诊断功能，能检查出自身的故障，并随时显示给操作人员,使操作人员检查、判断故障迅速方便,且接线少,在维修时只需更换插入式模块,维护方便。

5. 缩短了设计、施工、投产调试周期

采用 PLC 控制完成控制工程项目,由于其硬、软件齐全,为模块化积木式结构,且已商品化,故仅须按所需的性能、容量(输入输出点数、内存大小)等选用组装,而大量的具体程序编制工作也可以在到货前进行,因而缩短了设计周期,使设计和施工可同时进行。PLC 采用了方便用户的工业编程语言,且都具有强制和仿真的功能,故程序的设计、修改和投产调试都很方便、安全,可大大缩短设计和投运周期。

当前,PLC 正向着小型化、专用化、低成本、大容量、高速度、多功能、网络化、紧凑性、高可靠性和保密性等方向发展,具有广阔的应用前景。

8.4.2   PLC 的基本组成与工作原理

1. 可编程序控制器的组成

PLC 是以微处理器为核心的电子系统,它与计算机所用的电路相类似,其结构图如图 8 - 4 - 1 所示。

(1)输入、输出部件。它是 PLC 与被控设备连接起来的部件。输入部件接收现场设备的控制信号,如限位开关、操作按钮、传感器信号等,并将这些信号转换成中央处理机能够接收和处理的数字信号。输出部件则相反,它是接收经过中央处理单元处理过的数字信号,并把它转换成控制设备或显示设备所能接收的电压或电流信号,以驱动电磁阀、接触器等被控设备。

(2)中央处理单元。是 PLC 的"大脑",包括微处理器、系统程序存储器和用户程序存储器。

微处理器主要用途是处理和运行用户程序,监控中央处理机和输入输出部件的状态,并作出逻辑判断,按需要将各种不同状态变化输出给有关部分,指示 PLC 的现行工作状况或做必要的应急处理。

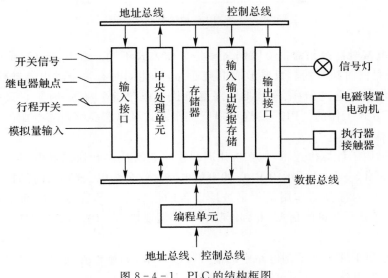

图 8 - 4 - 1   PLC 的结构框图

（3）系统程序存储器。主要存放系统管理和监控程序及对用户程序做编译处理的程序。系统程序根据各种 PLC 的功能而不同，制造厂家在出厂前已固化，用户不能改变。用户程序存储器主要存放用户根据生产过程和工艺要求编制的程序，可通过编程器改变。

（4）电源部件。是将交流电源转换成供 PLC 的微处理器、存储器等电子电路工作所需要的直流电源，使 PLC 能正常工作。

（5）编程器。是 PLC 最重要的外围设备。PLC 需要编程器输入、检查、修改、调试用户程序，也可用它在线监视 PLC 的工作情况。

2. 可编程序控制器的基本工作原理

可编程序控制器是按照扫描原理工作的，在一个扫描周期内要完成输入采样、程序执行和输出刷新三部分的工作。

（1）输入采样。即读状态信息，是把按钮、行程开关等各个输入信号状态经过输入通道的光电耦合器、滤波电路转换成 0 V 或 5 V 信号，送到输入选择器。输入选择器接收 CPU 来的地址码信号，在该信号控制下将输入信号读入到内部存贮器。读入的信号一直保持到下一次扫描输入时。

（2）程序执行。通过 CPU 中的运算器对读入的输入信号进行逻辑运算，即按程序对数据进行逻辑、算术运算，并将正确结果送到输出状态寄存器。

（3）输出刷新。当所有的指令执行完毕时，集中把输出状态寄存器的状态，通过输出部件转换成被控设备所能接收的电压或电流信号，以驱动被控设备，使之完成预定的任务。

PLC 上述三个阶段的工作，称为一个扫描周期。然后，PLC 又重新执行上述过程，周而复始地进行。扫描从最低地址开始直到高地址，然后再返回低地址。扫描时间由程序的长短决定，一般为毫秒级，如 10～50 ms。扫描过程如图 8-4-2 所示。

图 8-4-2 PLC 扫描时间示意图

PLC 与继电接触器控制的主要区别之一是工作方式不同。继电器控制是按"并行"方式工作的，或者说是同时执行的。只要形成电流通路，可能同时有多个继电器动作。而 PLC 是以扫描方式工作的。它是循环、连续地顺序逐条执行程序指令，任一时刻它只能执行一条指令，即以"串行"方式工作的。PLC 的这种串行工作方式可以避免继电器控制的触点竞争和时序失配问题。

PLC 虽然采用了计算机技术，但在应用时只需将它看成由普通的继电器、定时器、计数器等组成的装置。图 8-4-3 所示为 PLC 的等效电路。它分为输入部分、内部控制电路和输出部分三个部分。输入部分的作用是收集被控设备的信息或操作命令。内部控制电路用来运算、处理由输入部分所获得的信息，并判断哪些功能需要输出。输出部分的作用就是驱动外部负载。

输入设备相当于继电器控制电路中的信号接收环节，如操作按钮、控制开关等；输出设备相当于继电器控制电路中的执行环节，如电磁阀、接触器等。

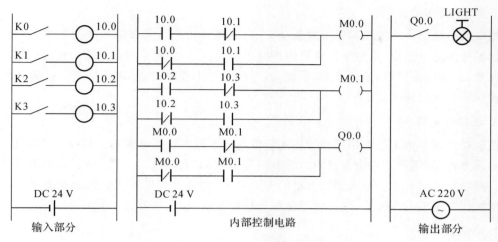

图 8-4-3　PLC 的等效电路

在 PLC 内部为用户提供的等效继电器有输入继电器、输出继电器、辅助继电器、时间继电器、计数继电器等。

（1）输入继电器与 PLC 的输入端子相连接，用来接收外部输入设备发来的信号，它不能用内部的程序指令控制。

（2）输出继电器的触头与 PLC 的输出端子相连接，用来控制外部输出设备，它的状态由内部的程序指令控制。

（3）辅助继电器相当于继电器控制系统中的中间继电器，其触头不能直接控制外部输出设备。

（4）时间继电器又称为定时器。在每个定时器的定时值确定后，一旦启动定时器，便以一定的单位（例 10 ms）开始递减（或递增），当定时器中设定的是时值减为 0（或增加到设定值）时，定时器的触头就动作。

（5）计数继电器又称为计数器。每个计数器的计数值确定后，一旦启动计数器，每来一个脉冲。计数值便减（或加）1，直到设定的计数值减为 0（或增加到设定值）时，计数器的输出触头就动作。

值得注意的是，上述"软继电器"只是等效继电器，PLC 中并没有这样的实际继电器，"软继电器"的线圈中也没有相应的电流通过，它们的工作完全由编制的程序来确定。

8.4.3　PLC 的编程指令

由于可编程序控制器的品种繁多，各种型号可编程序控制器的指令系统各不相同。各种型号的程序表达方式常采用梯形图、指令、逻辑功能图和高级语言等 4 种。下面做一些简要说明。

1. 梯形图

梯形图是一种图形语言。它沿用了继电器的触点、线圈、串并联等术语和图形符号，并增加了一些继电器控制所没有的符号。梯形图比较形象、直观，对于熟悉继电器的表达方式的人而言，易被接收，而不需学习更深的计算机知识，因而在 PLC 中用得最多。现在世界上各生产厂家的 PLC 都把梯形图作为第一编程语言使用。

2. 指令（语句表）

指令就是用助记功能缩写符号来表达 PLC 的各种功能。通常每一条指令由指令语和作用器件编号两部分组成，类似于计算机的汇编语言，但比一般的汇编语言简单得多。这种程序表达方式，编程设备简单，逻辑紧凑、系统化，连接范围不受限制，但比较抽象。目前各种 PLC 都有指令的编程功能。

3. 逻辑功能图

逻辑功能图基本上是沿用了半导体逻辑电路的逻辑方框图来表达。对每一种功能都使用一个运算方框，其运算功能由方框内的符号确定。常用"与""或""非"三种逻辑功能表达控制逻辑。和功能方框有关的输入画在方框的左边，输出画在方框的右边。对于熟悉逻辑电路和具有逻辑代数基础的人来说，用这种方法编程比较方便。

4. 高级语言

在大型 PLC 中为了完成具有数据处理、PID 调节等较为复杂的控制时，也采用 PASCAL 等计算机语言，使其具有更强的功能。

目前生产的各类 PLC 基本上同时具备两种或两种以上的编程语言，且以同时使用梯形图和指令的占大多数。

8.4.4 西门子 S7 - 300 硬件

1. S7 - 300 硬件简介

SIMATIC S7 - 300 是一种通用型 PLC，满足中、小规模的控制要求，适用于自动化工程中的各种场合，尤其是在生产制造工程中的应用。模块化、无排风扇结构、易于实现分布式的配置及用户易于掌握等特点，使得 S7 - 300 在很多工业行业中实施各种控制任务时，成为一种既经济又切合实际的解决方案。

S7 - 300 系统采用模块化结构设计，一个系统中包括电源模块（PS）、中央处理单元（CPU）、信号模块（SM）、通信模块（CP）、接口模块（IM）和功能模块（FM）。

2. 信号模块

信号（Sigmal Module, SM）用于信号的输入和输出，使不同的过程信号电压或电流与 PLC 内部的信号电平匹配。对于没有集成 I/O 点或需要扩展 I/O 的 CPU 如 CPU31x 系列 CPU，则必须用到信号模块进行 I/O 扩展。

按照信号的特性分类，信号模块可分为数字量模块和模拟量模块，主要有数字量输入模块（DI）、数字量输出模块（DO）、数字量输入/输出模块（DI/DO）、模拟量输入模块（AI）、模拟量输出模块（AO）和模拟量输入/输出模块（AI/AO）。

数字量信号模块包括 SM321 数字量输入模块、SM322 数字量输出模块和 SM323/SM327 数字量输入/输出模块。

模拟量信号模块包括 SM331 模拟量输入模块、SM332 模拟量输出模块和 SM333/SM337 模拟量输入/输出模块。

每种信号模块根据输入/输出点的数量、输入/输出信号类型又分为不同的型号。在模块选型时，根据被控对象的参数选择所需的信号模块。

(1)信号类型。输入信号和输出信号,数字量和模拟量,直流、交流和脉冲。

(2)信号接口模式。数字量输入/输出有继电器、晶闸管、晶体管三种形式;输入信号类型:电压、电流、热电阻和热电偶;输出信号类型:电压、电流和脉冲 PWM;输出信号的负载动作频率和带载能力要求。

(3)模拟量的转换。分辨率、转换速度、转换精度。

(4)隔离。输入/输出信号是否需要隔离。

3. 数字量输入模块

SM321 数字输入模块用来实现 PLC 与数字量过程信号的连接,把从过程发送来的外部数字信号电平转换成 PLC 内部信号电平,用于连接工业现场的标准开关和两线接近开关(BERO),分类方法如下:

(1)按输入电压分类。可以分为直流输入(DC:24 V,24~48 V,48~125 V)和交流输入(AC:120 V 和 120/230 V)。图 8-4-4 所示为 32 点直流输入模块的内部电路及外部端子接线图,图 8-4-5 所示为 32 点交流输入模块的内部电路及外部端子接线图。

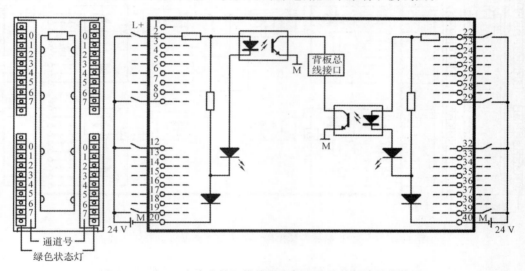

图 8-4-4　32 点直流输入模块的内部电路及外部端子接线图

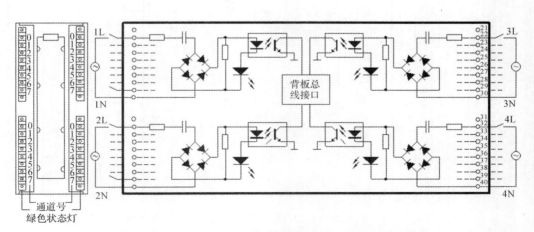

图 8-4-5　32 点交流输入模块的内部电路及外部端子接线图

（2）按输入点数分类。有 8，16，32 和 64 点 4 种。按照不同的点数分组隔离，通过组隔离可以避免故障模块对其他正常模块造成影响。

（3）按输入信号的连接形式与信号电源提供方式分类。可以分为"汇点输入"（Sinking，也称为"漏形输入"或"负端共用输入"）"源输入"（Sourcing，也称为"源形输入"或"正端共用输入"）及"汇点/源混用输入"（Sinking/Sourcing）三种类型。

4．数字量输出模块

SM322 数字量输出模块用于从控制器向过程变量输出数字量信号，把 S7 - 300 的内部信号电平转换成过程所要求的外部信号电平，用于连接电磁阀、接触器、小功率电动机、灯和电动机起动器。数字量输出模块可根据不同的依据进行分类：

（1）按输出驱动形式分类。可以分为直流晶体管（或场效应晶体管）、双向晶闸管与继电器触点输出三种类型。其内部电路与端子接线图分别如图 8 - 4 - 6～图 8 - 4 - 8 所示。继电器输出模块集成继电器，负载电压范围较宽。

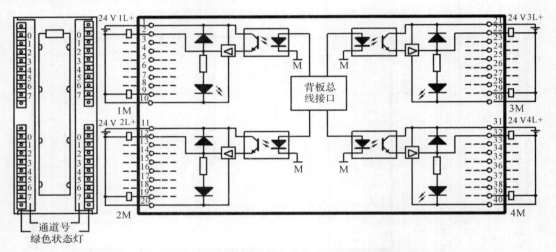

图 8 - 4 - 6　32 点晶体管输出模块的内部电路及外部端子接线图

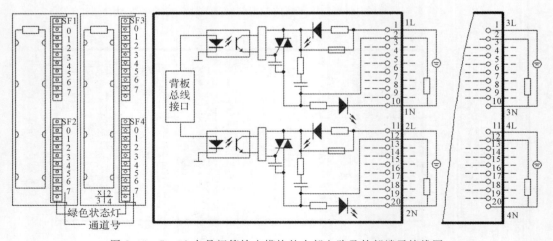

图 8 - 4 - 7　32 点晶闸管输出模块的内部电路及外部端子接线图

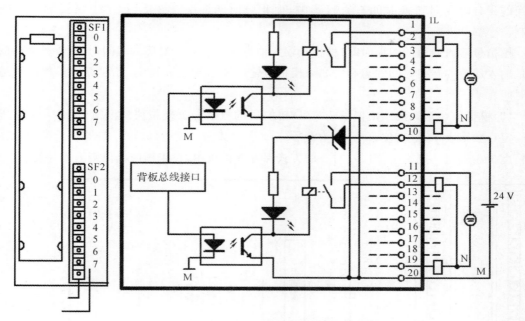

图 8-4-8　16 点继电器输出模块的内部电路及外部端子接线图

（2）按输出点数分类，有 8,16,32,64 点 4 种。

（3）按输出电压分为直流输出和交流输出。数字量输出模块在与低漏电流的电路一同使用时，网络可以断开，不会发出假的 ON 状态信号。当负载较小时，输出可以直接驱动，但大电流负载，需要经过中间继电器进行转换，用中间继电器的触点进行驱动。为了提高系统的抗干扰能力与工作可靠性，在输出接口电路中，通常也都采用光耦隔离的措施，同时还设计有各种滤波电路等。选型时需注意模块最大输出电流必须小于负载电流，否则输出模块将被烧毁。

5. 模拟量输入模块

SM331 模拟量输入模块用来实现 PLC 与模拟量过程信号的连接，将接收的模拟信号转换成 PLC 内部处理用的数字信号。SM331 可以直接连接不带附加放大器的温度传感器（热电偶或热电阻），这样可以省去温度变送器，不但节约了硬件成本，而且控制系统结构也更加紧凑。

（1）模拟量的转换。SM331 模拟量输入模块主要由 A-D 转换器、转换开关、恒流源、补偿电路、光隔离器和逻辑电路等组成。以 SM331 AI8×13 位模块（1KF02-0AB0）为例，模块内部电路和进行信号测量的接线图如图 8-4-9 所示。

模拟量通过公用的 A/D 转换器按线性关系转换为 PLC 可处理的数字量。经由转换开关的切换，每个模拟量按顺序依次完成模数转换和结果的存储传送，即模拟量输入通道连续进行转换。某些模拟量模块允许设置模拟值的滤波，以提供更为可靠的模拟信号。有的 SM331 具有中断功能，通过中断将诊断信息传送给 CPU 模块。

模拟量输入通道的转换时间是基本转换时间与模块在电阻测量和断线监控上的处理时间之和。基本转换时间直接取决于模拟量输入通道的转换方法（积分方法、实际值转换）。积分转换的积分时间对转换时间有直接影响,而积分时间取决于在 STEP7 中设置的干扰频率抑制。

模拟量输入通道的周期时间(模拟量输入值再次转换前所经历的时间)是所有被激活的模拟量输入通道的转换时间的总和。如果模拟量输入通道形成通道组,还要考虑累积的通道转换时间。

(2)模拟值表示方法。模拟量经 A/D 转换后的数字称为模拟值。模拟值用 16 位二进制补码定点数来表示,最高位第 15 位为符号位,0 表示正数,1 表示负数。如果一个模拟量模块的精度少于 16 位,则模拟值以左对齐的方式保存在模块中,在未用的低位则填入"0"。

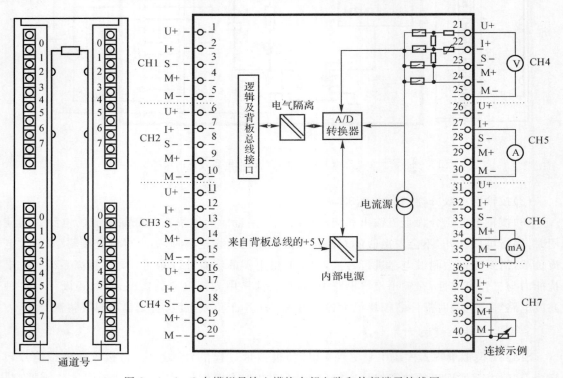

图 8-4-9 8 点模拟量输入模块内部电路和外部端子接线图

(3)模拟量输入模块测量方法和量程的设置。量程卡安装在模拟输入模块的侧面,随模拟量模块一起提供。每两个通道共用一个量程卡,可选设置有:A,B,C,D 4 种,见表 8-4-1。

表 8-4-1 量程卡的设置

量程卡的设置	测量方法	量　　程
A	电压	±1 V
B	电压	±10 V
C	4 线变送器电流	4~20 mA
D	2 线变送器电流	4~20 mA

在使用时,按需要设置量程卡的位置,使之适合测量类型和范围。在将传感器与模块相连前,应先确保量程卡的位置正确。量程卡设置错误可能导致模块毁坏。

6. 模拟量输出模块

SM332 模拟量输出模块将 PLC 的数字信号转换成所需的模拟量信号,用于连接模拟量执行器,对其进行调节和控制。

(1)模拟量的转换。SM332 模拟量输出模块主要由 D/A 转换器、转换开关、恒流源、补偿电路、光隔离器和逻辑电路等组成。以 SM332 AO4×12 位模块(5HD01 - 0AB0)为例,模块内部电路和外部端子接线如图 8-4-10 所示。

模拟值通过公用的 D/A 转换器按线性关系转换为所需的模拟量信号。模拟量输出通道按顺序进行转换,即连续转换。

模拟量输出通道的转换时间包括内部存储器传送数字输出值的时间及其数模转换的时间。周期时间 t_Z(模拟量输出值再次转换前所经历的时间)等于所有被激活的模拟量输出通道的转换时间之和,如图 8-4-11 所示。应在 STEP7 中禁用全部未使用的模拟通道以减少周期时间。稳定时间 t_E,表示从转换结束开始,模拟量输出达到指定的转换值所经历的时间,稳定时间由负载(阻性、容性和感性负载)决定。

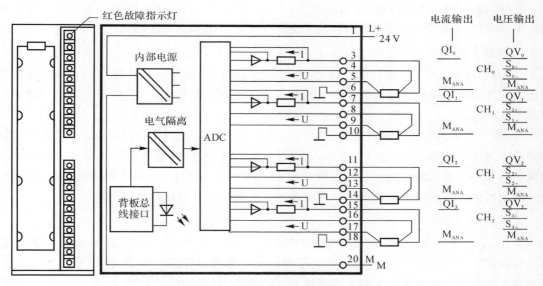

图 8-4-10 4 点模拟量输出模块内部电路和外部端子接线图

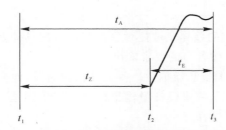

图 8-4-11 模拟量输出模块的稳定时间和响应时间

8.4.5 S7－300模拟量闭环控制功能

1. S7－300实现闭环控制方法

S7－300为用户提供了功能强大、使用简单方便的模拟量闭环控制功能。系统功能块SFB41～SFB43用于CPU313C/314C和C7的闭环控制。SFB41"CONT_C"用于连续控制，SFB42"CONT_S"用于步进控制，SFB43"PULSEGEN"用于脉冲宽度调制。软件库中的FB41～FB43适用于所有的S7－300 CPU的PID控制，FB58和FB59适用于PID温度控制。FB41～FB43与SFB41－SFB43兼容。

常用的闭环控制模块在程序编辑器左边窗口的"\库\Standard Library"(\库\标准库)文件夹中，包括FB41～43、FB58和FB59。

需要注意的是，PID控制器的处理速度与CPU的性能有关，必须在控制器的数量和控制器的计算频率(采样周期 T)之间折中处理。控制器计算频率越高，单位时间的计算量越多，能使用的控制器的数量就越少。PID控制器可以控制较慢的系统，例如温度和物料的料位等，也可以控制较快的系统，例如流量和速度等。一般控制器的采样时间CYCLE不超过计算所得控制器积分时间 T 的10%。

此外，调用PID功能块时，应指定相应的背景数据块。PID功能块的参数保存在背景数据块中，可以通过数据块的编号、偏移地址或符号地址来访问背景数据块。

2. 模拟量输入及数值整定

(1)模拟量输入。PLC通过其模拟量输入模块，将现场的连续量转换成可从指定地址直接读取的数字量。用户通过读取操作后对输入数据进行量制整定，根据需要进行数字滤波以消除干扰信号。

(2)输入信号的数值整定。压力、温度、流量等过程量输入信号，经过传感器变为系统可接收的电压或电流信号，再通过模拟量输入模块中的A/D转换，以数字量形式传送给PLC。这种数字量与过程量之间具有一定的函数关系，但在数值上并不相等，也不能直接使用，必须经过一定的转换。这种按确定函数关系的转换过程称为模拟量的输入数值整定。

3. 输入量软件滤波

电压、电流等模拟量常常会因为现场的瞬时干扰而产生较大的扰动，这种扰动经A/D转换后反映在PLC的数字量输入端。若仅用瞬时采样值进行控制计算，将会产生较大的误差，有必要采用数字滤波方法。工程上数字滤波方法很多，如平均值滤波法、中间值滤波法、惯性滤波法等。

4. 模拟量输出及整定

(1)输出。PLC控制系统的差异及被控对象控制信号的具体要求，使得PLC的各种输出信号常需要经适当处理，最终按各自的要求输出。

PLC的输出量主要有开关量和模拟量。开关量较为简单，而模拟量在系统内部是用数字量的形式表示的。一般情况下，一块模拟量输出模块有多个通道，且数个通道共享一个D/A转换单元，输出时需进行通道选择。

(2)整定。控制量的计算结果向实际输出控制的转换是由模拟量输出模块完成的。在转换过程中，D/A转换器需要的是控制量在表达范围内的位值，而并非控制量本身。同时，因各种因素产生的系统偏移量,使得送给 D/A 转换器的位值已预先按确定的函数关系进行了数值转换。这种控制量转换过程称为模拟量输出信号的量值整定。

8.4.6　连续 PID 控制器 FB41

FB41"CONT_C"(连续控制器)的输出为连续变量,可以将控制器用作 PID 固定设定值控制器,或者在多回路控制中用作级联、混合或比率控制器。当执行器为可以接收 4~20 mA 电流信号,输出为阀门 0~100% 开度,或者变频器连续输出 0~50 Hz 频率等,可以使用 FB41 实现 PID 控制。控制器的功能基于采样控制器的 PID 控制算法,采样控制器带有一个模拟信号;如果需要的话,还可以扩展控制器的功能,增加脉冲发生器 FB43,以产生脉宽调制的输出信号,用于带有比例执行器的二级或三级(Two or Three Step)控制器。FB41 的原理框图如图 8 - 4 - 12 所示。

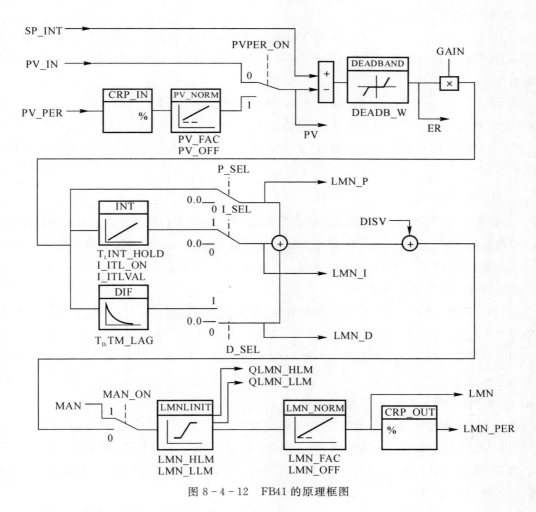

图 8 - 4 - 12　FB41 的原理框图

1. 设定值和过程变量的处理

(1)设定值的输入。设定值以浮点数格式输入到 SP_INT(内部设定值)输入端(见图 8 - 4 - 13)。

(2)过程变量的输入。过程变量的输入有以下两种方式：

1)用 PV_IN(过程输入变量)输入浮点格式的过程变量,此时数字量输入 PVPER_ON(外部设备过程变量 ON)应为"0"状态。

2)用 PV_PER(外部设备过程变量)输入外部设备(I/O)格式的过程变量,此时 PVPER_ON 应为"1"状态。

(3)外部设备过程变量转换为浮点数。在 FB41 内部,PID 控制器的给定值、反馈值和输入值都是用 0.0%～100.0%之间的实数百分数来表示的。FB41 将来自外部设备的整数转换为浮点数格式的百分数,将 PID 控制器的输出值转换为送给外部设备的整数。

外部设备(也即模拟量输入模块)正常范围的最大输出值为 27 648,图 8-4-12 中的 CRP_IN 方框将外部设备输入值转换为 0%～100%或-100%～100%之间的浮点数格式的数值,CRP_IN 的输出用下式计算,即

$$PV\_R = PV\_PER \times 100\% / 27648 \qquad (8-4-1)$$

(4)外部设备过程变量的规格化。PV_NORM 方框用下面的公式将 CRP_IN 的输出 PV_R 规格化,即

$$PV\_NORM \text{ 的输出} = PV\_R \times PV\_FAC + PV\_OFF \qquad (8-4-2)$$

式中, PV_FAC——过程变量的系数,默认值为 1.0;

PV_OFF——过程变量的偏移量,默认值为 0.0。PV_FAC 和 PV_OFF 用来调节过程输入的范围。

2. PID 控制算法

(1)误差的计算与处理。用浮点数格式设定值 SPINT 减去转换为浮点数格式的过程变量 PV,便得到负反馈的误差。为了抑制由于被控量的量化引起的连续的较小的振荡,可以用死区(DEADBAND)非线性对误差进行处理。死区的宽度由参数 DEADB_W 来定义,如果令 DEADB_W=0,则死区将关闭。

(2)PID 算法。FB41 采用位置式 PID 算法,比例运算、积分运算(INT)和微分运算(DIF)三部分并行连接,可以单独激活或取消它们。也可以组成纯 I 或纯 D 控制器,不过很少这样使用。引入扰动量 DISV 可以实现前馈控制,一般设置 DISV 为 0.0。图 8-4-12 中的 GAIN 为比例部分的增益或比例系数,T_I 和 T_D 分别为积分时间常数和微分时间常数。输入参数 TM_LAG 为微分操作的延迟时间,一般取 $TM\_LAG = T_D/5$。

当 P_SEL(比例作用 ON)为"1"时激活比例作用,反之禁止比例作用,默认值为"1"。

当 I_SEL(积分作用 ON)为"1"时激活积分作用,反之禁止积分作用,默认值为"1"。

当 D_SEL(微分作用 ON)为"1"时激活微分作用,反之禁止微分作用,默认值为 0。也即默认的控制方式为 PI 控制。

LMN_P,LMNI,LMN_D 分别是 PID 控制器输出量中的比例分量、积分分量和微分分量,供调试时使用。

(3)积分器的初始值。FB41"CONT_C"有一个初始化程序,在输入参数 COM_RET(完全

重新启动)设置为"1"时该程序被执行。在初始化过程中,如果 I_ITL_ON(积分作用初始化)为"1"状态,将输入变量 I_ITLVAL 作为积分器的初始值。如果在一个循环中断优先级调用它,它将从该数值继续开始运行,所有其他输出都设置为其缺省值。在 INT_HOLD 为"1"时积分操作保持,积分输出被冻结,一般不冻结积分输出。

3. 控制器输出值的处理

(1)手动模式。FB41 可以在手动模式和自动模式之间切换,当 BOOL 变量 MAN_ON 为"1"时为手动模式,为"0"时为自动模式。在手动模式下,控制器的输出值被修改成手动输入值MAN。在手动模式下,控制器输出的积分分量被设置成 LMN−LMN_P−DISV,而微分分量被自动设置成"0",并进行内部匹配。这样可以保证手动到自动的无扰切换,即切换前后 PID控制器的输出值 LMN 不会突变。

(2)输出限幅。LMNLIMIT(输出量限幅)方框用于将控制器输出值限幅。当LMNLIMIT 的输入量程超出控制器输出值的上极限 LMN_HLM 时,信号位 QLMN_HLM(输出超出上限)变为"1"状态;当小于下限值 LMN_LLM 时,信号位 QLMN_LMN(输出超出下极限)变为"1"状态。LMN_HLM 和 LMN_LLM 的默认值分别为 100.0% 和 0.0%。

(3)输出量的格式化处理。LMN_NORM(输出量格式化)方框用下面的公式来将功能LMNLIMT 的输出量 LMNLIM 格式化:

$$LMN = LMNLLIM \times LMN\_FAC + LMN\_OFF \tag{8-4-3}$$

式中,LMN——格式化之后浮点数格式的控制器输出值

LMN_FAC——输出量的系数,默认值为 1.0;

LMN_OFF——输出量的偏移量,默认值为 0.0;LMN_FAC 和 LMN_OFF 用来调节控制器输出量的范围。

(4)输出量转换为外部设备(I/O)格式。控制器输出值如果要送给模拟量输出模块中的D/A 转换器,需要用"CPP_OUT"方框转换为外部设备(I/O)格式的变量 LMN_PER。转化公式为

$$LMN\_PER = LMN \times 27\,648/100 \tag{8-4-4}$$

4. FB41 的参数

FB41 的输入参数和输出参数见表 8−4−2 和表 8−4−3。

表 8−4−2　FB41 的输入参数

参数名称	数据类型	地 址	取值范围	默认值	说　明
COM_RST	BOOL	0.0		FALSE	完全重启动,为"1"时执行初始化程序
MAN_ON	BOOL	0.1		TRUE	为"1"时中断控制回路,并将手系值设置为调节值
PVPEIUON	BOOL	0.2		FALSE	使用外部设备输入的过程变量
P_SEL	BOOL	0.3		TRUE	为"1"时打开比例操作
I_SEL	BOOL	0.4		TRUE	为"1"时打开积分操作

续 表

参数名称	数据类型	地址	取值范围	默认值	说　明
INT_HOLD	BOOL	0.5		FALSE	为"1"时积分作用保持,积分输出被冻结
I_ITL_ON	BOOL	0.6		FAl·E	积分作用初始化
D_SEL	BOOL	0.7		FALSE	为"1"时打开微分操作
CYCLE	TIME	2	≥1 ms	T♯ls	采样时间,两次块调用之间的时间间隔
SP_INT	REAL	6	−100.0%−100.0% 或者是物理值①	0.0	内部设定值
PV_IN	REAL	10	−100.0%−100.0% 或者是物理值①	0.0	过程外部变量
PV_PER	WORD	14		W♯17♯0000	外部设备输入的I/O格式的过程变量
MAN	REAL	17	−100.0%−100.0% 或者是物理值②	0.0	使用操作员接口函数置位一个手动值
AIN	REAL	20		2.0	比例增益输入
TI	TIME	24	≥CYCLE	T♯20s	积分器的响应时间
TD	TIME	28	≥CYCLE	T♯10s	微分器的响应时间
TM_LAG	TIME	32	≥CYCLE	T♯2s	微分作用的时间延迟
DEADB_W	REAL	36	≥0.0% 或者是物理值①	0.0	死区宽度,误差变量死区带的大小
LMN_HLM	REAL	40	LMN.LLM~100.0% 或者是物理值②	100.0	控制器输出上限
LMN_LLM	REAL	44	−100.0%−LMN_HLM 或者是物理值②	0.0	控制器输出下限
PV_FAC	REAL	48		1.0	输入的过程变量的系数
PV_OFF	REAL	52		0.0	输入的过程变量的偏移量
LMN_FAC	REAL	56		1.0	控制器输出量的系数
LMN_OFF	REAL	60		0.0	控制器输出量的偏移量
LITL_VAL	BOOL	64	−100.0%~100.0% 或者是物理值②	0.0	积分操作的初始值
DISV	REAL	68	−100.0%~100.0% 或者是物理值②	0.0	扰动输入变量

①设定值和过程变量分支中的参数具有相同的单位;②调节值分支的参数具有相同的单位。

表 8 - 4 - 3　FB41 的输出参数

参数名称	数据类型	地　址	取值范围	默认值	说　明
LMN	REAL	72		0.0	控制器输出值
LMN_PER	WORD	76		W＃17＃0000	I/O 格式的控制器输出值
QLMN_HLM	BOOL	78.0		FALSE	控制器输出超出上限
QLMN_LLM	BOOL	78.1		FALSE	控制器输出小于下限
LMN_P	REAL	80		0.0	控制器输出值中的比例分量
LMN_I	REAL	84		0.0	控制器输出值中的积分分量
LMN_D	REAL	88		0.0	控制器输出值中的微分分量
PV	REAL	92		0.0	格式化的过程变量
ER	REAL	96		0.0	死区处理后的误差

注:取值范围与实际工程相关。

8.4.7　步进 PI 控制器 FB42

FB42"CONT_S"(步进控制器)使用集成执行器的数字量调节值输出信号来控制工艺过程。当执行器可以接收开关量,输出步进动作,例如电动四开关阀门,可以使用 FB42 实现闭环 PI 控制。在参数分配期间,可以取消或者激活 PI 步进控制器的子功能,以使控制器更适用于该过程。控制器的功能基于采样控制器的 PI 控制算法,可以将控制器用作 PI 固定设定值控制器,也可以用作级联、混合或比例控制器中的次级控制回路,但是不能当做主控制器使用。

1. 步进控制器的结构

图 8 - 4 - 13 中的电动调节阀是典型的积分型执行机构,它的两个开关量输入脉冲信号用来控制电动调节阀伺服电动机的正转和反转,使调节阀的开度增大或减小。图中的内环是一个典型的位置伺服系统,它的作用是使阀门的开度正比于 PI 控制器 的输出值。图中的三级元件具有带滞环的双向继电器非线性特性,它的作用是将小闭环的误差信号转换为两个开关量信号,它们通过伺服电动机来控制调节阀的开度。

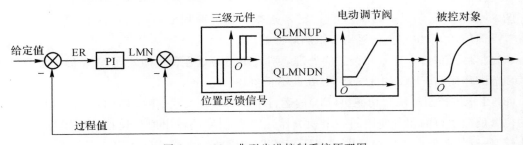

图 8 - 4 - 13　典型步进控制系统原理图

一般为了简化上述系统的物理结构,可以用模拟的阀门位置信号来代替实际的阀门位置反馈信号,图 8-4-14 所示是一个典型的步进控制系统。图中的 MTR_TM 是执行机构从一个限位位置移动到另一个限位位置所需的时间。

当 QLMNUP 为"1"时,电动调节阀的开度增大,同时图 8-4-14 中上面的开关切换到标有"100.0"的位置,积分器对 100.0/MTR_TM 积分,积分器对应的输出分量反映了阀门开度增大的情况。当 QLMNDN 为"1"时,积分器对信号-100.0/MTR_TM 积分,积分器的对应输出分量反映了阀门开度减小的情况。由上述分析可以知道,积分器对图 8-4-14 中 A 点处的信号±100.0/MTR_TM 积分后的分量可以用来模拟阀门开度的变化情况。

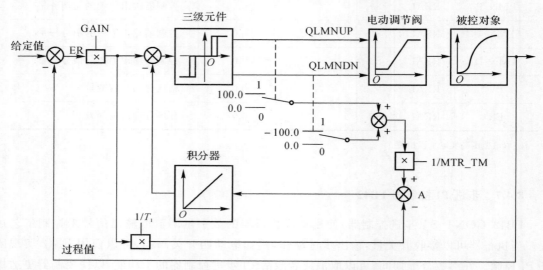

图 8-4-14　简化的步进控制系统原理图

图 8-4-14 中三级元件的输入信号中有 3 个分量:

(1)ER×GAIN:为 PI 控制器中的比例分量。

(2)ER×GAIN/T_1 经积分器积分后的信号:为 PI 密制器中的积分分量。

(3)A 点的信号积分后,得到模拟阀门开度信号。

比例分量与积分分量相加后,得到 PI 控制器的输出信号,它与模拟的阀门位置信号相减,便得到三级元件的输入信号。

2. PI 控制算法

图 8-4-15 所示是 FB42"CONT_S"步进控制器的原理框图,步进控制器的运行没有使用位置反馈信号,限位停止信号用于限制脉冲输出。

(1)对设定值、过程变量和误差的处理。对设定值与过程变量的处理、误差的计算与处理、死区环节的作用与 FB41 的完全相同,在此不再赘述。

(2)PI 步进控制算法。功能块(FB)的运行不需要位置反馈信号,对 PI 算法的积分和对模拟的位置反馈信尊的积分使用同一个积分器。PI 控制器的输出值与模拟的位置反馈信号进行比较,比较的差值送给三级元件(THREE_ST)和脉冲发生器(PULSEOUT),该脉冲发生器生成用于执行器的脉冲。可以通过调整三级元件的阀值来降低控制器的切换频率。

（3）手动模式。LMNS_ON 为"1"时系统处于手动模式,三级元件后面的两个开关切换到上面标有"1"的触点的位置,此时开关量输出信号 QLMNUP 和 QLMNDN 受手动输入信号 LMNUP（控制信号增大）和 LMNDN（控制信号减小）的控制。当 LMNS_ON 为"0"时控制开关返回自动模式,手动与自动的切换过程是平滑的。

（4）控制阀的极限位置保护。控制阀全开时,上限位开关动作,LMNR_HS 信号为"1",通过图 8-4-15 中上面两个与门封锁输出量 QLMNUP,使伺服电动机停止开阀。控制阀全关时,下限位开关动作,LMNR_LS 为"1",通过下面两个与门封锁输出量 QLMNDN,使伺服电动机停止关阀。

（5）初始化。FB42 的初始化程序在输入参数 COM_RST 为"1"时运行,所有输出信号都被设置为各自的默认值。

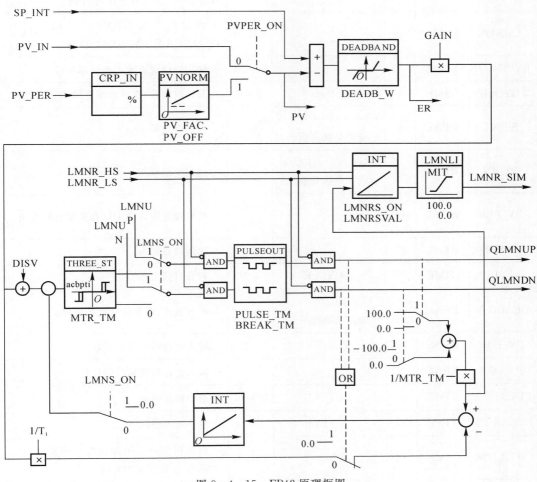

图 8-4-15　FB42 原理框图

3. FB42 的参数

FB42 的输入参数和输出参数见表 8-4-4 和表 8-4-5。

表 8-4-4　FB42 的输入参数

参数名称	数据类型	地址	取值范围	默认值	说　明
COM_RST	BOOL	0.0		FALSE	完全重启动,为"1"时执行初始化程序
LMNR_HS	BOOL	0.1		FALSE	位置反馈信号的上限,为"1"时表示控制阀处于上限停止位置,即控制阀全开
LMNR_LS	BOOL	0.2		FALSE	位置反馈信号的下限,为"1"时表示控制阀处于下限停止位置,即控制阀全关
LMNS ON	BOOL	0.3		TRUE	为"1"时切换到手动模式
LMNUP	BOOL	0.4		FALSE	控制信号增大,为"1"时输出信号 QLMNUP 受 LMNUP 的控制
LMNDN	BOOL	0.5		FALSE	控制信号减小,为"1"时输出信号 QLMNDN 受 LMNDN 的控制
PVPER.ON	BOOL	0.6		FALSE	使用外围设备输入的过志变量
CYCLE	TIME	2	≥1 ms	T♯ls	采祥时间,两次块调用之间的时间间隔
SPJNT	REAL	6	−100.0%～100.0% 或者是物理值[1]	0.0	内部设定值
PV_IN	REAL	10	−100.0%～100.0% 或者是物理值[1]	0.0	过程变量输入
PV_PER	WORD	14		W♯7♯ 0000	外部设备输入的 I/O 格式的过程变量
GAIN	REAL	17		2.0	比例增益输入
TI	TIME	20	≥CYCLE	T♯20s	积分时间常数
DEADB_W	REAL	24	≥0.0% 或者是物理值[1]	1.0	死区宽度,误差变量死区带的大小
PV_FAC	REAL	28		1.0	输入的过程变量的系数
PV OFF	REAL	32		0.0	输入的过程变量的偏移量
PULSE.TM	TIME	36	≥CYCLE	T♯3s	最小脉冲时间
BREAK TM	TIME	40	≥CYCLE	T♯3s	最小断开时间
MTR_TM	TIME	44	≥CYCLE	T♯30s	执行机构从一个限位位置移动到另一个限位 位置所需的时间
DISV	REAL	48	−100.0%～100.0% 或者是物理值[2]	0.0	扰动输入变量

[1]设定值和过程变量分支中的参数具有相同的单位;[2]调节值分支的参数具有相同的单位。

表 8 − 4 − 5 FB42 的输出参数

参数名称	数据类型	地 址	取值范围	默认值	说 明
QLMNUP	BOOL	52.0		FALSE	为"1"时控制信号增大
QLMNDN	BOOL	52.1		FALSE	为"1"时控制信号威小
PV	REAL	54		0.0	格式化的过程变量
ER	REAL	58		0.0	死区处理后的误差

注:取值范围与实际工程相关。

8.4.8 脉冲发生器 FB43

FB43"PUI5EGEN"(脉冲发生器)与 PID 控制器配合使用(见图 8 − 4 − 16),以生成脉冲输出,用于比例执行器。FB43 一般与连续控制器"CONT_C"一起使用,配置带有脉宽调制的二级(Two Step)或三级(Three Step)PID 控制器。例如采用电阻 PWM 加热的回路控制,可采用 FB41 + FB43 的二级控制 PID 控制器实现。

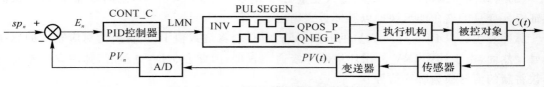

图 8 − 4 − 16 FB43 模拟量闭环控制框图

1. 脉冲发生器的工作原理

(1)脉冲宽度调制的方法。FB43 的"PULSEGEN"函数通过调节脉冲持续时间,将输入变量 INV(也即 PID 控制器的输出值 LMN)转换成固定时间间隔的脉冲序列,该时间间隔用周期时间 PER_TM 设置,PER_TM 应与 CONT_C 的采样时间 CYCLE 相同。

在每个周期内,脉冲的持续时间和输入变量成比例,如图 8 − 4 − 17 所示。

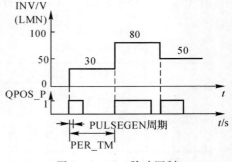

图 8 − 4 − 17 脉冲调制

分配给 PER_TM 的周期和 FB43 的"PULSE-GEN"的处理周期并不相等。PER_TM 的周期是由几个"PULSEGEN"处理周期组成的,因此每个 PER_TM 周期中"PULSEGEN"调用的次数反映了脉冲宽度的精度。

假设每个 PER_TM 周期有 10 次"PULSEGEN"调用,如果输入变量为最大值的 30%,那么前 3 次调用(10 次调用的 30%)时脉冲输出 QSOS_P 为"1"状态。对于剩下的 7 次调用(10 次调用的 70%)时脉冲输出 QSOS_P 为"0"状态。

(2)控制值的精度。在上述的例子中,采样比率(CONT_C 调用和"PULSEGEN"调用的比率,也即 FB41 与 FB43 的调用次数之比)为 1:10,因此控制值的精度为 10%,换句话说,设定的输入数值"INV"只能在 QPOS 输出端上以"10%"的步长转换成脉冲宽度。

在 CONTC 调用的一个周期内增加"PULSEGEN"调用的次数,可以提高精度。例如,如果每个"CONT_C"调用中"PULSEGEN"调用的次数为 100,控制值的分辨率将达到 1%,建议分辨率不大于 5%。图 8-4-18 所示是 FB43 的结构框图。

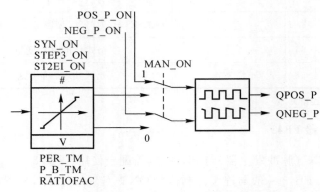

图 8-4-18 FB43 结构框图

(3)自动同步。可以使用更新输入变量 INV 的块(例如 CONT_C)来同步脉冲输出,从而保证输入变量的变化能尽快地以脉冲方式输出。

脉冲发生器以 PER_TM 设置的时间间隔为周期,将输入值 INV 转换为对应宽度的脉冲信号。然而,由于计算 INV 的循环中断等级通常较低,因此在 INV 更新后,脉冲发生器应该尽快将新的值转换为脉冲信号。

为此,功能块使用图 8-4-19 中方式对输出脉冲的启动同步:如果 INV 发生变化,并且对 FB43 的调用不在输出脉冲的第一个或最后两个调用周期中,则执行同步,重新计算脉冲宽度,并在下一个循环中输出一个新的脉冲。

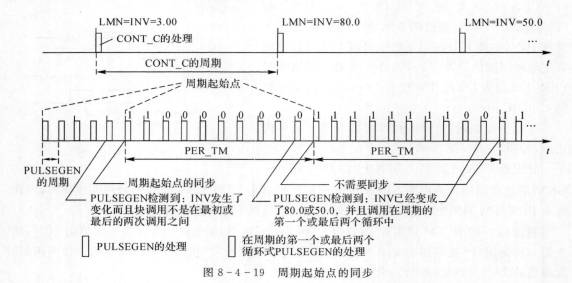

图 8-4-19 周期起始点的同步

可以令 FB43 的输入量 SYN_ON==FALSE 关闭自动同步功能。

(4)运行模式的参数设置。根据脉冲发生器设置的参数,PID 控制器可以组态为三级输出、双极性二级输出或单极性二级输出。可能的模式参数设置见表 8-4-6。

表 8-4-6 模式参数设置

模 式	参 数		
	MAN_ON	STEP3_0N	ST2BI_0N
三级控制	FALSE	TRUE	任意值
双极性二级控制(−100%～100%)	FALSE	FALSE	TRUE
单极性二级控制(0%−100%)	FALSE	FALSE	FAM
手动模式	TRUE	任意值	任意值

(5)二级/三级控制中的手动模式。在手动模式(MAN_ON=TRUE)中,可以使用信号 POS_P_ON 和 NEG_P_ON 来设置三级或二级控制器的二进制输出,而不必考虑输入量 INV,见表 8-4-7。

表 8-4-7 手动模式

	POS_P_ON	NEG_P_ON	QPOS_P	QNEG_P
三级控制	FALSE	FALSE	FAtSE	FALSE
	TRUE	FALSE	TRUE	FALSE
	FALSE	TRUE s	FALSE	TRUE
	TRUE	TRUE	FALSE	FALSE
二级控制	FALSE	任意值	FALSE	TRUE
	TRUE	任意值	TRUE	FALSE

(6)初始化。FB43 的初始化程序在输入参数 COM_RST 为"1"时运行,所有输出信号都被设置为各自的默认值。

2. 三级控制器

(1)三级控制。在三级控制模式中,用两个开关量输出信号 QPOS_P 和 QNEC_P 产生控制信号的三种状态,用来控制执行机构的状态。

基于输入变量,使用特征曲线计算脉冲持续时间。特征曲线的形状由最小脉冲或最小断开时间和比率系数 RATIOFAC 决定,如图 8-4-20 所示。比率因子的标准值是 1。曲线中的"拐点"是由最小脉冲或最小断开时间引起的。

脉冲宽度可以根据输入变量 INV(单位%)与周期时间相乘进行计算,有

$$脉冲宽度=INV×PER\_TM/100$$

用三级控制器来控制电动调节阀的开度时,正脉冲使调节阀的伺服电动机正转,阀的开度增大。负脉冲使调节阀的伺服电动机反转,阀的开度减小。脉冲的宽度与阀门开度的增量成正比,此时三级控制的输入量 INV 应为 PID 控制器的输出量 LMN 的增量,即本次的 LMN

与前一采样周期的 LMN 的差值。

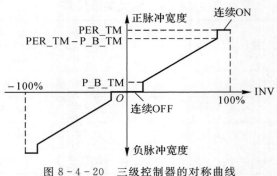

图 8-4-20　三级控制器的对称曲线

（2）最小脉冲或最小断开时间。正确设置最小脉冲或最小断开时间 P_B_TM，可以减少开关元件的动作次数，提高执行机构的使用寿命。

需要注意的是，如果由输入变量 INV 上较小的绝对值产生的脉宽小于 P_B_TM，那么将抑制该值。而对于大的输入值，如果由它产生的脉宽大于 PER_TM−P_B_TM，则将它设置为 100% 或 −100%。

（3）比率系数小于 1 的三级控制器。使用比率系数 RATIOFAC，可以改变正脉冲宽度和负脉冲宽度之比。例如，在一个加热过程中，可以为此加热和冷却过程使用不同的时间常数。当比率系数小于 1 时，计算输入变量和周期时间的乘积所得的负脉冲输出的脉宽，因比率系数的存在而减少。相应的脉冲宽度的计算公式为

$$\text{正脉冲宽度} = \text{INV} \times \text{PER\_TM}/100 \qquad (8-4-5)$$
$$\text{负脉冲宽度} = \text{INV} \times \text{PER\_TM} \times \text{RATIO-FAC}/100 \qquad (8-4-6)$$

图 8-4-21 所示是比率系数为 0.5 的三级控制器的不对称曲线。

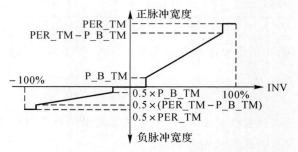

图 8-4-21　三级控制器的不对称曲线

（4）比例系数大于 1 的三级控制器。当比率系数大于 1 时，计算输入变量和周期时间的乘积所得的正脉冲输出的脉宽，因比率系数的存在而减少。相应的脉冲宽度的计算公式为

$$\text{正脉冲宽度} = \text{INV} \times \text{PER\_TM}/(100 \times \text{RATIOFAC}) \qquad (8-4-7)$$
$$\text{负脉冲宽度} = \text{INV} \times \text{PER\_TM}/100 \qquad (8-4-8)$$

3. 二级控制器

二级控制器只用 FB43 的正脉冲输出 QPOS_P 连接到 I/O 执行机构上，二级控制器按控

制值 INV 的范围分为双极性控制器和单极性控制器，如图 8-4-22 和图 8-4-23 所示。

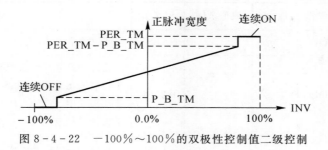

图 8-4-22 -100%～100%的双极性控制值二级控制

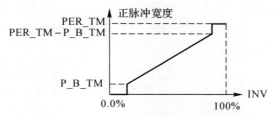

图 8-4-23 0%～100%的单极性控制

如果在控制回路中，二级控制器的执行脉冲需要逻辑状态相反的开关量信号，可以用 QNEC_P 输出负的输出信号。

4. FB43 的参数

FB43 的输入参数和输出参数见表 8-4-8 和表 8-4-9。

表 8-4-8　FB43 的输入参数

参数名称	数据类型	地址	取值范围	默认值	说　明
INV	REAL	0	-100.0%～100.0%	0.0	输入变量，也即 FB41 输出的模拟量控制值
PER_TM	TIME	4	≥20×CYCLE	T#1s	周期时间，脉冲宽度调制的固定周期，对应于 PID 控制器的采样时间
P_B_TM	TIME	8	≥CYCLE	T#50ms	最小脉冲时间或最小断开时间
RATIOFAC	REAL	12	0.1～10.0	1.0	比率系数，用于改变正脉冲宽度和负脉冲宽度之比。例如，在一个热过程中，为加热和冷却过程补偿不同的时间常数
STEP3_ON	BOOL	17.0		TRUE	三级控制打开。在三级控制中，两个输出信号都有效
ST2BI_ON	BOOL	17.1		FALSE	双极性控制值的二级控制打开。用来选择"双极性控制值二级控制"或"单极性控制值二级控制"模式

续 表

参数名称	数据类型	地址	取值范围	默认值	说　明
AN_ON	BOOL	17.2		FALSE	手动模式开启,可以手动设置输出信号
POS_P_ON	BOOL	17.3		FALSE	正脉冲打开。三级控制的手动模式中,用来控制输出信号 QPOS_P。在二级控制的手动模式中,QNEG_P 与 QPOS_P 的设置必须始终相反
NEG_P_ON	BOOL	17.4		FALSE	负脉冲打开。在三级控制的手动模式中,用来控制输出信号 QPOS_N。在二级控制的手动模式中,QNEG_P 与 QPOS_P 的设置必须始终相反
SYN_ON	BOOL	17.5		TRUE	同步开启。通过置位输入参数"同步开启",就能 自动同步更新输入变量 INV 的块,以保证输入变量的变化尽可能块地以脉冲的形式输出
COM_RST	BOOL	17.6		FALSE	若为"1",那么在启动时执行块的初始化程序;若为"0",控制器运行
CYCLE	TIME	18	≥ms	T♯10ms	采样时间,规定了相邻两次块调用之间间隔的时间

表 8 - 4 - 9　FB43 的输出参数

参数名称	数据类型	地址	取值范围	默认值	说　明
QPOS_P	BOOL	22.0		FALSE	输出正脉冲。三级控制始终为正脉冲,二级控 制时必须与 QNEG_P 的状态相反
QNEG_P	BOOL	22.1		FALSE	输出负脉冲。三级控制时总为负脉冲,二级控 制时必须与 QPOS_P 的状态相反

8.4.9　PLC 系统简要设计步骤

应用可编程序控制器进行系统设计时,一般按以下几个主要步骤,设计流程如图 8 - 4 - 24 所示。

(1)首先要了解工艺过程及控制要求,确定输入、输出的点数和类型,以及它们的控制逻辑关系。

(2)编制输入、输出信号的现场代号和 PLC 内部等效继电器的地址编号对照表。

(3)根据控制要求及输入、输出的点数和类型,确定需要的 PLC 的规模,选择功能和容量都能满足的 PLC。

(4)根据工艺流程及控制要求,结合输入、输出编号对照表,画出梯形图,并按照梯形图编写相应程序。

(5)将程序通过编程器送入 PLC,并进行系统的模拟调试。检查和修改程序,直到完全正确为止。

(6)进行硬件系统的安装接线,按编号要求接入所有外部设备。

(7)对整个系统进行测试,然后经过试运行,方可投入正式使用。

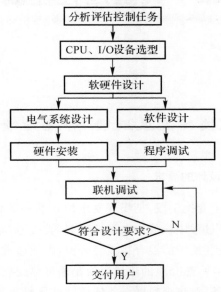

图 8-4-24　应用 PLC 的设计流程

8.5　思考题与习题

8-1　接触器的作用是什么? 交、直流接触器的区别有哪些?

8-2　接触器的主要参数有哪些? 其含义是什么? 如何选用接触器?

8-3　热继电器在电路中的作用是什么?

8-4　简述固态继电器的优、缺点及使用时的注意事项。

8-5　低压断路器具有哪些脱扣装置? 试分别说明其功能。

8-6　可编程序调节器与普通模拟仪表相比有哪些异同及优点?

8-7　可编程序调节器由哪些部分组成的? 各部分的主要作用是什么?

8-8　试简述可编程序调节器的基本工作过程。

8-9　FB41 可以与什么类型的执行器配合实现 PID 控制?

8-10　FB42 可以与什么类型的执行器配合实现 PID 控制?

8-11　FB41+FB43 可以与什么类型的执行器配合实现 PID 控制?

8-12　简述用 PLC 设计控制系统的步骤。

第9章 典型过程控制系统

9.1 热交换器温度反馈-静态前馈控制系统

9.1.1 生产过程对系统设计的要求

在氮肥生产过程中有一个变换工段,把煤气发生炉来的一氧化碳同水蒸气的混合物转换生成合成氨的原料气,在转换过程中释放出大量的热量,使变换气体温度升高,变换气体在送至洗涤塔之前需要降温,而进变换炉的混合物需要升温,因此通常利用变换气体来加热一氧化碳与水蒸气的混合气体,这种冷、热介质的热量交换是通过热交换器来完成的。在许多工业生产过程中都用到热交换器设备,对热交换器设备的控制就显得非常重要。

热交换器主要的被控制量是冷却介质出热交换器的温度。图 9-1-1 所示为一个进、出热交换器的典型参数。其中加热介质是工厂生产过程中产生的废热热源(成品、半成品或废气、废液),为了节省能量,这部分热量要求最大限度地加以利用。所以通常不希望对其流量进行调节,而被加热介质的温度一般是通过调节被加热介质的流量来实现的。

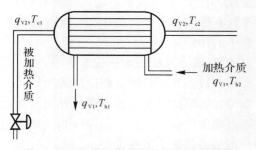

图 9-1-1 热交换器及其有关工艺参数

9.1.2 系统组成

根据稳态时的热平衡关系,若不考虑散热损失,则加热介质释放的热量应该等于被加热介质吸收的热量,即

$$q_{V1} c_1 (T_{h1} - T_{h2}) = q_{V2} c_2 (T_{c2} - T_{c1}) \tag{9-1-1}$$

式中, q_{V1}, q_{V2} —— 加热介质与被加热介质的体积(或质量) 流量,m^3/s(或 kg/s);

c_1, c_2 —— 加热介质与被加热介质的平均比热容,kJ/(kg · K);

T_{h1}, T_{h2} —— 加热介质进、出热交换器的温度,℃ 或 K;

T_{c1}, T_{c2} —— 被加热介质进、出热交换器的温度,℃ 或 K。

由式(9-1-1)可以得到各有关变量的静态前馈函数计算公式为

$$q_{V2} = \frac{c_1}{c_2} \frac{T_{h1} - T_{h2}}{T_{c2} - T_{c1}} q_{V1} = K \frac{\Delta T_h}{\Delta T_c} q_{V1} \qquad (9-1-2)$$

式中,$K = \dfrac{c_1}{c_2}$。静态前馈函数的实施线路如图9-1-2的虚线框中所示。当 T_{h1},T_{h2},T_{c1} 或 q_{V1} 中的任意一个变量变化时,其变化都可以通过前馈函数部分及时调整流量 q_{V2},使这些变量的变化对被控制变量 T_{c2} 的影响得到补偿。

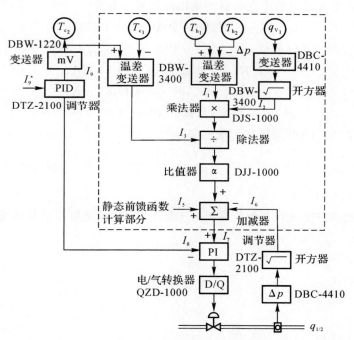

图 9-1-2　热交换器温度反馈-前馈控制系统的组成

9.1.3　仪表静态参数的设置

本系统设计的关键是正确设置比值器的系数 α 与加减器的偏置信号 I_5,下面通过具体数据来说明这些系数的设置情况。

有两股气体在热交换器中进行热量交换。已知 $K = c_1/c_2 = 1.20$,在正常情况下 $T_{h1} = 380℃$,$T_{h2} = 300℃$,$T_{c1} = 150℃$,$T_{c2} = 260℃$,$q_{V1} = 0.125 \ m^3/s$,$q_{V2} = 0.109 \ m^3/s$。选择电动单元组合仪表DDZ-Ⅲ型组成控制系统,线路中的乘法器与除法器可以用一台型号为DJS-1000的乘除器代替,比值器与加减器可以用一台 DJJ-1000 的通用加减器代替。电动单元组合仪表 DDZ-Ⅲ 型的仪表信号范围为 $4 \sim 20 \ mA$(或 $1 \sim 5 \ V \ DC$)。若取 T_{c2} 温度变送器的量程为

100℃,仪表零位为210℃,则可以得到 T_{c2} 温度变送器的仪表转换系数为

$$K_{Tc2} = \frac{(20-4)\ \text{mA}}{100℃} = 0.16\ \text{mA}/℃$$

温差变送器 $\Delta T_c = T_{c2} - T_{c1}$ 与 $\Delta T_h = T_{h1} - T_{h2}$ 的量程取为150℃,仪表零位为0℃,则可得温差变送器的仪表转换系数为

$$K_{\Delta T_c} = K_{\Delta T_h} = \frac{(20-4)\ \text{mA}}{150℃} = 0.106\ 7\ \text{mA}/℃$$

流量变送器 q_{V1} 与 q_{V2} 的量程均为 0.178 m^3/s,则可知其仪表转换系数分别为

$$K_{qV1} = K_{qV2} = \frac{(20-4)\ \text{mA}}{0.178\ \text{m}^3/\text{s}} = 89.888\ \text{mA}/(\text{m}^3/\text{s})$$

由此可以求得在正常工况下各个变送器的输出信号值分别为

$$I_1 = K_{\Delta T_h} \times (380-300) + 4 = 12.54\ \text{mA}$$
$$I_3 = K_{\Delta T_c} \times (260-150) + 4 = 15.74\ \text{mA}$$
$$I_2 = K_{qV1} \times 0.125 + 4 = 15.24\ \text{mA}$$
$$I_6 = K_{qV2} \times 0.109 + 4 = 13.81\ \text{mA}$$
$$I_9 = K_{Tc2} \times (260-210) + 4 = 12\ \text{mA}$$

求出正常工况下 DJS - 1000 乘除器的输出信号为

$$I_4 = n\ \frac{(I_1-4)(I_2-4)}{(I_3-4)}$$

取 $n = 1.2$,则 $I_4 = 9.81\ \text{mA}$。

假设生产过程的各个变量都保持在正常工况下的数值,则前馈函数的输出信号应该等于 I_6,即

$$\alpha I_4 = I_6$$

故知比值器的系数为

$$\alpha = \frac{I_6}{I_4} = \frac{13.81}{9.81} = 1.408$$

PI 调节器的输入信号为

$$I_入 = I_7 - I_8 = I_5 + \alpha I_4 - I_6 - I_8$$

因为 PI 调节器是一种无静差的调节器,因此在稳态时,$I_入 = 0$,若取 $I_6 = \alpha I_4$,则有

$$I_5 = I_8$$

其中,I_8 为 T_{c2} 调节器的控制点,一般设置为仪表信号的中间值,即 $I_8 = 12\ \text{mA}$,因此 I_5 取 12 mA。

T_{c2} 温度变送器、PID 调节器、PI 调节器、q_{V2} 流量变送器、电/气转换器与 q_{V2} 控制阀门组成一个串级调节系统,T_{c2} 为主被调节变量,q_{V2} 为副被调节变量。这个串级调节系统与静态前馈函数计算回路组成一个复合调节系统。这种控制系统对于来自 q_{V2},T_{c1},T_{h1},T_{h2} 或 q_{V1} 的扰动,都具有很高的适应能力。

9.2　流体输送设备的控制

9.2.1　概述

一个生产流程中的各个生产设备,均由管道中的物料流和能量将它们连接在一起,以进行各种各样的化学反应、分离、吸收等过程,从而生产出人们所期望的产品。物料流和能量流都称为流体,流体有液体和气体之分,通常固体物料也转化成流态化的形式在管通中输送。为了强化生产,流体常常连续传送,以便进行连续生产。用于输送流体和提高流体压力的机械设备,统称为流体输送设备。其中输送液体并提高其压力的机械称为泵,而输送气体并提高其压力的机械称为风机和压缩机。

流体输送设备的任务是输送流体。在连续的生产过程中,除了在特殊情况下开停机、泵的程序控制和信号连锁动作外,所谓对流体输送设备的控制,其实质是为了实现物料平衡的流量、压力控制,以及诸如离心式压缩机的防喘振控制这样一类为了保护输送设备安全的控制方案。所以,在本章中将着重讨论流体输送的流量、压力的基本控制方案和离心式压缩机的防喘控制。

流体输送设备控制系统具有下述特点。

(1)控制通道的对象时间常数小,一般需要考虑控制阀和测量元件的惯性滞后。这是由于在流量控制系统中,受控变量和操纵变量常常是同一物料的流量,只是检测点和控制点处于同一管路的不同位置。因此对象时间常数一般很小,故广义对象特性必须考虑测量元件和控制阀的惯性滞后,而且对象、测量元件和控制阀的时间常数在数量级上相同,显然系统可靠性较差,频率较高。为此,控制器的比例度需要放得大些,积分时间在 0.1 分钟到数分钟的数量级。控制阀一般不装阀门定位器,以避免定位器引入的串级内环造成系统振荡加剧,可控性差。

(2)测量信号伴有高频噪声。目前,流量测量的一次元件常采用节流装置。流体通过节流装置时喘动加大,使受控变量的测量信号常常具有脉动性质,混有高频噪声,这种噪声会影响控制品质,因此应考虑测量信号的滤波。此外,控制器不应加微分作用,因为微分对高频信号很敏感,会放大噪声,影响控制的平稳度。为此,工程上往往在控制器与变送器之间,引入反微分环节,以改善系统的品质。

(3)静态非线性。流量广义对象的静态特性往往是非线性的,特别是在采用节流装置测量流量时更为严重。为此常可适当选用控制阀的流量特性来加以补偿,使广义对象达到的静态特性近似线性,以便克服负荷变化对控制品质的影响。

(4)流量控制系统的测量仪表精确度要求无需很高,在物料平衡控制中,常常将流量控制作为一个复杂回路中的副环,它的设定值是浮动的。因此,对流量控制回路的测量仪表,在精度上并没有过高的要求,而保持变差小、性能稳定则是需要的。只有当流量信号同时要作为经济核算所用,或是其他需要测准的场合,才需满足相应的精度要求。

9.2.2　泵及压缩机的典型控制方案

1. 防止喘振的泵输出压力控制方案

(1)泵的工作特性与防止喘振的措施。泵可分为离心泵和容积泵两大类,而容积泵又可分为往复泵、旋转泵。由于工业生产中以离心泵的使用更为普遍,所以下面将仔细地介绍离心泵的特性及控制方案。在大型生产过程中,由于强化生产,时常引起泵的喘振。离心泵的工作特性如图 9-2-1 所示。

在正常情况下,泵送出多少流体至管网,用户就从管网取走多少流体,泵处于稳定工作状态。但是如果用户需要的流体突然减少,泵输出的流体会在管网里堆积起来,使其压力上升,泵的工作点就沿着图 9-2-1 中的 CDE 曲线移动到 C 点,因泵输出的压力受机器限制不能再继续升高,此时管网压力就会大于泵的最大输出压力,导致流体倒流。倒流开始后管网压力下降,工作点由 C 移到 A 点并继续移到 B 点,泵产生空转,使工作点滑行至 D 点。如此过程重复进行,就产生一种破坏力极大的喘振现象。

由图 9-2-1 可以看出,如果输出流量不低于 q_C,泵就不会产生喘振。因此可以利用高值选择器,把压力与流量控制系统统一起来,组成如图 9-2-2 所示的压力与流量选择性控制系统。为了安全起见,流量调节系统的给定值取为:$q_{给定} = q_C$

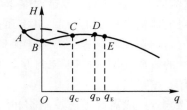

图 9-2-1 离心泵的工作特性曲线

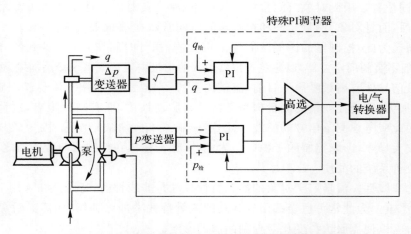

图 9-2-2 防止泵喘振的流量与压力控制系统的组成

(2)一种防止喘振的特殊调节器。本处介绍一种专门的特殊调节器,由两个积分外反馈型的 PI 调节器与一个高值选择器构成,其调节器线路如图 9-2-3 所示。图中 A_1 与 A_4 分别组成一个比例运算器,A_3 与 A_6 分别组成一个积分运算器,A_2 与 A_5 分别组成一个 1:1 的加法器,A_7 与 A_8 及 D_1 与 D_2 组成一个高值选择器。

(3)统切换条件的分析。下面分析 q 回路处于工作状态、p 回路处于等待状态时,线路中信号之间的关系。此时,A_7 的输出呈现低电平状态,因而 U_2 能通过 A_7 与 D_1 输出:由图 9-2-3 可知,当 $q_{给} > q_{测}$ 时,U_2 为高电平,经反相后变成低电平,低电平信号能通过二极管 D_1 输出。由图还可以得出以下关系式:

比例器的运算关系式为

$$\frac{U_1(s)}{e_1(s)} = -K_{P1} \tag{9-2-1}$$

式中,K_{P1} 为 U_1 的分压系数。

惯性环节的运算关系式为

$$\frac{U_3(s)}{U_7(s)} = \frac{1}{T_{I1}s + 1} \tag{9-2-2}$$

式中,$T_{I1} = RC$。

加法器的运算关系式为

$$U_2(s) = -U_1(s) - U_3(s) \tag{9-2-3}$$

且

$$U_7(s) = -U_2(s) \tag{9-2-4}$$

将上述各式联立后,可得

$$U_2(s) = K_{P1}e_1(s) + \frac{1}{T_{I1}+1}U_2(s)$$

或者写成

$$U_2(s) = K_{P1}\left(1 + \frac{1}{T_{I1}s}\right)e_1(s) \tag{9-2-5}$$

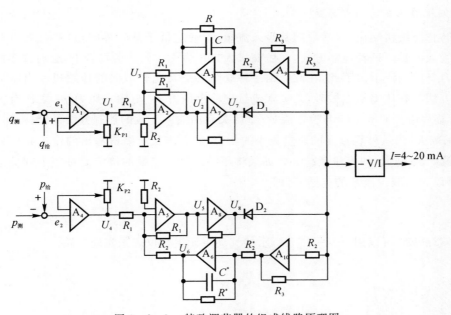

图 9 - 2 - 3　特殊调节器的组成线路原理图

由于 p 回路处于等待状态,运算放大器 A_8 处于高电平,受到二极管 D_2 的阻断,因此运算放大器 A_{10} 的输入信号仍然是 U_7。同样可得

比例运算关系式

$$\frac{U_4(s)}{e_2(s)} = -K_{P2} \tag{9-2-6}$$

惯性环节的运算关系式

$$\frac{U_6(s)}{U_2(s)} = \frac{-1}{T_{I2}s + 1} \tag{9-2-7}$$

式中,$T_{I2} = R^*C^*$。

U_5 的输出信号为
$$U_5(s) = K_{P2}e_2(s) + \frac{1}{T_{I2}s + 1}U_2(s) \qquad (9-2-8)$$

式(9-2-8)表明,等待回路的输出信号受工作回路的输出信号影响。当 U_2 稳定时,U_5 也稳定下来,避免通常等待回路由于输出切断,而输入没有切断所产生的积分饱和现象。当 q 回路工作、p 回路等待时,由式(9-2-5)与式(9-2-8)可得

$$U_2(t) = K_{P1}e_1(t) + \frac{K_{P1}}{T_{I1}}\int e_1(t)\mathrm{d}t \qquad (9-2-9\text{a})$$

$$U_5(t) = K_{P2}e_2(t) + (1 - e^{-\frac{t}{T_{I2}}})U_2(t) \qquad (9-2-9\text{b})$$

U_2 稳定后,经过一段时间以后,$e^{-\frac{t}{T_{I2}}} \approx 0$,则有

$$U_5(t) = K_{P2}e_2(t) + U_2(t) \qquad (9-2-10)$$

从 q 回路切换到 p 回路时,$U_5 \approx U_2$,可见,从 q 回路切换至 p 回路的切换条件是

$$e_2(t) \approx 0 \qquad (9-2-11)$$

同理可知,从 p 回路切换至 q 回路的条件是 $e_1(t) \approx 0$。由于任一回路被切断都处于该回路是调节偏差为零的状态,所以切换时被切换的调节器不会产生输出的突变,保证了切换过程平滑地进行。

2. 压缩机输出压力控制系统

为了防止压缩机喘振,常常限制其吸入流量,不使它低于某一界限值,并且通过调节回流量来控制吸入流量。这种控制方式,在压缩机入口压力变化较大的场合下,会有许多能量消耗在压缩机自身的回流上。因此,在此介绍一种既防喘振又比较节能的压缩机输出压力控制系统的设计方法。在压缩机喘振时,其吸入流量同输出压力 p_2 与输入压力 p_1 之比有关,图9-2-4表示临界喘振时 p_2/p_1 与吸入流量 $q_入$ 的关系曲线。一般的控制方法是维持 $q_入 > q_k$,由于 $q_入$ 要求较大,当从外界输入的流量较小的场合,就要求从压缩机输出的流量 q 中分出一部分来打回流。q_k 越大,回流量就越大。如果将压缩机吸入流量的给定值按照下列关系式随动设置,即可以大大减少流量的空循环,即

$$q_{吸入给定} = q_0 + K\frac{p_2}{p_1} \qquad (9-2-12)$$

式(9-2-12)可以用图9-2-5所示的气动单元组合仪表来实施线路。

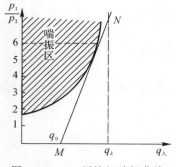

图 9-2-4　压缩机喘振曲线

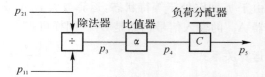

图 9-2-5　式(9-2-12)函数的实施线路

在应用气动除法器时,需要注意不要使被除数信号大于除数信号,否则除法器的输出信号

会超过工作信号的范围,控制系统就无法正常工作(这种现象与计算机溢出停机同样道理)。尽管压缩机的输出压力 p_2 大于吸入压力 p_1,但可以通过选择变送器的量程,使 p_2 变送器的输出信号 p_{21} 任何时候都小于 p_1 变送器的输出信号 p_{11}。

本例中的工艺条件是压比为 5,在正常工况下,$p_1=0.5$ MPa,$p_2=2.5$ MPa,因此选择 p_1 变送器的量程为 $0\sim0.6$ MPa,p_2 变送器的量程为 $0\sim4.0$ MPa。由于气动变送器的标准信号为 $20\sim100$ kPa,则在正常工况下,p_1 变送器的输出信号为

$$p_{11}=(0.1-0.02)\times\frac{0.5}{0.6}+0.02=0.086\ 6\text{ MPa} \tag{9-2-13a}$$

p_2 变送器的输出信号为

$$p_{21}=(0.1-0.02)\times\frac{2.5}{4.0}+0.02=0.070\text{ MPa} \tag{9-2-13b}$$

则除法器的输出信号为

$$p_3=(0.1-0.02)\frac{p_{21}-0.2}{p_{11}-0.2}+0.02=0.080\ 1\text{ MPa} \tag{9-2-13c}$$

由于 $p_{21}<p_{11}$,保证了从两个压力变送器至除法器这一段的线路能正常工作。

比值器系数与负荷分配器常数设置需要根据式(9-2-12)与流量变送器量程来确定。

已知 $q_0=120\text{ m}^3/\text{h}$,$K=60\text{ m}^3/\text{h}$,当最大压缩比$(p_2/p_1)_{max}=6$ 时,$q_{max}=480\text{ m}^3/\text{h}$,因此选择 q 变送器的量程为 $480\text{ m}^3/\text{h}$。流量变送器由差压变送器与开方器组成,因而开方器的输出信号 p_6 同测量流量 q 之间的关系为

$$p_6=(0.1-0.02)\frac{q}{q_{max}}+0.02\text{ MPa} \tag{9-2-14a}$$

q 的正常流量值为

$$q=120+60\times\frac{p_2}{p_1}=120+60\times5=420\text{ m}^3/\text{h}$$

有

$$p_6=(0.1-0.02)\times\frac{420}{480}+0.02=0.09\text{ MPa} \tag{9-2-14b}$$

负荷分配器的运算式为

$$p_5=p_4+C \tag{9-2-15}$$

式中,C 为一个可调系数,C 可以在 -0.1 MPa$\sim+0.1$ MPa 之间连续可调。C 值等于q_0值对应的仪表信号,即

$$C=(0.1-0.02)\times\frac{120}{480}=0.02\text{ MPa} \tag{9-2-16}$$

比值器的系数 α 满足下式条件:

$$(p_3-0.02)\alpha+0.02+C=p_6 \tag{9-2-17}$$

则有

$$\alpha=\frac{p_6-C-0.02}{p_3-0.02}=\frac{0.09-0.02-0.02}{0.080\ 1-0.02}\approx0.832 \tag{9-2-18}$$

由此组成的控制系统如图 9-2-6 所示。这里主要讨论了压缩机吸入流量的给定值计算线路,其他部分的分析可详见相关参考文献。

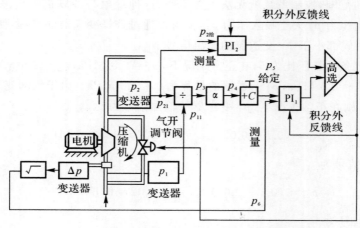

图 9 - 2 - 6　压缩机节能控制系统的组成

9.3　反应器的控制

化学反应器是化工生产中的重要设备。反应器的操作往往是整个生产的关键,它直接影响到生产产量、质量指标以及能源消耗。化学反应器的种类繁多,反应过程复杂,要控制的指标既相互关联,又难以直接测量。因此,对反应器进行自动控制不仅非常必要,而且有一定的难度。下面从化学反应的特点和规律、化学反应器的控制要求以及控制方案等几方面逐步探讨化学反应器的控制。

9.3.1　化学反应的特点与基本规律

1. 化学反应的特点

化学反应的本质是物质的原子、离子的重新组合,使一种或几种物质变成另一种或几种物质。一般可用化学反应方程表示为

$$aA + bB + \cdots \Leftrightarrow cC + dD + \cdots + Q \qquad (9 - 3 - 1)$$

例如,氨合成反应可写成

$$3H_2 + N_2 \Longleftrightarrow 2NH_3 + Q \qquad (9 - 3 - 2)$$

式中,A,B 等称为反应物;C,D 等称为生成物;a,b,c,d 等则表示相应物质在反应中消耗或生成的摩尔比例数;Q 为反应的热效应。Q 值可以从手册中或用测量的方法获得。它与热焓的变化值 ΔH 在数值上相等,符号相反,即 $\Delta H = -Q$。例如,对于放热反应,Q 为正,而随着热量的放出,系统本身的热焓下降,ΔH 为负值。

化学反应过程具有以下一些特点。

(1)化学反应遵循物质守恒和能量守恒定律,因此,反应前后物料平衡,总的热量也平衡。

(2)反应严格地按反应方程式所示的摩尔比例进行。

（3）化学反应过程中，除发生化学变化外，还发生相应的物理等变化，其中比较重要的有热量和体积的变化。

（4）许多化学反应需要在一定的温度、压力和催化剂存在等条件下才能进行。

2．化学反应的基本规律

要设计好化学反应器的控制方案，必须掌握化学反应的基本规律。现介绍几个反应工程中常用的概念。

（1）化学反应速度。单位时间单位容积内某一组分 A 生成或反应掉的摩尔数，称为化学反应速度，即

$$r_A = \pm \frac{1}{V} \frac{dn_A}{dt} \tag{9-3-3}$$

影响化学反应速度的因素很多，有反应物浓度、反应温度、压力和催化剂等。

理论和实验表明，反应物的浓度与反应速度有这样的关系：反应物浓度越高，反应速度越快。而反应温度对反应速度的影响极为复杂，大体可归结为如图 9-3-1 所示的几种情况。在固相和液相反应中，压力不影响反应速度；但对于气相反应或有气体存在的反应，压力增加时，浓度增加，所以反应速度也增加。催化剂对反应速度的影响是通过改变活化能达到的，由于活化能的改变对反应速度影响很大，所以催化剂对反应速度的影响也很大。

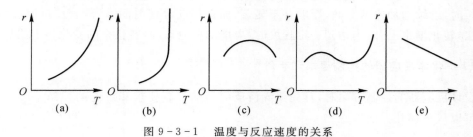

图 9-3-1　温度与反应速度的关系

（2）化学平衡。对于可逆反应，在一定温度下，当达到某一反应深度时，正逆反应速度相等，总的反应速度等于零，此时就称反应达到了化学平衡。化学平衡是一种动态平衡，也是一种极限状态。越接近平衡，总反应速度越小，所以建立平衡要相当长的时间。

影响化学平衡的主要因素有浓度、压力和温度。实验表明，增加反应物浓度或降低生成物浓度，平衡向增加生成物方向，即沿正反应方向移动；反之，增加生成物浓度或降低反应物浓度，平衡向增加反应物方向，即沿逆反应方向移动。

这一结论的实际意义是：① 在生产过程中为了充分利用原料，提高产量，可以使产物不断离开反应区，即降低生成物浓度，使平衡向正方向移动；② 在生产中为了充分利用某一反应物料，可以使另一反应物的原料过量，增加反应物浓度，促使反应沿增加生成物方向进行，保证某一反应物原料的充分反应。压力是通过改变单位体积内分子数，增加或减少分子间相互碰撞机会而影响反应的。因此，只要反应中有气体存在，压力对平衡就有影响。实验证明，增加总压力，平衡向摩尔数减少的反应方向移动。升高温度使分子运动加速，对正、逆反应都有利，但影响的程度不同。实验证明，升高反应温度，有利于放热反应，平衡沿吸热方向移动。

上述影响可归结为理查德平衡移动原理,这一原理指出:如果改变平衡状态时的条件之一,平衡被破坏,平衡向减弱这种改变的方向移动。

3. 反应的转化率、产率和收率

设有化学反应 $A + B \longrightarrow C$,其中 A 为主反应物,不过量,则定义:

$$转化率\ y = \frac{反应掉的\ A\ 物料量}{进入反应器的\ A\ 物料量} \times 100\% \qquad (9-3-4)$$

$$产率\ \phi = \frac{转化为产品\ C\ 的\ A\ 物料量}{反应掉的\ A\ 物料量} \times 100\% \qquad (9-3-5)$$

显然,如不存在副反应,则产率为 100%。

转化率与产率的乘积称为收率,即

$$收率\ \varphi = y \times \phi = \frac{转化为产品\ C\ 的\ A\ 物料量}{进入反应器的\ A\ 物料量} \times 100\% \qquad (9-3-6)$$

转化率、产率或收率是表征反应质量的重要指标,对于不存在副反应的场合,它们三者是统一的,可用任一指标来衡量反应的好坏,而对于有副反应存在的场合,则必须认真分析,根据生产的要求来选择,一般以收率高作为目标函数为好。

影响转化率、产率或收率的因素,一般有进料浓度、反应温度、压力、停留时间、催化剂和反应器类型等。通常情况下,当反应温度相同时,停留时间越长,则转化率越高。但当停留时间已经很长时,继续增加停留时间,影响并不显著,而在相同停留时间下,随着反应温度的上升,反应加快,转化率也上升,当达到一定程度时,再增加反应速度,转化率的变化将不明显。

9.3.2 化学反应器的控制要求和手段

在设计反应器的控制方案时,首先要弄清反应器的控制要求和可能的控制手段。关于控制要求可以从下述几方面考虑。

1. 控制指标

根据反应器及其在内进行的反应不同,其控制指标可以选择反应转化率、产品的质量、产量等直接指标,或与它们有关的间接工艺指标,例如温度、压力等。

2. 物料平衡和能量平衡

为了使反应器的操作能够正常进行,必须在反应器系统运行过程中保持物料与能量的平衡。例如,为了保持热量平衡,需要及时除去反应热,以防热量的积聚;为了保持物料的平衡,需要定时地排除或放空系统中的惰性物料,以保证反应的正常进行。

3. 约束条件

与其他化工单元操作设备相比,反应器操作的安全性具有更重要的意义,这样就构成了反应器控制中的一系列约束条件。例如,在不少具有催化剂的反应中,一旦温度过高或反应物中含有杂质,将导致催化剂的破损和中毒;在有些氧化反应中,反应物的配比不当会引起爆炸;流化床反应器中,流体速度过高,会将固相吹走,而流速过低,又会导致固相沉降等。因此,在设计中经常配置报警、连锁或选择性控制系统。

控制指标的选择常常是反应器控制方案设计中的一个关键问题,应按照实际情况作出选择。如有条件直接测量反应物的成分,例如,黄铁矿焙烧炉的出口二氧化硫浓度,可选择成分作为直接被控变量,或选择某种间接的参数,例如一个绝热反应器的出料与进料的温差表征了反应器的转化率,即

$$y = \frac{\gamma c_{\mathrm{p}}(\theta - \theta_{\mathrm{f}})}{x_0 H} \qquad (9-3-7)$$

当进料浓度 x_0 恒定时,$(\theta - \theta_{\mathrm{f}})$ 就与 y 成正比。这就是说,转化率 y 越高,放热量就越大,$(\theta - \theta_{\mathrm{f}})$ 也越大,因此可以取 $(\theta - \theta_{\mathrm{f}})$ 作为 y 的间接指标。最常用的间接指标是反应器的温度,但是对于具有分布参数特性的反应器,应注意所测温度的代表性。

此外,由于影响反应的因素大部分都是从外部进入反应器的,所以保证反应质量的一种最简单的方法就是尽可能将干扰排除在进入反应器之前,即将进入反应器的各个参数维持在规定的数值。这类控制系统通常有以下 4 种。

1. 反应物流量控制

保证反应器进入量的稳定,将使参加反应的物料比例和反应时间恒定,并避免由于流量变化而使反应物料带走和放出的热量的变化而引起反应温度的变化。这在转化率低、反应热较小的绝热反应器或反应器温度高、反应放热大的反应器中更显得重要。因为前者流量变化造成带走的热量变化,对反应器温度影响大;后者流量变化造成进入反应器的物料变化使反应放出的热量变化大,对反应器温度影响也大。

2. 流量比值控制

在上述物料流量控制中,如果每个进入反应器的物料都设有流量控制,则物料间的比值也得到保证。但这只能保证静态比例关系,当其中一个物料由于工艺上等原因不能进行流量控制时,就不能保证进入反应器的各个物料之间成一定的比例关系。在控制要求较高,流量变化较大的情况下,针对上述情况可采用单闭环比值控制或双闭环比值控制系统。在有些化学反应过程中,当需要两种物料的比值根据第三参数的需要不断校正时,可采用变比值控制系统。

3. 反应器入口温度控制

反应器入口温度的变化同样会影响反应。这对反应体积较小,反应放热又不大的反应影响更显著,这时需要稳定入口温度。但是对反应体积大,又是强烈放热反应,入口温度变化对反应影响较小,入口温度控制相对来说比较麻烦,常常不加控制。

4. 冷却剂或加热剂的稳定

冷却剂或加热剂的变化影响热量移走或加入的大小,因此,常需稳定其流量或压力。但冷却剂或加热剂往往作为反应温度控制的操纵变量,因此,一般对它们的流量不进行控制,有时作为与反应温度串联控制时的副变量。如果它们上游的压力变化较大,通常设置压力控制,以减少流量的变化。

9.3.3　反应器温度被控变量的选择

化学反应器的控制指标主要是反应的转化率、产率、收率、主要产品的含量和产物分布等。用这些变量直接作为被控变量,反应要求就直接得到了保证。但是,这些指标大多数是综合性指标,还无法测量。目前,在化学反应器的反应过程控制中,温度和上述这些指标关系密切,又

容易测量,因此大多用温度作为反应器控制中的被控变量。为了保证反应质量,也可把直接指标和温度两个被控变量结合起来,用成分等参数作为主变量,用温度作为副变量;或者,用成分作为监测手段,人工修正作为被控变量的温度的设定值。

必须指出,温度作为反应质量的控制指标是有一定条件的。只有在其他许多参数不变的条件下,才能正确反映反应情况。因此,在温度作为反应器控制指标时,要尽可能保证物料量等其他参数的恒定。

另外还需指出,反应器的反应温度是个总体概念。具体选取哪一点的温度能够反映整个反应器情况,把它作为被控变量,需要很好的斟酌。一般来说,对于间歇搅拌反应釜、连续搅拌反应釜、流化床、鼓泡床等内部具有强烈混合的反应器,反应器内温度分布比较均匀,检测点位置变化的关系不大,都能代表反应釜的温度。对于其他连续生产的反应器(例如固定床、管式反应器),反应情况好坏,并不取决于反应器内某一点的温度,而是取决于整个反应器的温度分布情况。只有在一定的温度分布情况下,反应器才处于最佳的反应状态。因此,如何选择一些比较关键的点,使它能反映整个反应情况,或者能够反映反应器的温度分布情况,是反应器温度控制的一个关键。对于这一类反应器,温度检测点大致有反应器的进口、出口、反应器内部和反应器进出口温差四种。下面对这四种情况作一说明。

1. 以出口温度作为被控变量

在反应变化不大的情况下,出口温度在一定程度上反映了转化率。但是,当出口温度发生变化时,通过控制回路调节,由于控制滞后,不合格的产品已经离开反应器,而且,反应器出口温度一般并不是最高的,当反应变化较大时,难以避免反应器内局部温度急剧升高,造成催化剂受损。对反应在出口处已经趋向平衡的反应器,出口温度就不能灵敏地反映反应的最终情况。因此,直接用出口温度作为被控变量是不多见的。

2. 以反应器内热点作为被控变量

热点即为反应器内温度最高的一点。这点温度得到控制,可防止催化剂的破坏。但是,热点往往随着催化剂的使用时间增加而移动。图 9-3-2 所示为实例之一,随着使用时间的增加,热点逐渐向床层内部移动。用热点作为被控变量时,应该对反应器多取几个测量点,以确定热点的位置。同时,随着热点的转移,检测点位置也应该跟着转移。热点往往对干扰不够敏感,因此,在控制上常与对干扰敏感的敏点串联,构成串级控制回路。敏点位置一般在热点之前,它也会转移,要用实测决定它的所在位置。当敏点和热点的距离较近时,则串级失去了意义。对于固定床或管式反应器,在许多场合,两点的位置是较接近的。

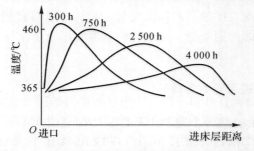

图 9-3-2 反应器热点与催化剂使用时间的关系

3. 以进口温度作为被控变量

反应温度变化是由热量不平衡所引起的。对具体反应器、催化剂稳定情况下,这个不平衡就是由散热情况和进入反应器的物料状态变化所引起的。当反应比较复杂,难以测定反应的变化时,可以设想,不管反应器里面进行怎样的化学反应,只要控制好进入反应器的物料状态和冷却情况,以后反应的结果大体上就有了保障。在进料的组分变化不大、流量有了自动控制系统以后,反应物料的入口温度就基本上决定了反应的结果。因此,可以用进口温度作为被控变量,控制好反应器的反应。

这种控制方式,通常在反应热还比较小的时候还可以,而当反应热比较大,其他参数又有较大变化时,它仅仅是控制反应前情况,不能反映反应过程及终了的情况。因此,在实际中仅仅用入口温度的自动控制作为反应器的质量控制是很少的。

4. 以温差作为被控变量

如果反应是绝热的,则由热量衡算式可知,转化率和进口温差成正比。用温差作为被控变量反映转化率,可以排除进料流量和温度引起反应温度变化而影响转化率,它比用反应温度衡量转化率更精确些。但是,它使用的条件必须是绝热反应。而且,温差控制并不能保证反应器本身温度的恒定。温差恒定,反应器温度可以变动,从而影响到反应速度等其他因素,使反应不一定处于合适的状态。同时,一般情况下,温差控制的稳定性比较差,不易控制。只有在工况比较稳定的情况下,温差控制才能较正常运行。

9.3.4　以温度作为控制指标的控制方案

1. 单回路控制系统

图 9-3-3 和图 9-3-4 所示为两个单回路温度控制系统,反应热量由冷剂带走。

图 9-3-3 的控制方案是通过冷剂的流量变化来稳定反应温度。冷剂流量相对较小,釜温与冷剂温度差较大,当内部温度不均匀时,易造成局部过热或过冷。

图 9-3-4 的控制方案是通过冷剂的温度变化来保持反应温度不变。冷剂是强制循环式,流量大,传热效果好,但釜温与冷剂温度差较小。

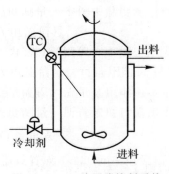

图 9-3-3　单回路控制系统

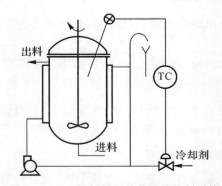

图 9-3-4　强制循环的单回路控制系统

除了控制出口温度外,也可以通过控制进料温度来维持反应器温度的稳定,图 9-3-5 所示即为控制反应物进料温度的一个例子。在该流程中,为了尽可能回收热量,采用进口物料与出口物料进行热交换，以提高进料温度。对于这种流程，如果对进口温度不进行控制，则在过程中存在着正反馈作用。当出现干扰使反应温度上升，经过热交换后，使进料温度升高，从而促使反应温度的进一步升高，由此形成恶性循环，造成严重的后果。为此，常与进口温度的自动控制系统相配合，以切断这个正反馈通道。

2. 串级控制系统

上述的简单温度控制系统常用载热体作为控制手段，其滞后时间较大，对温度控制质量有较大影响，有时满足不了工艺要求。为此可以采用串级控制方案，例如对于釜式反应器，可以采用反应温度对载热体流量的串级控制，反应温度对载热体阀后压力的串级控制，反应温度对夹套温度的串级控制等，到底采用哪种方案，应视扰动情况而定。

图9-3-6所示为稀硝酸生产过程中，氧化炉温度对氨空比的串级控制系统。氨氧化炉是将氨气与空气中的氧气在高温、催化剂条件下进行反应，反应极为迅速，且是一个强烈的放热反应，其反应式为

$$4NH_3+5O_2 \longrightarrow 4NO+6H_2O+Q$$

工艺要求氧化率在97%以上，但转化率无法测量，通常以氧化炉反应温度作为间接指标来进行控制，以满足工艺要求。影响氧化炉反应温度的扰动因素有氨气总管压力（决定了氨气流量）、温度、空气流量、温度及催化剂活性等，而这些扰动因素中，氨气流量与空气流量的比值（即氨空比）对反应温度的影响最大。如果采用氧化炉温度为被控变量，氨气流量为操纵变量的简单控制系统，则由于控制通道滞后较大，当扰动稍大时，反应温度最大偏差就达10℃。为此采用如图9-3-6所示的串级控制系统，以克服扰动的影响，满足了工艺生产的要求。

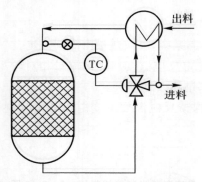

图9-3-5　以进料温度为被控变量

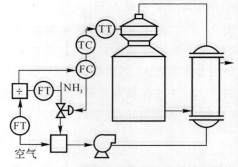

图9-3-6　氨氧化炉温度的串级控制系统

3. 前馈控制系统

若生产负荷（进料流量）变化较大时，可以采用以进料流量为前馈信号的前馈-反馈控制系统来提高控制质量，如图9-3-7所示。

4. 分程控制系统

在间歇操作的釜式反应器中进行的放热反应，开始时由于物料温度很低，需要加热升温至一定温度才能开始反应，待聚合反应进行后，又需要把反应产生的热量移走以保持反应器内的温度。为此有必要同时连接冷热两种载体，此时可采用分程控制，如图9-3-8所示，即用一个调节器的输出控制两个阀门。

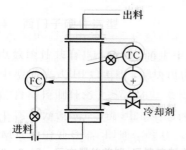

图 9-3-7　反应器的前馈-反馈控制方案

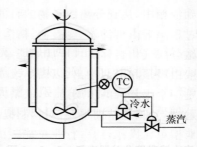

图 9-3-8　反应器的分程控制方案

5. 分段控制系统

分段控制的原理如图 9-3-9 所示,它是根据工艺要求将每段温度控制在相应的温度上,多用于以下两种情况。

(1)使反应沿最佳温度分布曲线进行。对于可逆放热反应,要使其反应历程总体速度快,就应按最佳轨迹操作,即沿最佳温度、最佳转化率轨线(见图 9-3-10 中虚线部分)进行。在实际操作中,为实现这个目的,常采用温度分段控制的方法。例如,在丙烯腈生产中,丙烯进行氨氧化的沸腾床反应器就常常采用分段控制。

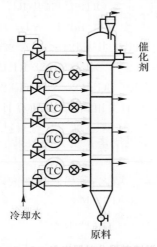

图 9-3-9　反应器的分段控制原理图

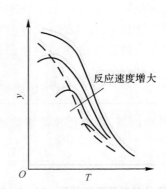

图 9-3-10　最佳温度最佳转化率曲线

(2)在有些反应中,反应物料存在着温度稍高就会局部过热,造成分解、暴聚等现象。如果反应为强放热反应,热量移去不及时或不均匀,这种现象更易发生。为避免这种情况,也常用分段控制。

9.4　精馏塔的控制

9.4.1　概述

精馏是石油化工等行业中广泛应用的一种传质过程,根据混合物各组分在同一温度下蒸汽分压的不同,即挥发度的不同,由精馏过程可以使液相中的轻组分转移到气相,气相中的重组分转移到液相中,达到分离混合物的目的。

精馏过程一般由再沸器、冷凝器、精馏塔、回流罐和回流泵等设备组成。再沸器位于塔底,为液相轻组分向气相转移提供所需的能量,冷凝器将上升的蒸汽冷凝,并提供回流。精馏过程的产品一般由塔顶和塔底馏出,以馏出液中轻组分的纯度为质量指标。

精馏是一个很复杂的传质过程,从精馏塔来看,它是一个多输入多输出的过程,机理复杂,动态响应迟缓,且工艺差别很大,对控制提出了很高的要求,且精馏过程是整个石化行业中耗能最大的典型单元操作,约占行业总能耗的 40% 左右,所以精馏塔的控制效果对提高塔效率和节约能源有重大意义。

9.4.2　精馏塔的基本关系

精馏过程的顺利进行建立在物料平衡和能量平衡基础之上,而扰动也是通过这两个平衡关系进行作用的。下述以二元简单精馏为例,介绍其基本关系:

物料平衡:

$$\frac{D}{F} = \frac{z_f - x_B}{x_D - x_B} \tag{9-4-1}$$

式中,F, D, B—— 进料、顶馏出液和底馏出液流量;

z_f, x_D, x_B—— 进料、顶馏出液和底馏出液中轻组分含量。

$\frac{D}{F}$ 增大,x_D 减小,x_B 减小。

能量平衡:

$$\frac{V}{F} = \beta \ln s \tag{9-4-2}$$

式中,分离度 $s = \frac{x_D(1 - x_B)}{x_B(1 - x_D)}$,$s$ 增大,x_D 增大,x_B 减小。说明塔系统分离效果增大 β 为塔特性因子,V 为上升蒸汽量,是由再沸器施加热量来提高的。$\frac{V}{F}$ 增大,分离效果增大,能耗增大。对于一个既定的塔,进料组分一定,$\frac{D}{F}$ 和 $\frac{V}{F}$ 一定,x_D、x_B 完全确定。

9.4.3　精馏塔的控制要求及干扰因素

精馏塔的控制目标就是要在保证产品质量的前提下,使塔的总成本最小,总收益最大。基于此,具体设计控制系统时可以从以下四方面来考虑。

1. 产品质量控制

精馏塔的质量指标指塔顶或塔底产品的纯度(即组分浓度)。一般,塔顶或塔底中一端产品满足一定纯度,而另一端产品纯度在规定范围之内,也可以两端产品都满足一定纯度,二元精馏就是这种情况。通常,产品浓度要求只需与使用相应即可,如果过高,对控制系统的偏离度要求就高,增大操作成本。

2. 物料平衡控制

目标是控制回流罐和塔釜液位一定,维持物料平衡,保证精馏塔的正常平稳操作。

3. 能量平衡控制

精馏过程的能源消耗是多方面的,除了再沸器、冷凝器外,塔身、附属设备及管线都会有热量消耗。能量平衡控制的目标是在维持塔内操作压力一定的条件下,使输入、输出能量处于平衡。

4. 约束条件控制

精馏过程的进行是在一定的约束条件下进行的,通常有下列一些约束条件:最大气相速度限、最小气相速度限、操作压力限和临界温度限。

最大气相速度限指精馏塔上升蒸汽速度超过一定值,就会造成雾沫夹带,出现液泛现象,也称为液泛限;如果上升蒸汽速度低于一定值时,就托不起上层液相,造成漏液,这就是最小气相速度限,又称为漏液限;操作压力指精馏塔都有一定的操作压力,如果超过该值,就会影响两相平衡,并且对塔的安全造成威胁。

精馏塔的干扰因素主要来自进料状态,即进料流量 F、进料成分 z_f、进料温度 T_f。另外,再沸器的加热蒸汽压力、冷凝器冷却水压力和温度以及外界环境温度都会对精馏过程产生干扰,在具体设计控制系统时,能对这些扰动因素加以控制,对精馏过程的正常运行极为有利。

9.6.4　被控变量的选择

精馏塔的控制目标是控制塔底、塔顶产品的组分浓度,即以 x_B,x_D 为质量指标。通常,有两类质量指标的选取方法:直接质量指标和间接质量指标。直接质量指标就是直接以产品的组分浓度为被控变量。从控制目标来看,直接以产品成分为被控变量应该是最为理想的,但在实际应用中,由于检测成分信号的成分分析仪表可靠性差、测量滞后大、价格昂贵等情况而较少采用,所以一般采用的是间接质量指标,通常以温度为被控变量。对于二元精馏塔来说,在塔的操作压力一定的条件下,温度与成分之间成一一对应关系,即使对于多元精馏来说,由于石化精馏产品多为碳氢化合物,所以在塔压一定时,温度与成分之间亦有近似对应关系,误差较小,所以采用温度作为被控变量是可行的。

精馏塔的温度控制根据温度检测点位置不同,可以分为精馏段温度控制、提馏段温度控制和中温控制 3 种情况。精馏段温度控制指为了保证塔顶产品的质量,而将温度检测点放在离塔顶较近的塔板上;提馏段温度控制与精馏段类似,将测量温度的检测点放在离塔底较近的塔板处;所谓中温控制,就是指把温度检测点放在加料板附近的塔板上,这样可以及时发现操作线左右移动的情况,并可兼顾塔顶、塔底的组分变化。实际上,采用精馏段温控和提馏段温控时,由于塔顶或塔底附近的塔板相互之间的温差很小,不能及时反映产品质量的变化,所以一般将温度检测点放在精馏段或提馏段的灵敏板上。

所谓灵敏板,就是指塔受到干扰或控制作用时,温度变化最大的塔板。灵敏板的位置可以先通过逐板计算得到它的大致位置,然后在这个大致位置的塔板附近布多个检测点,最终确定灵敏的位置。

上述实施温度控制时,假设精馏塔的操作压力是一定的。在一般的场合下,塔压的微小变化对产品质量不会有太大的影响,但在一些要求较高的精馏过程中,塔压的微小变化将使产品组分浓度发生很大的波动,这种情况下,应考虑采用具有压力补偿的温度控制系统,常用的方法有:温差控制、双温差控制和计算控制。

1. 温差控制

以保持塔顶或塔底产品的纯度不变为前提。当塔压发生波动时,塔板上的温度会有所变化,但变化方向是一致的,大小也基本一致,因此,温差变化非常小。通常选择塔顶附近或塔底附近塔板的温度为基准温度,另一端检测点选择相应精馏段或提馏段的灵敏板,以此温度差 ΔT 为被控变量,则压力波动的影响几乎可以相互抵消。

2. 双温差控制

实施温差控制时,温差设定值必须合理,如果过大,会使温差和成分成非单值函数关系,影响操作。为此,可以考虑采用双温差控制,即将分别在精馏段、提馏段上采到的温差信号相减,并以此差值为被控变量。

3. 计算控制

也称直接压力补偿,可以根据下式求得,即

$$T = T_0 - \Delta T = T_0 - K(p - p_0) \qquad (9-4-3)$$

式中, p —— 塔压测量值;

p_0 —— 额定值;

K —— 常数;

T_0 —— 额定温度设定值。

应该注意,这种补偿方法只适用于小范围压力波动。

9.4.5 精馏塔的控制

在精馏塔的控制过程中,经常采用复杂控制系统如前馈、串级、均匀、比值及选择性控制系统,这里只讨论基本的控制系统。

精馏塔有多个被控变量和操纵变量,合理的将这些变量配对,并依此设计控制系统有利于精馏塔的平稳操作和塔效率的提高。根据欣斯基(Shinsky)关于精馏塔控制的三条准则 —— 当仅需要控制塔一端的产品时,选用物料平衡控制方式;塔两端产品流量较小时,应作为操纵变量去控制两端产品质量;若当两端都进行质量控制时,杂质较多的一端采用物料平衡控制,杂质较少的一端采用能量平衡控制。精馏塔常见的基本控制方案如图 $9-4-1$ 所示。

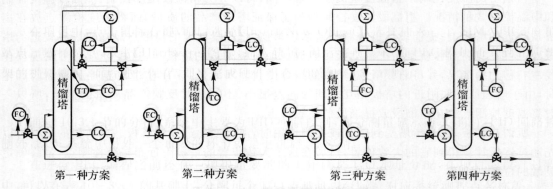

图 $9-4-1$ 精馏塔基本控制方案

(1)第一种方案:也称为精馏段直接物料平衡控制。该方案的被控变量是精馏段的温度,操纵变量为塔顶馏出液 D,加热蒸汽量 Q 不变。优点是物料和能量平衡之间的关联最小,内回流受环境温度影响小,有利于精馏塔的平稳操作,另外,由于操纵变量是 D,所以若产品不合格则可以马上停止出料。但缺点是控制回路滞后大,改变 D,不能直接影响温度,还必须通过回流罐内液位变化,影响回流量,才能间接影响到精馏段温度,动态响应缓慢,尤其是如果回流罐容积很大,则滞后更大。因此,这种方式的控制系统适用于馏出液 D 很小(回流比大),回流罐容积适中的精馏塔。

(2)第二种方案:也称为精馏段间接物料平衡控制。该方案与第一种方案一样,被控变量也是精馏段温度,但操纵变量是回流量 L,加热蒸汽量 Q 恒定。该方案优点和缺点刚好和第一种方案相反,它动态响应快,温度稍有变化,即可通过调节回流量加以控制,能够很好的克服扰动,但是物料与能量平衡之间的关联较大,不利于精馏塔平稳操作,并且内回流量受环境温度变化影响大,这个方案一般用在回流比 $L/D < 0.8$,并且要求滞后小的场合,是最为常用的方案。

(3)第三种方案:即提馏段直接物料平衡控制。该方案以提馏段温度为被控变量,塔底馏出液 B 为操纵变量,回流量一定。物料和能量平衡关系关联较小,当 B 较小时,操作平稳,产品不合格不出料,但是控制回路滞后大,动态响应差。适用于 B 很小且 $B < 0.2\,V$ 的场合。

(4)第四种方案:提馏段间接物料平衡控制。被控变量是提馏段温度,加热蒸汽量 Q 为操纵变量,对回流量采用定值控制。这种控制系统,滞后小,反应迅速,利于迅速克服进入提馏段的干扰,保证产品质量。缺点就是关联较大。适用于 $V/F < 2.0$ 的场合。

综上所述,精馏塔控制方案采用温度作为被控变量,是以塔压恒定为前提条件的,当精馏塔操作压力发生波动时,就必须对其控制。塔压控制一般有常压塔、减压塔和加压塔压力控制 3 种类型,其中加压精馏塔压力控制有可分为以下 4 种情况:①液相出料,馏出物含微量不凝物;②液相出料,馏出含少量不凝物;③液相出料,馏出物含大量不凝物;④气相出料。限于篇幅,此处不再详述,请参阅相关文献资料。

9.5　思考题与习题

9-1　离心式压缩机防喘振的控制方案有什么特点?

9-2　为什么选择控制参数时要从分析过程特性入手? 怎样选择一个可控性良好的量作为控制参数?

9-3　化学反应器对自动控制有什么基本要求?

9-4　为什么大多数反应器的主要被控量都是温度?

9-5　生产过程一般对换热器控制系统有什么要求?

第 10 章 过程控制系统设计

10.1 计算机控制系统的设计与实现

计算机控制系统的设计是一项技术性和实践性都很强的工作。它涉及计算机硬件、软件、自动控制、检测技术及仪表、强电路与弱电路、被控对象的工艺知识等多个专业领域的知识。计算机控制系统的设计过程常常需要多个专业协同工作。一个控制系统设计的最终目的是要使控制系统能达到良好的控制效果、稳定运行,因此不仅要考虑电气线路的设计,而且要考虑其他实际因素的影响,如抗干扰、防尘、降温等措施,否则可能达不到预期的控制效果。

10.1.1 计算机控制系统的设计原则

对于不同的被控对象,计算机控制系统设计的具体要求是不同的。但设计的一些基本要求是大体相同的。

1. 系统操作性能好

主要包含两方面的含义,即使用方便和维修方便。在计算机控制系统的硬件和软件设计时都必须重视这个问题。在配置软件时,要考虑配置什么样的软件才能降低对操作人员的专业知识要求,便于学习和掌握;在配置硬件时,应该考虑使系统的控制开关不能太多、太复杂,且要使操作顺序尽可能简单。

系统一旦发生故障,应该易于排除,维修工作量尽量少。从软件角度来说,最好要配置故障检测与诊断程序,以便在故障发生时用程序来查找故障部位,从而缩短排除故障时间。在硬件方面,零部件的配置应便于操作人员维修更换。

2. 可靠性高

可靠性是系统设计最重要的一个要求。这是因为,一旦系统出现故障,将可能造成整个生产过程的混乱,引起严重的后果。特别是对 CPU 的可靠性要求更高。

因此,在系统设计时,应选用高性能的工控机,以保证在恶劣环境下仍能正常工作;控制方案、软件设计要可靠;并设计各种安全保护措施,如各种报警、事故预测与处理对策等。

为了防止计算机故障带来的危害,一般配备常规控制装置作为后备装置。一旦计算机控制系统出现故障,后备装置就投入运行,以维持生产过程的正常运行。对于一般系统也可采用手动操作器作为后备。对于较大型的系统,则应注意功能分散。

3. 通用性好,便于扩充

一台以微型计算机为核心的控制装置,一般可以控制多个设备和不同的过程参数。但各个设备和被控对象的要求是不同的,而且设备还要更新,被控对象可能增减。在系统设计时应考虑在一定范围内适应各种不同设备和各种不同被控对象,使控制装置不必大改动就很快能适应新情况。这就要求系统的通用性要尽可能好,能灵活地进行功能扩充。

要达到这样的高要求,必须使系统设计标准化,并尽可能采用通用的系统总线结构(如工控机的 STD 总线等),以便在需要扩充时,只要增加插件板就能实现。

在系统设计时,各设计指标要留有一定的余量,这是扩充功能的一个条件。如工控机的处理速度、内存容量、输入输出通道数以及电源功率等均应留有余量。

4. 实时性强

表现在时间驱动和事件驱动能力上。要能对生产过程进行实时的检测与控制。因此,需配备实时操作系统、过程中断系统等。

5. 设计周期短、价格便宜

由于计算机技术日新月异,各种新技术新产品不断涌现。在满足精度、速度和其他性能要求的前提下,应该缩短设计周期和尽量采用价格低的元器件,以降低整个控制系统的投资,提高投入产出比。

10.1.2　计算机控制系统设计的一般步骤

在进行计算机控制系统设计之前,设计人员应首先估计引入计算机控制的必要性。应在成本、可靠性、可维护性、对系统性能的改善程度及应用微机控制前后的经济效益比较等方面综合考虑的基础上作出决定。

计算机控制系统的设计,尽管随被控对象、设备种类、控制方式等的变化而不同,但系统设计的基本步骤大体类似,一般包括系统设计分析、确定控制算法、系统总体设计、硬件设计、软件设计以及系统调试等。

1. 确定系统整体控制方案

设计一个性能优良的控制系统,首先要对被控对象作深入调查。通过对被控对象的深入分析以及工作过程、环境的熟悉,才能确定系统的控制任务和要求,构思出切实可行的控制系统整体控制方案。系统总体设计方案主要包含以下内容。

(1)确定控制方案。根据系统要求,考虑采用开环控制还是闭环控制。当采用闭环控制时,还需要进一步确定是单环还是多环,系统是采用 DDC 还是 SCC,或集散型控制等。

(2)确定系统的构成方式。对于小型系统,系统的构成方式应优先选用工控机来构成系统的方式。工控机具有系列化、模块化、标准化和开放式系统结构,有利于系统设计者在设计时根据需要任意选择,像搭积木一样地组建系统。这种方式可提高系统研制和开发的速度,提高系统的技术水平和性能,增加可靠性。若要求低时,可选用单回路控制器、低档 PLC 或总线式工控机(单机)来构成。

对于系统规模较大、自动化要求水平高,甚至集控制与管理为一体的系统,可选用 DCS、高档 PLC、或其他工控网络构成。

(3)现场设备选择。主要是选用传感器、变送器和执行机构的型号及类型。传感器的选择一定要满足系统检测和控制精度的要求。执行机构则应根据具体情况择优选定。

此外,应考虑系统的特殊控制要求并采取措施满足之。

通过整体方案的考虑,画出系统组成的粗框图,并用控制流程框图描述控制过程和控制任务。通过对方案的合理性、经济性、可靠性和可行性的论证,写出系统设计任务书,作为整个控制系统设计的依据。

2. 确定控制算法

控制算法的好坏直接影响控制系统的品质,甚至决定整个系统的成败。而控制算法的选择与系统的数学模型有关。在确定系统的数学模型后,便可以确定相应的控制算法。由于控制对象的多样性,相应的控制模型也各异,所以控制算法也多种多样。在选择控制算法时,应注意以下几点。

(1)所选择的控制算法是否能满足对系统的动态过程、稳态精度和稳定性的要求。

(2)各种控制算法提供了一套通用的计算公式,但具体到一个控制对象上,必须有分析地选用。甚至需要进行修改和补充。如对一个控制对象选用了 PID 控制算法,但由于受执行器件物理性能的限制,在某些情况下按这一算法计算出的控制作用得不到充分执行,从而出现了积分饱和,使动态品质变差。这时就需要采取适当的改进措施,以达到满足系统性能要求的目的。

(3)当控制系统比较复杂时,其控制算法一般也比较复杂,使整个控制系统的实现比较困难。为了设计、调试方便,可将控制算法先作某些合理的简化,先忽略某些因素的影响(如非线性、小延迟、小惯性等),在取得初步成果后,再逐步将控制算法完善,直到获得满意的控制效果。

对一个控制对象,往往可以采用不同的控制算法达到预期的控制效果。可以通过数字仿真或实验进行分析对比,选择最佳的控制算法。

3. 系统硬、软件的设计

在计算机控制系统中,一些控制功能既能用硬件实现,也能用软件实现。因此在系统设计时,硬、软件的功能划分应综合考虑。硬件速度快、可减轻主机的负担,但要增加成本;软件可以增加控制的灵活性,减少成本,但要占用更多的主机时间。在具体选用时,应综合考虑实时性和系统的性能价格比作出合理决定。在划分了硬件和软件的功能后,就可以分别进行设计。

(1)硬件设计。主要包括输入、输出接口电路的设计,输入、输出通道设计和操作控制台的设计。系统的硬件设计阶段要设计出硬件原理图,并根据原理图选购元件或模板,还要设计出印刷电路板、机架施工图等。用工控机来组建系统的方法能使系统硬件设计的工作量减到最小。

(2)软件设计。在计算机控制系统设计中,软件设计具有重要地位。对同一个硬件系统而言,设计不同的软件,可以得到不同的系统功能。在硬件选定以后,系统功能主要依赖于软件的功能。在软件设计中,要绘制程序总体流程图和各功能模块流程图,编制程序清单,编写程序说明。

4. 系统调试

系统调试包括系统硬件、软件分调与联调,系统模拟调试和现场投运。调试过程往往是先分调、再联调,有问题再回到分调,加以修改后再联调,反复进行,直到满足设计要求为止。

所谓模拟调试,就是在实验室模拟被控对象和运行现场,进行长时间的运行试验和特殊条件(如高/低温、振动、干扰等)试验。其目的在于全面检查系统的硬软件功能、系统的环境适应能力和可靠性等。控制对象可以用物理装置或电子装置来模拟。

模拟调试通过后,便可以进行现场投运调试。

10.2　单回路控制系统的应用

在现代工业生产装置自动化过程中,即使在计算机控制获得迅速发展的今天,单回路控制系统仍在非常广泛地应用。据统计,在一个年产 30 万吨合成氨的现代化大型装置中,约有 85％的控制系统是单回路控制系统。因此,掌握单回路控制系统的设计原则应用对于实现过程装置的自动化具有十分重要的意义。

单回路控制系统具有结构简单,投资少,易于调整,投运,又能满足一般生产过程的工艺要求。单回路控制系统一般由被控过程 $W_o(s)$、测量变送器 $W_m(s)$、调节器 $W_c(s)$ 和调节阀 $W_v(s)$ 等环节组成,图 10-2-1 所示为用拉氏变换表示的单回路控制系统的基本结构框图。下面通过一个工程设计实例说明单回路控制系统的应用,来达到举一反三之目的。

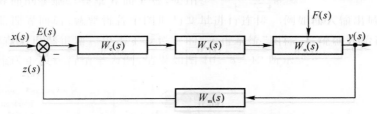

图 10-2-1　单回路控制系统基本结构框图

10.2.1　生产工艺简况

图 10-2-2 所示为某牛奶类乳化物干燥过程中的喷雾式干燥工艺设备。由于乳化物属于胶体物质,激烈搅拌易固化,不能用泵输送。故采用高位槽的办法,即浓缩的乳液由高位槽流经过滤器 A 或 B(两个交换使用,保证连续操作),除去凝结块等杂物,再通过干燥器顶部从喷嘴喷出。空气由鼓风机送至换热器(用蒸汽间接加热),热空气与鼓风机直接来的空气混合后,经过风管进入干燥器,从而蒸发出乳液中的水分,形成奶粉,并随湿空气一起输出,再进行分离。生产工艺对干燥后的产品质量要求很高,水分含量不能波动太大,因而对干燥的温度要求严格控制。试验证明,若温度波动小于±2℃,则产品符合质量要求。

10.2.2　系统设计

1. 被控参数与控制参数的选择

(1)被控参数选择。根据上述生产工艺情况,产品质量(水分含量)与干燥温度密切相关。若测量水分的仪表精度不够高,可采用对间接参数温度的测量,因为水分与温度一一对应。因此必须控制温度在一定值上,故选用干燥器的温度为被控参数。

(2)控制参数选择。若知道被控过程的数学模型,则可以选取可控性良好的参量作为控制参数。在未掌握过程的数学模型情况下,仅以图 10-2-2 所示装置进行分析。影响干燥器温度的因素有乳液流量 $f_1(t)$、旁路空气流量 $f_2(t)$、加热蒸汽量 $f_3(t)$。选取其中任一变量作为控制参数,均可构成温度控制系统。图中用调节阀位置代表 3 种控制方案,其框图分别如图 10-2-3、图 10-2-4 和图 10-2-5 所示。

按照图 10-2-3 分析可知,乳液直接进入干燥器,滞后最小,对于干燥温度的校正作用最灵敏,而且干扰进入位置最靠近调节阀 1,似乎控制方案最佳。但是,乳液流量即为生产负荷,

一般要求能保证产量稳定。若作为控制参数,则在工艺上不合理。因此不宜选乳液流量为控制参数,该控制方案不能成立。

再对图 10-2-4 进行分析,可以发现,调节旁路空气流量与热风量混合后,再经过较长的风管进入干燥器。与图 10-2-3 所示方案相比,由于混合空气传输管道长,存在管道传输滞后,故控制通道时间滞后较大,对于干燥温度校正作用的灵敏度要差一些。若按照图 10-2-5 所示调节换热器的蒸汽流量,以改变空气的温度,则由于换热器通常为一双容过程,时间常数较大,控制通道的滞后最大,对干燥温度的校正作用灵敏度最差。显然,选择旁路空气量作为控制参数的方案最佳。

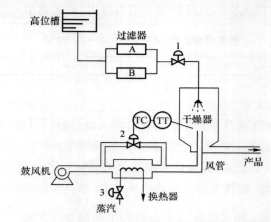

图 10-2-2　牛奶的干燥过程流程图

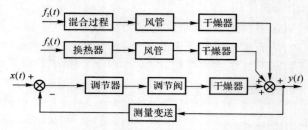

图 10-2-3　乳液流量为控制参数时的系统框图

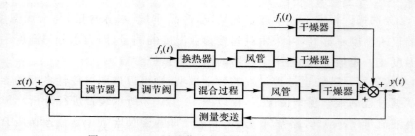

图 10-2-4　风量作为控制参数时的系统框图

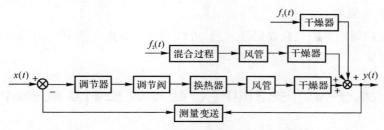

图 10 - 2 - 5　蒸汽流量作为控制参数时的系统框图

2. 过程检测控制仪表的选用

根据生产工艺和用户的要求,选用电动单元组合仪表(DDZ-Ⅲ型)。

(1)测温元件及变送器。被控温度在 500℃ 以下,选用铂热电阻温度计。为了提高检测精度,应用三线制接法,并配用 DDZ-Ⅲ 型热电阻温度变送器。

(2)调节阀。根据生产工艺安全原则及被控介质特点,选用气关形式的调节阀;根据过程特性与控制要求选用对数流量特性的调节阀;根据被控介质流量选择调节阀公称直径和阀芯直径的具体尺寸。

(3)调节器。根据过程特性与工艺要求,可选用 PI 或 PID 控制规律;根据构成系统负反馈的原则,确定调节器正、反作用方向。

由于本例中选用调节阀为气关式,则调节阀的放大系数 K_v 为负。对于过程放大系数 K_o,当过程输入空气量增加时,其输出(水分散发)亦增加,故 K_o 为正。一般测量变送器的放大系数 K_m 为正。为了使系统中各环节静态放大系数极性乘积为正,则调节器的放大系数 K_c 取负,即选用正作用调节器。

3. 画出温度控制流程图及其控制系统方框图

温度控制流程图及其控制系统方框图如图 10 - 2 - 6 所示。

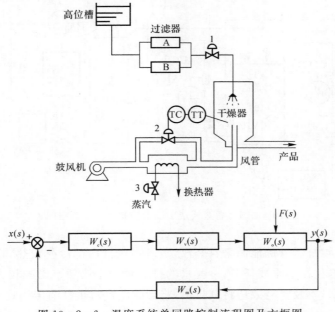

图 10 - 2 - 6　温度系统单回路控制流程图及方框图

4. 调节器参数整定

为了使温度控制系统能运行在最佳状态,可以按照调节器工程整定方法中的任一种进行调节器参数的整定。

10.3 基于西门子300PLC的过程控制系统设计实例

长网纸机工艺流程通常由备浆流送、网部、压榨部、干燥部、压光部、卷取部等工段组成;造纸机控制系统由传动控制系统、质量控制系统(Quality Control System 简称 QCS),DCS 系统等组成。后续内容仅对长网纸机备浆流送、干燥部 DCS 系统设计举例说明。

10.3.1 控制方案设计

1. 控制方案分析

(1)备浆流送工段。备浆流送环节的主要作用是在浆料上网前把浆料的稀释到指定浓度并将其喷放上网。备浆流送环节对于纸页的定量和水分具有极大的影响,一旦浆料被喷放上网,纸页的物理性能就难以改变,因此备浆流送环节的控制显得尤为重要。整个流送工段主要控制要求为控制各个浆池的液位、浆料的浓度、流量及流浆箱的压力和液位定值控制。备浆流送工段带控制点工艺流程图如图 10-3-1 所示。

图 10-3-1 所示共有液位控制回路 5 个,浓度控制回路 2 个,流量控制回路 1 个,压力控制回路 1 个,以保证浆料稀释到指定浓度,以及浆料均匀的喷放到成型网上。

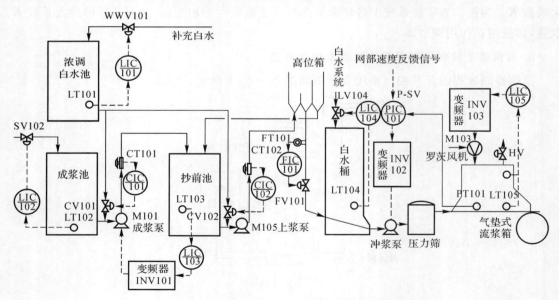

图 10-3-1 备浆流送工段带控制点工艺流程图

(2)干燥工段。烘缸干燥的能源来自蒸汽,蒸汽在烘缸内部冷凝放热,将蒸汽送入烘缸并冷凝水排出是干燥部控制的重要任务,冷凝水的排除对于干燥效率影响较大。如烘缸内部蒸汽冷凝形成冷凝水层,不及时有效地将其排出,将影响蒸汽对烘缸的传热效率和烘缸的传动负荷,增加蒸汽和电能消耗。排除冷凝水的装置一般是虹吸管,为将冷凝水顺利排出,需要虹吸管两端有一定的压差,对于差压的控制是高效排出冷凝水必不可少的要求之一。此例中共有9 个烘缸,其中 1~4 号烘缸作为低温段;5,6 号烘缸作为中温段;7,8 号烘缸作为高温段。9 号烘缸作为冷缸,通入流动的冷却水。干燥部带控制点工艺流程图如 10-3-2 所示。

在该工段中有 6 个压力控制回路,分别控制烘缸进汽管的总压和的烘缸压力;差压控制回路 3 个,调节烘缸内压力;液位控制回路 3 个,控制闪蒸罐和冷凝水贮罐中的液位。

2. 目标和任务估计

(1)备浆流送工段。

1)调浓白水池和成浆池液位控制。控制方法是通过设置白水池、成浆池的液位来控制阀的开关,液位检测值超过设定值后关闭进浆或进水阀门,液位检测值低于设定值后开启进浆或进水阀门,通过这种方式可将白水池、成浆池的液位控制在设定值。

2)抄前池液位控制。纸浆从成浆池打入抄前池的过程中应对抄前池的液位进行控制。控制方法是运用闭环控制回路方法进行调节。在抄前池中安装液位变送器,将液位检测值与设定值相比较产生控制作用,作用于变频器来控制成浆泵的转速进而控制浆料的泵送量,使抄前池中的液位保持在定值上,实现连续送浆。

3)浆料浓度控制。上浆流量和上浆浓度乘积决定纸页定量,浆料浓度是决定纸幅定量非常重要的因素之一。在本次设计中,浓度控制经两次浓度调节。纸浆在成浆池出口首先要进行第一级浓调,经浓度传感器检测浓度实际值,运用闭环控制回路控制算法调节电动阀开度,通过调节白水管中白水加入量来进行浓度控制;纸浆在抄前池出口处要进行第二级调浓,控制方法与第一级调浓相同,通过控制白水管白水加入量来控制浆料浓度。

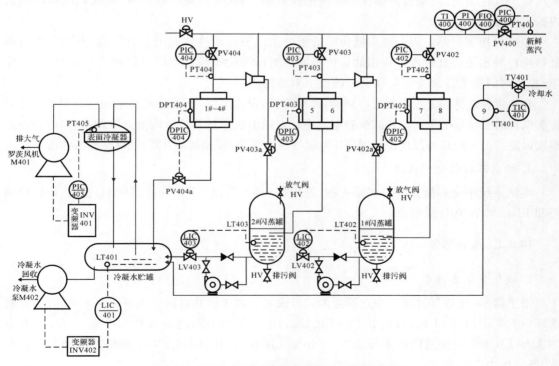

图 10-3-2 干燥部工段带控制点工艺流程图

4)流量控制。纸浆从高位箱流出进入白水桶,在高位箱下管段中进行流量的控制。影响流量检测值波动的因素众多,主要是纸浆的性质和高位箱上液位波动,本次设计中采用具有溢流装置的高位箱,来保证流浆箱的液位始终保持在稳定的高度,减少由于高位箱液位波动所造成的影响。流量控制采用闭环控制回路,通过流量传感器检测出流量实际值并与设定值相比较,经控制器控制阀门开度来控制纸浆流量。

5)白水桶液位控制。白水桶是备浆流送部最后一个用来调节浆料浓度的环节。浆料自高位箱流出进入白水桶,在白水桶中进一步稀释。由于不同液位会产生不同的压差作用,对于浓度调节产生不同的影响,所调浓度也就会出现差别,进而影响浓度的均一性,造成纸品质量差异。白水桶的液位也采用闭环控制,液位检测值与设定值的比较,产生控制作用改变白水的流入量,进而控制液位高度为恒定值。

6)流浆箱液位和压力控制。本次设计系统采用双匀浆辊气垫式流浆箱,其主要的控制量为浆料液位和总压。浆料液位和总压的测量采用电容式差压变送器和液位变送器。浆位的控制通过采用变频器对罗茨风机的控制来实现,总压的控制则通过变频器对冲浆泵进行控制浆液泵送量来实现。

(2)干燥工段。

1)压力控制回路。烘缸中蒸汽不断地冷凝释放出热量,就应有高品质的蒸汽不断地进行补给,以提供纸页干燥所需的热量。通过压力传感器检测出烘缸进汽管路上的压力值,与设定值相比较,控制器产生控制作用,调节阀门开度,控制通烘缸的新鲜蒸汽量。

2)差压控制回路。差压控制回路用于控制烘缸排水,就是直接利用差压传感器将检测烘缸进出口差压,经过控制器计算,来控制闪蒸罐排汽管道上的排汽阀开度来实现控制作用。当差压低于设定值时,自动打开通往下一段的控制阀,以此来实现烘缸排水,同时还能排除烘缸内的未冷凝气体。

3)液位控制回路。闪蒸罐内液位应处于一个范围内即液位处于上下限值,不然会影响烘缸排除冷凝水及烘缸进汽。应用液位传感器检测出液位实际值与设定值相比较,产生控制作用,控制阀门开关以维持液位在设定的上下限范围内。

4)温度控制回路。纸幅经过冷缸面,温度降低,湿度增加,纸的可塑性增强。有利于压光后提高纸页的紧度和平滑度。并减少静电。冷缸表面温度通过为冷缸内通入冷却水,以维持冷缸温度恒定。可采用红外温度传感器将冷缸温度检测出来,经控制器计算,控制冷却水的通入量。

3.控制器控制规律选择

本例系统中全部简化为单回路控制,选用第 8.4.6 节、8.4.7 节介绍的 FB41 连续 PID 控制器和 FB42 步进 PID 控制器。

10.3.2 仪表选型

1.液位变送器选型

限于篇幅,此外仅对液位变送器选型进行说明。两工段共有液位控制回路 8 个,在备浆流送环节有 5 个,其中 LIC101,LIC102,LIC103,LIC104 四个回路的液位为 6 m 左右,压力为 60 kPa;LIC105 回路液位产生压力为 40 kPa;LIC401,LIC402,LIC403 液位上限为 1.2 m 左右,产生压力 15 kPa。

根据本次液位测量的特性,液位传感器选用的是某公司 WT1151LT5S 液位变送器。对于同一被测量来说,压力与液位成正比,传感器检测量出压力值,并将其转换为与压力成正比的液位信号,并经过信号处理电路转化成标准信号输出。

根据所安装位置的压力变化情况,选择各个仪表的量程,选型结果如下:LIC101,LIC102,LIC103,LIC104 和 LIC105 五个回路选择 WT1151LT6SB2B22M1D2C12i(0～68.9 kPa);LIC401,LIC402,LIC403 三个回路选择 WT1151LT5SB2B22M1D2C12i(0～18.68 kPa)。

技术参数如下:

测量介质:气体、蒸汽、液体;

精度:±0.2％;

输出:符合 HART 通信协议,4～20 mA。

2. 执行器选型

本例选用电动 V 型调节球阀作为执行器,结合浆料容易堵塞的性质,V 型缺口可以起到节流和剪切作用。本设计所有阀门选择公司公司生产的 V 型电动调节球阀,具体型号是 ZKRV－16TK80YPD2DLN。此阀门适用于造纸、化工、石油、生化、化纤、制药、环保等工业领域的自控系统。特别适用于浆料、纤维.粉尘、颗粒等流体的控制。

技术参数如下:

公称通径:25,32,40,50,65,80,100,125,150,200,250,300,350(根据需求选用相应通径);

公称压力:1.6 MPa;

连接形式:对夹式(可根据需求选用法兰式);

温度范围:20～230℃。

10.3.3　系统测控点统计

测量仪表输出信号类型、执行器工作方式以及电机启停控制方式决定了系统 AI、AO、DI、DO 类型。测量仪表、执行器型号确定之后,可以进行测控点统计。需要注意的是输入和输出都是相对的仪表、执行器和信号模块自身而言。例如,温度变送器的输出,对于系统信号测量模块而言,是模拟量输入。本例控制系统测控点统计见表 10－3－1。

1. AI 输入点

(1)温度测量。本例中温度测量选用带温度变送器的红外式温度计,变送器输出为两线制 4～20 mA 电流信号。

(2)压力、差压、液位。本例中压力、差压、液位测量选用电容式差压变送器,输出为两线制 4～20 mA 电流信号。可选用附带 HART 协议,便于现场量程修改或零点迁移。

(3)流量流程。流量选用电磁流量计,输出为四线制 4～20 mA 电流信号。

(4)浓度测量。所选浓度计输出为两线制 4～20 mA 电流信号。

2. AO 输出点

变频器设置成 4～20 mA 电流信号输入,输出 0～50 Hz 频率。

3. DI 输入点

(1)阀门。选用的阀门为电动四开关阀门,有阀门全开、阀门全关各 1 个开关信号。

(2)电机。

1）直接启、停电机。DCS 远程电机启、停需电机运行状态、允许 DCS 启动开关信号各 1 个。

2）变频器控制电机。变频器运行状态反馈开关信号 1 个。变频器远程就地切换通过变频器操作面板实现。

4. DO 输出点

（1）阀门。开阀、关阀开关信号各 1 个。单相交流电源经固态继电器控制电动阀开关。由于在 PID 工作时几乎每秒都在输出开关脉冲，有触点的工业低压电器一般触点寿命为 10 万次。如选用有触点的中间继电器，使用寿命较短，因此电动阀门需选用无触点的固态继电器，而不能选用有触点的中间继电器。

（2）电机。DCS 电机远程启、停信号 1 个，高电平启动，低电平停止。

表 10 - 3 - 1　测量与回路控制 I/O 点数统计表

编　号	工位号	AI	AO	DI	DO
1	LIC101	1		2	2
2	LIC102	1		2	2
3	LIC103	1	1	1	1
4	LIC104	1		2	2
5	LIC105	1	1	1	1
6	CIC101	1		2	2
7	CIC102	1		2	2
8	FIC101	1		2	2
9	PIC101	1	1	1	1
10	PIC400	1		2	2
11	PIC402	1		2	2
12	PIC403	1		2	2
13	PIC404	1		2	2
14	PIC405	1	1	1	1
15	LIC401	1	1	1	1
16	TIC401	1		2	2
17	DPIC402	1		2	2
18	DPIC403	1		2	2
19	DPIC404	1		2	2
20	LIC402	1		2	2
21	LIC403	1		2	2
22	PI400	1			
23	TI400	1			
24	FIQ400	1			
25	直接启停电机 4 台			8	4
总计		23	5	45	41

10.3.4　西门子硬件选型

I/O 点数统计共有 114 个点，属于中型控制系统。选用西门子 S7-300 系统，这是一种西门子通用中型模块式 PLC，CPU 模块可供选择多、信号模块(SM)和功能模块(FM)能够满足各种领域的自动控制任务。S7-300 采用紧凑的、无槽位限制的模块结构，一台 S7-300PLC 系统可由下述部分组成：导轨、电源模块(PS)、CPU 模块、接口模块(IM)、信号模块(SM)、功能模块(FM)、通信处理器[即通信模块(CP)]。

1. CPU 选型

S7-300 的 CPU 模块大致有以下五类：标准型、紧凑型、故障安全型、技术功能型和户外型。由于 PLC 安装于造纸车间，车间内充斥着含氯气体的环境中，故应当选择防护等级高的户外型 CPU。同时由测控点统计结果我们知道，本次设计有 AI 共 23 个，AO 共 5 个，DI 共 45 个，DO 共 41 个。经初步测算至少需要 2 个机架，故本次设计选择具有扩展能力的 CPU314，其订货号为 6ES7314-1AG14-0AB0。

2. 信号模块选型

综合经济、高效、冗余等因素，I/O 点冗余量一般按 20% 进行设计，本例最终按 AI 共 32 个，AO 共 8 个，DI 共 64 个，DO 共 64 个。信号模块选择如下：

AI：SM331 AI 8×12bit 共 4 块，其订货号为 6ES7 331-7KF02-0AB0；

AO：SM332 AI 8×12bit 共 1 块，其订货号为 6ES7 332-5HF00-0AB0；

DI：SM321 DI 32×24VDC 共 2 块，其订货号为 6ES7 321-1BL00-0AA0；

DO：SM322 DO 32×24VDC/0.5A 共 2 块，其订货号为 6ES7 322-1BL00-0AA0。

电源电流计算此处省略，相关计算和其他模块的选型可参考相关资料。系统西门子硬件主要选型型号与订货号汇总见表 10-3-2。

表 10-3-2　PLC 模块选型汇总

名　称	型　号	订货号
DI	SM321 DI 32×24 VDC	6ES7 321-1BL00-0AA0
DO	SM322 DO 32×24 VDC/0.5A	6ES7 322-1BL00-0AA0
AI	SM331 AI 8×12bit	6ES7 331-7KF02-0AB0
AO	SM332 AO 8×12bit	6ES7 332-5HF00-0AB0
CPU	CPU 314	6ES7 314-1AE10-0AB0
PS	PS 307 5A	6ES7 307-1EA80-0AA0

10.3.5　电气控制系统图

1. 电气原理图

以图 10-3-1 中流浆箱总压控制 PIC101 为例进行说明。

(1)压力测量回路原理。回路中压力变送器 PT101 与模拟量输入模块连接如图 10-3-2

(a)所示。压力变送器为两线制电流输出,连接至模拟量输入模块 SM331 的 2、3 端,变送器由模块 2 端提供电源,压力变送器 PT101"－"端将测量压力信号送至模块 3 端。虚线椭圆表示信号线电缆屏蔽层接地。

(2)控制器输出至变频器(执行器)回路原理。经 CPU 内 FB41 程序进行 PID 运算后,将控制器输出信号经模拟量输出模块 SM332 的 3、6 端送至变频器的模拟量输入端,如图 10－3－2(b)所示。

(3)变频器运行状态回路原理。一般将变频器的一个可编程继电器开关输出端设置成变频器运行状态,之后串接至数字量输入模块。由于选择变频器输出触点为干触点,不带电源,须在数字量模拟输入回路根据模块型号串接电源。在图 10－3－3(c)中,由于所选数字量模块 SM321 为直流输入,所以串接直流 24 V 电源,与 INV102 运行状态开关、PLC 内部电路构成回路。

(4)变频器启、停控制回路原理。根据变频器运行状态,经 CPU 内电机启、停控制程序运行后,输出变频器启、停控制信号。图 10－3－2(d)中,数字量模块 SM322 为晶体管输出,经 6 端输出启、停信号(1:高电平,0:低电平)至变频器 INV102 启、停控制输入端。此时应注意,数字量信号模块与变频器启、停控制电路共地,注意变频器端数字量输入跳线设置。

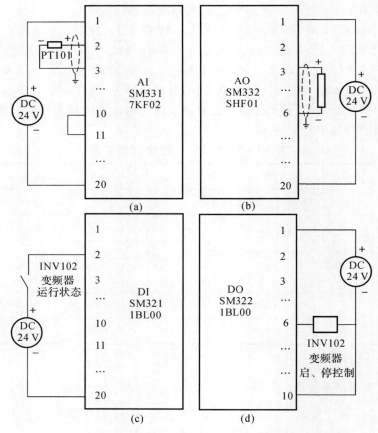

图 10－3－3　PIC101 回路电气原理图

变频器在工作时产生的谐波对于所有控制系统来说为强干扰源,为降低变频器对系统的电磁干扰,可在系统的模拟量输入输出端通过安全栅进行隔离;在数字量输入输出端通过中间继电器进行隔离。

2. 电器布置图

系统控制柜其中一面电器布置图见图 10 - 3 - 4,从上至下,第一排为低压断路器,第二排为西门子 PLC,第三排为中间继电器,第四、第五排为接线端子。电器上、下应预留一定空间,以便于检修、接线。图 10 - 3 - 4 将器件等尺寸进行了简化,在设计时应充分考虑期间尺寸,根据所需器件总量计算所需安装面板数量。

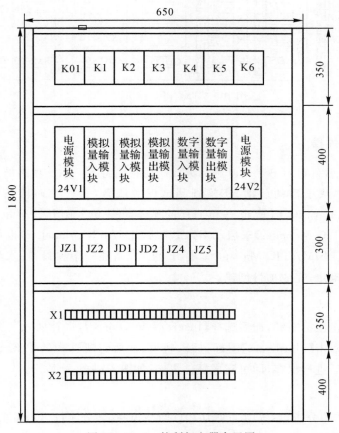

图 10 - 3 - 4　控制柜电器布置图

3. 电器接线图

系统部分接线图如图 10 - 3 - 5 所示,图中给出了主要信号模块接线图。标注线号为"呼叫号",即对标法。举例说明,左侧第一列模拟量输入模块标记为 SM1,其第二个接线端标注线号为 X1 - 1,意为接至第 1 个端子排第 1 个端子,端子排标注线号为 SM1 - 2。

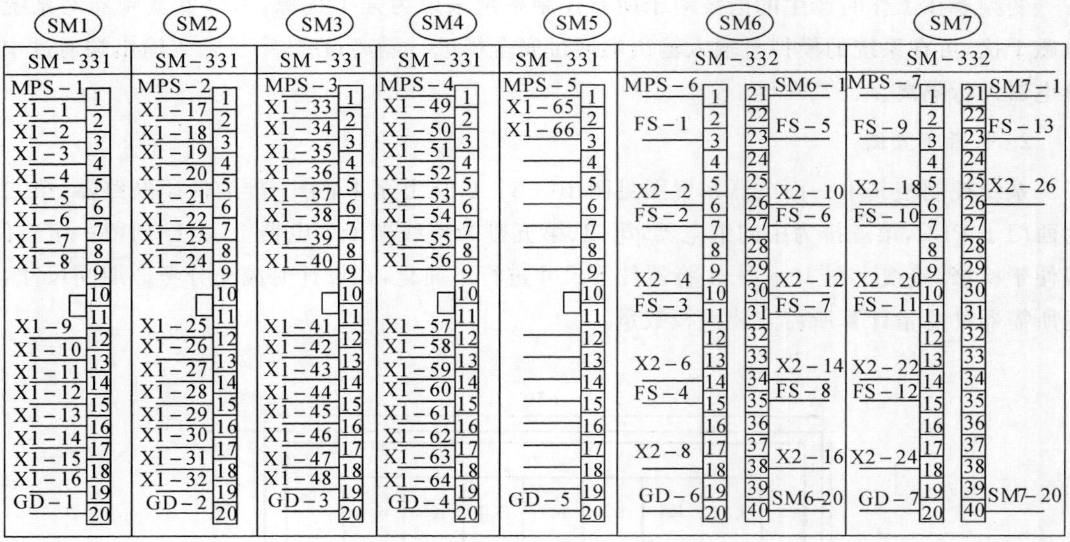

SM1	SM2	SM3	SM4	SM5	SM6	SM7
SM-331	SM-331	SM-331	SM-331	SM-331	SM-332	SM-332

图 10 - 3 - 5　PLC 模块接线图

10.3.6　PLC 编程

使用 STEP 7 软件可对 S7 - 300 进行编程。而且能将 S7 - 300 功能加以利用,STEP 7 包含了自动化项目中从项目的启动、实施到测试以及服务,每一个阶段所需要的全部功能。STEP 7 是用于 SIMATIC PLC 组态和编程的基本软件包。用开始菜单命令【开始】|【SI-MATIC】|【SIMATIC Manager】来启动 STEP7 的 SIMATIC Manager,也可以双击桌面上的 STEP7 图标来开启 SIMATIC Manager。打开"文件"新建一个项目,输入名称"S7 Program"(自行定义),点击确定,完成项目创建。

1. 硬件组态

在项目中,点击鼠标右键,而后选择【Insert New Object】,选择插入一个 SIMATIC300 的站点。选择站点,双击【Hardware】图标,插入轨道,而后将所选择的 PLC 模块插入到相应机架的机架槽内,而后进行保存,即可完成硬件组态,如图 10 - 3 - 6 所示。

2. I/O 点分配

通过 10.3.1 节的分析,系统中主要为 PID 回路控制,部分测量显示需求,除了 PID 回路控制外,DCS 系统中另外一个重要的环节就是电机启、停控制。

在进行 PLC 编程之前还有一项很重要的的工作就是 I/O 地址分配,在项目的设计过程中,可以在表 10 - 3 - 1 的基础上,分配每个 I/O 点地址、接线端、对应系统测控点名称等。

在后续的编程实例中所需要的 I/O 点分配,见表 10 - 3 - 3。

双击 CPU,选择【S7 Program】|【Symbols】,创建符号表,在符号表中填入符号名称(Symbols)、绝对地址(Address)、数据类型(Data Type)和注释(Comment)。符号表创建完以后,开始子程序块的编写,选择 Blocks,在整个控制系统控制中,将每个控制回路编写为一个函数(FC),如果需要背景数据块则建立相应的背景数据块(DB),而后在主程序(OB1)中调用各子

程序,完成整个程序的编写。所需编写的子程序有电动阀门的开度控制、变频器的转速控制、电机启停等。各个子程序可在功能(FC)、功能块(FB)中进行编写。其编程语言包括梯形图LAD、语句表 STL、功能图块 FBD。针对不同的程序,选择合适的编程语言。

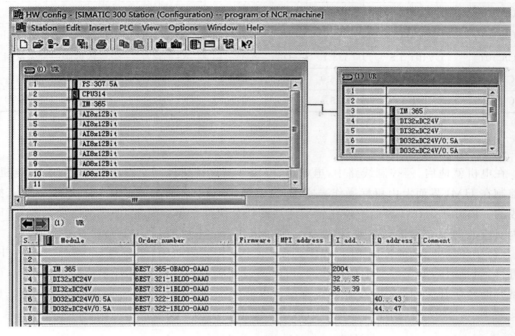

图 10-3-6 系统 PLC 硬件组态图

表 10-3-3 I/O 点表

控制回路/电机	变量名	地 址	模块类型	模块接线端	端子排接线端	备 注
PIC101	S_INV102	I36.0	DI	SM7-2	X1-31,32	冲浆泵变频器运行状态反馈
PIC101	Q_INV102	Q44.5	DO	SM9-6	X1-33,34	变频器启、停控制
PIC101	HMI_INV102_RN	M4.4				INV02 变频器 HMI 启动按钮
PIC101	HMI_INV102_ST	M4.5				INV02 变频器 HMI 停止按钮
M105	S_M105	I32.0	DI	SM6-2	X1-21,22	上浆泵电机运行状态反馈
M105	L/R_M105	I32.1	DI	SM6-3	X1-23,24	上浆泵电机远程就地状态
M105	Q_M105	Q40.2	DO	SM8-3	X1-25,26	上浆泵启、停控制
M105	HMI_M105_RN	M50.0				上浆泵电机 HMI 启动按钮
M105	HMI_M105_ST	M50.1				上浆泵电机 HMI 停止按钮
PIC101	PT101	PIW272	AI	SM2-2,3	X1-1,2	流浆箱总压
PIC101	INV102_I	PQW320	AO	SM5-3,6	X2-1,2	INV102 变频器输入

续 表

控制回路/电机	变量名	地址	模块类型	模块接线端	端子排接线端	备 注
CIC101	CT101	PIW274	AI	SM2-4,5	X1-3,4	一道浓调浓度信号
CIC101	CV101_US	I33.0	DI	SM6-12	X1-51	一道浓调阀门全开反馈
CIC101	CV101_LS	I33.1	DI	SM6-13	X1-52	一道浓调阀门全关反馈
CV101	CV101_OP	Q45.0	DO	SM7-22	X1-41	一道浓调阀门开阀信号
CV101	CV101_DN	Q45.1	DO	SM7-23	X1-42	一道浓调阀门关阀信号

3. 电机启、停控制

在电机就地启、停控制线路中,电机启、停操作通过按钮控制。但在 DCS 系统中,电机启、停控制在 HMI 界面上由鼠标操作来实现,也就是说电机启、停是虚拟的"启动"和"停止"按钮完成的。实际上,HMI 界面上按钮背后连接的的是两个布尔型变量,把这两个变量与 CPU 程序内对应的两个变量关联起来,再由程序来完成相应的电机启、停控制逻辑。

(1)变频器的启、停控制 PLC 程序。在 PIC101 控制回路中,变频器 INV102 主要在 HMI 上进行远程操作,如果需要本地操作时,可以通过变频器操作面板进行本地控制。因此,可以省略万能转换开关,对于 PLC 控制系统而言也就少了一个"允许 DCS"数字量开关信号。DCS 中变频器 INV102 的启、停控制梯形图程序如图 10-3-7 所示。

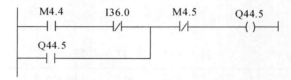

图 10-3-7　变频器 INV102 启、停控制梯形图程序

图 10-3-7 实现的逻辑功能是,PLC 采样到由 HMI 通讯的 M4.4 启动脉冲信号后,如果电机处于停止状态,同时没有停止信号,梯形图中 Q44.5 自锁,通过对应数字输出端口输出高电平,再传输至变频器"启动/停止"开关输入端,实现变频器启动。当 PLC 采样到 M4.5 停止脉冲信号后,梯形图中常闭触点断开,Q44.5 输出低电平至变频器,变频器停止。

(2)直接启、停的电机 PLC 程序。M105 电机需要实现远程和本地功能,远程通过系统 HMI 界面操作,本地通过控制按钮操,因此 M105 的控制回路中需要安装万能转换开关,控制原理图如 8-3-14 所示,DCS 中电机 M105 的启、停控制程序如图 10-3-8 所示。

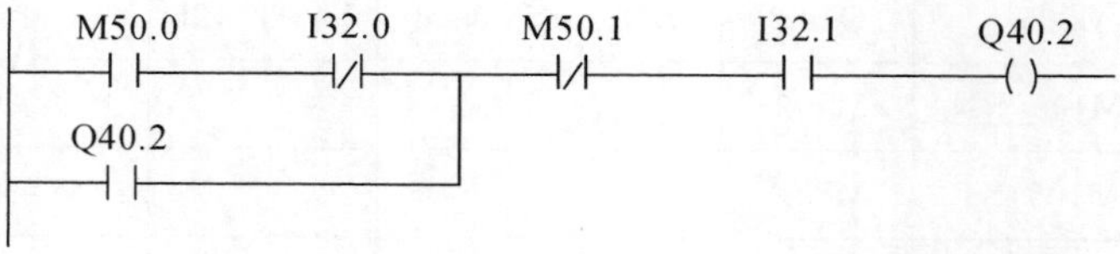

图 10-3-8　电机 M105 启、停控制梯形图程序

　　图 10-3-8 梯形图中的程序,比图 10-3-6 中程序多串接一个"许 DCS 启动"I32.1,常开触点,当电机 M105 控制回路中的万能转换开关切换至"远程"时,"允许 DCS 启动"触点闭合,I32.1 接通,实现与图 10-3-6 相同的功能。当电机 M105 控制回路中的万能转换开关切换至"本地"时,"允许 DCS 启动"触点断开,图 10-3-8 中 Q40.2 无法导通,此时在 HMI 上操作无效。

4. PID 控制

　　PIC101 回路连续 PID 程序如图 10-3-9 所示,CIC101 步进 PID 程序如图 10-3-10 所示。

```
//-------PIC101------------

       CALL  "CONT_C" , DB2
        COM_RST :=
        MAN_ON  :=
        PVPER_ON:=TRUE
        P_SEL   :=
        I_SEL   :=
        INT_HOLD:=
        I_ITL_ON:=
        D_SEL   :=TRUE
        CYCLE   :=
        SP_INT  :=
        PV_IN   :=
        PV_PER  :=PIW272
        MAN     :=
        GAIN    :=
        TI      :=
        TD      :=
        TM_LAG  :=
        DEADB_W :=
        LMN_HLM :=
        LMN_LLM :=
        PV_FAC  :=
        PV_OFF  :=
        LMN_FAC :=
        LMN_OFF :=
        I_ITLVAL:=
        DISV    :=
        LMN     :=
        LMN_PER :=PQW320
        QLMN_HLM:=
        QLMN_LLM:=
        LMN_P   :=
        LMN_I   :=
        LMN_D   :=
        PV      :=
        ER      :=
```

```
//------- CIC101 --------

         CALL  "CONT_S" , DB3
          COM_RST :=
          LMNR_HS :=I33.0
          LMNR_LS :=I33.1
          LMNS_ON :=
          LMNUP   :=
          LMNDN   :=
          PVPER_ON:=TRUE
          CYCLE   :=
          SP_INT  :=
          PV_IN   :=
          PV_PER  :=PIW274
          GAIN    :=
          TI      :=
          DEADB_W :=
          PV_FAC  :=
          PV_OFF  :=
          PULSE_TM:=
          BREAK_TM:=
          MTR_TM  :=
          DISV    :=
          QLMNUP  :=Q45.0
          QLMNDN  :=Q45.1
          PV      :=
          ER      :=
```

图 10-3-9　PIC101 回路 PID

图 10-3-10　CIC101 回路 PID 程序

　　由图 10-3-9 可以看出,需要设置的参数仅为输入、输出和功能开关参数。输入参数为测量的压力,输出参数为送至变频器 INV102 的模拟量,功能选择参数为 PID 直接输入外部模拟量和选择微分功能。

同样由图 10-3-10 可以看出,需要设置输入参数为测量的浓度、阀门全开和阀门全关;输出为 CIC101 回路的开阀和关阀开关量;功能选择为 PID 直接输入外部模拟量。

需要注意的是,调用 FB41 和 FB42 时,需要给每个回路分配数据存储区域,也就是对应的数据块 DB2 和 DB3。在 HMI 上需要显示或设置的数据,通过西门子的 HMI 软件连接数据块中的对应变量即可。

10.3.7 HMI 设计

西门子视窗控制中心 SIMATIC WinCC(Windows Control Center)是 HMI/SCADA 软件,WinCC 系统仍能够提供、生成复杂可视化任务组件和函数,并且生成画面、脚本、报警、趋势和报表的编辑器。WinCC 是一个模块化的组件,既可灵活的进行扩展,又可以应用到工业和制造工艺的多服务器分布式系统中。使用微软 SQL SEERVER 作为其组态数据和归档数据的储存数据库。WinCC 提供了 OLE、DDE、OLE-DB 服务器和客户机等接口,可方便与其他程序交换数据。

1. 创建项目

用开始菜单命令【开始】|【SIMATIC】|【WinCC】|【WinCC Explore】来启动 WinCC,也可以双击桌面上的相应图标来启动 SIMATIC WinCC Explore。打开"文件"新建一个项目,选择单用户项目,输入名称"program of NCR machine"(自行定义),点击确定,这样就可以创建一个新项目,如图 10-3-11 所示。

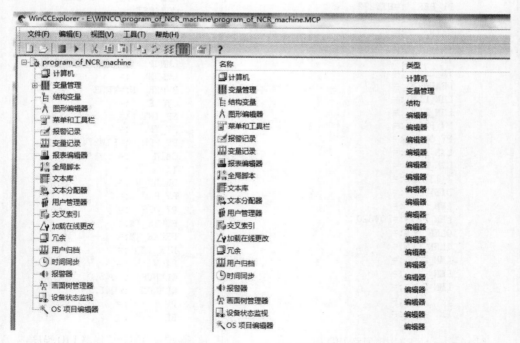

图 10-3-11　WinCC 项目建立

2. 变量连接

右击变量管理,选择添加新的驱动编程,在出来的对话框中选择"SIMATIC S7 Protocol

Suite.chn",新建一个驱动程序。在新建的驱动程序中添加变量,双击"SIMATIC S7 Protocol Suite.chn",在出来的子选项中右击 MPI,选择新驱动程序的连接,在弹出的对话框中点击属性,进行设置,和 STEP7 中对应连接,然后再里面创建过程变量。

双击"New Connection"选项,在对话框中右击,点击弹出的"新建变量"或"新建变量组",输入相对应的"名称""数据类型"及"地址选择"。在"地址选择"中,选择数据列表框中过程变量所对应的存储区域,地址列表框和编辑框用于选择详细地址信息。单击"确定"按钮,关闭"地址属性"对话框。建立变量与 STEP7 中变量的联系是变量组态的重中之重,这是建立 STEP7 软件与 WinCC 相联系的根本环节。按照同样的方法创建其他变量。

3. HMI 编辑

打开开图形编辑器,新建画面,在新建画面中重命名"floating section..Pdl"作为启动画面,"forming section"和"warming section"作为图形编辑器,分别双击每个画面,在打开的带有网格的画布上,绘制系统监视画面。结合现场设备形态特征、控制要求以及期望 WinCC 实现的功能进行界面的绘制。要求界面美观,实用。

当绘制完监控界面后,就要将各个图形与变量进行连接。例如输入输出域的地址的连接。连接完成后,保存图形编辑器。单击工具栏上的"运行系统"图标,系统就开始运行。系统运行结果仅以备浆流送工段运行结果为例,结果如图 10-3-12 所示。

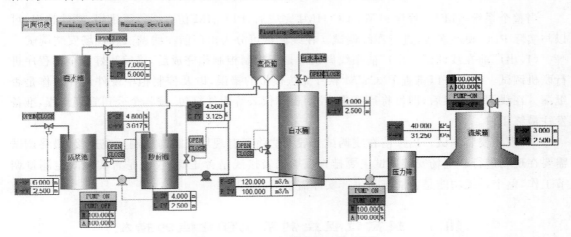

图 10-3-12　备浆流送工段 HMI

10.3.8　系统调试

1. 仿真调试

PLCSIM 是一个 PLC 仿真软件,能够在 PC/PG 上模拟 S7-300 系列 PLC/CPU 的运行,安装了 PLCSIM 之后,该软件会集成到 STEP 7 环境中,在【SIMATIC Manager】的工具栏上,可以看到模拟按钮变为有效状态。PLCSIM 软件启动后,从显示对象工具栏中调用需要的 I/O 变量可以在调出的窗口中修改变量的地址、显示格式。修改完以后,利用 CPU 模式工具栏中选择 CPU 中程序的执行模式。设定好后,选择【CPU】上的【RUN-P】选项,开始仿真,按照程序的设计,输出量的值随着输入量设置的值得变化而发生改变,如图 10-3-13 所示。

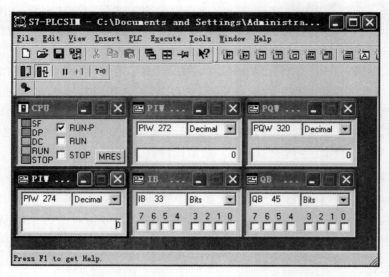

图 10 - 3 - 13　PLCSIM 仿真软件界面

2. 在线调试

当整个系统 STEP7 程序和 WinCC HMI 完成后,PLCSIM 仿真运行无逻辑、功能错误,可以与实际 PLC 硬件连接,进行在线调试。在线调试可分为出厂前在线调试和现场安装调试。

(1)出厂前在线调试。出厂前在线调试时是指控制柜制作完成后,将编写好的全部程序进行联机调试。此时可以排查 PLCSIM 软件无法模拟的错误,以及控制柜中硬件设计制作是否纰漏。在线调试无误后,即可将计算机、控制柜和仪表等附件打包,按各个公司管理流程,准备发往最终用户。

(2)现场安装调试。出厂前在线调试一般无法将所有现场仪表与控制系统连接,最终调试需要在现场进行。现场安装调试主要排查现场仪表接线是否正确、仪表是否实现既定测量调节工作,整个系统功能是否能满足生产实际需求等。

10.4　提高过程控制系统可靠性的措施

随着过程控制系统应用的日益广泛,对系统的可靠性提出了很高的要求。可靠性的概念有以下两个含义:①系统的无故障运行时间尽可能长;②系统发生故障时能迅速检修和排除。

一个过程控制系统,影响其可靠性的主要因素有①元器件,物理设备的可靠性;②系统结构的合理性及制作工艺水平;③电源系统与接地技术的质量;④系统抑制和承受外界干扰的能力。

因此,为了提高计算机控制系统的可靠性和可维护性,常采用提高元器件的可靠性、设计系统的冗余技术、采取抗干扰措施、采用故障诊断和系统恢复技术以及软件可靠性技术等。

10.4.1　提高元器件的可靠性

这主要是过程控制系统及元器件生产厂家的责任,属于"先天性"问题。产品在出厂前已经决定了质量的优劣。对于控制系统设计人员来说,所能做的只能是一些事后的补救措施,包括认真选型、老化、筛选、考核等。对元件采用筛选、老化的简便方法是高温储存和功率电老炼。高温储存是在高温(如半导体的最高结温)下储存 24～168 h;功率电老炼是在额定功率或略高于额定功率的条件下老炼一定时间(最长可达 168 h)。

10.4.2　冗余技术

所谓冗余,是指在系统中增设额外的附加成分,来保证整个控制系统的可靠性。常用的冗余系统,按其结构形式可分为并联系统、备用系统和表决系统 3 种。

1. 并联系统

在并联系统中,冗余的方法是使若干同样装置并联运行。只要其中一个装置正常工作,系统就能维持正常运行。只有当并联装置的每个单元都失效时,系统才不能工作。其结构如图 10-4-1 所示。

2. 备用系统

备用系统逻辑结构图如图 10-4-2 所示。图中 A_1 和 A_2 是工作单元,B 为备用单元,S_1,S_2 为转换器。一旦检测到工作单元出现故障,即通过转换器 S_1 和 S_2 把备用单元投入运行。

3. 表决系统

表决系统其逻辑结构图如图 10-4-3 所示。图中 A_1,A_2,...,A_n 为 n 个工作单元,m 为表决器。每个单元的信息输入表决器中,与其余信号比较。只有当有效单元数超过失效单元数时,才能作出输入为正确的判断。

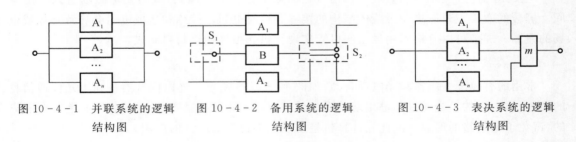

图 10-4-1　并联系统的逻辑　　图 10-4-2　备用系统的逻辑　　图 10-4-3　表决系统的逻辑
　　　　　　结构图　　　　　　　　　　　　结构图　　　　　　　　　　　　结构图

一般而言,并联系统和备用系统的可靠程度高于单个设备。备用系统的可靠程度高于并联系统。表决系统仅在一定时间范围内,可靠程度优于单个设备。在选择冗余结构时,除了考虑可靠程度以外,还要考虑性能价格比、可维护性、应用场合、扩展性能及冗余结构本身的控制性能等,综合作出决定。

无论采用何种冗余结构,当系统发生故障时,必须采取措施,如更换或切离故障装置、重新组合系统等。实施这种故障排除措施,称为冗余结构控制。

结构控制有逻辑结构控制与物理结构控制两种。所谓逻辑结构控制就是当二重化路径的一路出现故障时,由另一路取代。这种结构控制并不变更系统的物理连接关系;而物理结构控制则是变更系统物理结构连接关系,如变更输入输出设备的连接关系等。冗余结构控制有手动控制和自动控制两种方式。

10.4.3 采取抗干扰措施

在影响系统可靠性的诸多因素中,除了系统自身的内在因素外,另一类因素则来自外界对系统的干扰,包括空间电磁效应干扰、电网冲击波从电源系统空间感应进入控制系统带来的干扰等。对这一类因素的干扰必须采取措施抑制。外界干扰进入系统的途径示意如图 10 - 4 - 4 所示。图中Ⅰ类干扰是空间感应干扰,它以电磁感应形式进入系统的任何部件和线路。Ⅱ类干扰是通过对通道的感应、传输耦合、地线联系进入通道部分的干扰。Ⅲ类干扰是电网的冲击波通过变压器耦合系统进入电源系统而传到各个部分的。针对不同的干扰有多种不同的抑制干扰措施,主要有屏蔽、滤波、隔离和吸收等。

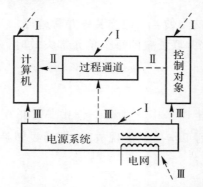

图 10 - 4 - 4   外界干扰进入系统的途径

1. 电磁干扰的屏蔽

主要是利用金属网、板、盒等物体把电磁场限制在一定空间内,或阻止电磁场进入一定空间。屏蔽的效果主要取决于屏蔽体结构的接缝和接触电阻。接缝和接触电阻会导致磁场或电场的泄漏。屏蔽可以直接利用设备的机壳实现。机壳可采用铝材料制成。

2. 隔离技术

常用的有隔离变压器和光电耦合器,如图 10 - 4 - 5 所示。光电耦合器是利用光传递信息的,它由输入端的发光元件与输出端的受光元件组成。由于输入与输出在电气上是完全隔离的,避免了地环路的形成。因此在计算机控制系统中得到了广泛的应用。

(a)   (b)

图 10 - 4 - 5   信号隔离技术

3. 共模输入法

在计算机控制系统中,由于对象、通道装置比较分散,通道与被测信号之间往往要长线连接,由此造成了被测信号地线和主机地线之间存在一定的电位差,它作为干扰,同时施加在通道的两个输入端上,称为共模干扰。共模干扰的影响如图 10-4-6 所示。

　　抑制共模干扰,常用的方法是:采用高共模抑制比的差动放大器;采用浮地输入双层屏蔽放大器;光电隔离;使用隔离放大器;等等。

　　例如,将输入信号的屏蔽层和芯线分别接到差动放大器的两个输入端,构成共模输入。这时因地线间的干扰电压不能进入差动输入端,因而有效地抑制了干扰。图 10-4-7 所示是其等效电路图,其中 V_s 是信号源,V_g 是干扰源。

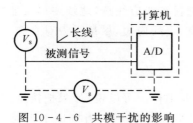

图 10-4-6　共模干扰的影响

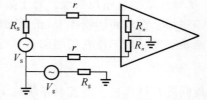

图 10-4-7　共模输入法等效电路

4. 电源系统的干扰抑制

　　由电源引入的干扰是计算机控制系统的一个主要干扰源。干扰有从交流侧来的,也有从直流侧来的。例如,由交流电网的负荷变化引入的 50 Hz 正弦波的畸变;由交流输入电线接收的空间高频信号;交流电网的电压波动;直流稳压电源的母线上收到的干扰;电源滤波性能差、纹波大引起的干扰;由于数字电路的脉冲信号通过电源传输引起的交叉干扰等。对于不同的干扰需要采取相应的措施抑制。

　　(1)交流侧干扰的抑制。抑制交流侧的干扰主要采取以下 3 种方法。

　　1)滤波交流电源用的滤波器是一低通滤波器,一般采用集中参数的 π 型滤波器。滤波器的电容耐压应两倍于电源电压的峰值。有时也将数个具有不同截止频率的低通滤波器串联,以获得好的效果。对于这类滤波器,必须加装屏蔽盒,且滤波器的输入和输出端要严格隔离,防止耦合。

　　2)屏蔽变压器绕组加屏蔽后,初次级间的耦合电容可以大大减少。变压器屏蔽层要接地,初级绕组的屏蔽层接地是与交流"地"相接。而次级绕组的屏蔽层和中间隔离层都与直流侧的工作"地"相连,如图 10-4-8 所示。

　　3)稳压对于交流电压的波动,可采用交流稳压器。对于大多数计算机控制系统而言都应有交流稳压器。另外,为了吸收高频的短暂过电压,可用压变电阻并接在交流进线处。

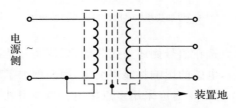

图 10-4-8　变压器的屏蔽措施

　　(2)直流侧干扰的抑制。抑制直流侧的电源干扰,除了选择稳压性能好、纹波系数小的电源外,还要克服因脉冲电路运行时引起的交叉干扰。主要使用去耦法,即在各主要的集成电路芯片的电源输入端，或在印刷电路板电源布线的一些关键点与地之间接入一个 $1\sim10~\mu\mathrm{F}$ 的电容。同时为了滤除高频干扰，可再并联一个约 $0.01~\mu\mathrm{F}$ 的小电容。

5. 布线的防干扰原则

在控制设备的布线中要注意以下几点基本原则。

(1)强、弱信号线要分开；交流、直流线要分开；输入、输出线要分开。

(2)电路间的连线要短，弱电的信号线不宜平行，应变成辫子线或双绞线。

(3)信号线应尽量贴地敷设。对于集成电路的印刷板布线应注意，地线要尽可能粗、尽可能覆盖印刷板。在双面印刷板上，正反面的走线要垂直，走线应短，尽量少设对穿孔。对容易串扰的两条线要尽量不使它们相邻和平行敷设。

6. 接地设计

接地问题在计算机实时控制系统抗干扰中占有重要地位。可以说，如果把接地与屏蔽问题处理得好，就可以解决实时计算机控制系统中大部分干扰问题。当接地不当时，将引入干扰。

接地的含义可以理解为一个等电位点或等电位面。它是电路或系统的基准电位，但不一定为大地电位。保护地线必须在大地电位上；信号地线依据设计可以是大地电位，也可以不是大地电位。

接地设计目的在于消除各电路电流流经一个公共地线阻抗时所产生的噪声电压；避免受磁场和地电位差的影响，即不使其形成地环路；使屏蔽和滤波有环路；确保系统安全。

不同的地线有不同的处理技术。下面介绍一些实时控制系统中应该遵循的接地处理原则与技术，供实际应用时参考。

(1)消除地环路。在低频电子线路(小于 1 MHz)中，为了避免地线造成地环路，应采用一点接地原则，如图 10-4-9 所示。将信号源的地和接收设备的地接在一点，消除两个地之间的电位差及其所引起的地环路。

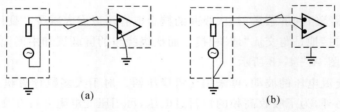

图 10-4-9　一点接地法示意图
(a)浮动接地法；(b)信号侧一点接地法

在一点接地法中，共地点选在信号侧还是接收侧，要依实际情况而定。

对于高频电子线路来说，电感的影响将显得突出，因而增加了地线的阻抗并导致各电线间的电感耦合。因此在高于 10 MHz 时应采用多点接地。当频率处于 1～10 MHz 之间时，若采用一点接地，其地线长度不应超出波长的 1/20，否则应考虑多点接地。

对于使用屏蔽线的输入回路，当信号频率低于 1 MHz 时，屏蔽层也应一点接地。屏蔽层的接地点与电路的接地点一致。

(2)避免交流地与信号地公用。由于在电源地线的两点间可形成毫伏量级，甚至数伏的电压,这对于小信号电路而言,是一个很严重的干扰。因此,必须把交流地与信号地隔离开来,绝不能混用。

(3)浮动接地与真正接地的比较。浮动接地是指系统的各个接地端与大地不相连接,这种接地方法简单。但是对于与地的绝缘电阻要求较高,一般要求大于 50 MΩ,否则由于绝缘的下降,会导致干扰。此外,浮动容易引起静电干扰。目前多数微型计算机系统采用浮动接地方式。

真正接地是指系统的接地端与大地直接相连。只要接地良好,这种方式的抗干扰能力就比较强,但接地工艺比较复杂。而且,一旦接地不良,反而会引起不必要的干扰。

(4)数字地。即逻辑地,主要是指 TTL 或 CMOS 印刷电路板的地端,作为数字逻辑的零位。在印刷电路板中,地线应呈网状,布线要避免形成环路,以减少干扰。此外,地线也应考虑具有一定宽度,一般不要小于 3 mm。

(5)模拟地。作为 A/D 转换、前置放大器、比较器等模拟信号传递电路的零电位。当模拟测量信号在毫伏级(0~50 mV)时,模拟地的接法是相当重要的。主要考虑抗共模干扰的能力。

(6)功率地。作为大电流网络部件的零电位,如打印机电磁铁驱动电流、存储器的驱动电流等。功率地因流经电流较大,故线径比较粗。功率地应该与小信号地线分开,且与直流地相接。

(7)信号地。即传感器的低电位端。一般应以小于 5 Ω 的接地电阻一点接地,是不浮动的地。

(8)小信号地。即小信号放大器(如前置放大器、功放线路等)的地端。由于输入信号一般是毫伏级甚至是微伏量级,所以接地应仔细。放大器本身的地端应采用一点入地方式,否则会由于地线中的电位差,引起干扰。

(9)屏蔽地(机壳地)。它是为防止静电感应和磁感应而设置的,也起安全保护作用。

对于电场屏蔽而言,主要解决分布电容的问题,通常接大地。对于高频发射电台所产生的电磁场干扰,应采用低阻金属材料制成屏蔽体,屏蔽层最好接大地。如果主要是对磁场进行屏蔽,则应采用高导磁材料使磁路闭合,且应以接大地为好。

当系统中有一个不接地的信号源和一个接地(不管是否真正接大地)放大器相连时,输入端的屏蔽应接到放大器的公共端。反之,当接地的信号源与不接地的放大器相连时,应把放大器的输入端接到信号源的公共端。

一个系统的正确接地,也就是要处理好上述几种地线的连线,以及相互的关系。

7. 软件的抗干扰措施

在前面讨论的在控制算法中如何抗干扰的方法就是软件抗干扰的一种方法。软件设计的抗干扰措施包括数字滤波、软件固化、选择性控制、指令复执、自诊断以及建立 RAM 数据保护区等。

(1)数字滤波。就是利用程序对采样数据进行加工处理,去除或削弱干扰的影响,提高信号的真实度。数字滤波是最常见的抗干扰措施,对提高信号的可信度和精确性很有效果。

数字滤波有很多方法,如中值滤波、平均性的滤波、一阶滞后滤波和判断性滤波等。这些方法针对不同的干扰可以收到明显的抗干扰效果。需要的时候,可以查阅有关文献。

(2)软件固化。即把控制系统的软件,一次写入 EPROM 固化。这样,即使在受到干扰冲乱程序时，配合重启动措施仍可恢复程序正常运行。而且，固化程序本身的内部也不怕受外界因素的破坏。

(3)选择性控制。在一个控制程序中研制两种不同的控制方法，一种用于正常运行的控制，另一种用于应付异常事故的处理，由此可以保证系统的安全运行。

(4)指令复执。当计算机发现错误后，把当前执行的指令重复执行若干次，称为指令复执。如果故障是瞬时性的，在指令复执几次后，便不会再出现故障，程序仍可以继续正常运行。指令复执的思想可以扩展到程序段的复执，效果较好。

(5)自诊断功能。自诊断有"在线"自诊断和"离线"自诊断两种方式。"离线"自诊断可以使用专门的诊断程序，对系统的各种功能进行全面的检查。"在线"自诊断，不能占用太多的计算机时间，诊断程序也不能占用太多的内存。因此"在线"自诊断可以是简易的、特征性的检查。

10.5　思考题与习题

10-1　计算机控制系统的设计有哪些基本原则？其设计步骤是怎样的？

10-2　单回路控制系统的主要应用场合有哪些？

10-3　为什么需要在测量仪表、执行器选型和电机控制方式确定后进行测控点统计？

10-4　如何统计测控点？

10-5　电机就地启、停和 DCS 启、停有何区别？

10-6　西门子连续 PID FB41 适用于哪种类型的执行器？

10-7　西门子步进 PID FB42 使用于哪种类型的执行器？

10-8　调用 PID FB41、FB42 程序需要设置那些参数？有何意义？

10-9　如何提高计算机控制系统的可靠性？有哪些方法途径？

10-10　过程控制系统所处的干扰环境是极其恶劣的，试阐明它所受的干扰有哪些。

10-11　共模干扰与串模干扰各有何特点？它们是如何进入系统造成干扰的？

10-12　长线传输干扰为什么不可避免？如何加以抑制？

10-13　模拟地与数字地为何必须严格分开？

10-14　在计算机控制系统中，常用的抗干扰措施是什么？试分析合理接地的重要性。

附　　录

附录 1　仪表安装位置的图形符号

序 号	安装位置	图形符号	备注	序 号	安装位置	图形符号	备　注
1	就地安装仪表			5	复式仪表		
			嵌在管道中				安装位置较远
2	集中仪表盘面安装仪表			6	就地仪表盘后安装仪表		
3	就地仪表盘面安装仪表			7	DCS系统仪表		
4	集中仪表盘后安装仪表						

附录 2　自控工程设计字母代码

字　母	第 一 位 字 母		后 继 字 母
	被测变量或初始变量	修饰词	功　能
A	分析		报警
B	喷嘴火焰		供选用
C	电导率、浓度		控制(调节)

续 表

字 母	第 一 位 字 母		后 继 字 母
	被测变量或初始变量	修饰词	功　能
D	密度	差	
E	电压(电动势)		检测元件
F	流量	比(分数)	
G	尺度(尺寸)		玻璃
H	手动(人工触发)		
I	电流		指示
J	功率	扫描	
K	时间或时间程序		自动-手动操作器
L	物位		
M	水分或湿度		
N	供选用		供选用
O	供选用		供选用
P	压力或真空		试验点(接头)
Q	数量或件数	积分、累积	积分、累积
R	放射性		记录或打印
S	速度或频率	安全	开关、联锁
T	温度		传送
U	多变量		多功能
V	黏度		阀、挡板、百叶窗
W	质量或力		套管
X	未分类		未分类
Y	供选用		继动器或计算器
Z	位置		驱动、执行或未分类的终端执行机构

后继字母的确切含意,应根据实际情况做出不同的解释。例如:"R"可理解为"记录仪""记录"或"记录用";"T"可理解为"变送器""传送"或"传送的";等等。又如,"G"表示功能为"玻璃",指用于对过程检测直接观察而无标度的仪表;"L"表示单独设置的指示灯,用于显示正常的工作状态;等等。

当表示被测变量的任何第一位字母与修饰字母"d"(差)、"f"(比)、"q"(积分、积算)等组合起来使用时,应把它们看作一个具有新的含意的组合体。修饰字母一般用小写,但是在不至于产生混淆的情况下,也可以用大写,并注意同一设计项目中用字的统一。例如,"PdI"表示压差指示,"PI"表示压力指示,"Pd"和"P"为两个不同的变量。"S"表示安全,仅用于检测仪表或检测元件及终端控制元件的紧急保护,如"PSV"表示非正常状态下联锁动作的压力泄放阀或切断阀。

当"A"作为分析变量时,应在图形符号圆圈外标明分析的具体内容。如 CO_2 含量分析,

可在圆圈外标注 CO_2

　　"H""M""L"可以分别表示被测变量的"高""中""低"值,将它们标注在仪表图形符号圆圈的外边。"H"和"L"还可以分别表示阀门或其他通断设备的"开"和"关"位置。

　　"供选用"的字母,可由设计人员自行定义,如"N"可定义为"应力"变量。

　　"X"具有"未分类"含义,当"X"和其他字母一起使用时,除了具有明确意义的符号之外,应在图形符号圆圈外标明"X"的具体含义。

　　当"U"表示"多变量"时,可代替两个以上第一位字母的含义。当它表示"多功能"时,则表示两个以上功能字母的组合。当后继字母"Y"表示继动器、计算器功能时,应在图形符号圆圈外标注它的具体功能。其功能符号和代号也有统一的规定。

附录 3　铂铑 10 -铂热电偶(S 型)分度表

温度 ℃	0	1	2	3	4	5	6	7	8	9
	热电动势/μV									
0	0	5	11	16	22	27	33	38	44	50
10	55	61	67	72	78	84	90	95	101	107
20	113	119	125	131	137	142	148	154	161	167
30	173	179	185	191	197	203	210	216	222	228
40	235	241	247	254	260	266	273	279	286	292
50	299	305	312	318	325	331	338	345	351	358
60	365	371	378	385	391	398	405	412	419	425
70	432	439	446	453	460	467	474	481	488	495
80	502	509	516	523	530	537	544	551	558	566
90	573	580	587	594	602	609	616	623	631	638
100	645	653	660	667	675	682	690	697	704	712
110	719	727	734	742	749	757	764	772	780	787
120	795	802	810	818	825	833	841	848	856	864
130	872	879	887	895	903	910	918	926	934	942
140	950	957	965	973	981	989	997	1 005	1 013	1 021
150	1 029	1 037	1 045	1 053	1 061	1 069	1 077	1 085	1 093	1 101
160	1 109	1 117	1 125	1 133	1 141	1 149	1 158	1 166	1 174	1 182
170	1 190	1 198	1 207	1 215	1 223	1 231	1 240	1 248	1 256	1 264
180	1 273	1 281	1 289	1 297	1 306	1 314	1 322	1 331	1 339	1 347
190	1 356	1 364	1 373	1 381	1 389	1 398	1 406	1 415	1 423	1 432
200	1 440	1 448	1 457	1 465	1 474	1 482	1 491	1 499	1 508	1 516
210	1 525	1 534	1 542	1 551	1 559	1 568	1 576	1 585	1 594	1 602
220	1 611	1 620	1 628	1 637	1 645	1 654	1 663	1 671	1 680	1 689
230	1 698	1 706	1 715	1 724	1 732	1 741	1 750	1 759	1 767	1 776
240	1 785	1 794	1 802	1 811	1 820	1 829	1 838	1 846	1 855	1 864

续 表

温度 ℃	0	1	2	3	4	5	6	7	8	9
	热电动势/μV									
250	1 837	1 882	1 891	1 899	1 908	1 917	1 962	1 935	1 944	1 953
260	1 962	1 971	1 979	1 988	1 997	2 006	2 015	2 024	2 033	2 042
270	2 051	2 060	2 069	2 078	2 087	2 096	2 105	2 114	2 123	2 132
280	2 141	2 150	2 159	2 168	2 177	2 186	2 195	2 204	2 213	2 222
290	2 232	2 241	2 250	2 259	2 268	2 277	2 286	2 295	2 304	2 314
300	2 323	2 332	2 341	2 350	2 359	2 368	2 378	2 387	2 396	2 405
310	2 414	2 424	2 433	2 442	2 451	2 460	2 470	2 479	2 488	2 497
320	2 506	2 516	2 525	2 534	2 543	2 553	2 562	2 571	2 581	2 590
330	2 599	2 608	2 618	2 627	2 636	2 646	2 655	2 664	2 674	2 683
340	2 692	2 702	2 711	2 720	2 730	2 739	2 748	2 758	2 767	2 776
350	2 786	2 795	2 805	2 814	2 823	2 833	2 842	2 852	2 861	2 870
360	2 880	2 889	2 899	2 908	2 917	2 927	2 936	2 946	2 955	2 965
370	2 974	2 984	2 993	3 003	3 012	3 022	3 031	3 041	3 050	3 059
380	3 069	3 078	3 088	3 097	3 107	3 117	3 126	3 136	3 145	3 155
390	3 164	2 174	3 183	3 193	3 202	3 212	3 221	3 231	3 241	3 250
400	3 260	3 269	3 279	3 288	3 298	3 308	3 317	3 327	3 336	3 346
410	3 356	3 365	3 375	3 384	3 394	3 404	3 413	3 423	3 433	3 442
420	3 452	3 462	3 471	3 481	3 491	3 500	3 510	3 520	3 529	3 539
430	3 549	3 558	3 568	3 578	3 587	3 597	3 607	3 616	3 626	366
440	3 645	3 655	3 665	3 675	3 684	3 694	3 704	3 714	3 723	3 733
450	3 743	3 752	3 762	3 772	3 782	3 791	3 081	3 811	3 821	3 831
460	3 840	3 850	3 860	3 870	3 879	3 889	3 899	3 909	3 919	3 928
470	3 938	3 948	3 958	3 968	3 977	3 987	3 997	4 007	4 017	4 027
480	4 036	4 046	4 056	4 066	4 076	4 086	4 095	4 105	4 115	4 125
490	4 135	4 145	4 155	4 146	4 174	4 184	4 194	4 204	4 214	4 224
500	4 234	4 243	4 253	4 263	4 273	4 283	4 293	4 303	4 313	4 323
510	4 333	4 343	4 352	4 362	4 372	4 382	4 392	4 402	4 412	4 422
520	4 432	4 442	4 452	4 462	4 472	4 482	4 492	4 502	4 512	4 522
530	4 532	4 542	4 552	4 562	4 572	4 582	4 592	4 602	4 612	4 622
540	4 632	4 642	4 652	4 662	4 672	4 682	4 692	4 702	4 712	4 722
550	4 732	4 742	4 752	4 762	4 772	4 782	4 792	4 802	4 812	4 822
560	4 832	4 842	4 852	4 862	4 873	4 883	4 893	4 903	4 913	4 923
570	4 933	4 943	4 953	4 963	4 973	4 984	4 994	5 004	5 014	5 024
580	5 034	5 044	5 054	5 056	5 075	5 085	5 095	5 105	5 115	5 125
590	5 136	5 146	5 156	5 166	5 176	5 186	5 197	5 207	5 217	5 227
600	5 237	5 247	5 258	5 268	5 278	5 288	5 298	5 309	5 319	5 329

续　表

温度 ℃	0	1	2	3	4	5	6	7	8	9
	热电动势/μV									
610	5 339	5 350	5 360	5 370	5 380	5 391	5 401	5 411	5 421	5 431
620	5 442	5 452	5 462	5 473	5 483	5 493	5 503	5 514	5 524	5 534
630	5 544	5 555	5 565	5 575	5 586	5 596	5 506	5 617	5 627	5 637
640	5 648	5 658	5 668	5 679	5 689	5 700	5 710	5 720	5 731	5 741
650	5 751	5 762	5 772	5 782	5 793	5 803	5 814	5 824	5 834	5 845
660	5 855	5 866	5 876	5 887	5 897	5 907	5 918	5 928	5 939	5 949
670	5 960	5 970	5 980	5 991	6 001	6 012	6 022	6 038	6 043	6 054
680	6 064	6 075	6 085	6 096	6 106	6 117	6 127	6 138	6 148	6 195
690	6 169	6 180	6 190	6 201	6 211	6 222	6 232	6 243	6 253	6 264
700	6 274	6 285	6 295	6 306	6 316	6 327	6 338	6 348	6 359	6 369
710	6 380	6 390	6 401	6 412	6 422	6 433	6 443	6 454	6 465	6 475
720	6 486	6 496	6 507	6 518	6 528	6 539	6 549	6 560	6 571	6 581
730	6 592	6 603	6 613	6 624	6 635	6 645	6 656	6 667	6 677	6 688
740	6 699	6 709	6 720	6 731	6 741	6 752	6 763	6 773	6 784	6 795
750	6 805	6 816	6 827	6 838	6 848	6 859	6 870	6 880	6 891	6 902
760	6 913	6 923	6 934	6 945	6 956	6 966	6 977	6 988	6 999	7 009
770	7 020	7 031	7 042	7 053	7 063	7 074	7 085	7 096	7 107	7 117
780	7 128	7 139	7 150	7 161	7 171	7 182	7 193	7 204	7 215	7 225
790	7 236	7 247	7 258	7 269	7 280	7 291	7 301	7 312	7 323	7 334
800	7 345	7 356	7 367	7 377	7 388	7 399	7 410	7 421	7 432	7 443
810	7 454	7 465	7 476	7 486	7 497	7 508	7 519	7 530	7 541	7 552
820	7 563	7 574	7 585	7 596	7 607	7 618	7 629	7 640	7 651	7 661
830	7 672	7 683	7 694	7 705	7 716	7 727	7 738	7 749	7 760	7 771
840	7 782	7 793	7 804	7 815	7 826	7 837	7 848	7 859	7 870	7 881
850	7 892	7 904	7 935	7 926	7 937	7 948	7 959	7 970	7 981	7 992
860	8 003	8 014	8 025	8 036	8 047	8 058	8 069	8 081	8 092	8 103
870	8 114	8 125	8 136	8 147	8 158	8 169	8 180	8 192	8 203	8 214
880	8 225	8 236	8 247	8 258	8 270	8 281	8 292	8 303	8 314	8 325
890	8 336	8 348	8 359	8 370	8 381	8 392	8 404	8 415	8 426	8 437
900	8 448	8 460	8 471	8 482	8 493	8 504	8 516	8 527	8 538	8 549
910	8 560	8 572	8 583	8 594	8 605	8 617	8 628	8 639	8 650	8 662
920	8 673	8 684	8 695	8 707	8 718	8 729	8 741	8 752	8 763	8 774
930	8 786	8 797	8 808	8 820	8 831	8 842	8 854	8 865	8 876	8 888
940	8 899	8 910	8 922	8 933	8 944	8 956	8 967	8 978	8 990	9 001
950	9 012	9 024	9 035	9 047	9 058	9 069	9 081	9 092	9 103	9 115
960	9 126	9 138	9 149	9 160	9 127	9 183	9 195	9 206	9 217	9 229

续　表

温度 ℃	0	1	2	3	4	5	6	7	8	9
	热电动势/μV									
970	9 240	9 252	9 263	9 275	9 286	9 298	9 309	9 320	9 332	9 343
980	0.936	9 366	9 378	9 389	9 401	9 412	9 424	9 435	9 447	9 458
990	9 470	9 481	9 493	9 504	9 516	9 527	9 539	9 550	9 562	9 573
1 000	9 585	9 596	9 608	9 619	9 631	9 642	9 654	9 665	9 677	9 689
1 010	9 700	9 712	9 723	9 735	9 746	9 758	9 770	9 781	9 793	9 804
1 020	9 816	9 828	9 839	9 851	9 862	9 874	9 886	9 897	9 909	9 920
1 030	9 932	9 944	9 955	9 967	9 979	9 990	10 002	10 013	10 025	10 037
1 040	10 048	10 060	10 072	10 083	10 095	10 107	10 118	10 130	10 142	10 154
1 050	10 165	10 177	10 189	10 200	10 212	10 224	10 235	10 247	10 259	10 271
1 060	10 282	10 294	10 306	10 318	10 329	10 341	10 353	10 364	10 376	10 388
1 070	10 400	10 411	10 423	10 435	10 447	10 459	10 470	10 482	10 494	10 506
1 080	10 517	10 529	10 541	40 553	10 565	10 576	10 588	10 600	10 612	10 624
1 090	10 635	10 647	10 659	10 671	10 683	10 694	10 706	10 718	10 730	10 742
1 100	10 754	10 765	10 777	10 789	10 801	10 813	10 825	10 836	10 848	10 860
1 110	10 872	10 884	10 896	10 908	10 919	10 931	10 943	10 955	10 967	10 979
1 120	10 991	11 003	11 014	11 026	11 038	11 050	11 062	11 074	11 086	11 098
1 130	11 110	11 121	11 133	11 145	1 157	11 169	11 181	11 193	11 205	11 217
1 140	11 229	11 241	11 252	11 264	11 276	11 288	11 300	11 312	11 324	11 336
1 150	11 348	11 360	11 372	11 384	11 396	11 408	11 420	11 432	11 443	11 455
1 160	11 467	11 479	11 491	11 503	11 515	11 527	11 539	11 551	11 563	11 575
1 170	11 587	11 599	11 611	11 623	11 635	11 647	11 659	11 671	11 683	11 695
1 180	11 707	11 719	11 731	11 743	11 755	11 767	11 779	11 791	11 803	11 815
1 190	11 827	11 839	11 851	11 863	11 875	11 887	11 899	11 911	11 923	11 935
1 200	11 947	11 959	11 971	11 983	11 995	12 007	12 019	12 031	12 043	12 055
1 210	12 067	12 079	12 091	12 103	12 116	12 128	12 140	12 152	12 164	12 176
1 220	12 188	12 200	12 212	12 224	12 236	12 248	12 260	12 272	12 284	12 296
1 230	12 308	12 320	12 332	12 345	12 357	12 369	12 381	12 393	12 405	12 417
1 240	12 429	12 441	12 453	12 465	12 477	12 489	12 501	12 514	12 526	12 538
1 250	12 550	12 562	12 574	12 586	12 598	12 610	12 622	12 634	12 647	12 659
1 260	12 671	12 683	12 695	12 707	12 719	12 731	12 743	12 755	12 767	12 780
1 270	12 792	12 804	12 816	12 828	12 840	12 852	12 864	12 876	12 888	12 901
1 280	12 913	12 925	12 937	12 949	12 961	12 973	12 985	12 997	13 010	13 022
1 290	13 034	13 046	13 058	13 070	13 082	13 094	13 107	13 119	13 131	13 143

续表

温度 ℃	0	1	2	3	4	5	6	7	8	9
	热电动势/μV									
1 300	13 155	13 167	13 179	13 191	13 203	13 216	13 228	13 240	13 252	13 264
1 310	13 276	13 288	13 300	13 313	13 325	13 337	13 349	13 361	13 373	13 385
1 320	13 397	13 410	13 422	13 434	13 446	13 458	13 470	13 482	13 495	13 507
1 330	13 519	13 531	13 543	13 555	13 567	13 579	13 592	13 604	13 616	13 628
1 340	13 640	13 652	13 664	13 677	13 689	13 701	13 713	13 725	13 737	13 749
1 350	13 761	13 774	13 786	13 798	13 810	13 822	13 834	13 846	13 859	13 871
1 360	13 883	13 895	13 907	13 919	13 931	13 943	13 956	13 968	13 980	13 992
1 370	14 004	14 016	14 028	14 040	14 053	14 065	14 077	14 089	14 101	14 113
1 380	14 125	14 138	14 150	14 162	14 174	14 186	14 198	14 210	14 222	14 235
1 390	14 247	14 259	14 271	14 283	14 295	14 307	14 319	14 332	14 344	14 356
1 400	14 368	14 380	14 392	14 404	14 416	14 429	14 441	14 453	14 465	14 477
1 410	14 489	14 501	14 513	14 526	14 538	14 550	14 562	14 574	14 586	14 598
1 420	14 610	14 622	14 635	14 647	14 659	14 671	14 683	14 695	14 707	14 719
1 430	14 731	14 744	14 756	14 768	14 780	14 792	14 804	14 816	14 828	14 840
1 440	14 852	14 865	14 877	14 889	14 901	14 913	14 925	14 937	14 949	14 961
1 450	14 973	14 985	14 998	15 010	15 022	15 034	15 046	15 058	15 070	15 082
1 460	15 094	15 106	15 118	15 130	15 143	15 155	15 167	15 179	15 191	15 203
1 470	15 215	15 227	15 239	15 251	15 263	15 275	15 287	15 299	15 311	15 324
1 480	15 336	15 348	15 360	15 372	15 384	15 396	15 408	15 420	15 432	15 444
1 490	5 456	15 468	15 480	15 492	15 504	15 516	15 528	15 540	15 552	15 564
1 500	15 576	15 589	15 601	15 613	15 625	15 637	15 649	15 661	15 673	15 685
1 510	15 697	15 709	15 721	15 733	15 745	15 757	15 769	15 781	15 793	15 805
1 520	15 817	15 829	15 841	15 853	15 865	15 877	15 889	15 901	15 913	15 925
1 530	15 937	15 949	15 961	15 973	15 985	15 997	16 009	16 021	16 033	16 045
1 540	16 057	16 069	16 080	16 092	16 104	16 116	16 128	18 140	16 152	16 164
1 550	16 176	16 188	16 200	16 212	16 224	16 236	16 248	16 266	16 272	16 284
1 560	16 296	16 308	16 319	16 331	16 343	16 355	16 367	16 379	16 391	16 403
1 570	16 415	16 427	16 439	16 451	16 462	16 474	16 486	16 498	16 510	16 522
1 580	16 534	16 546	16 558	16 569	16 581	16 593	16 605	16 617	16 629	16 641
1 590	16 653	16 664	16 676	16 688	16 800	16 712	16 724	16 736	16 747	16 759
1 600	16 771	16 783	16 795	16 807	16 819	16 830	16 842	16 854	16 866	16 878
1 610	16 890	16 901	16 913	16 925	16 937	16 949	16 960	16 972	16 984	16 996
1 620	17 008	17 019	17 031	17 034	17 055	17 067	17 078	17 090	17 102	17 114

续 表

温 度 ℃	0	1	2	3	4	5	6	7	8	9
	热电动势/μV									
1 630	17 125	17 137	17 149	17 161	17 173	17 184	17 196	17 208	17 220	17 231
1 640	17 245	17 255	17 267	17 278	17 290	17 302	17 313	17 325	17 337	17 349
1 650	17 360	17 372	17 384	17 396	17 407	17 419	17 451	17 442	17 454	17 466
1 660	17 477	17 489	17 501	17 512	17 524	17 536	17 548	17 559	17 571	17 583
1 670	17 594	17 606	17 617	17 629	17 641	17 652	17 664	17 676	17 687	17 699
1 680	17 711	17 722	17 734	17 745	17 757	17 769	17 780	17 792	17 830	17 815
1 690	17 826	17 838	17 850	17 861	17 873	17 884	17 896	17 907	17 919	17 930
1 700	17 924	17 953	17 965	17 976	17 988	17 999	18 010	18 022	18 033	18 045
1 710	18 056	18 068	18 079	18 090	18 102	18 113	18 124	18 136	18 147	18 158
1 720	18 170	18 181	18 192	18 204	18 215	18 226	18 237	18 249	18 260	18 271
1 730	18 282	18 293	18 305	18 316	18 327	18 338	18 349	18 360	18 372	18 383
1 740	18 394	18 405	18 416	18 427	18 438	18 449	18 460	18 471	18 482	18 493
1 750	18 504	18 515	18 526	18 536	18 547	18 558	18 569	18 580	18 591	18 602
1 760	18 612	18 632	18 634	18 645	18 655	18 666	18 677	18 687	18 698	18 709

附录 4 镍铬-康铜热电偶(E 型)分度表

温 度 ℃	0	1	2	3	4	5	6	7	8	9
	热电动势/μV									
0	0	591	1192	1801	2419	3047	3683	4329	4983	5646
100	6 317	6 996	7 683	8 377	9 078	9 787	10 501	11 222	11 949	12 681
200	13 419	14 161	14 909	15 661	16 417	17 178	17 942	18 710	19 481	20 256
300	21 033	21 814	22 597	23 383	24 171	24 961	25 754	26 549	27 345	28 143
400	28 943	29 744	30 546	31 350	32 155	32 960	33 767	34 574	35 382	36 190
500	36 999	37 808	38 617	39 426	40 236	41 045	41 853	42 662	43 470	44 278
600	45 085	45 891	46 697	47 502	48 306	49 109	49 911	50 713	51 513	52 312
700	53 110	53 907	54 703	55 498	56 291	57 083	57 873	58 663	59 451	60 237
800	61 022	61 806	62 588	63 368	64 147	64 924	65 700	66 473	67 245	68 015
900	68 783	69 549	70 313	71 075	71 835	72 593	73 350	74 104	74 857	75 608
1 000	76 358									

附录 5　镍铬-镍硅热电偶（K 型）分度表

温度 ℃	0	1	2	3	4	5	6	7	8	9
	热电动势/μV									
0	0	39	79	119	158	198	238	277	317	357
10	397	437	477	517	557	597	637	677	718	758
20	798	838	879	919	960	1 000	1 041	1 081	1 122	1 162
30	1 203	1 244	1 285	1 325	1 366	1 407	1 448	1 489	1 529	1 570
40	1 611	1 652	1 693	1 734	1 776	1 817	1 858	1 899	1 940	1 981
50	2 022	2 064	2 105	2 146	2 188	2 229	2 270	2 312	2 353	2 394
60	2 436	2 477	2 519	2 560	2 601	2 643	2 684	2 726	2 767	2 809
70	2 850	2 892	2 939	2 975	3 016	3 058	3 100	3 141	3 183	3 224
80	3 266	3 307	3 349	3 390	3 432	3 473	3 515	3 556	3 598	3 639
90	3 681	3 722	3 764	3 805	3 847	3 888	3 930	3 971	4 012	4 054
100	4 095	4 137	4 178	4 219	4 261	4 302	4 343	4 384	4 426	4 467
110	4 508	4 549	4 590	4 632	4 673	4 714	4 755	4 796	4 837	4 878
120	4 919	4 960	5 001	5 042	5 083	5 124	5 164	5 205	5 246	5 287
130	5 327	5 368	5 409	5 450	5 490	5 531	5 571	5 612	5 652	5 693
140	5 733	5 774	5 814	5 855	5 895	5 936	5 976	6 016	6 057	6 097
150	6 137	6 177	6 218	6 258	6 298	6 338	6 378	6 419	6 459	6 499
160	6 539	6 579	6 619	6 659	6 699	6 739	6 779	6 819	6 859	6 899
170	6 939	6 979	7 019	7 059	7 099	7 139	7 179	7 219	7 259	7 299
180	7 338	7 378	7 418	7 458	7 498	7 538	7 578	7 618	7 658	7 697
190	7 737	7 777	7 817	7 857	7 897	7 937	7 977	8 017	8 057	8 097
200	8 137	8 177	8 216	8 256	8 296	8 336	8 376	8 416	8 456	8 497
210	8 537	8 577	8 617	8 657	8 697	8 737	8 777	8 817	8 857	8 898
220	8 938	8 978	9 018	9 058	9 099	9 139	8 179	9 220	9 260	9 300
230	9 341	9 381	8 421	9 462	9 502	9 543	9 583	9 624	9 664	9 705
240	9 745	9 786	9 826	9 867	9 907	9 948	9 989	10 029	10 070	10 111
250	10 151	10 192	10 233	10 274	10 315	10 355	10 396	10 437	10 478	10 519
260	10 560	10 600	10 641	10 682	10 723	10 764	10 805	10 846	10 887	10 928
270	10 969	11 010	11 051	11 093	11 134	11 175	11 216	11 257	11 298	11 339
280	11 381	11 422	11 463	11 504	11 546	11 587	11 628	11 669	11 711	11 752
290	11 793	11 853	11 976	11 918	11 959	12 000	12 042	12 083	12 125	12 166
300	12 270	12 249	12 290	12 332	12 373	12 415	12 456	12 498	12 539	12 581
310	12 623	12 664	12 706	12 747	12 789	12 831	12 872	12 914	12 955	12 997
320	13 039	13 080	13 122	13 164	13 205	13 247	13 289	13 331	13 372	13 414
330	13 456	13 497	13 539	13 581	13 623	13 665	13 706	13 748	13 790	13 832

续 表

温度 ℃	0	1	2	3	4	5	6	7	8	9
	热电动势/μV									
340	13 874	13 915	13 957	13 999	14 041	14 083	14 125	14 167	14 208	14 250
350	14 292	14 334	14 376	14 418	14 460	14 502	14 544	14 586	14 628	14 670
360	14 712	14 754	14 796	14 838	14 880	14 922	14 964	15 006	15 048	15 090
370	15 132	15 174	15 216	15 258	15 300	15 342	15 384	15 426	15 468	15 510
380	15 552	15 594	15 636	15 679	15 721	15 763	15 805	15 847	15 889	15 931
390	15 974	16 016	16 058	16 100	16 142	16 184	16 227	16 269	16 311	16 353
400	16 395	16 438	16 480	16 522	16 564	16 607	16 649	16 691	16 733	16 776
410	16 818	16 860	18 902	16 945	16 987	17 029	17 072	17 114	17 156	17 199
420	17 241	17 283	17 326	17 368	17 410	17 453	17 495	17 537	17 580	17 622
430	17 664	17 707	17 749	17 792	17 834	17 876	17 919	17 961	18 004	18 046
440	18 088	18 131	18 173	18 216	18 258	18 301	18 343	18 385	18 428	18 470
450	18 513	18 555	18 598	18 640	18 683	18 725	18 768	18 810	18 853	18 895
460	18 938	18 980	19 023	19 065	19 108	19 150	19 193	19 235	19 278	19 320
470	19 363	19 405	19 448	19 490	19 533	19 576	19 618	19 661	19 703	19 746
480	19 788	19 831	19 873	19 916	19 959	20 001	20 044	20 086	20 129	20 172
490	20 214	20 257	20 299	20 342	20 385	20 427	20 470	20 512	20 555	20 598
500	20 640	20 683	20 725	20 768	20 811	20 853	20 896	20 938	20 981	21 024
510	21 066	21 109	21 152	21 194	21 237	21 280	21 322	21 365	21 407	21 450
520	21 493	21 535	21 578	21 621	21 663	21 706	21 749	21 791	21 834	21 876
530	21 919	21 962	22 004	22 047	22 090	22 132	22 175	22 218	22 260	22 303
540	22 346	22 388	22 431	22 473	22 516	22 559	22 601	22 644	22 687	22 729
550	22 772	22 815	22 857	22 900	22 942	22 985	23 028	23 070	23 113	23 156
560	23 198	23 241	23 284	23 326	23 369	23 411	23 454	23 497	23 539	23 582
570	23 624	23 667	23 710	23 752	23 795	23 837	23 880	23 923	23 965	24 008
580	24 050	24 093	24 136	24 178	24 221	24 263	24 306	24 348	24 391	24 434
590	24 476	24 519	24 561	24 604	24 646	24 689	24 731	24 774	24 817	24 859
600	24 902	24 944	24 987	25 029	25 072	25 114	25 157	25 199	25 242	25 284
610	25 327	25 369	25 412	25 454	25 497	25 539	25 582	25 624	25 666	25 709
620	25 751	25 794	25 836	25 879	25 921	25 964	26 006	26 048	26 091	26 133
630	26 176	26 218	26 260	26 303	26 345	26 387	26 430	26 472	26 515	26 557
640	26 599	26 642	26 684	26 726	26 769	26 811	26 853	26 896	26 938	26 980
650	27022	27065	27107	27149	27192	27234	27276	27318	27361	27403

续表

温度 ℃	0	1	2	3	4	5	6	7	8	9
	热电动势/μV									
660	27 445	27 487	27 529	27 572	27 614	27 656	27 698	27 740	27 783	27 825
670	27 867	27 909	27 951	27 993	28 035	28 078	28 120	28 162	28 204	28 246
680	28 288	28 330	28 372	28 414	28 456	28 498	28 540	28 583	28 625	28 667
690	28 709	28 751	28 793	28 835	28 877	28 919	28 961	29 002	29 004	29 086
700	29 128	29 170	29 212	29 254	29 296	29 338	29 380	29 422	29 464	29 505
710	29 547	29 589	29 631	29 673	29 715	29 756	29 798	29 840	29 882	29 942
720	29 965	30 007	30 049	30 091	30 132	30 174	30 216	30 257	30 299	30 341
730	30 383	30 424	30 466	30 508	30 549	30 591	30 632	30 674	30 716	30 757
740	30 799	30 840	30 882	30 924	30 965	31 007	31 048	31 090	31 131	31 173
750	31 214	31 256	31 297	31 339	31 380	31 422	31 463	31 504	31 546	31 587
760	31 629	31 670	31 712	31 753	31 794	31 836	31 877	31 918	31 960	32 001
770	32 042	32 084	32 125	32 166	32 207	32 249	32 290	32 331	32 372	32 414
780	32 455	32 496	32 537	32 578	32 619	32 661	32 702	32 743	32 784	32 825
790	32 866	32 907	32 948	32 990	33 031	33 072	33 113	33 154	33 195	33 236
800	33 277	33 318	33 359	33 400	33 441	33 482	33 523	33 564	33 604	33 645
810	33 686	33 727	33 768	33 809	33 850	33 891	33 931	33 972	34 013	34 054
820	34 095	34 136	34 176	34 217	34 258	34 299	34 339	34 380	34 421	34 461
830	34 502	34 543	34 583	34 624	34 665	34 705	34 746	34 787	34 827	34 868
840	34 909	34 949	34 990	35 030	35 071	35 111	35 152	35 192	35 233	35 273
850	35 314	35 354	35 395	35 436	35 476	35 516	35 557	35 597	35 637	35 678
860	35 718	35 758	35 799	35 839	35 880	35 920	35 960	36 000	36 041	36 081
870	36 121	36 162	36 202	36 242	36 282	36 323	36 363	36 403	36 443	36 483
880	36 524	36 564	35 604	36 644	36 684	36 724	36 764	36 804	36 844	36 885
890	36 925	36 965	37 005	37 045	37 085	37 125	37 165	37 205	37 245	37 285
900	37 325	37 365	37 405	37 445	37 484	37 524	37 564	37 604	37 644	37 684
910	37 724	37 764	37 803	37 843	37 883	37 932	37 963	38 002	38 042	38 082
920	38 122	38 162	38 201	38 241	38 281	38 320	38 360	38 400	38 439	38 479
930	38 519	38 558	38 598	38 638	38 677	38 717	38 756	38 796	38 836	38 875
940	38 915	38 954	38 994	39 033	39 073	39 112	39 152	39 191	39 231	39 270
950	39 310	39 349	39 388	39 428	39 487	39 507	39 546	39 585	39 625	39 644
960	39 763	39 743	39 782	39 821	39 881	39 900	39 939	39 979	40 018	40 057
970	40 096	40 136	40 175	40 214	40 253	40 292	40 332	40 371	40 410	40 449
980	40 488	40 527	40 566	40 605	40 645	40 684	40 723	40 762	40 801	40 840
990	40 879	40 918	40 957	40 996	41 035	41 074	41 113	41 152	41 191	41 230
1 000	41 269	41 308	41 347	41 385	41 424	41 463	41 502	41 541	41 580	41 619

续 表

温 度℃	0	1	2	3	4	5	6	7	8	9
	热电动势/μV									
1 010	41 657	41 696	41 735	41 774	41 813	41 851	41 890	41 929	41 968	42 006
1 020	42 045	42 084	42 123	42 161	42 200	42 239	42 277	42 316	42 355	42 393
1 030	42 432	42 470	42 509	42 548	42 586	42 625	42 663	42 702	42 740	42 779
1 040	42 817	42 856	42 894	42 933	42 971	43 010	43 048	43 087	43 125	43 164
1 050	43 202	43 240	43 279	43 317	43 356	43 394	43 482	43 471	43 509	43 547
1 060	43 585	43 624	43 662	43 700	43 739	43 777	43 815	43 853	43 891	43 930
1 070	43 968	44 006	44 044	44 082	44 121	44 159	44 197	44 235	44 273	44 311
1 080	44 349	44 387	44 425	44 463	44 501	44 539	44 577	44 615	44 653	44 691
1 090	44 729	44 767	44 805	44 843	44 881	44 919	44 957	44 995	45 033	45 070
1 100	45 108	45 146	45 184	45 222	45 260	45 297	45 335	45 373	45 411	45 448
1 110	45 486	45 524	45 561	45 599	45 637	45 675	45 712	45 750	45 787	45 825
1 120	45 863	46 900	45 938	45 975	46 013	46 051	46 088	46 126	46 163	46 201
1 130	46 238	48 275	46 313	46 350	46 388	46 425	46 463	46 500	46 537	46 575
1 140	46 612	46 649	46 637	46 724	46 761	46 799	46 336	46 873	46 910	46 948
1 150	46 985	47 022	47 059	47 097	47 134	47 171	47 208	47 245	47 282	47 319
1 160	47 356	47 393	47 430	47 468	47 505	47 542	47 579	47 616	47 653	47 689
1 170	47 726	47 763	47 800	47 837	47 874	47 911	47 943	47 985	48 021	48 058
1 180	48 059	48 132	48 169	48 205	48 242	48 279	48 316	48 352	48 289	48 426
1 190	48 462	48 499	48 536	48 572	48 609	48 645	48 682	48 718	48 755	48 792
1 200	48 828	48 865	48 901	48 937	48 974	49 010	49 047	49 083	49 120	49 156

附录 6　工业铂热电阻(Pt100)分度表

$R_0 = 100.00$ Ω

温 度℃	0	1	2	3	4	5	6	7	8	9
	电阻值/Ω									
−200	18.49									
−190	22.80	22.37	21.94	21.51	21.08	20.65	20.22	19.79	19.36	18.93
−180	27.08	26.65	26.23	25.80	25.37	24.94	24.52	24.09	23.66	23.23
−170	31.32	30.90	30.47	30.05	29.63	29.20	28.78	28.35	27.93	27.50
−160	35.53	35.11	34.69	34.27	33.85	33.43	33.01	32.59	32.16	31.74
−150	39.71	39.30	38.88	38.46	38.04	37.63	37.21	36.79	36.37	35.95
−140	43.87	43.45	43.04	42.63	42.21	41.79	41.38	40.96	40.55	40.13

续 表

温度℃	0	1	2	3	4	5	6	7	8	9
	电阻值/Ω									
−130	48.00	47.59	47.18	46.76	46.35	45.94	45.52	45.11	44.70	44.28
−120	52.11	51.70	51.29	50.88	50.47	50.06	49.64	49.23	48.82	48.41
−110	56.19	55.78	55.38	54.97	54.56	54.15	53.74	53.33	52.92	52.52
−100	60.25	59.85	59.44	59.04	58.63	58.22	57.82	57.41	57.00	56.60
−90	64.30	63.90	63.49	63.09	62.68	62.28	61.87	61.47	61.06	60.66
−80	68.33	67.92	67.52	67.12	66.72	66.31	65.91	65.51	65.11	64.70
−70	72.33	71.93	71.53	71.13	70.73	70.33	69.93	69.53	69.13	68.73
−60	76.33	75.93	75.53	75.13	74.73	74.33	73.93	73.53	73.13	72.73
−50	80.31	79.91	79.51	79.11	78.72	78.32	77.92	77.52	77.13	76.73
−40	84.27	83.88	83.48	83.08	82.69	82.29	81.89	81.50	81.10	80.70
−30	88.22	87.83	87.43	87.04	86.64	86.25	85.85	85.46	85.06	74.67
−20	92.16	91.77	91.37	90.98	90.59	90.19	89.80	89.40	89.01	88.62
−10	96.09	95.69	95.30	94.91	94.52	94.12	93.73	93.34	92.95	92.55
0	100.00	99.61	99.22	98.83	98.44	98.04	97.65	97.26	96.87	96.48
0	100.00	100.39	100.78	101.17	101.56	101.95	102.34	102.73	103.13	103.51
10	103.90	104.29	104.68	105.07	105.46	105.85	106.24	106.63	107.02	107.4
20	107.79	108.18	108.57	108.96	109.35	109.73	110.12	110.51	110.9	111.28
30	111.67	112.06	112.45	112.83	113.22	113.61	113.99	114.38	114.77	115.15
40	115.54	115.93	116.31	116.70	117.08	117.47	117.85	118.24	118.62	119.01
50	119.40	119.78	120.16	120.55	120.93	121.32	121.70	122.09	122.47	122.86
60	123.24	123.62	124.01	124.39	124.77	125.16	125.54	125.92	126.31	126.69
70	127.07	127.45	127.84	128.22	128.60	128.98	129.37	129.75	130.13	130.51
80	130.89	131.27	131.66	132.04	132.42	132.80	133.18	133.56	133.94	134.32
90	134.70	135.08	135.46	135.84	136.22	136.60	136.98	137.36	137.74	138.12
100	138.50	138.88	139.26	139.64	140.02	140.39	140.77	141.15	141.53	141.91
110	142.29	142.66	143.04	143.42	143.80	144.17	144.55	144.93	145.31	145.68
120	146.06	146.44	146.81	147.19	147.57	147.94	148.32	148.70	149.07	149.45
130	149.82	150.20	150.57	150.95	151.33	151.70	152.08	152.45	152.83	153.20
140	153.58	153.95	154.32	154.70	155.03	155.45	155.82	156.19	156.57	156.94
150	157.31	157.69	158.06	158.43	158.81	159.18	159.55	159.93	160.30	160.67
160	161.04	161.42	161.79	162.16	162.53	162.90	163.27	163.65	164.02	164.39
170	164.76	165.13	165.50	165.87	166.24	166.66	166.98	167.35	167.72	168.09
180	168.46	168.83	169.20	169.57	169.94	170.31	170.68	171.05	171.42	171.79

续 表

温 度 ℃	0	1	2	3	4	5	6	7	8	9
	电阻值/Ω									
190	172.16	172.53	172.90	173.26	173.63	174.00	174.37	174.74	175.10	175.47
200	175.84	176.21	176.57	176.94	177.31	177.68	178.04	178.41	178.78	179.14
210	179.51	179.88	180.24	180.61	180.97	181.34	181.71	182.07	182.44	182.80
220	183.17	183.53	183.90	184.26	184.63	184.99	185.36	185.72	186.09	186.45
230	186.82	187.18	187.54	187.91	188.27	188.63	189.00	189.36	189.72	190.09
240	190.45	190.81	191.18	191.54	191.90	192.26	192.36	192.99	193.35	193.71
250	194.07	194.44	194.80	195.16	195.52	195.88	196.24	196.60	196.96	197.33
260	197.69	198.05	198.41	198.77	199.13	199.49	199.85	200.21	200.57	200.93
270	201.29	201.65	202.01	202.36	202.72	203.08	203.44	203.80	204.16	204.54
280	204.88	205.23	205.59	205.95	206.31	206.67	207.02	207.38	207.74	208.10
290	208.45	208.81	209.17	209.52	209.88	210.24	210.59	210.95	211.31	211.66
300	212.02	212.37	212.73	213.09	213.44	213.80	214.15	214.51	214.86	215.22
310	215.57	215.93	216.28	216.64	216.99	217.35	217.70	218.05	218.41	218.76
320	219.12	219.47	219.82	220.18	220.53	220.88	221.24	221.59	221.94	222.29
330	222.65	223.00	223.35	223.70	224.06	224.41	224.76	225.11	225.46	225.81
340	226.17	226.52	226.87	227.22	227.57	227.92	228.27	228.62	228.97	229.32
350	229.67	230.02	230.37	230.72	231.07	231.42	231.77	232.12	232.47	232.82
360	233.17	233.52	233.87	234.22	234.56	234.91	235.26	235.61	235.96	236.31
370	236.65	237.00	237.35	237.70	238.04	238.39	238.74	239.09	239.43	239.78
380	240.13	240.47	240.82	241.17	241.51	241.86	242.20	242.55	242.9	243.24
390	243.59	243.93	244.28	244.62	244.97	245.31	245.66	246.00	246.35	246.69
400	247.04	247.38	247.73	248.07	248.41	248.76	249.10	249.45	249.79	250.13
410	250.48	250.82	251.16	251.50	251.85	252.19	252.53	252.88	253.22	253.56
420	253.90	254.24	254.59	254.93	25.27	255.61	255.95	265.29	256.64	256.98
430	257.32	257.66	258.00	258.34	258.68	259.62	259.36	259.70	260.04	260.38
440	260.72	261.06	261.40	261.74	262.08	262.42	262.76	263.10	263.43	263.77
450	264.11	264.45	264.79	265.13	265.47	265.80	266.14	266.48	266.82	267.15
460	267.49	267.83	268.17	268.50	268.84	269.18	269.51	269.85	270.19	270.52
470	270.86	271.20	271.53	271.87	272.20	272.54	272.88	273.21	273.35	273.88
480	274.22	274.55	274.89	275.22	275.56	275.89	276.23	276.56	276.89	277.23
490	277.56	277.90	278.23	278.56	278.90	279.23	279.56	279.90	280.23	280.56
500	280.90	281.23	281.56	281.89	282.23	282.56	282.89	283.22	283.55	283.89
510	284.22	284.55	284.88	285.21	285.54	285.87	286.21	286.54	286.87	287.20

续 表

温度 ℃	0	1	2	3	4	5	6	7	8	9
	电阻值/Ω									
520	287.53	287.86	288.19	288.52	288.85	289.18	289.51	289.84	290.17	290.50
530	290.83	291.16	291.49	291.81	292.14	292.47	292.8	293.13	293.46	293.79
540	294.11	294.44	294.77	295.10	295.43	295.75	296.08	296.41	296.74	297.06
550	297.39	297.72	298.04	298.37	298.70	299.02	299.35	299.68	300.00	300.33
560	300.65	300.98	301.31	301.63	301.96	302.28	302.61	302.93	303.26	303.58
570	303.91	304.23	304.56	304.88	305.20	305.53	305.85	306.18	306.50	306.82
580	307.15	307.47	307.79	308.12	308.44	308.76	309.09	309.41	309.73	310.05
590	310.38	310.70	311.02	311.34	311.67	311.99	312.31	312.63	312.95	313.27
600	313.59	313.92	314.24	314.56	314.88	315.20	315.52	315.84	316.16	316.48
610	316.80	317.12	317.44	317.76	318.08	318.40	318.72	319.04	319.36	319.68
620	319.99	320.31	320.63	320.95	321.27	321.59	321.91	322.22	322.54	322.86
630	323.18	323.49	323.81	324.13	324.45	324.76	325.08	325.40	325.72	326.03
640	326.35	326.66	326.98	327.30	327.61	327.93	328.25	328.56	328.88	329.19
650	329.51	329.82	330.14	330.45	330.77	331.08	331.40	331.71	332.03	332.34

附录 7　工业铜热电阻(Cu50)分度表

$R_0 = 50.00$ Ω

温度 ℃	0	1	2	3	4	5	6	7	8	9
	电阻值/Ω									
−50	39.29	—	—	—	—	—	—	—	—	—
−40	41.40	41.18	40.97	40.75	40.54	40.32	40.10	39.89	39.67	39.46
−30	43.55	43.34	43.12	42.91	42.69	42.28	42.27	42.05	41.83	41.61
−20	45.70	45.49	45.27	45.06	44.34	44.63	44.41	44.20	43.98	43.77
−10	47.85	47.64	47.42	47.21	46.99	46.78	46.56	46.35	46.13	45.92
0	50.00	49.78	49.57	49.35	49.14	48.92	48.71	48.50	48.28	48.07
0	50.00	50.21	50.43	50.64	50.86	51.07	51.28	51.50	51.71	51.93
10	52.14	52.36	52.57	52.78	53.00	53.21	53.43	53.64	53.86	54.07
20	54.28	54.50	54.71	54.92	55.14	55.35	55.57	55.78	56.00	56.21
30	56.42	46.64	56.85	57.07	57.28	57.49	57.71	57.92	58.14	58.35

续 表

温 度 ℃	0	1	2	3	4	5	6	7	8	9
	电阻值/Ω									
40	58.56	58.78	58.99	59.20	59.42	59.63	59.85	60.06	60.27	60.49
50	60.70	60.92	61.13	61.34	61.56	61.77	61.98	62.20	62.41	62.63
60	62.84	63.05	63.27	63.48	63.70	63.91	64.12	64.34	64.55	64.76
70	64.98	65.19	65.41	65.62	65.83	66.05	66.26	66.48	66.69	66.90
80	67.12	67.33	67.54	67.76	67.97	68.19	68.40	68.62	68.83	69.04
90	69.26	69.47	69.68	69.90	70.11	70.33	70.54	70.76	70.97	71.18
100	71.40	71.61	71.83	72.04	72.25	72.47	72.68	72.90	73.11	73.33
110	73.54	73.75	73.97	74.18	74.40	74.61	74.83	75.04	75.26	75.47
120	75.68	75.90	76.11	76.33	76.54	76.76	76.97	7.19	77.40	77.62
130	77.83	78.05	78.26	78.48	78.69	78.91	79.12	79.34	79.55	79.77
140	79.98	80.20	80.41	80.63	80.84	81.06	81.27	81.49	81.7	81.92
150	82.13	—	—	—	—	—	—	—	—	—

附录 8 工业铜热电阻(Cu100)分度表

$R_0 = 50.00 \ \Omega$

温 度 ℃	0	1	2	3	4	5	6	7	8	9
	电阻值/Ω									
−50	78.49	—	—	—	—	—	—	—	—	—
−40	82.80	82.36	81.94	81.50	81.08	80.64	80.20	79.78	79.34	78.92
−30	87.10	88.68	86.24	85.82	85.38	84.95	84.54	84.10	83.66	83.22
−20	91.40	90.98	90.54	90.12	89.68	86.26	88.82	88.40	87.96	87.54
−10	95.70	95.28	94.84	94.42	93.98	93.56	93.12	92.70	92.26	91.84
0	100.00	99.56	99.14	98.70	98.28	97.84	97.42	97.00	96.56	96.14
0	100.00	100.42	100.86	101.28	101.72	102.14	102.56	103.00	103.43	103.86
10	104.28	104.72	105.14	105.56	106.00	106.42	106.86	107.28	107.72	108.14
20	108.56	109.00	109.42	109.84	110.28	110.70	111.14	111.56	112.00	114.42
30	112.84	113.28	113.70	114.14	114.56	114.98	115.42	115.84	116.28	116.70
40	117.12	117.56	117.98	118.40	118.84	119.26	119.70	120.12	120.54	120.98

续 表

温 度 ℃	0	1	2	3	4	5	6	7	8	9
	电阻值/Ω									
50	121.40	121.84	122.26	122.68	123.12	123.54	123.96	124.40	124.82	125.26
60	125.68	126.10	126.54	126.96	127.40	127.82	128.24	128.68	129.10	129.52
70	129.96	130.38	130.82	131.24	131.66	132.10	132.52	132.96	133.38	133.80
80	134.24	134.66	135.08	135.52	135.94	136.33	136.80	137.24	137.66	138.08
90	138.52	138.94	139.36	139.80	140.22	140.66	141.08	141.52	141.94	142.36
100	142.80	143.22	143.66	144.08	144.50	144.94	145.36	145.80	146.22	146.66
120	151.36	151.80	152.22	152.66	135.08	153.52	153.94	154.38	154.80	155.24
130	155.66	156.10	156.52	156.96	157.38	157.82	158.24	158.68	159.10	159.54
140	159.96	160.40	160.82	161.28	161.68	162.12	162.54	162.98	163.40	163.84
150	164.27	—	—	—	—	—	—	—	—	—

附录 9 常见压力表规格及型号

名 称	型 号	结 构	测量范围/MPa	精度等级
弹簧管压力表	Y‑60	径向	−0.1~0,0~0.1,0~0.16,0~0.25,0~0.4, 0~0.6,0~1,0~1.6,0~0.25,0~4,0~6	2.5
	Y‑60T	径向带后边		
	Y‑60Z	轴向无边		
	Y‑60ZQ	轴向带前边		
	Y‑100	径向	−0.1~0,−0.1~0.06,−0.1~0.15,−0.1 ~0.3,−0.1~0.5,−0.1~0.9,−0.1~1.5,− 0.1~2.4,0~0.1,0~0.16,0~0.25,0~0.4,0 ~0.6,0~1,0~1.60~2.5,0~4,0~6	1.5
	Y‑100T	径向带后边		
	Y‑100TQ	径向带前边		
	Y‑150	径向		
	Y‑150T	径向带后边		
	Y‑150TQ	径向带前边		
	Y‑100	径向	0~10,0~16,0~250~40,0~60	
	Y‑100T	径向带后边		
	Y‑100TQ	径向带前边		
	Y‑150	径向		
	Y‑150T	径向带后边		
	Y‑150TQ	径向带前边		

续 表

名 称	型 号	结 构	测量范围/MPa	精度等级
电接点压力表	YX-150	径向	$-0.1\sim0.1,-0.1\sim0.15,-0.1\sim0.3,-0.1$ $\sim0.5,-0.1\sim0.9,-0.1\sim1.5,-0.1\sim2.4,0\sim$ $0.1,0\sim0.16,0\sim0.25,0\sim0.4,0\sim0.6,0\sim1,0$ $\sim1.6,0\sim2.5,0\sim4,0\sim6$	1.5
	YX-150TQ	径向带前边		
	YX-150A	径向	$0\sim10,0\sim16,0\sim25,0\sim40,0\sim60$	
	YX-150TQ	径向带前边		
	YX-150	径向	$-0.1\sim0$	
活塞式压力计	YS-2.5	台式	$-0.1\sim0.25$	0.02, 0.05
	YS-6	台式	$0.04\sim0.6$	
	YS-60	台式	$0.1\sim6$	
	YS-600	台式	$1\sim60$	

参 考 文 献

[1]　金以慧.过程控制[M].北京:清华大学出版社,1993.

[2]　王家桢.传感器与变送器[M].北京:清华大学出版社,1996.

[3]　舒迪前.预测控制系统及其应用[M].北京:机械工业出版社,1996.

[4]　袁南儿.计算机新型控制策略及其应用[M].北京:清华大学出版社,1998.

[5]　王永骥.神经元网络控制[M].北京:机械工业出版社,1998.

[6]　陈德民.石油化工自动控制设计手册[M].3 版.北京:化学工业出版社,2000.

[7]　诸静.模糊控制原理与应用[M].北京:机械工业出版社,2000.

[8]　王家桢.调节器与执行器[M].北京:清华大学出版社,2001.

[9]　王红卫.建模与仿真[M].北京:科学技术出版社,2002.

[10]　王桂增.高等过程控制[M].北京:清华大学出版社,2002.

[11]　吴勤勤.控制仪表及装置[M].北京:化学工业出版社,2002.

[12]　CURTIS D J.过程控制仪表技术[M].6 版.北京:科学出版社,2002.

[13]　王孟效.制浆造纸过程测控系统及工程[M].北京:化学工业出版社,2003.

[14]　王树青.工业过程控制工程[M].北京:化学工业出版社,2002.

[15]　俞金寿.过程自动化及仪表[M].北京:化学工业出版社,2003.

[16]　邵裕森,戴先中.过程控制工程[M].2 版.北京:机械工业出版社,2005.

[17]　邓勃.分析仪器与仪器分析概论[M].北京:化学工业出版社,2005.

[18]　曹辉,霍罡.可编程序控制器过程控制技术[M].北京:机械工业出版社,2006.

[19]　孙优贤,褚健.工业过程控制技术:方法篇[M].北京:化学工业出版社,2006.

[20]　孙优贤,邵惠鹤.工业过程控制技术:应用篇[M].北京:化学工业出版社,2006.

[21]　蒋慰孙,俞金寿.过程控制工程[M].3 版.北京:中国石化出版社,2007.

[22]　高金源,夏洁.计算机控制系统[M].北京:清华大学出版社,2007.

[23]　张雪申,叶西宁.集散控制系统及其应用[M].北京:机械工业出版社,2007.

[24]　张根宝.工业自动化仪表与过程控制[M].4 版.西安:西北工业大学出版社,2008.

[25]　李亚芬.过程控制系统及仪表[M].3 版.大连:大连理工大学出版社,2010.

[26]　张早校.过程控制装置及系统设计[M].北京:北京大学出版社,2010.

[27]　李江全.计算机控制技术与组态应用[M].北京:清华大学出版社,2013.

[28]　姜建芳.电气控制与 S7-300 PLC 工程应用技术[M].北京:机械工业出版社,2014.

[29]　杨延西.过程控制于自动化仪表[M].3 版.北京:机械工业出版社,2017.

[30]　丁建强.计算机控制技术及其应用[M].2 版.北京:清华大学出版社,2017.

[31]　张早校,王毅.过程装备控制技术及应用[M].北京:化学工业出版社,2018.

[32]　厉玉鸣.化工仪表及自动化[M].6 版.北京:化学工业出版社,2019.

[33]　张毅.自动检测技术及仪表控制系统[M].北京:化学工业出版社,2020.